◎ 槐创锋 刘平安 编著

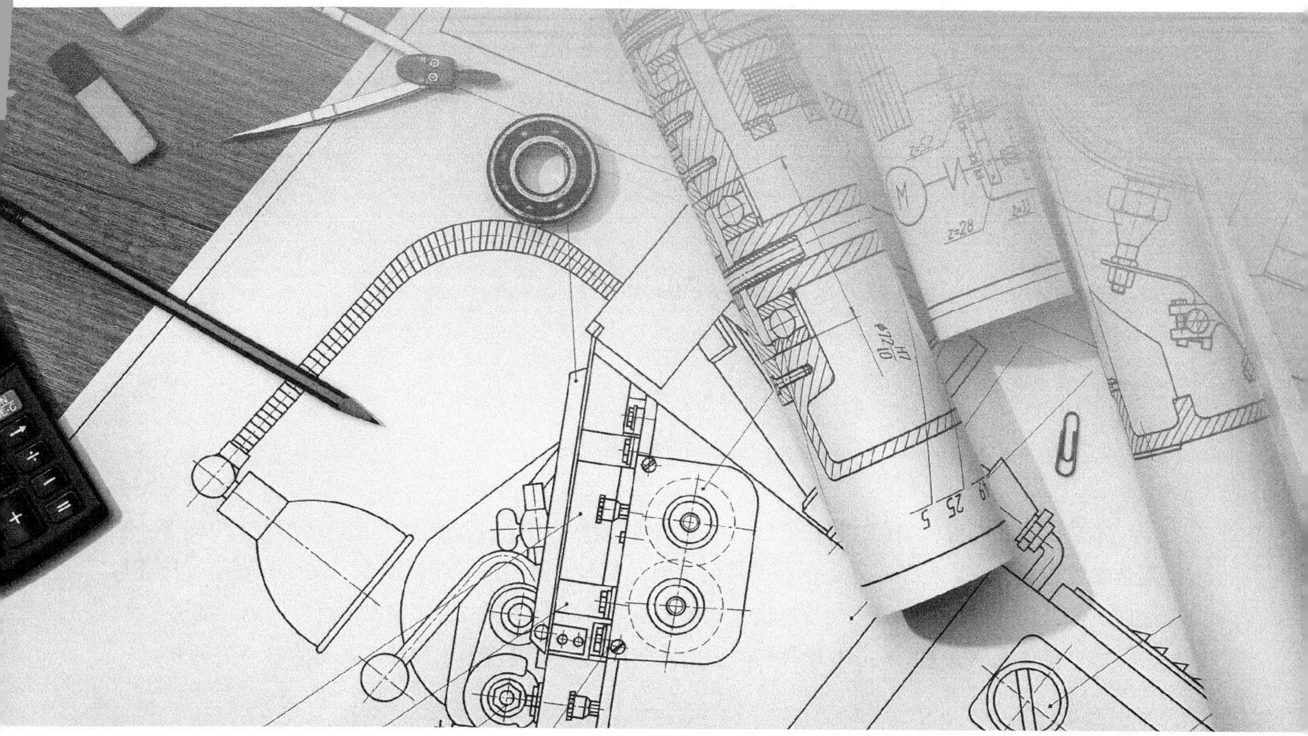

AutoCAD 2016 中文版

基础

实例教程 附教学视频

U0220181

人民邮电出版社

北京

图书在版编目（CIP）数据

AutoCAD 2016中文版基础实例教程：附教学视频 /
槐创锋，刘平安编著. -- 北京：人民邮电出版社，
2017.8
ISBN 978-7-115-45124-8

Ⅰ. ①A… Ⅱ. ①槐… ②刘… Ⅲ. ①AutoCAD软件—
教材 Ⅳ. ①TP391.72

中国版本图书馆CIP数据核字(2017)第044952号

内 容 提 要

本书以 AutoCAD 2016 为软件平台，讲述 CAD 绘制方法。主要内容包括 AutoCAD 2016 基础、简单二维绘图命令、辅助工具、平面图形的编辑、复杂二维绘图和编辑命令、文字与表格、尺寸标注图块，以及外部参照与光栅图像、集成化绘图工具等内容。全书讲解翔实，语言简洁，案例丰富。

本书可作为 AutoCAD 2016 软件初学者的入门教材，也可作为工程技术人员的参考工具书。

◆ 编　　著　槐创锋　刘平安
责任编辑　税梦玲
责任印制　陈　犇

◆ 人民邮电出版社出版发行　　北京市丰台区成寿寺路 11 号
邮编　100164　电子邮件　315@ptpress.com.cn
网址　http://www.ptpress.com.cn
北京九州迅驰传媒文化有限公司印刷

◆ 开本：787×1092　1/16
印张：20　　　　　　　　2017 年 8 月第 1 版
字数：528 千字　　　　　2024 年 8 月北京第 13 次印刷

定价：55.00 元（附光盘）

读者服务热线：(010)81055256　印装质量热线：(010)81055316
反盗版热线：(010)81055315
广告经营许可证：京东市监广登字 20170147 号

前言
Preface

随着微电子技术，特别是计算机硬件和软件技术的迅猛发展，CAD 技术正在日新月异、突飞猛进的发展。目前，CAD 设计和应用已经融入到人们的日常工作和生活中，特别是 AutoCAD 已经成为 CAD 的世界标准。近年来，网络技术发展一日千里，结合其他设计制造业的发展，使 CAD 技术也飞速发展，CAD 技术正在乘坐网络技术的特别快车飞速向前，从而使 AutoCAD 更加羽翼丰满。同时，AutoCAD 技术一直致力于把工业技术与计算机技术融为一体，形成开放的大型 CAD 平台，在机械、建筑、电子等领域更是先人一步，技术发展势头异常迅猛。为了满足不同用户、不同行业技术发展的要求，需把网络技术与CAD 技术有机地融为一体。

为了适应时代发展需要，国内各院校大量开设 CAD 相关课程，对相关教材提出了迫切的要求，本书正是现代计算机技术与工程设计相关理论结合的应用型教材。

本书通过具体的工程案例，全面讲解了使用 AutoCAD 进行工程设计的方法和技巧，包括图形绘制、图形编辑、辅助绘图功能、文字、尺寸、集成绘图工具等。与其他教材相比，本书具有以下独有的特点。

1. 作者权威，经验丰富

本书作者是具有多年教学经验的业内专家。本书是作者多年设计经验以及教学心得的总结，力求全面细致地展现出 AutoCAD 在工程设计应用领域的各种功能和使用方法。

2. 实例典型，步步为营

书中为避免空洞的介绍和描述，本书采用设计实例加知识点讲解模式，以帮助读者在实例操作过程中牢固地掌握软件功能，提高工程设计实践技能。本书实例种类非常丰富，有与知识点相关的小实例，有包含几个知识点或全章知识点的综合实例，有帮助读者练习提高的上机实例，还有完整实用的工程案例，以及经典的综合设计案例。

3. 紧贴认证考试实际需要

本书在编写过程中，参照了 Autodesk 中国官方认证的考试大纲和工程设计相关标准，并由 Autodesk 中国认证考试中心首席专家胡仁喜博士精心审校。全书的实例和基础知识覆盖了 Autodesk 中国官方认证考试内容，大部分上机操作和自测题来自认证考试题库，便于想参加 Autodesk 中国官方认证考试的读者练习。

4. 提供教学视频及光盘

本书所有案例均录制了教学视频，学习者可扫描案例对应的二维码，在线观看教学视频，也可通过光盘本地查看。另外，本书还提供所有案例的源文件、与书配套的 PPT 课件，以及考试模拟试卷等资料，以帮助初学者快速提升。

5. 提供贴心的技术咨询

本书由华东交通大学教材基金资助，由华东交通大学的槐创锋、刘平安编著。华东交通大学的许玢、沈晓玲、黄志刚、钟礼东、朱爱华参与了部分章节的编写。Autodesk 中国认证考试中心首席专家、石家庄三维书屋文化传播有限公司的胡仁喜博士对全书进行了审校，在此表示感谢。

书中不足之处望广大读者登录 www.sjzswsw.com 反馈或联系 win760520@126.com，编者将不胜感激。

编者

2017 年 1 月

目录
Contents

第1章

AutoCAD 2016基础

■ AutoCAD 2016是美国Autodesk公司于2015年推出的最新版本，该版本与AutoCAD 2009版的DWG文件及应用程序兼容，拥有很好的整合性。

本章循序渐进地介绍了AutoCAD 2016绘图的有关基本知识。用户可以了解如何设置图形的系统参数、样板图，熟悉建立新的图形文件、打开已有文件的方法等。

1.1 操作界面

AutoCAD 的操作界面是打开软件显示的第一个画面，也是 AutoCAD 显示、编辑图形的区域。下面先对操作界面进行简要的介绍，帮助读者打开进入 AutoCAD 的大门。

AutoCAD 的操作界面是 AutoCAD 显示、编辑图形的区域。图 1-1 所示为启动 AutoCAD 2016 后的默认界面，这个界面是 AutoCAD 2009 以后出现的新界面风格。

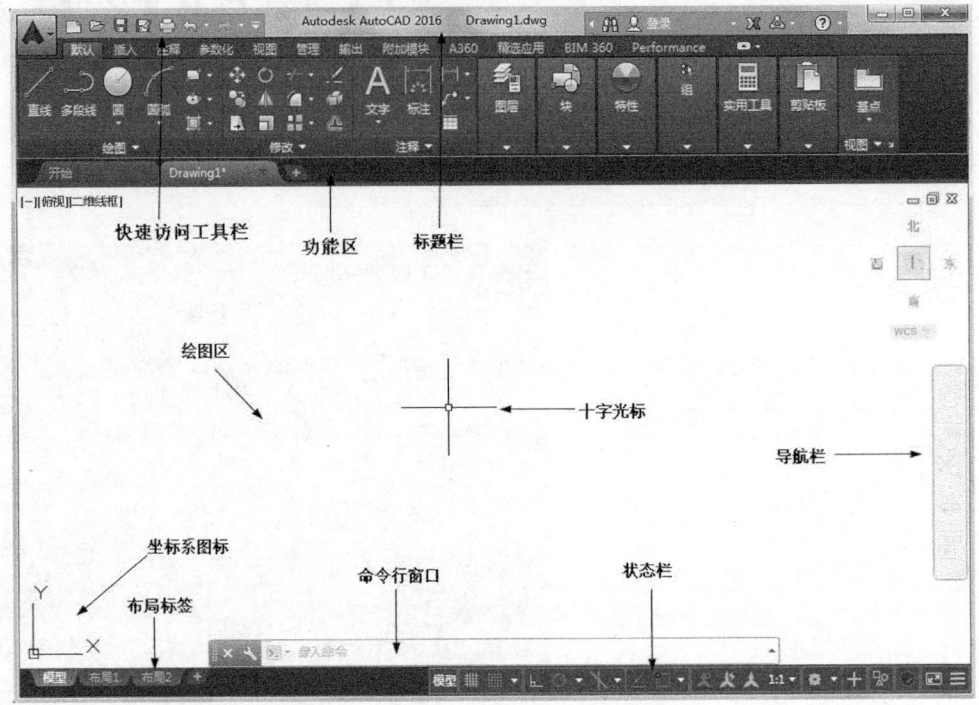

图 1-1　AutoCAD 2016 中文版操作界面

一个完整的草图与注释操作界面如图 1-1 所示，包括标题栏、绘图区、十字光标、坐标系图标、命令行窗口、状态栏、布局标签和快速访问工具栏等。

安装 AutoCAD 2016 后，在绘图区中右击鼠标，打开快捷菜单，如图 1-2 所示，选择"选项"命令，打开"选项"对话框，选择"显示"选项卡，将窗口元素对应的"配色方案"设置为"明"，如图 1-3 所示，单击"确定"按钮，退出对话框，其操作界面如图 1-4所示。

1.1.1 标题栏

在 AutoCAD 2016 中文版绘图窗口的最上端是标题栏。标题栏中显示系统当前正在运行的应用程序（AutoCAD 2016）和用户正在使用的图形文件。第一次启动 AutoCAD 2016 时，在绘图窗口的标题栏中显示 AutoCAD 2016 启动时创建并打开的图形文件的名称 Drawing1.dwg，如图 1-1所示。

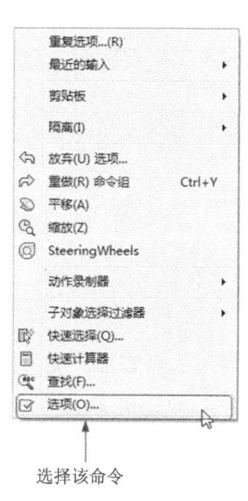

选择该命令

图 1-2　快捷菜单（1）

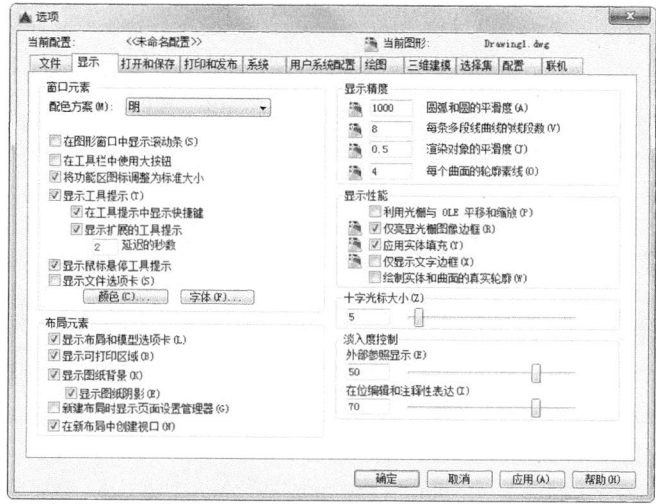

图 1-3　"选项"对话框

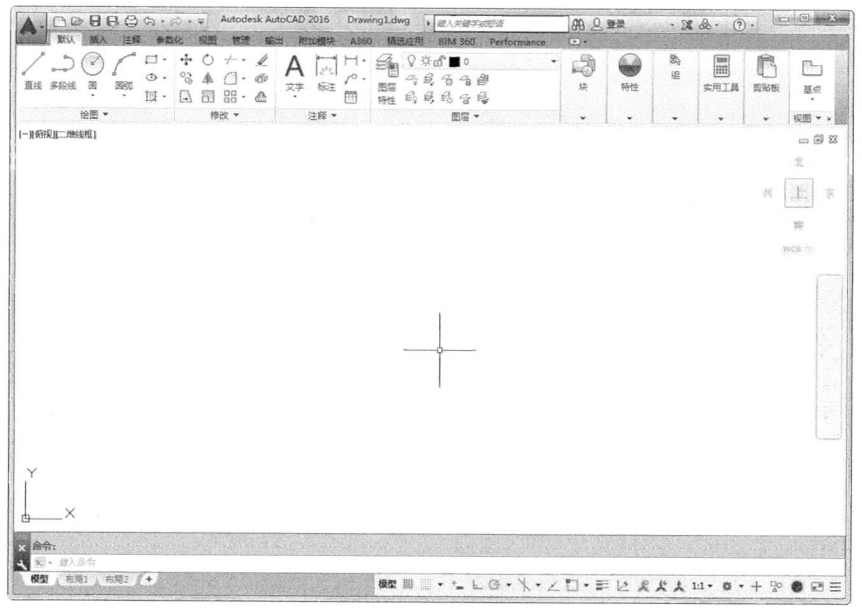

图 1-4　调整"明"后的工作界面

1.1.2　绘图区

绘图区是指在标题栏下方的大片空白区域，它是用户使用 AutoCAD 绘制图形的区域，用户完成一幅设计图形的主要工作都是在绘图区中进行的。

绘图区还有一个类似光标作用的十字线，其交点反映光标在当前坐标系中的位置。在 AutoCAD 中，将该十字线称为光标，AutoCAD 通过光标显示当前点的位置。十字线的方向与当前用户坐标系的 x 轴、y 轴方向平行，系统预设十字线的长度为屏幕大小的 5%，如图 1-1 所示。

1.　修改图形窗口中十字光标的大小

光标的长度系统预设为屏幕大小的 5%，用户可以根据绘图的实际需要更改其大小。改变光标大小的方法如下：

在绘图窗口中选择菜单栏中的"工具"→"选项"命令，屏幕上将打开"选项"对话框，选择"显示"选项卡，在"十字光标大小"区域中的编辑框中直接输入数值，或者拖曳编辑框后面的滑块，即可对十字光标的大小进行调整，如图1-3所示。

此外，用户还可以通过设置系统变量CURSORSIZE的值，实现对十字光标大小的更改，方法是在命令行中输入：

命令：CURSORSIZE✓
输入 CURSORSIZE 的新值 <5>：

在提示下输入新值即可，默认值为5%。

2．修改绘图窗口的颜色

在默认情况下，AutoCAD的绘图窗口是黑色背景、白色线条，这不符合绝大多数用户的习惯，因此修改绘图窗口颜色是大多数用户都需要进行的操作。

修改绘图窗口颜色的步骤如下。

（1）选择"工具"→"选项"命令，打开"选项"对话框，选择图1-3所示的"显示"选项卡，单击"窗口元素"区域中的"颜色"按钮，打开图1-5所示的"图形窗口颜色"对话框。

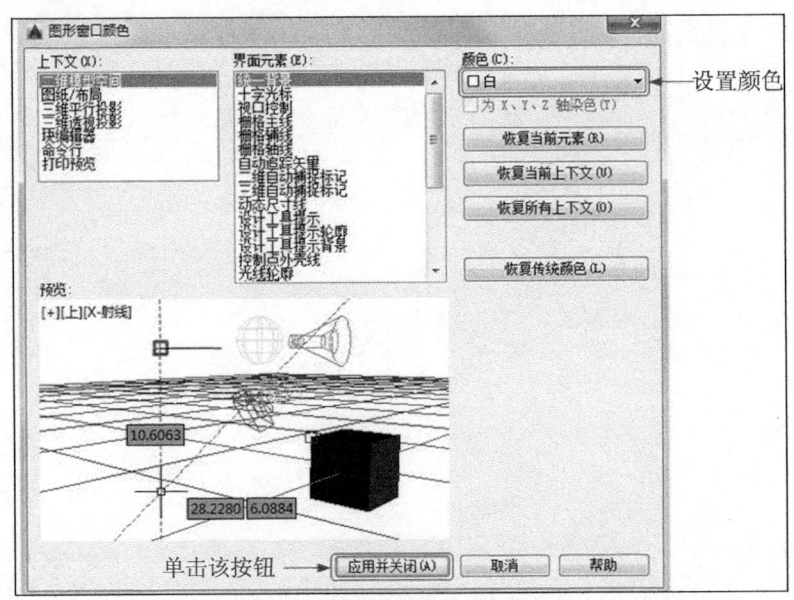

图1-5 "图形窗口颜色"对话框

（2）单击"图形窗口颜色"对话框中"颜色"字样右侧的下拉箭头，在打开的下拉列表中选择需要的窗口颜色，然后单击"应用并关闭"按钮，此时AutoCAD的绘图窗口变成了选择的背景色，通常按视觉习惯选择白色为窗口颜色。

1.1.3 坐标系图标

在绘图区域的左下角，有一个直线指向图标，称为坐标系图标，表示用户绘图时使用的坐标系形式，如图1-1所示。坐标系图标的作用是为点的坐标确定一个参照系，详细情况将在1.5.4小节介绍。根据工作需要，用户可以将其关闭，方法是选择"视图"→"显示"→"UCS图标"→"开"命令，如图1-6所示。

1.1.4 菜单栏

单击 AutoCAD 快速访问工具栏右侧的三角形，在打开的下拉菜单中选择"显示菜单栏"选项，如图 1-7 所示，即可调出菜单栏，如图 1-8 所示。同其他 Windows 程序一样，AutoCAD 的菜单也是下拉形式，并在菜单中包含子菜单。AutoCAD 的菜单栏中包含"文件""编辑""视图""插入""格式""工具""绘图""标注""修改""参数""窗口""帮助"12 个菜单，这些菜单几乎包含 AutoCAD 的所有绘图命令，后面的章节将围绕这些菜单展开讲述，具体内容在此从略。一般来讲，AutoCAD 下拉菜单中的命令有以下 3 种类型。

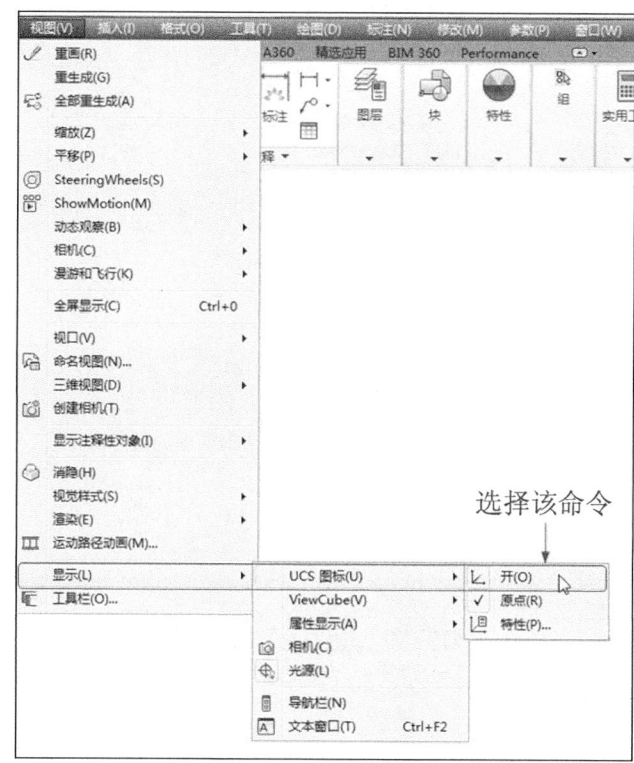

图 1-6 "视图"菜单

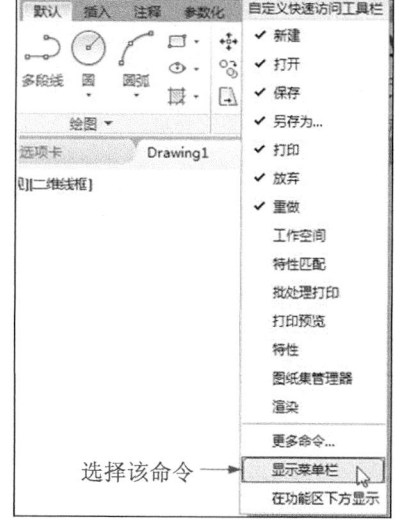

图 1-7 调出菜单栏

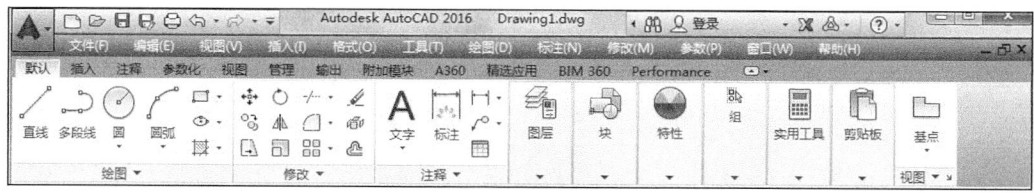

图 1-8 菜单栏显示界面

1. 带有小三角形的菜单命令

这种类型的命令后面带有子菜单。例如，选择"绘图"→"圆弧"命令，屏幕上就会进一步下拉出"圆弧"子菜单中所包含的命令，如图 1-9 所示。

2. 打开对话框的菜单命令

这种类型的命令后面带有省略号。例如，选择"格式"→"表格样式"命令，如图 1-10 所示，屏幕上就会打开"表格样式"对话框，如图 1-11 所示。

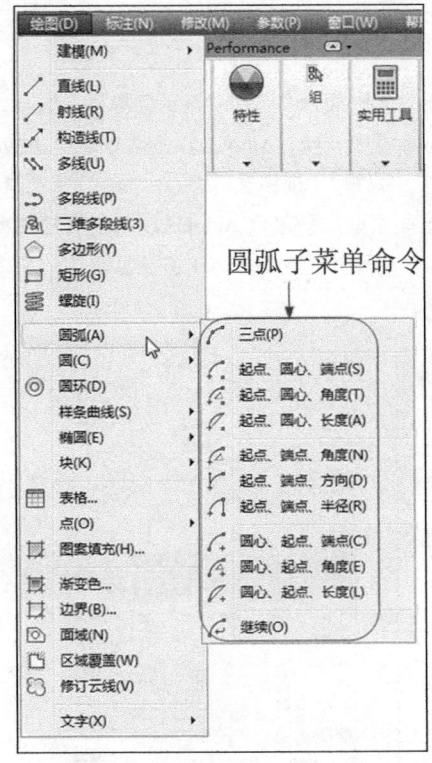

圆弧子菜单命令

图 1-9　带有子菜单的菜单命令

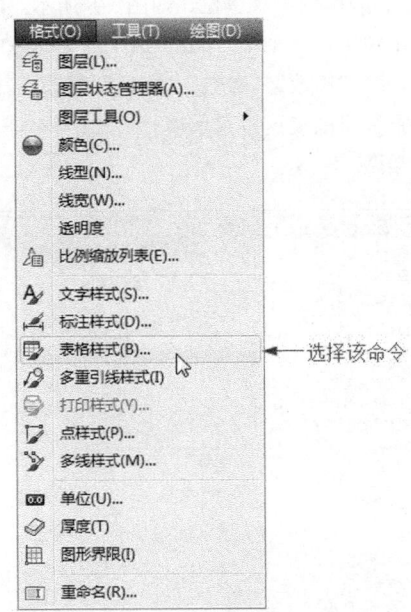

选择该命令

图 1-10　打开相应对话框的菜单命令

3. 直接操作的菜单命令

这种类型的命令将直接进行相应的绘图或其他操作。例如，选择"视图"→"重画"命令，系统将刷新显示所有视口，如图 1-12 所示。

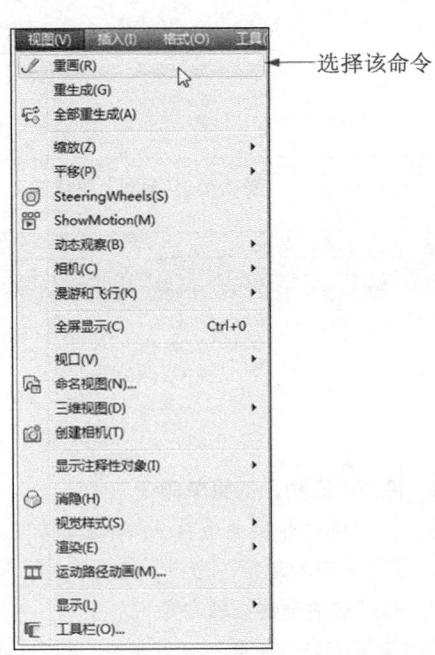

选择该命令

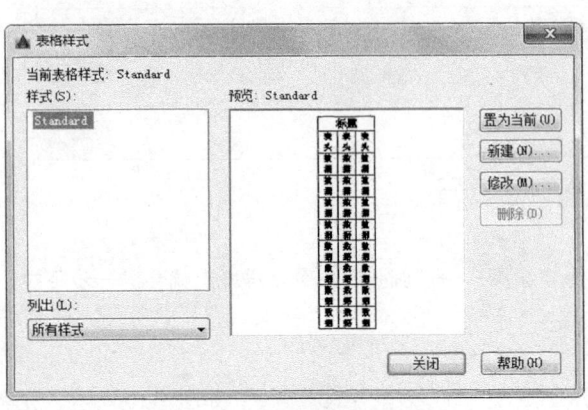

图 1-11　"表格样式"对话框

图 1-12　直接执行菜单命令

1.1.5 工具栏

工具栏是一组图标型工具的集合，选择菜单栏中的"工具"→"工具栏"→"AutoCAD"命令，调出所需要的工具栏，把光标移动到某个图标，稍停片刻，即在该图标一侧显示相应的工具提示，同时在状态栏中，显示对应的说明和命令名。此时，单击图标也可以启动相应命令。

1. 设置工具栏

AutoCAD 2016 的标准菜单提供有几十种工具栏，选择菜单栏中的"工具"→"工具栏"→"AutoCAD"命令，系统会自动打开单独的工具栏标签列表，如图 1-13 所示。单击某一个未在界面显示的工具栏标签名，系统自动在工作界面打开该工具栏；再单击，则关闭工具栏。

图 1-13　单独的工具栏标签

2. 工具栏的固定、浮动与打开

工具栏可以在绘图区浮动，如图 1-14 所示，此时显示该工具栏标题，并可关闭该工具栏，用鼠标可以拖曳浮动工具栏到图形区边界，使它变为固定工具栏，此时该工具栏标题隐藏。可以把固定工具栏拖出，使它成为浮动工具栏。

在有些图标的右下角带有一个小三角，单击该界面图标会打开相应的工具栏，如图 1-15 所示；按住鼠标左键，将光标移动到某一图标上然后松手，该图标就成为当前图标。单击当前图标，执行相应的命令。

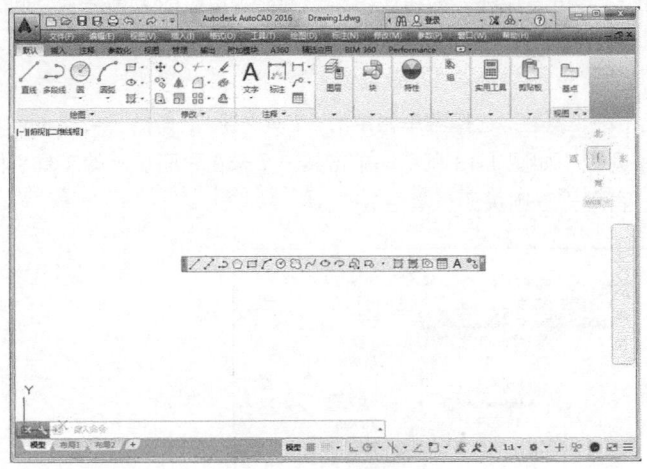

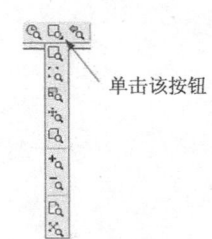

单击该按钮

图 1-14　浮动工具栏　　　　　　　　　　　　　图 1-15　打开工具栏

1.1.6　命令行窗口

命令行窗口是输入命令名和显示命令提示的区域，默认的命令行窗口布置在绘图区下方，是若干文本行。对于命令行窗口，有以下 4 点需要说明。

- 移动拆分条，可以扩大与缩小命令行窗口。
- 可以拖曳命令行窗口，将其布置在屏幕上的其他位置，默认情况下布置在图形窗口的下方。
- 对当前命令行窗口中输入的内容可以按 F2 键用文本编辑的方法进行编辑，如图 1-16 所示。AutoCAD 文本窗口和命令行窗口相似，可以显示当前 AutoCAD 进程中命令的输入和执行过程，在执行 AutoCAD 某些命令时，会自动切换到文本窗口，列出有关信息。
- AutoCAD 通过命令行窗口反馈各种信息，包括出错信息。因此，用户要时刻关注命令行窗口中出现的信息。

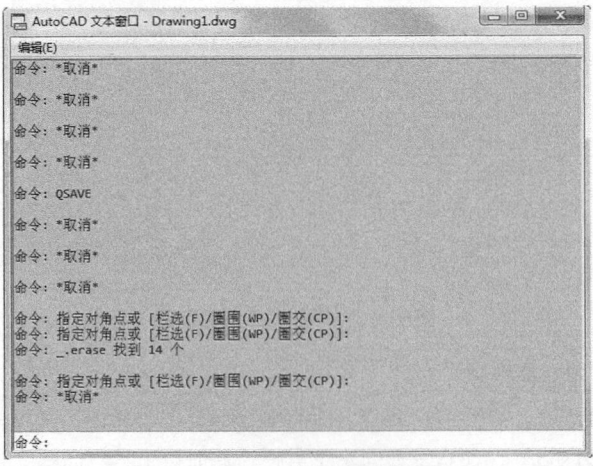

图 1-16　显示"文本窗口"

1.1.7　布局标签

AutoCAD 系统默认设定一个模型空间布局标签和"布局 1""布局 2"两个图样空间布局标签。

1．布局

布局是系统为绘图设置的一种环境，包括图样大小、尺寸单位、角度设定、数值精确度等，在系统预设的 3 个标签中，这些环境变量都按默认设置。用户可根据实际需要改变这些变量的值，也可以根据需要设置符合自己要求的新标签。

2．模型

AutoCAD 的空间分模型空间和图样空间。模型空间是我们通常绘图的环境，而在图样空间中，用户可以创建叫做"浮动视口"的区域，以不同视图显示所绘图形。用户可以在图样空间中调整浮动视口并决定所包含视图的缩放比例。如果选择图样空间，则可打印多个视图，用户可以打印任意布局的视图。

AutoCAD 系统默认打开模型空间，用户可以通过单击选择需要的布局。

1.1.8　状态栏

状态栏在屏幕的底部，依次有"坐标""模型空间""栅格""捕捉模式""推断约束""动态输入""正交模式""极轴追踪""等轴测草图""对象捕捉追踪""二维对象捕捉""线宽""透明度""选择循环""三维对象捕捉""动态 UCS""选择过滤""小控件""注释可见性""自动缩放""注释比例""切换工作空间""注释监视器""单位""快捷特性""图形性能""全屏显示""自定义"28 个功能按钮。单击部分开关按钮，可以实现这些功能的开关。通过部分按钮也可以控制图形或绘图区的状态。

默认情况下，不会显示所有工具，可以通过状态栏上最右侧的按钮，选择要从"自定义"菜单显示的工具。状态栏上显示的工具可能会发生变化，具体取决于当前的工作空间以及当前显示的是"模型"选项卡还是"布局"选项卡。下面对部分状态栏上的按钮做简单介绍，如图 1-17 所示。

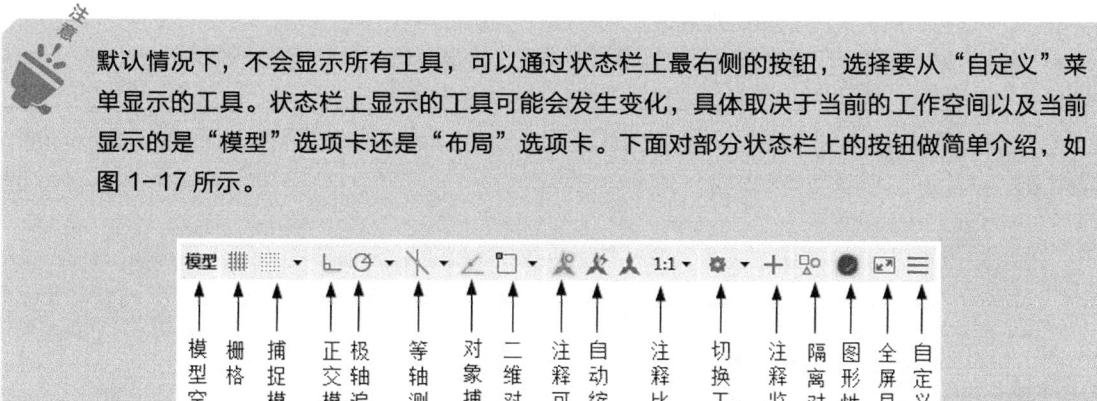

图 1-17　状态栏

- 模型空间：在模型空间与布局空间之间进行转换。
- 栅格：栅格是覆盖整个坐标系（UCS）xy 平面的直线或点组成的矩形图案。使用栅格类似于在图形下放置一张坐标纸。利用栅格可以对齐对象并直观显示对象之间的距离。
- 捕捉模式：对象捕捉对于在对象上指定精确位置非常重要。不论何时提示输入点，都可以指定对象捕捉。默认情况下，当光标移到对象的对象捕捉位置时，将显示标记和工具提示。

- 正交模式：将光标限制在水平或垂直方向上移动，以便于精确地创建和修改对象。当创建或移动对象时，可以使用"正交"模式将光标限制在相对于用户坐标系（UCS）的水平或垂直方向上。

- 极轴追踪：使用极轴追踪，光标将按指定角度进行移动。创建或修改对象时，可以使用"极轴追踪"来显示由指定的极轴角度所定义的临时对齐路径。

- 等轴测草图：通过设定"等轴测捕捉/栅格"，可以很容易地沿三个等轴测平面之一对齐对象。尽管等轴测图形看似是三维图形，但它实际上是由二维图形表示。因此不能期望提取三维距离和面积、从不同视点显示对象或自动消除隐藏线。

- 对象捕捉追踪：使用对象捕捉追踪，可以沿着基于对象捕捉点的对齐路径进行追踪。已获取的点将显示一个小加号（+），一次最多可以获取 7 个追踪点。获取点之后，在绘图路径上移动光标，将显示相对于获取点的水平、垂直或极轴对齐路径。例如，可以基于对象端点、中点或者对象的交点，沿着某个路径选择一点。

- 二维对象捕捉：使用执行对象捕捉设置（也称为对象捕捉），可以在对象上的精确位置指定捕捉点。选择多个选项后，将应用选定的捕捉模式，以返回距离靶框中心最近的点。按 Tab 键以在这些选项之间循环。

- 注释可见性：当图标亮显时表示显示所有比例的注释性对象；当图标变暗时表示仅显示当前比例的注释性对象。

- 自动缩放：注释比例更改时，自动将比例添加到注释对象。

- 注释比例：单击注释比例右下角小三角符号弹出注释比例列表，如图 1-18 所示，可以根据需要选择适当的注释比例。

- 切换工作空间：进行工作空间转换。

- 注释监视器：打开仅用于所有事件或模型文档事件的注释监视器。

- 图形性能：设定图形卡的驱动程序以及设置硬件加速的选项。

- 隔离对象：当选择隔离对象时，在当前视图中显示选定对象。所有其他对象都暂时隐藏；当选择隐藏对象时，在当前视图中暂时隐藏选定对象。所有其他对象都可见。

- 全屏显示：该选项可以清除 Windows 窗口中的标题栏、功能区和选项板等界面元素，使 AutoCAD 的绘图窗口全屏显示，如图 1-19 所示。

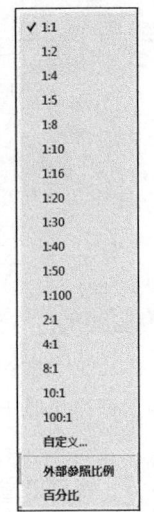

图 1-18　注释比例列表

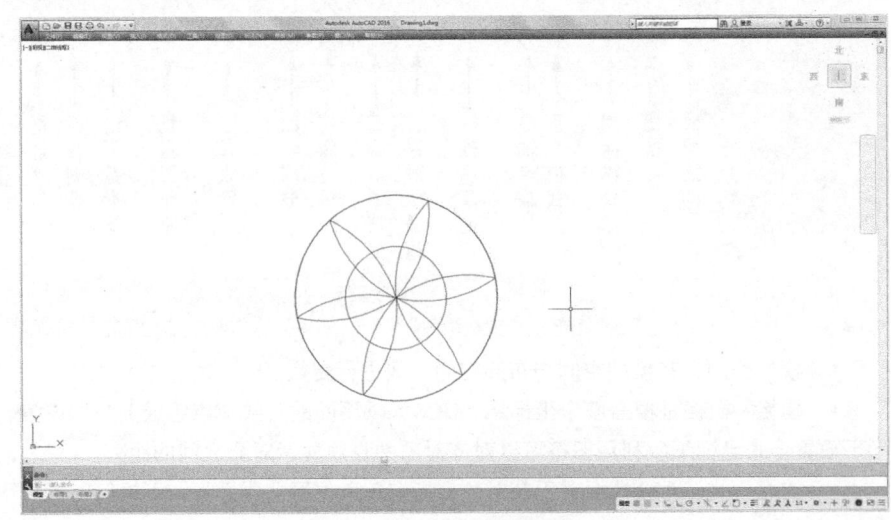

图 1-19　全屏显示

- 自定义：状态栏可以提供重要信息，而无需中断工作流。使用 MODEMACRO 系统变量可将应用程序所能识别的大多数数据显示在状态栏中。使用该系统变量的计算、判断和编辑功能可以完全按照用户的要求构造状态栏。

1.1.9 快速访问工具栏和交互信息工具栏

1. 快速访问工具栏

该工具栏包括"新建""打开""保存""另存为""打印""放弃""重做"和"工作空间"等几个最常用的工具。用户也可以单击该工具栏后面的下拉按钮设置需要的常用工具。

2. 交互信息工具栏

该工具栏包括"搜索"、AutodeskA360、Autodesk Exchange 应用程序、"保持连接"和"帮助"等几个常用的数据交互访问工具。

1.1.10 功能区

在默认情况下，功能区包括"默认""插入""注释""参数化""视图""管理""输出""附加模块""A360""BIM360""精选应用"以及"Performance"，如图 1-20 所示（所有的选项卡显示面板如图 1-21 所示）。每个选项卡集成了相关的操作工具，方便了用户的使用。用户可以单击功能区选项后面的 ▣ 按钮控制功能的展开与收缩。

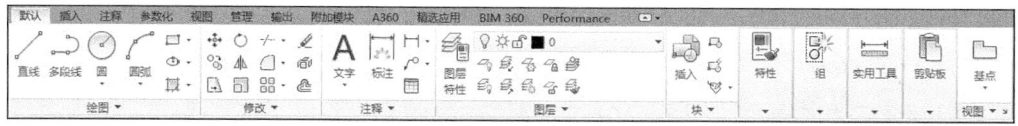

图 1-20 默认情况下出现的选项卡

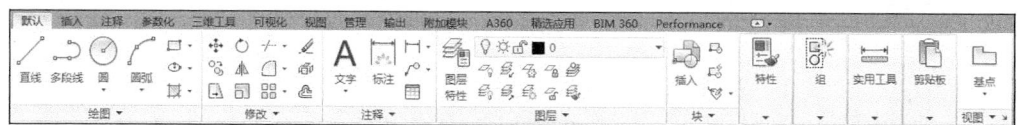

图 1-21 所有的选项卡

（1）设置选项卡。将光标放在面板中任意位置处，单击鼠标右键，打开图 1-22 所示的快捷菜单。用鼠标左键单击某一个未在功能区显示的选项卡名，系统自动在功能区打开该选项卡。反之，关闭选项卡（调出面板的方法与调出选项板的方法类似，这里不再赘述）。

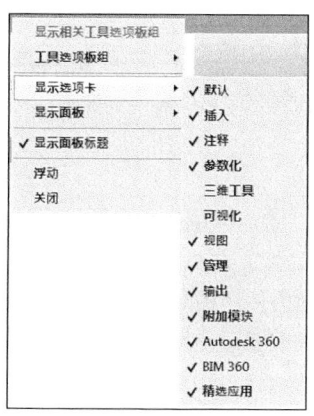

图 1-22 快捷菜单（2）

（2）选项卡中面板的"固定"与"浮动"。面板可以在绘图区"浮动"（见图 1-23），将鼠标放到浮动面板的右上角位置处，显示"将面板返回到功能区"，如图 1-24 所示。鼠标左键单击此处，使它变为"固定"面板。也可以把"固定"面板拖出，使它成为"浮动"面板。

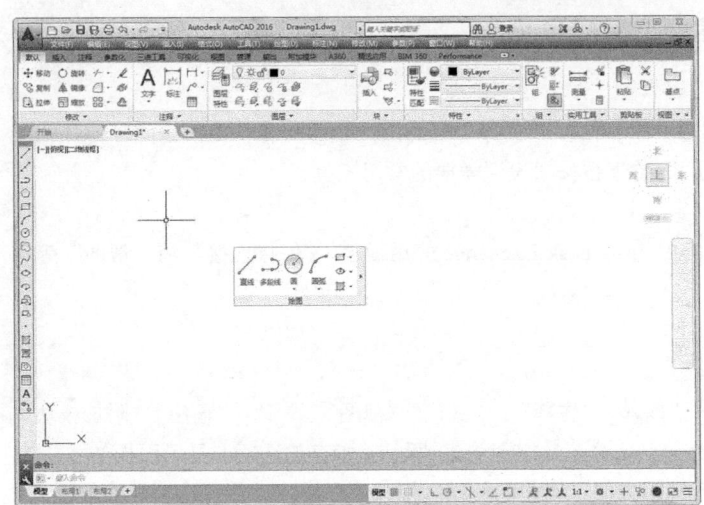

图 1-23 "浮动"面板　　　　　　　　　图 1-24 "绘图"面板（1）

【执行方式】

命令行：Preferences。

菜单栏：工具→选项板→功能区。

1.2 设置绘图环境

一般情况下，可以采用计算机默认的单位和图形边界，但有时须根据绘图的实际需要进行设置。在 AutoCAD 中，可以利用相关命令对图形单位和图形边界，以及工作文件进行具体设置。

1.2.1 图形单位设置

1. 执行方式

命令行：DDUNITS（或 UNITS）。

菜单栏：格式→单位。

2. 操作步骤

执行上述命令后，系统打开"图形单位"对话框，如图 1-25 所示。该对话框用于定义单位和角度格式。

3. 选项说明

（1）"长度"与"角度"选项组：指定当前单位测量的长度与角度及当前单位的精度。

（2）"插入时的缩放单位"下拉列表框：控制使用工具选项板（如 DesignCenter 或 i-drop）拖入当前图形块的测量单位。如果块或图形创建时使用的单位与该选项指定的单位不同，则在插入这些块或图形时将对其按比例缩放。插入比例是源块或图形使用的单位与目标图形使用的单位之比。如果插入块时不按指定单位缩放，选择"无单位"。

（3）"输出样例"选项组：显示用当前单位和角度设置的例子。

（4）"光源"下拉列表框：用于指定当前图形中光源强度的单位。

（5）"方向"按钮：单击该按钮，系统打开"方向控制"对话框，如图1-26所示。用户可以在该对话框中进行方向控制设置。

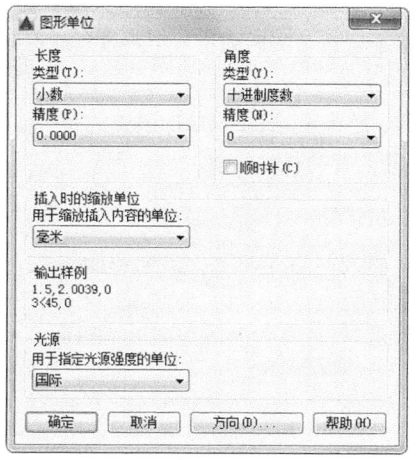

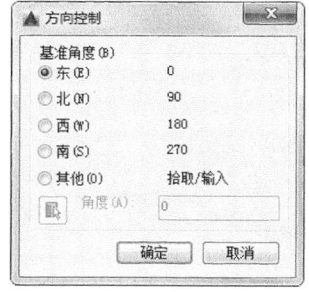

图1-25 "图形单位"对话框　　　　图1-26 "方向控制"对话框

1.2.2 图形边界设置

1．执行方式

命令行：LIMITS。

菜单栏：格式→图形界限。

2．操作步骤

命令：LIMITS✓
重新设置模型空间界限：
指定左下角点或 [开(ON)/关(OFF)] <0.0000,0.0000>：（输入边界左下角的坐标后按Enter键）
指定右上角点 <12.0000,90000>：（输入图形边界右上角的坐标后按Enter键）

3．选项说明

（1）开（ON）：使绘图边界有效。系统在绘图边界以外拾取的点视为无效。

（2）关（OFF）：使绘图边界无效。用户可以在绘图边界以外拾取点或实体。

（3）动态输入角点坐标：它可以直接在屏幕上输入角点坐标，输入横坐标值后，按下","键，接着输入纵坐标值，如图1-27所示。可以移动光标位置后直接按鼠标左键确定角点位置。

图1-27 动态输入

1.3 配置绘图系统

每台计算机所使用的显示器、输入设备和输出设备的类型不同，用户喜好的风格及计算机的具体设置也不同。一般来讲，使用 AutoCAD 2016 的默认配置即可绘图，但为了使用用户的定点设备或打印机，以及提高绘图的效率，推荐用户在开始作图前先进行必要的配置。

1．执行方式

命令行：preferences。

菜单栏：工具→选项。

快捷菜单：在绘图区中右击，在弹出的快捷菜单中选择"选项"命令，如图1-28所示。

2．操作步骤

执行上述命令后，系统打开"选项"对话框。用户可以在该对话框中设置有关选项，对绘图系统进行配置。下面对其中主要的两个选项卡进行说明，其他配置选项在后面章节中再做具体说明。

（1）系统配置

"选项"对话框中的第五个选项卡为"系统"选项卡，用来设置 AutoCAD 系统的有关特性，如图1-29所示。其中，"常规选项"选项组确定是否选择系统配置的有关基本选项。

图1-28　快捷菜单（3）

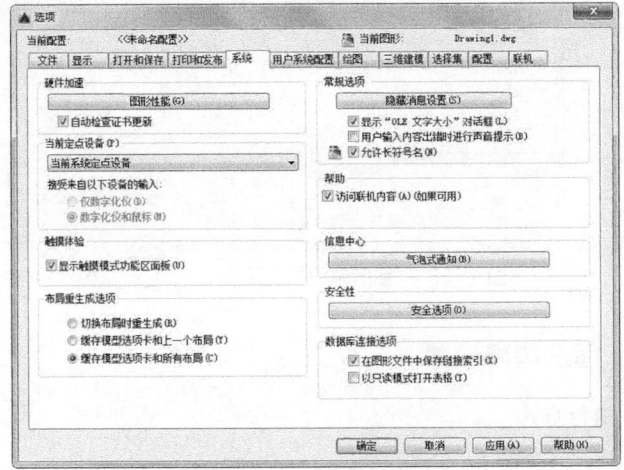

图1-29　"系统"选项卡

（2）显示配置

"选项"对话框中的第二个选项卡为"显示"选项卡，用于控制 AutoCAD 系统的外观，如图1-30所示。该选项卡设定滚动条显示与否、绘图区颜色、光标大小、AutoCAD 的版面布局设置、各实体的显示精度等。

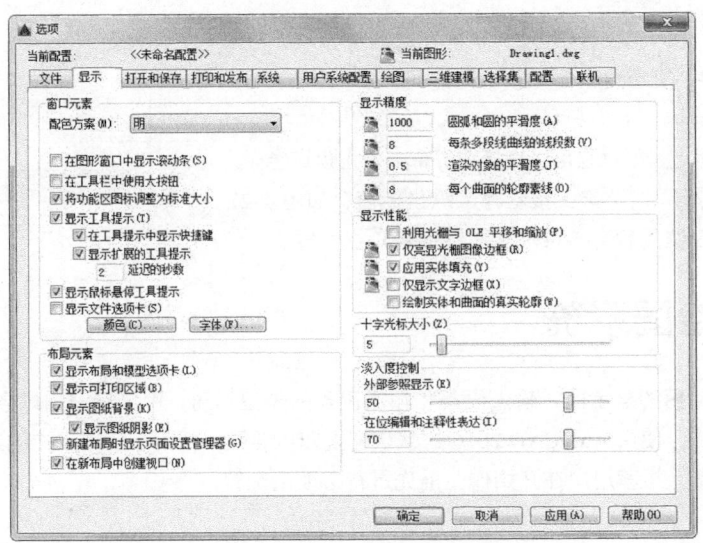

图1-30　"显示"选项卡

技巧：

　　设置实体显示精度时，务必记住，显示质量越高，即精度越高，计算机计算的时间越长，建议不要将精度设置得太高，显示质量设定在一个合理的程度即可。

1.4　文件管理

　　本节介绍有关文件管理的一些基本操作方法，包括新建文件、打开文件、保存文件、退出文件、图形修复等，这些都是 AutoCAD 2016 最基础的知识。

1.4.1　新建文件

1．执行方式

命令行：NEW（或 QNEW）。

菜单栏：文件→新建或主菜单→新建。

工具栏：标准→新建▯或快速访问→新建▯。

2．操作步骤

　　执行上述命令后，系统打开图 1-31 所示的"选择样板"对话框，在"文件类型"下拉列表框中有 3 种格式的图形样板，后缀分别是.dwt、.dwg 和.dws。在一般情况下，.dwt 文件是标准的样板文件，通常将一些规定的标准样板文件设成.dwt 文件；.dwg 文件是普通的样板文件；.dws 文件是包含标准图层、标注样式、线型和文字样式的样板文件。

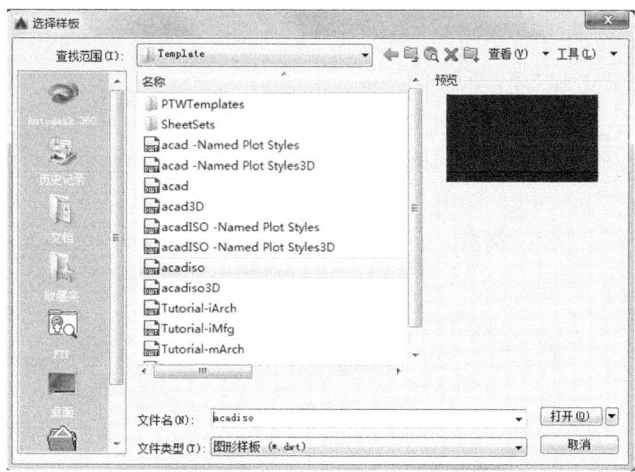

图 1-31　"选择样板"对话框

1.4.2　打开文件

1．执行方式

命令行：OPEN。

菜单栏：文件→打开或主菜单→打开。

工具栏：标准→打开▱或快速访问→打开▱。

2．操作步骤

　　执行上述命令后，打开"选择文件"对话框，如图 1-32 所示，在"文件类型"下拉列表框中可选.dwg

文件、.dwt 文件、.dxf 文件和.dws 文件。.dxf 文件是用文本形式存储的图形文件，该类型文件能够被其他程序读取，许多第三方应用软件都支持.dxf 格式。

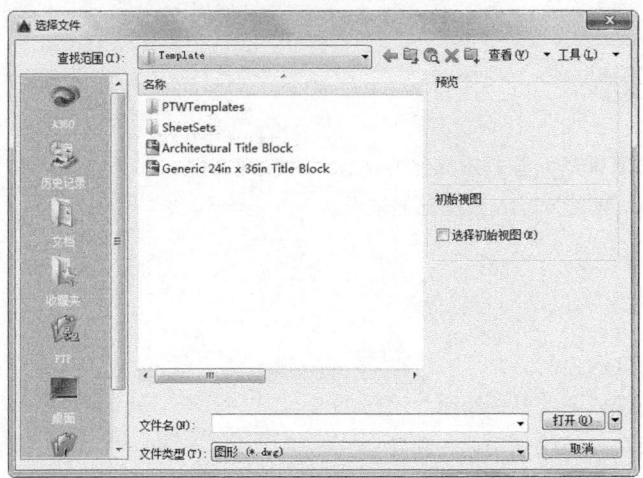

图 1-32 "选择文件"对话框

1.4.3 保存文件

1. 执行方式

命令名：QSAVE（或 SAVE）。

菜单栏：文件→保存或主菜单→保存。

工具栏：标准→保存🔲或快速访问→保存🔲。

2. 操作步骤

执行上述命令后，若文件已命名，则 AutoCAD 自动保存；若文件未命名（即为默认名 Drawing1.dwg），则系统打开"图形另存为"对话框，如图 1-33 所示，用户可以命名保存。在"保存于"下拉列表框中可以指定保存文件的路径；在"文件类型"下拉列表框中可以指定保存文件的类型。

图 1-33 "图形另存为"对话框

为了防止因意外操作或计算机系统故障导致正在绘制的图形文件丢失，可以对当前图形文件设置自动保存。操作步骤如下。

（1）利用系统变量 SAVEFILEPATH 设置所有"自动保存"文件的位置，如 D:\HU\。

（2）利用系统变量 SAVEFILE 存储"自动保存"文件名。该系统变量存储的文件是只读文件，用户可以从中查询自动保存的文件名。

（3）利用系统变量 SAVETIME 指定在使用"自动保存"时多长时间保存一次图形。

1.4.4 另存为

1. 执行方式

命令行：SAVEAS。

菜单栏：文件→另存为或主菜单→另存为。

工具栏：快速访问→另存为。

2. 操作步骤

执行上述命令后，打开"图形另存为"对话框，如图 1-33 所示，AutoCAD 用另存名保存，并把当前图形更名。

1.4.5 退出文件

1. 执行方式

命令行：QUIT（或 EXIT）。

菜单栏：文件→退出或主菜单→关闭。

按钮：AutoCAD 操作界面右上角的"关闭"按钮 ✖。

2. 操作步骤

命令：QUIT✓（或EXIT✓）

执行上述命令后，若用户对图形所作的修改尚未保存，则会出现图 1-34 所示的系统警告对话框。单击"是"按钮，系统将保存文件，然后退出；单击"否"按钮，系统将不保存文件。若用户对图形所作的修改已经保存，则直接退出。

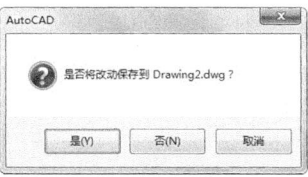

图 1-34　系统警告对话框

1.4.6 图形修复

1. 执行方式

命令行：DRAWINGRECOVERY。

菜单栏：文件→图形实用工具→图形修复管理器。

2. 操作步骤

命令：DRAWINGRECOVERY✓

执行上述命令后，系统打开图形修复管理器，如图 1-35 所示，打开"备份文件"列表中的文件，可以重新保存，从而进行图形修复。

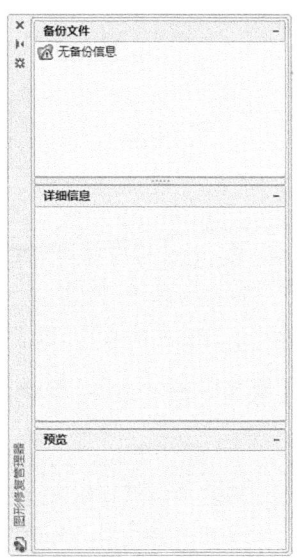

图 1-35　图形修复管理器

1.5　基本输入操作

AutoCAD 有一些基本的输入操作方法，这些基本方法是进行 AutoCAD 绘图的必备知识基础，也是深入学习 AutoCAD 功能的前提。

1.5.1　命令输入方式

AutoCAD 交互绘图必须输入必要的指令和参数。AutoCAD 命令输入方式有多种（以画直线为例）。

1．在命令行窗口输入命令名

命令字符可不区分大小写，如命令 LINE。执行命令时，在命令行提示中经常会出现命令选项。如输入绘制直线命令 LINE 后，命令行中的提示如下：

> 命令：LINE↙
> 指定第一个点：（在屏幕上指定一点或输入一个点的坐标）
> 指定下一点或 [放弃(U)]：

选项中不带括号的提示为默认选项，因此可以直接输入直线段的起点坐标或在屏幕上指定一点。如果要选择其他选项，则应该首先输入该选项的标识字符或直接选择该选项，如"放弃"选项的标识字符 U，然后按系统提示输入数据即可。在命令选项的后面有时还带有尖括号，尖括号内的数值为默认数值。

2．在命令行窗口输入命令缩写字母

如 L（Line）、C（Circle）、A（Arc）、Z（Zoom）、R（Redraw）、M（More）、CO（Copy）、PL（Pline）、E（Erase）等。

3．选取绘图菜单直线选项

选取该选项后，在状态栏中可以看到对应的命令说明及命令名。

4．选取工具栏中的对应图标

选取该图标后，在状态栏中可以看到对应的命令说明及命令名。

5．在绘图区打开右键快捷菜单

如果在前面刚使用过要输入的命令，可以在绘图区打开右键快捷菜单，在"最近的输入"子菜单中选择需要的命令，如图 1-36 所示。"最近的输入"子菜单中存储最近使用的几个命令，如果是经常重复使用的命令，这种方法就比较快速简便。

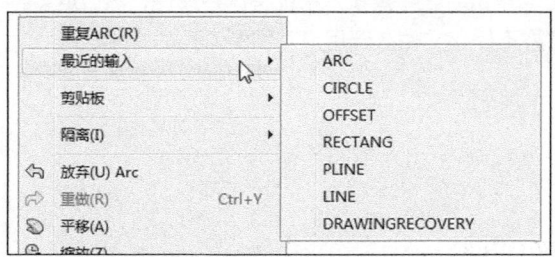

图 1-36　命令行右键快捷菜单

6．在命令行直接回车

如果用户要重复使用上次使用的命令，可以直接在绘图区按 Enter 键，系统立即重复执行上次使用的命令，这种方法适用于重复执行某个命令。

1.5.2　命令执行方式

有的命令有两种执行方式，即通过对话框或通过命令行输入命令。指定使用命令行窗口方式，可以在命令名前加短划线来表示，如-LAYER 表示用命令行方式执行"图层"命令。如果在命令行中输入"LAYER"，系统则会自动打开"图层"对话框。

另外，有些命令同时存在命令行、菜单栏、工具栏和功能区 4 种执行方式，这时如果选择菜单或工具栏方式，命令行会显示该命令，并在前面加一下划线，如通过菜单或工具栏方式执行"直线"命令时，命令行会显示_line，命令的执行过程和结果与通过命令行方式相同。

1.5.3 命令的重复、撤销、重做

1. 命令的重复

在命令行窗口中按 Enter 键可重复调用上一个命令，不管上一个命令是完成了，还是被取消了。

2. 命令的撤销

在命令执行的任何时刻都可以取消和终止命令的执行，执行方式如下。

命令行：UNDO。

菜单栏：编辑→放弃。

工具栏：标准→放弃 ↺。

快捷键：Esc。

3. 命令的重做

已被撤销的命令还可以恢复重做，执行方式如下。

命令行：REDO。

菜单栏：编辑→重做。

工具栏：标准→重做 ↻。

工具栏命令可以一次执行多重放弃和重做操作。单击 UNDO 或 REDO 列表箭头，可以选择要放弃或重做的操作，如图 1-37 所示。

图 1-37 多重放弃或重做

1.5.4 坐标系统与数据的输入方法

1. 坐标系

AutoCAD 采用两种坐标系：世界坐标系（WCS）与用户坐标系（UCS）。用户进入 AutoCAD 时的坐标系统就是世界坐标系，是固定的坐标系统。世界坐标系是坐标系统中的基准，绘制图形时多数情况下都是在这个坐标系统下进行的。用户可根据需要切换到用户坐标系统，执行方式如下。

命令行：UCS。

菜单栏：工具→新建 UCS。

工具栏：标准→坐标系。

AutoCAD 有两种视图显示方式：模型空间和图样空间。模型空间指单一视图显示法，通常使用这种显示方式；图样空间指在绘图区域创建图形的多视图，用户可以对其中每一个视图进行单独操作。在默认情况下，当前 UCS 与 WCS 重合。如图 1-38（a）所示为模型空间下的 UCS 坐标放在绘图区左下角处；用户还可以指定它放在当前 UCS 的实际坐标原点位置，如图 1-38（b）所示。而图 1-38（c）所示为布局空间下的坐标系图标。

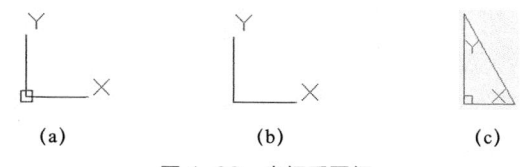

(a)　　　　　　　　(b)　　　　　　　　(c)

图 1-38 坐标系图标

2. 数据输入方法

在 AutoCAD 中，点的坐标可以用直角坐标、极坐标、球面坐标和柱面坐标表示，每一种坐标又分别具有两种坐标输入方式：绝对坐标和相对坐标。其中，直角坐标和极坐标最为常用，下面主要介绍它们

的输入方法。

（1）直角坐标法：用点的 x、y 坐标值表示的坐标。

例如，在命令行中输入点的坐标提示下，输入"15,18"，则表示输入一个 x、y 的坐标值分别为 15、18 的点，此为绝对坐标输入方式，表示该点的坐标是相对于当前坐标原点的坐标值，如图 1-39（a）所示。如果输入"@10,20"，则为相对坐标输入方式，表示该点的坐标是相对于前一点的坐标值，如图 1-39（b）所示。

（2）极坐标法：用长度和角度表示的坐标，只能用来表示二维点的坐标。

在绝对坐标输入方式下，表示为："长度<角度"，如 25<50，其中长度为该点到坐标原点的距离，角度为该点至原点的连线与 x 轴正向的夹角，如图 1-39（c）所示。

在相对坐标输入方式下，表示为："@长度<角度"，如@25<45，其中长度为该点到前一点的距离，角度为该点至前一点的连线与 x 轴正向的夹角，如图 1-39（d）所示。

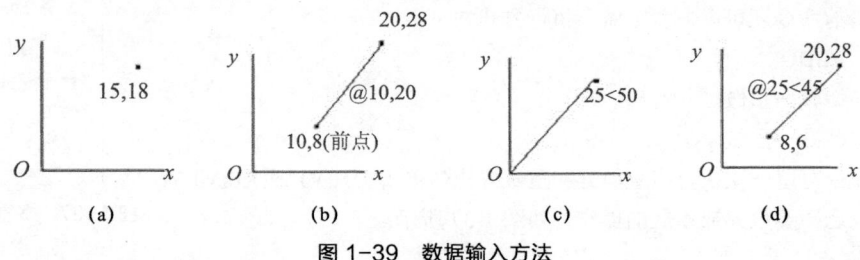

图 1-39　数据输入方法

3. 动态数据输入

按下状态栏上的"动态输入"按钮 ，系统打开动态输入功能，可以在屏幕上动态地输入某些参数数据。例如，绘制直线时，在光标附近，会动态地显示"指定第一个点"及后面的坐标框，当前显示的是光标所在位置，可以输入数据，两个数据之间以逗号隔开，如图 1-40 所示。指定第一点后，系统动态显示直线的角度，同时要求输入线段长度值，如图 1-41 所示，其输入效果与"@长度<角度"方式相同。

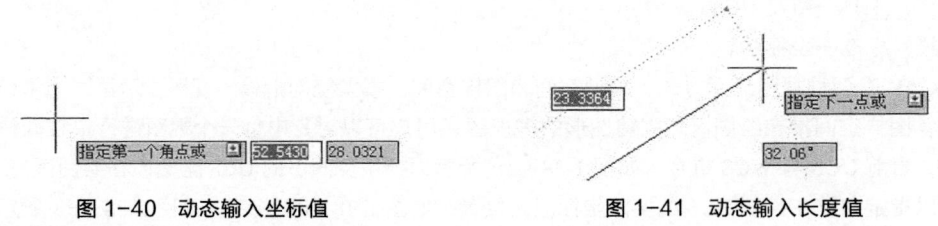

图 1-40　动态输入坐标值　　　　　图 1-41　动态输入长度值

下面分别讲述点与距离值的输入方法。

（1）点的输入

在绘图过程中，常需要输入点的位置，AutoCAD 提供如下 4 种输入点的方式。

① 直接在命令行窗口中输入点的坐标。直角坐标有两种输入方式：x,y（点的绝对坐标值，如 100,50）和@x,y（相对于上一点的相对坐标值，如@50,-30）。坐标值相对于当前的用户坐标系。

极坐标的输入方式为：长度<角度（其中，长度为点到坐标原点的距离，角度为原点至该点连线与 x 轴的正向夹角，如 20<45）或@长度<角度（相对于上一点的相对极坐标，如@50<-30）。

② 用鼠标等定标设备移动光标单击，在屏幕上直接取点。

③ 用目标捕捉方式捕捉屏幕上已有图形的特殊点（如端点、中点、中心点、插入点、交点、切点、

垂足点等）。

④ 直接输入距离：先用光标拖曳出橡筋线确定方向，然后用键盘输入距离。这样有利于准确控制对象的长度等参数。

（2）距离值的输入

在 AutoCAD 命令中，有时需要提供高度、宽度、半径、长度等距离值。AutoCAD 提供两种输入距离值的方式：一种是用键盘在命令行窗口中直接输入数值；另一种是在屏幕上拾取两点，以两点的距离值定出所需数值。

1.5.5　实例——绘制线段

绘制一条 20mm 长的线段。

绘制步骤：

（1）绘制直线。单击"默认"选项卡"绘图"面板中的"直线"按钮。命令行提示与操作如下：

命令：LINE↙
指定第一个点：（在屏幕上指定一点）
指定下一点或 [放弃(U)]:

（2）这时在屏幕上移动鼠标指针指明线段的方向，但不要单击确认，如图1-42 所示，然后在命令行输入"20"，这样就在指定方向上准确地绘制了长度为 20mm 的线段。

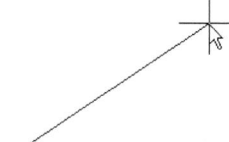

图 1-42　绘制直线

1.5.6　透明命令

在 AutoCAD 中有些命令不仅可以直接在命令行中使用，而且还可以在其他命令的执行过程中插入并执行，待该命令执行完毕后，系统继续执行原命令，这种命令称为透明命令。

透明命令一般多为修改图形设置或打开辅助绘图工具的命令，如在执行 ARC 命令的过程中执行 ZOOM 命令：

命令：ARC↙
指定圆弧的起点或 [圆心(C)]：ZOOM↙（透明使用显示缩放命令ZOOM）
>>（执行ZOOM命令）
正在恢复执行 ARC 命令。
指定圆弧的起点或 [圆心(C)]：（继续执行原命令）

1.5.7　按键定义

在 AutoCAD 中，除了可以通过在命令行窗口输入命令、单击工具栏图标或选择菜单项来完成指定的功能外，还可以使用键盘上的一组功能键或快捷（组合）键，快速实现指定的功能，如按 F1 键，系统调用"AutoCAD 帮助"对话框。

系统使用 AutoCAD 传统标准（Windows 之前）或 Microsoft Windows 标准解释快捷键。

有些功能键或快捷（组合）键在 AutoCAD 的菜单中已经说明，如"粘贴"的组合键为 Ctrl+V，这些只要用户在使用的过程中多加留意，就会熟练掌握。组合键的定义见菜单命令后面的说明，如"粘贴（P）Ctrl+V"。

1.6　缩放与平移

改变视图最一般的方法就是利用缩放和平移命令。用它们可以在绘图区放大或缩小图像显示，或改变图形位置。这样有利于作图和看图。

1.6.1 缩放

AutoCAD 根据用户缩放图形大小的需要而设置各种缩放工具，这里介绍最典型的 2 个。

1．实时缩放

利用实时缩放，用户就可以通过垂直向上或向下移动鼠标指针的方式来放大或缩小图形。

（1）执行方式

命令行：ZOOM。

菜单栏：视图→缩放→实时。

工具栏：标准→实时缩放 。

功能区：视图→导航→实时 。

（2）操作步骤

按住鼠标左键垂直向上或向下移动，可以放大或缩小图形。

2．动态缩放

如果打开"快速缩放"功能，就可以用动态缩放功能改变图形显示而不产生重新生成的效果。动态缩放会在当前视区中显示图形的全部。

（1）执行方式

命令行：ZOOM。

菜单栏：视图→缩放→动态。

工具栏：标准→动态缩放 。

功能区：视图→导航→动态 。

（2）操作步骤

命令：ZOOM↙
指定窗口角点，输入比例因子 (nX 或 nXP)，或者[全部(A)/中心(C)/动态(D)/范围(E)/上一个(P)/比例(S)/窗口(W)/对象(O)] <实时>：D↙

执行上述命令后，系统弹出一个图框。选择动态缩放前图形区呈绿色的点线框，如果要动态缩放的图形显示范围与选择的动态缩放前的范围相同，则此绿色点线框与白线框重合而不可见。重生成区域的四周有一个蓝色虚线框，用以标记虚拟图纸，此时，如果线框中有一个"×"出现，就可以拖曳线框，把它平移到另外一个区域。如果要放大图形到不同的放大倍数，单击，"×"就会变成一个箭头，这时左右拖曳边界线就可以重新确定视区的大小。

另外，缩放命令还有窗口缩放、比例缩放、放大、缩小、中心缩放、全部缩放、对象缩放、缩放上一个和最大图形范围缩放，其操作方法与动态缩放类似，此处不再赘述。

1.6.2 平移

"平移"是相对缩放的另一种转换图形显示范围的工具，在绘图过程中也经常用到，下面介绍两种平移的方式。

1．实时平移

利用实时平移，能通过单击或移动鼠标指针重新放置图形。

（1）执行方式

命令行：PAN。

菜单栏：视图→平移→实时。

工具栏：标准→实时平移🖐。

功能区：视图→导航→平移🖐。

（2）操作步骤

执行上述操作后，光标变为🖐形状，按住鼠标左键移动手形光标即可平移图形。移动到图形的边沿时，光标就以↙显示。

另外，在 AutoCAD 2016 中，为显示控制命令而设置一个快捷菜单，如图 1-43 所示。在该菜单中，用户可以在显示命令执行的过程中透明的进行切换。

2．定点平移

除了最常用的"实时平移"命令外，也常用到"定点平移"命令。

（1）执行方式

命令行：-PAN。

菜单栏：视图→平移→点。

（2）操作步骤

命令：-PAN↙
指定基点或位移：指定基点位置或输入位移值
指定第二点：指定第二点确定位移和方向

执行上述命令后，当前图形按指定的位移和方向进行平移。另外，"平移"子菜单还有"左""右""上""下"4 个平移命令，如图 1-44 所示，选择这些命令时，图形按指定的方向平移一定的距离。

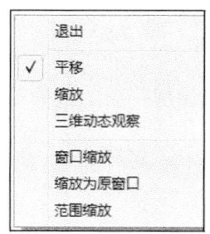

图 1-43 快捷菜单（4）

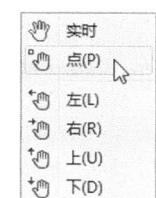

图 1-44 "平移"子菜单

1.6.3 重画与重生成

用户在绘图的过程中，由于操作的原因，使得屏幕上出现一些残留光标点。为了擦除这些不必要的光标点，使图形显得整洁、清晰，可以利用 AutoCAD 的重画和重生成功能。

1．图形的重画

（1）执行方式

命令行：REDRAW。

菜单栏：视图→重画（图 1-45）。

（2）操作步骤

执行该命令后，屏幕上或当前视区中原有的图形消失，紧接着把该图形又重画一遍。如果原图中有残留的光标点，那么它在重画后的图形中不再出现。可以利用 REDRAWALL 命令对所有的视区进行重画，操作方法与 REDRAW 命令类似。

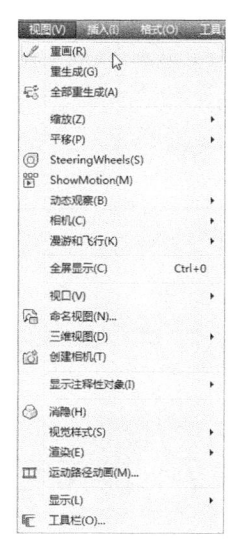

图 1-45 "视图"菜单

2. 图形的重生成

（1）执行方式

命令行：REGEN。

菜单栏：视图→重生成。

（2）操作步骤

执行该命令后，重新生成全部图形并在屏幕上显示出来。执行该命令时生成图形的速度较慢，因此除非有必要，该命令一般较少使用。

与 REDRAW 命令相比，该命令所用时间较长，这是因为 REDRAW 命令只是把显示器的帧缓冲区刷新一次，而 REGEN 命令则要把图形文件的原始数据全部重新计算一遍，形成显示文件后再显示出来，这样执行起来速度就较慢。

可以利用 REGENALL 命令对所有的视区进行重生成，操作方法与 REGEN 命令类似。

1.6.4　清除屏幕

利用清除屏幕功能，可以将图形环境中除了一些基本的命令或菜单外的其他配置都从屏幕上清除，只保留绘图区，这样更有利于突出图形本身，如图 1-46 所示。

1. 执行方式

菜单栏：视图→全屏显示。

组合键：Ctrl+0。

状态栏：单击状态栏中的"全屏显示"图标 ⬈。

2. 操作步骤

执行该命令后，系统清除屏幕或返回，图 1-46 所示为清除屏幕后的情形。

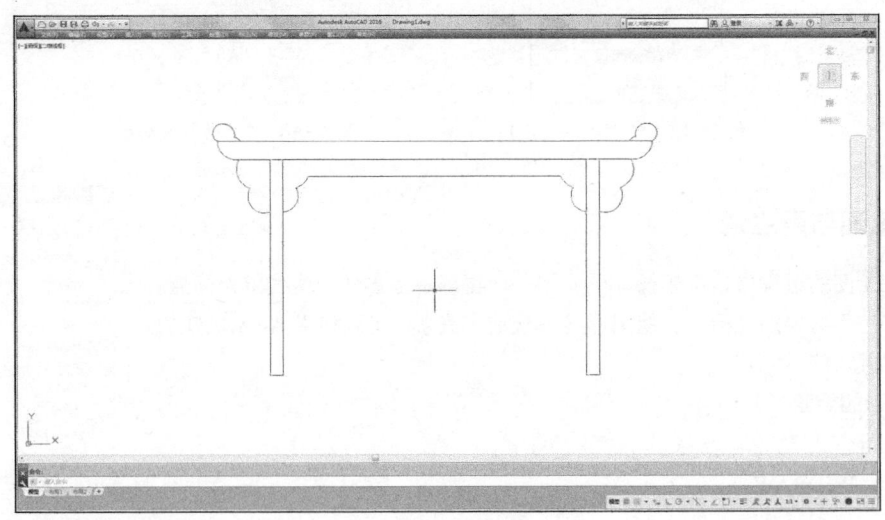

图 1-46　清除屏幕后

1.7　操作与实践

通过前面的学习，读者对 AutoCAD 的基础知识应有了大体的了解，本节将通过 2 个操作练习使读者进一步掌握本章知识要点。

1.7.1 熟悉操作界面

1. 目的要求

操作界面是用户绘制图形的平台，操作界面的各个部分都有其独特的功能，熟悉操作界面有助于用户方便快速地进行绘图。本例要求了解操作界面各部分的功能，掌握改变绘图区颜色和光标大小的方法，并能够熟练地打开、移动、关闭工具栏。

2．操作提示

（1）启动 AutoCAD 2016，进入绘图界面。

（2）调整操作界面大小。

（3）设置绘图窗口颜色与光标大小。

（4）打开、移动、关闭工具栏。

（5）尝试同时利用命令行、下拉菜单、功能区和工具栏绘制一条线段。

1.7.2 设置绘图环境

1. 目的要求

任何一个图形文件都有一个特定的绘图环境，包括图形边界、绘图单位、角度等。设置绘图环境通常有两种方法，即设置向导与单独的命令设置方法。通过学习设置绘图环境，可以促进读者对图形总体环境的认识。

2．操作提示

（1）选择菜单栏中的"文件"→"新建"命令，系统打开"选择样板"对话框，单击"打开"按钮，进入绘图界面。

（2）选择菜单栏中的"格式"→"图形界限"命令，在命令行中设置界限为"（0,0），（297,210）"。

（3）选择菜单栏中的"格式"→"单位"命令，系统打开"图形单位"对话框，设置长度类型为"小数"，精度为 0.00；角度类型为"十进制度数"，精度为 0；用于缩放插入内容的单位为"毫米"，用于指定光源强度的单位为"国际"；角度方向为"顺时针"。

（4）选择菜单栏中的"工具"→"工作空间"→"草图与注释"命令，进入工作空间。

1.8 思考与练习

1. AutoCAD 打开后，只有一个菜单，如何恢复默认状态？（　　　）

    A. 用 MENU 命令加载 acad.cui   B. 用 CUI 命令打开 AutoCAD 经典空间

    C. 用 MENU 命令加载 custom.cui   D. 重新安装

2. 在图形修复管理器中，以下哪个文件是由系统自动创建的自动保存文件？（　　　）

    A. drawing1_1_1_6865.svs$ B. drawing1_1_68656.svs$

    C. drawing1_recovery.dwg   D. drawing1_1_1_6865.bak

3. 在"自定义用户界面"对话框中，如何将现有工具栏复制到功能区面板？（　　　）

    A. 选择要复制到面板的工具栏，右击，在弹出的快捷菜单中选择"新建面板"命令

    B. 选择面板，右击，在弹出的快捷菜单中选择"复制到功能区面板"命令

    C. 选择要复制到面板的工具栏，右击，在弹出的快捷菜单中选择"复制到功能区面板"命令

    D. 选择要复制到面板的工具栏，右击，在弹出的快捷菜单中选择"新建弹出"命令

4. 如果想要改变绘图区域的背景颜色，应该如何做？（　　　）

   A. 在"选项"对话框"显示"选项卡的"窗口元素"选项组中单击"颜色"按钮，在弹出的对话框中进行修改

   B. 在 Windows 的"显示属性"对话框的"外观"选项卡中单击"高级"按钮，在弹出的对话框中进行修改

   C. 修改 SETCOLOR 变量的值

   D. 在"特性"面板的"常规"选项组中修改"颜色"值

5. 下面哪个选项可以将图形进行动态放大？（　　　）

   A. ZOOM/（D）   B. ZOOM/（W）   C. ZOOM/（E）   D. ZOOM/（A）

6. 取世界坐标系的点（70,20）作为用户坐标系的原点，则用户坐标系的点（-20,30）的世界坐标为（　　　）。

   A.（50,50）   B.（90,-10）   C.（-20,30）   D.（70,20）

7. 绘制直线，起点坐标为（57,79），线段长度为173，与 X 轴正向的夹角为71°。将线段分为5等分，从起点开始的第一个等分点的坐标为（　　　）。

   A. X = 113.3233, Y = 242.5747   B. X = 79.7336, Y = 145.0233

   C. X = 90.7940, Y = 177.1448   D. X = 68.2647, Y = 111.7149

第2章

简单二维绘图命令

■ 二维图形是指在二维平面空间绘制的图形，主要由一些图形元素组成，如点、直线、圆弧、圆、椭圆、矩形、多边形、多段线、样条曲线、多线等几何元素。AutoCAD提供大量的绘图工具，可以帮助用户完成二维图形的绘制。本章主要内容包括直线、圆和圆弧、椭圆和椭圆弧、平面图形和点命令的应用及图形绘制等。

2.1 直线类图形绘制

直线类命令包括直线段、构造线和射线。这几个命令是 AutoCAD 中最简单的绘图命令。

2.1.1 绘制直线段

无论多么复杂的图形都是由点、直线、圆弧等按不同的粗细、间隔、颜色组合而成的。其中直线是 AutoCAD 绘图中最简单、最基本的一种图形单元，连续的直线可以组成折线，直线与圆弧的组合又可以组成多段线。直线在机械制图中常用于表达物体棱边或平面的投影，在建筑制图中则常用于建筑平面投影。这里暂时不关注直线段的颜色、粗细、间隔等属性，下面先简单讲述怎样开始绘制一条基本的直线段。

1. 执行方式

命令行：LINE（快捷命令：L）。

菜单栏：绘图→直线（图 2-1）。

工具栏：绘图→直线（图 2-2）。

功能区：默认→绘图→直线 （图 2-3）。

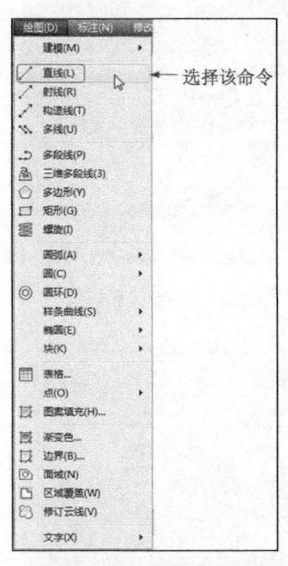

图 2-1 选择菜单命令

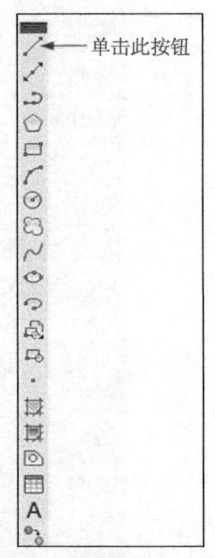

图 2-2 单击工具栏按钮

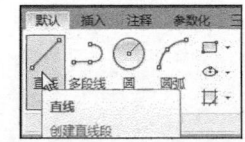

图 2-3 "绘图"面板（2）

技巧：

在 AutoCAD 中，任意一个命令或操作的执行方式一般有在命令行输入命令名、菜单栏中选择相应命令、功能区选择相应的按钮和工具栏选择相应的按钮 4 种方式，这 4 种方式的执行结果一样。一般来说，采取功能区方式操作起来比较方便快捷。对于那些需要大量长期作图的用户，还有一种操作方式更加方便快捷，那就是命令行快捷命令。AutoCAD 针对不同的命令设置很多相应的快捷命令，只要在命令行输入一两个字母，就可以快速执行命令，这种方式要求多练多用，长期使用就会记住各种快捷命令，养成一种快速绘图的习惯。

2. 操作步骤

命令：LINE✓

指定第一个点:（输入直线段的起点,用鼠标指定点或者给定点的坐标）
指定下一点或 [放弃(U)]:（输入直线段的端点,也可以用鼠标指定一定角度后,直接输入直线的长度）
指定下一点或 [放弃(U)]:（输入下一直线段的端点。输入U表示放弃前面的输入;右击或按Enter键,结束命令）
指定下一点或 [闭合(C)/放弃(U)]:(输入下一直线段的端点,或输入C使图形闭合,结束命令)

3.选项说明

（1）若按 Enter 键响应"指定第一个点"提示,系统会把上次绘制图线的终点作为本次图线的起始点。若上次操作为绘制圆弧,按 Enter 键响应后绘出通过圆弧终点并与该圆弧相切的直线段,该线段的长度为光标在绘图区指定的一点与切点之间线段的距离。

（2）在"指定下一点"提示下,用户可以指定多个端点,从而绘出多条直线段。但是,每一段直线是一个独立的对象,可以进行单独的编辑操作。

（3）绘制两条以上直线段后,若输入"C"响应"指定下一点"提示,系统会自动连接起始点和最后一个端点,从而绘出封闭的图形。

（4）若输入"U"响应提示,则会删除最近一次绘制的直线段。

（5）若设置正交方式（单击状态栏中的"正交模式"按钮└），只能绘制水平线段或垂直线段。

（6）若设置动态数据输入方式（单击状态栏中的"动态输入"按钮+□），则可以动态输入坐标或长度值,效果与非动态数据输入方式类似。除了特别需要,以后不再强调,本书只按非动态数据输入方式输入相关数据。

2.1.2 实例——五角星

五角星（方法一）

本实例主要练习执行"直线"命令后,分别在动态输入和命令行中直接输入坐标点来绘制五角星,如图 2-4 所示。

操作步骤:（光盘\动画演示\第 2 章\五角星.avi）

方法一:用动态输入,绘制五角星轮廓。

（1）系统默认打开动态输入,如果动态输入没有打开,单击状态栏中的"动态输入"按钮+□,打开动态输入,单击"默认"选项卡"绘图"面板中的"直线"按钮╱,在动态输入框中输入第一点坐标为"（120,120）",如图 2-5 所示。按 Enter 键确认 P1 点。

（2)拖曳鼠标,然后在动态输入框中输入长度为"80",按 Tab 键切换到角度输入框,输入角度为"72",如图 2-6 所示,按 Enter 键确认 P2 点。

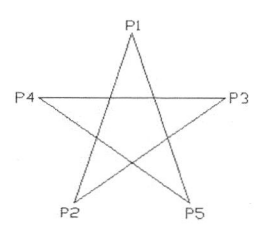

图 2-4 绘制五角星

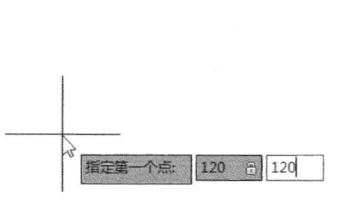

图 2-5 确定 P1 点

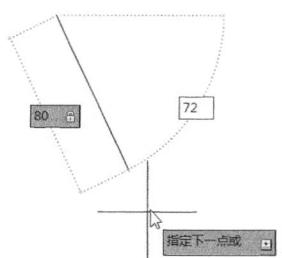

图 2-6 确定 P2

（3）拖曳鼠标,然后在动态输入框中输入长度为"80",按 Tab 键切换到角度输入框,输入角度为"144",如图 2-7 所示,按 Enter 键确认 P3 点。

（4）拖曳鼠标,然后在动态输入框中输入长度为"80",如果角度中显示为 0,如图 2-8 所示,按 Enter 键确认 P4 点,如果角度中显示的不是 0,则按 Tab 键切换到角度输入框,输入角度为 0。

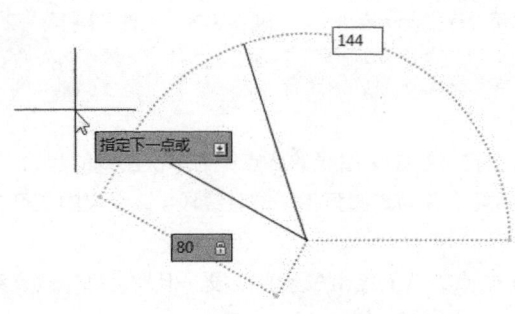

图 2-7　确定 P3

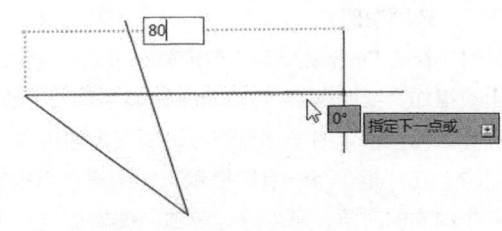

图 2-8　确定 P4

（5）拖曳鼠标，然后在动态输入框中输入长度为"80"，按 Tab 键切换到角度输入框，输入角度为"144"，按 Enter 键确认 P5 点。

（6）拖曳鼠标，直接捕捉 P1 点，如图 2-9 所示，也可以输入长度为"80"，按 Tab 键切换到角度输入框，输入角度为"72"。

方法二：直接用命令行绘制五角星轮廓。

单击状态栏中的"动态输入"按钮＋，关闭动态输入，单击"默认"选项卡"绘图"面板中的"直线"按钮，命令行提示与操作如下：

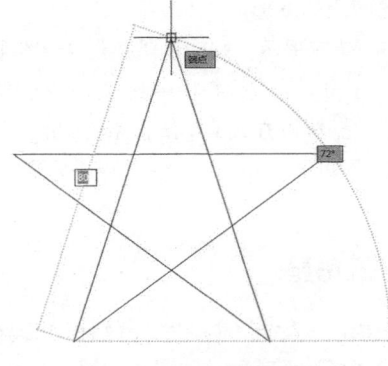

图 2-9　完成绘制五角星

五角星（方法二）

```
命令：_line
指定第一个点：120,120↙(在命令行输入"120,120"（即顶点P1的位置）后按Enter键，系统继续提示，用相似方法输入五角星的各个顶点)
指定下一点或[放弃(U)]：@80<252↙（P2点）
指定下一点或 [放弃(U)]：159.091，90.870↙（P3点，也可以输入相对坐标@80<36）
指定下一点或 [闭合(C)/放弃(U)]：@80,0↙（错位的P4点）
指定下一点或 [闭合(C)/放弃(U)]：U↙（取消对P4点的输入）
指定下一点或 [闭合(C)/放弃(U)]：@-80,0↙（P4点）
指定下一点或 [闭合(C)/放弃(U)]：144.721，43.916↙（P5点，也可以输入相对坐标@80<-36）
指定下一点或 [闭合(C)/放弃(U)]：C↙
```

要点提示

输入坐标时，逗号必须是在西文状态下，否则会出现错误。

要点提示

动态输入与命令行输入的区别：

动态输入框中坐标输入与命令行有所不同，如果之前没有定位任何一个点，输入的坐标是绝对坐标，当定位下一个点时默认输入的就是相对坐标，无需在坐标值前加@的符号。如果想在动态输入的输入框中输入绝对坐标，需要先输入一个#号，例如输入#20,30，就相当于在命令行直接输入 20,30，输入#20<45 就相当于在命令行输入 20<45。

需要注意的是，由于 AutoCAD 现在可以通过鼠标确定方向后，直接输入距离后回车就可以确定下一点坐标，如果在输入#20 后回车，这和输入 20 直接回车没有任何区别，只是将点定位到沿光标方向距离上一点 20 的位置。

2.1.3　绘制构造线

　　构造线就是无穷长度的直线，用于模拟手工作图中的辅助作图线。构造线用特殊的线型显示，在图形输出时可不输出。应用构造线作为辅助线绘制机械图中的三视图是构造线的主要用途，构造线的应用保证三视图之间"主、俯视图长对正，主、左视图高平齐，俯、左视图宽相等"的对应关系。图 2-10 所示为应用构造线作为辅助线绘制机械图中三视图的示例。图中细线为构造线，粗线为三视图轮廓线。

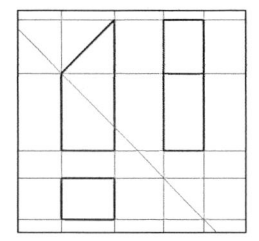

图 2-10　构造线辅助绘制三视图

　　构造线的绘制方法有"指定点""水平""垂直""角度""二等分""偏移" 6 种，其示意图如图 2-11 所示。

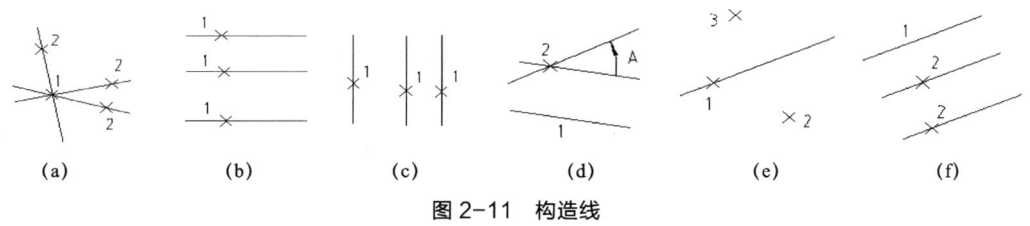

| (a) | (b) | (c) | (d) | (e) | (f) |

图 2-11　构造线

下面具体讲述构造线的绘制方法。

1. 执行方式

命令行：XLINE（快捷命令：XL）。

菜单栏：绘图→构造线。

工具栏：绘图→构造线 ✐。

功能区：默认→绘图→构造线 ✐。

2. 操作步骤

下面以"指定点"的绘制方法为例讲述具体的操作步骤。执行上述命令后，命令行提示与操作如下：

```
命令：XLINE✓
指定点或 [水平(H)/垂直(V)/角度(A)/二等分(B)/偏移(O)]：（指定起点1）
指定通过点：（指定通过点2，绘制一条双向无限长直线）
指定通过点：（继续指定点，继续绘制直线，如图2-11（a）所示，按Enter键结束命令）
```

其他 5 种绘制方法类似，这里不再赘述，用户可以根据命令行提示进行相应的操作。

2.1.4　绘制射线

　　射线是单向的无限长直线，相当于光线从某一点平行发射出去。射线可以取代构造线作为绘图辅助线，也可以在某些场合替代直线段使用。

1. 执行方式

命令行：RAY。

菜单栏：绘图→射线。

功能区：默认→绘图→射线 ✐。

2. 操作步骤

```
命令：RAY✓
指定起点：（给出起点）
指定通过点：（给出通过点，画出射线）
```

指定通过点:（过起点画出另一射线，按Enter键结束命令）

2.2　圆类图形绘制

圆类命令主要包括"圆""圆弧""圆环""椭圆""椭圆弧"命令，这些命令是 AutoCAD 中最简单的曲线命令。

2.2.1　绘制圆

圆是最简单的封闭曲线，也是绘制工程图形时经常用到的图形单元。在 AutoCAD 中绘制圆的方法共有 6 种，如图 2-12 所示。在后面的绘制方法中及绘制"哈哈猪造型"实例中将全面讲述这 6 种方法，用户应注意体会。

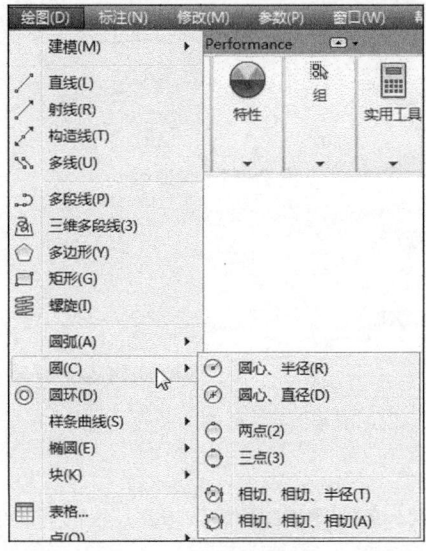

图 2-12　圆的绘制方法

1. 执行方式

命令行：CIRCLE（快捷命令：C）。

菜单栏：绘图→圆。

工具栏：绘图→圆⊘。

功能区：默认→绘图→圆下拉菜单。

2. 操作步骤

下面以"三点"法为例讲述圆的绘制方法。执行上述命令后，命令行提示与操作如下：

命令: CIRCLE↙
指定圆的圆心或 [三点(3P)/两点(2P)/切点、切点、半径(T)]: 3P↙
指定圆上的第一个点:（指定一点或者输入一个点的坐标值）
指定圆上的第二个点:（指定一点或者输入一个点的坐标值）
指定圆上的第三个点:（指定一点或者输入一个点的坐标值）

3. 选项说明

（1）相切、相切、半径（T）：该方法通过先指定两个相切对象，再给出半径的方法绘制圆。如图 2-13 所示，给出以"相切、相切、半径"方式绘制圆的各种情形（加粗的圆为最后绘制的圆）。

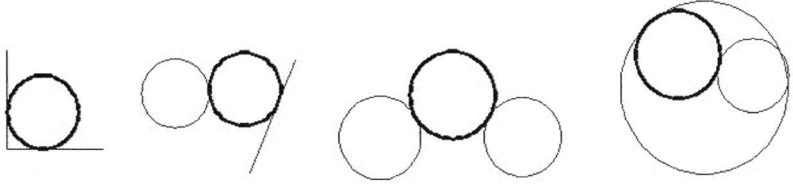

图 2-13　圆与另外两个对象相切

（2）选择菜单栏中的"绘图"→"圆"→"相切、相切、相切"命令，如图 2-6 所示，命令行提示与操作如下：

> 指定圆上的第一个点：_tan 到：（选择相切的第一个圆弧）
> 指定圆上的第二个点：_tan 到：（选择相切的第二个圆弧）
> 指定圆上的第三个点：_tan 到：（选择相切的第三个圆弧）

要点提示　这种绘制方法只能通过菜单方式操作实现。命令行提示中的"_tan 到"是提示用户指定所相切的圆弧上的切点。有的读者会问，我怎么能准确找到切点呢？不用着急，这时系统会自动打开"自动捕捉"功能（在后面章节将具体讲述），用户只要大体指定所要相切的圆或圆弧，系统会自动捕捉到切点，并且会根据后面指定的两个圆或圆弧的位置自动调整切点的具体位置。

2.2.2　实例——哈哈猪造型

本实例利用圆的各种绘制方法来共同完成造型的绘制。首先绘制哈哈猪的耳朵、嘴巴和头，然后利用"直线"命令绘制上下颌分界线，最后绘制鼻孔，如图 2-14 所示。

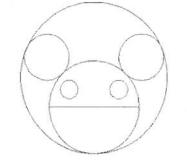

图 2-14　绘制哈哈猪　　　哈哈猪

操作步骤：（光盘\动画演示\第 2 章\哈哈猪.avi）

（1）绘制哈哈猪的两个眼睛。单击"默认"选项卡"绘图"面板中的"圆"按钮⊙，绘制圆，命令行提示与操作如下：

> 命令：CIRCLE✓（输入绘制圆命令）
> 指定圆的圆心或 [三点(3P)/两点(2P)/切点、切点、半径(T)]：200,200✓（输入左边小圆的圆心坐标）
> 指定圆的半径或 [直径(D)] <75.3197>：25✓（输入圆的半径）
> 命令：C✓（输入"圆"命令的缩写名）
> CIRCLE 指定圆的圆心或 [三点(3P)/两点(2P)/切点、切点、半径(T)]：2P✓（两点方式绘制右边小圆）
> 指定圆直径的第一个端点：280,200✓（输入圆直径的左端点坐标）
> 指定圆直径的第二个端点：330,200✓（输入圆直径的右端点坐标）

结果如图 2-15 所示。

（2）绘制哈哈猪的嘴巴。单击"默认"选项卡"绘图"面板中的"圆"按钮⊙，以"切点、切点、半径"方式捕捉两只眼睛的切点，绘制半径为 50 的圆，命令行提示与操作如下：

> 命令：✓（直接按Enter键表示执行上次的命令）
> CIRCLE 指定圆的圆心或 [三点(3P)/两点(2P)/切点、切点、半径(T)]：T✓（"切点、切点、半径"方式绘制）
> 指定对象与圆的第一个切点：（指定左边圆的右下方）
> 指定对象与圆的第二个切点：（指定右边圆的左下方）
> 指定圆的半径：50✓

结果如图 2-16 所示。

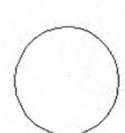
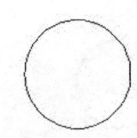

图 2-15　哈哈猪的眼睛

图 2-16　哈哈猪的嘴巴

要点提示

在这里满足与绘制的两个圆相切且半径为 50 的圆有 4 个，分别与两个圆在上下方内外切，所以要指定切点的大致位置。系统会自动在大致指定的位置附近捕捉切点。这样所确定的圆才是读者想要的圆。

（3）绘制哈哈猪的头部。单击"默认"选项卡"绘图"面板中的"圆"下拉菜单中的"相切、相切、相切"按钮 ，命令行提示与操作如下：

命令：circle↙
指定圆的圆心或 [三点(3P)/两点(2P)/切点、切点、半径(T)]：_3p
指定圆上的第一个点：_tan 到：（指定3个圆中第一个圆的适当位置）
指定圆上的第二个点：_tan 到：（指定3个圆中第二个圆的适当位置）
指定圆上的第三个点：_tan 到：（指定3个圆中第三个圆的适当位置）
结果如图 2-17 所示。

要点提示

在这里指定 3 个圆的顺序可以任意选择，但大体位置要指定正确，因为满足和 3 个圆相切的圆有两个，切点的大体位置不同，绘制出的圆也不同。

（4）绘制哈哈猪的上下颌分界线。单击"默认"选项卡"绘图"面板中的"直线"按钮 ，以嘴巴的两个象限点为端点绘制直线，结果如图 2-18 所示。

（5）绘制哈哈猪的鼻子。单击"默认"选项卡"绘图"面板中的"圆"按钮 ，分别以（225,165）和（280,165）为圆心，绘制直径为 20 的圆，命令行提示与操作如下：

命令：CIRCLE↙
指定圆的圆心或 [三点(3P)/两点(2P)/切点、切点、半径(T)]：225,165↙（输入左边鼻孔圆的圆心坐标）
指定圆的半径或 [直径(D)]：D↙
指定圆的直径：20↙

左边小鼻孔如图 2-19 所示，采用同样的方法绘制右边的小鼻孔，最终结果如图 2-14 所示。

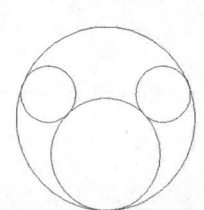
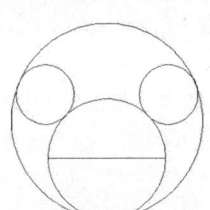
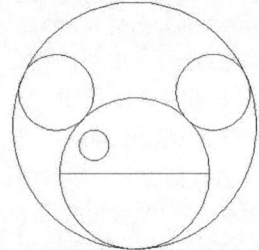

图 2-17　哈哈猪的头部　　　　　图 2-18　哈哈猪的上下颌分界线　　　　　图 2-19　绘制左边鼻孔

归纳与总结：
请读者思考本例中总共用到了几种圆的绘制方法，各种方法是否可以相互取代。

2.2.3 绘制圆弧

圆弧是圆的一部分。在工程造型中，圆弧的使用比圆更普遍。通常强调的"流线形"造型或圆润的造型实际上就是圆弧造型。圆弧的绘制方法共有 11 种，图 2-20 为各种不同绘制方法的示意图。具体绘制方法和利用菜单栏中的"绘图"→"圆弧"中子菜单提供的 11 种方式相似。下面将在绘制方法和其后的实例中讲述几种具有代表性的绘制方法的具体操作过程。

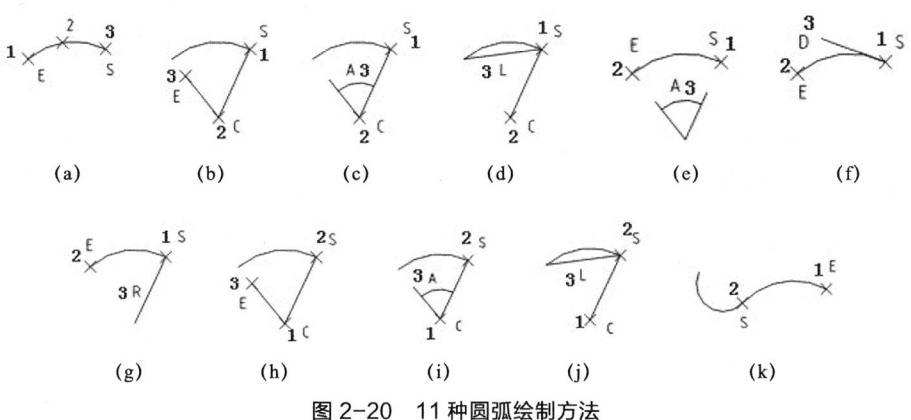

图 2-20 11 种圆弧绘制方法

1．执行方式

命令行：ARC（快捷命令：A）。

菜单栏：绘图→圆弧。

工具栏：绘图→圆弧 。

功能区：默认→绘图→圆弧下拉菜单。

2．操作步骤

下面以"三点"法为例讲述圆弧的绘制方法。执行上述命令后，命令行提示与操作如下：

> 命令：ARC↙
> 指定圆弧的起点或 [圆心(C)]：（指定起点）
> 指定圆弧的第二个点或 [圆心(C)/端点(E)]：（指定第二点）
> 指定圆弧的端点：（指定末端点）

3．选项说明

需要强调的是"继续"方式，该方式绘制的圆弧与上一线段或圆弧相切。继续绘制圆弧段，只提供端点即可，如图 2-20（k）所示。

2.2.4 实例——梅花造型

本实例利用"圆弧"命令的几种绘制方式创建梅花，如图 2-21 所示。

操作步骤：（光盘\动画演示\第 2 章\梅花.avi）

图 2-21 绘制梅花

梅花

（1）绘制第一段圆弧。单击"默认"选项卡"绘图"面板中的"圆弧"按钮 ，绘制圆弧，命令行提示与操作如下：

> 命令：_arc
> 指定圆弧的起点或 [圆心(C)]：140,110↙
> 指定圆弧的第二个点或 [圆心(C)/端点(E)]：E↙

指定圆弧的端点：@40<180↙
指定圆弧的中心点(按住 Ctrl 键以切换方向)或[角度(A)/方向(D)/半径(R)]：r↙
指定圆弧的半径(按住 Ctrl 键以切换方向)：20↙

结果如图 2-22 所示。

要点提示 AutoCAD 不区分字母的大小写，在命令行中输入命令时，可以随意输入大写字母或小写字母，其结果都是一样的。

（2）绘制第二段圆弧。单击"默认"选项卡"绘图"面板中的"圆弧"按钮 ，命令行提示与操作如下：

命令：_arc
指定圆弧的起点或 [圆心(C)]：（选择图2-22所示的圆弧端点1）
指定圆弧的第二个点或 [圆心(C)/端点(E)]：E↙
指定圆弧的端点：@40<252↙
指定圆弧的中心点(按住 Ctrl 键以切换方向)或 [角度(A)/方向(D)/半径(R)]：A↙
指定夹角(按住 Ctrl 键以切换方向)：180↙

结果如图 2-23 所示。

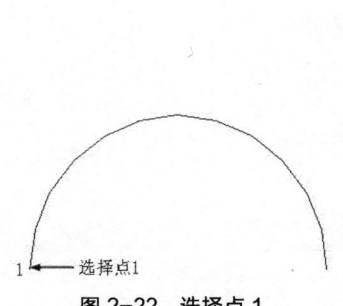

图 2-22　选择点 1

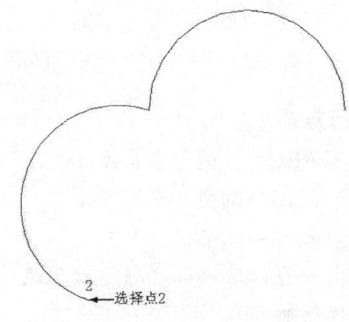

图 2-23　选择点 2

（3）绘制第三段圆弧。单击"绘图"工具栏中的"圆弧"按钮 ，绘制圆弧，命令行提示与操作如下：

命令：_arc
指定圆弧的起点或 [圆心(C)]：（选择图2-23所示的圆弧端点2）
指定圆弧的第二个点或 [圆心(C)/端点(E)]：C↙
指定圆弧的圆心：@20<324↙
指定圆弧的端点(按住 Ctrl 键以切换方向)或 [角度(A)/弦长(L)]：A↙
指定夹角(按住 Ctrl 键以切换方向)：180↙

结果如图 2-24 所示。

（4）绘制第四段圆弧。单击"默认"选项卡"绘图"面板中的"圆弧"按钮 ，绘制圆弧，命令行提示与操作如下：

命令：_arc
指定圆弧的起点或 [圆心(C)]：（选择图2-24所示的圆弧端点3）
指定圆弧的第二个点或 [圆心(C)/端点(E)]：C↙
指定圆弧的圆心：@20<36↙
指定圆弧的起点：
指定圆弧的端点(按住 Ctrl 键以切换方向)或 [角度(A)/弦长(L)]：L↙
指定弦长(按住 Ctrl 键以切换方向)：40↙

结果如图 2-25 所示。

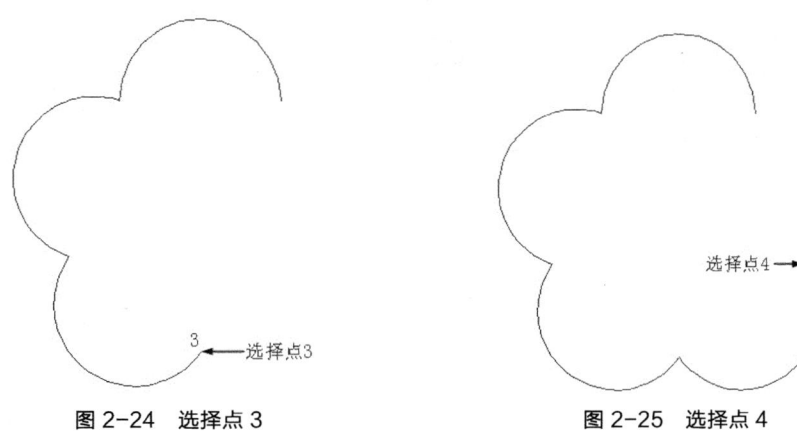

图 2-24　选择点 3　　　　　　　　　　图 2-25　选择点 4

（5）绘制第五段圆弧。单击"默认"选项卡"绘图"面板中的"圆弧"按钮 ，绘制圆弧，命令行提示与操作如下：

命令：_arc
指定圆弧的起点或 [圆心(C)]：（选择图2-25所示的圆弧端点4）
指定圆弧的第二个点或 [圆心(C)/端点(E)]：E✓
指定圆弧的端点：选择圆弧起点P1
指定圆弧的中心点(按住 Ctrl 键以切换方向)或 [角度(A)/方向(D)/半径(R)]：D✓
指定圆弧起点的相切方向(按住 Ctrl 键以切换方向)：@20<20✓

最终结果如图 2-21 所示。

技巧：

绘制圆弧时，圆弧的曲率是遵循逆时针方向的，所以在选择指定圆弧两个端点和半径模式时，需要注意端点的指定顺序，否则有可能导致圆弧的凹凸形状与预期的相反。

2.2.5　绘制圆环

圆环可以看作是两个同心圆，利用"圆环"命令可以快速完成同心圆的绘制。

1．执行方式

命令行：DONUT（快捷命令：DO）。

菜单栏：绘图→圆环。

功能区：默认→绘图→圆环◎。

2．操作步骤

命令：DONUT✓
指定圆环的内径 <默认值>：指定圆环内径
指定圆环的外径 <默认值>：指定圆环外径
指定圆环的中心点或 <退出>：指定圆环的中心点
指定圆环的中心点或 <退出>：继续指定圆环的中心点，则继续绘制相同内外径的圆环

按 Enter 键、Space 键或单击鼠标右键，结束命令，如图 2-26 所示。

3．选项说明

（1）若指定内径为 0，则画出实心填充圆，如图 2-27 所示。

（2）用 FILL 命令可以控制圆环是否填充，具体方法如下：

命令：FILL✓
输入模式 [开(ON)/关(OFF)] <开>：（选择"开(ON)"选项表示填充，选择"关(OFF)"选项表示不填充，如图2-28所示）

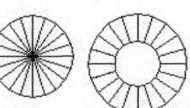

图 2-26　绘制圆环　　　　图 2-27　绘制实心圆　　　　图 2-28　填充圆环

2.2.6　绘制椭圆与椭圆弧

椭圆也是一种典型的封闭曲线图形，圆在某种意义上可以看成是椭圆的特例。椭圆在工程图形中的应用不多，只在某些特殊造型，如室内设计单元中的浴盆、桌子等造型或机械造型中的杆状结构的截面形状等图形中才会出现。

1．执行方式

命令行：ELLIPSE（快捷命令：EL）。

菜单栏：绘图→椭圆→圆弧。

工具栏：绘图→椭圆 ⬭/椭圆弧 ⬭ 。

功能区：默认→绘图→椭圆下拉菜单。

2．操作步骤

命令：ELLIPSE✓
指定椭圆的轴端点或 [圆弧(A)/中心点(C)]：指定轴端点1，如图2-29（a）所示
指定轴的另一个端点：指定轴端点2，如图2-29（a）所示
指定另一条半轴长度或 [旋转(R)]：

3．选项说明

（1）指定椭圆的轴端点：根据两个端点定义椭圆的第一条轴，第一条轴的角度确定整个椭圆的角度。第一条轴既可定义椭圆的长轴，也可定义其短轴。

（2）圆弧（A）：用于创建一段椭圆弧，与单击"默认"选项卡"绘图"面板中的"椭圆弧"按钮 ⬭ 功能相同。其中，第一条轴的角度确定椭圆弧的角度。选择该项，系统命令行中继续提示如下：

命令：_ellipse
指定椭圆的轴端点或 [圆弧(A)/中心点(C)]：_A
指定椭圆弧的轴端点或 [中心点(C)]：指定端点或输入C✓
指定轴的另一个端点：指定另一端点
指定另一条半轴长度或 [旋转(R)]：指定另一条半轴长度或输入R✓
指定起点角度或 [参数(P)]：指定起始角度或输入P✓
指定端点角度或 [参数(P)/ 夹角(I)]：指定适当点✓

其中，各选项含义如下。

●　起点角度：指定椭圆弧端点的两种方式之一，光标与椭圆中心点连线的夹角为椭圆端点位置的角度，如图 2-29（b）所示。

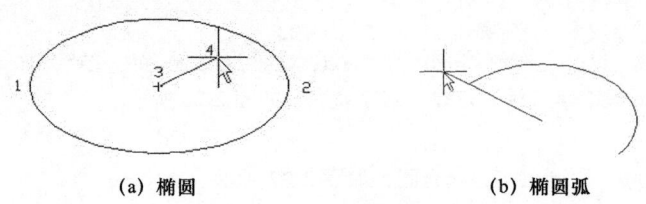

(a) 椭圆　　　　　　　　　　　　　　(b) 椭圆弧

图 2-29　椭圆和椭圆弧

●　参数（P）：指定椭圆弧端点的另一种方式，该方式同样是指定椭圆弧端点的角度，但通过以下矢

量参数方程式创建椭圆弧。

$$P(u) = c + a\cos(u) + b\sin(u)$$

其中，c 是椭圆的中心点，a 和 b 分别是椭圆的长轴和短轴，u 为光标与椭圆中心点连线的夹角。

- 夹角(I)：定义从起始角度开始的包含角度。

（3）中心点（C）：通过指定的中心点创建椭圆。

（4）旋转（R）：通过绕第一条轴旋转圆来创建椭圆。相当于将一个圆绕椭圆轴翻转一个角度后的投影视图。

2.2.7 实例——洗脸盆造型

洗脸盆

本实例主要介绍椭圆和椭圆弧绘制方法的具体应用。首先利用前面学到的知识绘制水龙头和旋钮，然后利用椭圆和椭圆弧绘制洗脸盆内沿和外沿，如图 2-30 所示。

操作步骤：（光盘\动画演示\第 2 章\洗脸盆.avi）

（1）绘制水龙头。单击"默认"选项卡"绘图"面板中的"直线"按钮 ，绘制直线，绘制结果如图 2-31 所示。

（2）绘制水龙头旋钮。单击"默认"选项卡"绘图"面板中的"圆"按钮 ，绘制圆，绘制结果如图 2-32 所示。

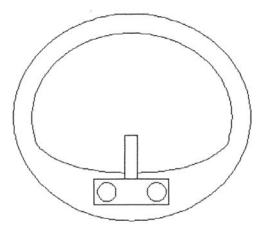

图 2-30　绘制洗脸盆

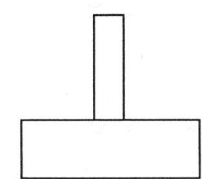

图 2-31　绘制水龙头

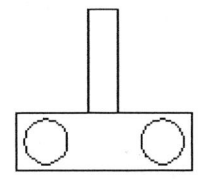

图 2-32　绘制旋钮

（3）绘制脸盆外沿。单击"默认"选项卡"绘图"面板中的"椭圆"按钮 ，绘制椭圆，命令行提示与操作如下：

```
命令：_ellipse
指定椭圆的轴端点或 [圆弧(A)/中心点(C)]：指定椭圆轴端点
指定轴的另一个端点：指定另一端点
指定另一条半轴长度或 [旋转(R)]：在绘图区拉出另一半轴长度
```

绘制结果如图 2-33 所示。

（4）绘制脸盆部分内沿。单击"默认"选项卡"绘图"面板中的"椭圆弧"按钮 ，绘制椭圆弧，命令行提示与操作如下：

```
命令：_ellipse
指定椭圆的轴端点或 [圆弧(A)/中心点(C)]：A
指定椭圆弧的轴端点或 [中心点(C)]：C✓
指定椭圆弧的中心点：单击状态栏中的"对象捕捉"按钮 ，捕捉绘制的椭圆中心点
指定轴的端点：适当指定一点
指定另一条半轴长度或 [旋转(R)]：R✓
指定绕长轴旋转的角度：在绘图区指定椭圆轴端点
指定起点角度或 [参数(P)]：在绘图区拉出起始角度
指定终点角度或 [参数(P)/夹角(I)]：在绘图区拉出终止角度
```

绘制结果如图 2-34 所示。

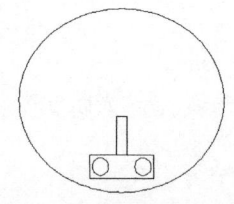

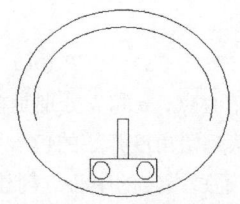

图 2-33　绘制脸盆外沿　　　　　　图 2-34　绘制脸盆部分内沿

（5）绘制内沿其他部分。单击"默认"选项卡"绘图"面板中的"圆弧"按钮 ，绘制圆弧。结果如图 2-30 所示。

2.3　平面图形的绘制

简单的平面图形命令包括"矩形"和"多边形"命令。

2.3.1　绘制矩形

矩形是最简单的封闭直线图形，在机械制图中常用来表达平行投影平面的面，在建筑制图中常用来表达墙体平面。

1. 执行方式

命令行：RECTANG（快捷命令：REC）。

菜单栏：绘图→矩形。

工具栏：绘图→矩形 。

功能区：默认→绘图→矩形 。

2. 操作步骤

命令：RECTANG↙
指定第一个角点或 [倒角(C)/标高(E)/圆角(F)/厚度(T)/宽度(W)]：指定角点
指定另一个角点或 [面积(A)/尺寸(D)/旋转(R)]：

3. 选项说明

（1）第一个角点：通过指定两个角点确定矩形，如图 2-35（a）所示。

（2）倒角（C）：指定倒角距离，绘制带倒角的矩形，如图 2-35（b）所示。每一个角点的逆时针和顺时针方向的倒角可以相同，也可以不同，其中第一个倒角距离是指角点逆时针方向倒角距离，第二个倒角距离是指角点顺时针方向倒角距离。

（3）标高（E）：指定矩形标高（z 坐标），即把矩形放置在标高为 z 并与 xoy 坐标面平行的平面上，并作为后续矩形的标高值。

（4）圆角（F）：指定圆角半径，绘制带圆角的矩形，如图 2-35（c）所示。

（5）厚度（T）：指定矩形的厚度，如图 2-35（d）所示。

（6）宽度（W）：指定线宽，如图 2-35（e）所示。

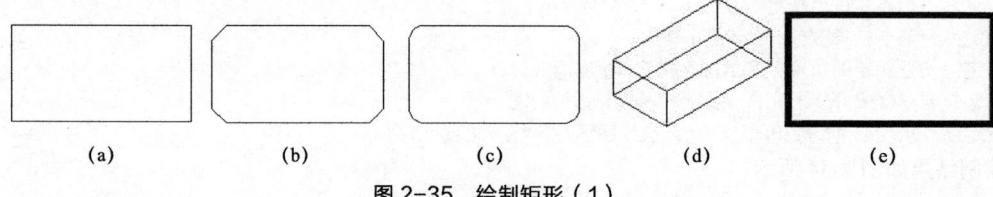

（a）　　　　　　（b）　　　　　　（c）　　　　　　（d）　　　　　　（e）

图 2-35　绘制矩形（1）

（7）面积（A）：指定面积和长或宽创建矩形。选择该项，命令行提示与操作如下：

输入以当前单位计算的矩形面积 <20.0000>：输入面积值
计算矩形标注时的依据 [长度(L)/宽度(W)] <长度>：按Enter键或输入W
输入矩形长度 <4.0000>：指定长度或宽度

指定长度或宽度后，系统自动计算另一个维度，绘制出矩形。如果矩形有倒角或圆角，则长度或面积计算中也会考虑此设置，如图 2-36 所示。

（8）尺寸（D）：使用长和宽创建矩形，第二个指定点将矩形定位在与第一角点相关的 4 个位置中的一个内。

（9）旋转（R）：使所绘制的矩形旋转一定角度。选择该项，命令行提示与操作如下：

指定旋转角度或 [拾取点(P)] <135>:指定角度
指定另一个角点或 [面积(A)/尺寸(D)/旋转(R)]：指定另一个角点或选择其他选项

指定旋转角度后，系统按指定角度创建矩形，如图 2-37 所示。

倒角距离（1,1）　　圆角半径：1.0
面积：20 长度：6　　面积：20 长度：6

图 2-36　按面积绘制矩形

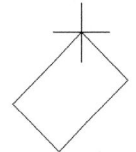

图 2-37　按指定旋转角度绘制矩形

2.3.2　实例——方头平键图形

本实例主要介绍矩形绘制方法，以及构造线绘制方法的具体应用。首先利用"直线"命令绘制主视图，然后利用"矩形"命令绘制俯视图与左视图，如图 2-38 所示。

图 2-38　绘制方头平键（1）

操作步骤：（光盘\动画演示\第 2 章\方头平键图形.avi）

（1）绘制主视图外形。单击"默认"选项卡"绘图"面板中的"矩形"按钮□，命令行提示与操作如下：

命令：_rectang
指定第一个角点或 [倒角(C)/标高(E)/圆角(F)/厚度(T)/宽度(W)]：0,30↙
指定另一个角点或 [面积(A)/尺寸(D)/旋转(R)]：@100,11↙

方头平键图形

绘制结果如图 2-39 所示。

（2）绘制主视图两条棱线。单击"默认"选项卡"绘图"面板中的"直线"按钮，绘制直线。一条棱线端点的坐标值为（0,32）和（@100,0），另一条棱线端点的坐标值为（0,39）和（@100,0），绘制结果如图 2-40 所示。

图 2-39　绘制主视图外形（1）　　　　　图 2-40　绘制主视图棱线（1）

（3）绘制辅助线。单击"默认"选项卡"绘图"面板中的"构造线"按钮 ，绘制构造线，命令行提示与操作如下：

> 命令：_xline
> 指定点或 [水平(H)/垂直(V)/角度(A)/二等分(B)/偏移(O)]：指定主视图左边竖线上一点
> 指定通过点：（指定竖直位置上一点）
> 指定通过点：✓

采用同样的方法绘制右边竖直构造线，绘制结果如图 2-41 所示。

（4）绘制俯视图。单击"默认"选项卡"绘图"面板中的"矩形"按钮 ，命令行提示与操作如下：

> 命令：_rectang
> 指定第一个角点或 [倒角(C)/标高(E)/圆角(F)/厚度(T)/宽度(W)]：指定左边构造线上一点
> 指定另一个角点或 [面积(A)/尺寸(D)/旋转(R)]：@100,18

单击"默认"选项卡"绘图"面板中的"直线"按钮 ，接着绘制两条直线，端点分别为 {（0,2），（@100,0）} 和 {（0,16），（@100,0）}，绘制结果如图 2-42 所示。

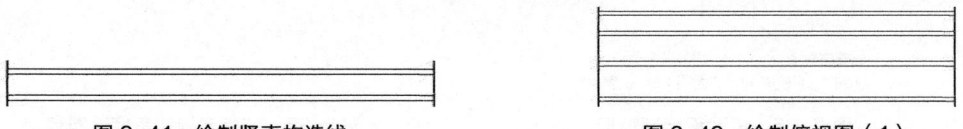

图 2-41　绘制竖直构造线　　　　　　　　　　图 2-42　绘制俯视图（1）

（5）绘制左视图构造线。单击"默认"选项卡"绘图"面板中的"构造线"按钮 ，绘制构造线，命令行提示与操作如下：

> 命令：_xline
> 指定点或 [水平(H)/垂直(V)/角度(A)/二等分(B)/偏移(O)]：H✓
> 指定通过点：指定主视图上右上端点
> 指定通过点：指定主视图上右下端点
> 指定通过点：指定俯视图上右上端点
> 指定通过点：指定俯视图上右下端点
> 指定通过点：✓
> 命令：✓（按Enter键表示重复"构造线"命令）
> 指定点或 [水平(H)/垂直(V)/角度(A)/二等分(B)/偏移(O)]：A✓
> 输入构造线的角度 (0) 或 [参照(R)]：-45✓
> 指定通过点：任意指定一点
> 指定通过点：✓
> 命令：✓
> 指定点或 [水平(H)/垂直(V)/角度(A)/二等分(B)/偏移(O)]：V✓
> 指定通过点：指定斜线与向下数第三条水平线的交点
> 指定通过点：指定斜线与向下数第四条水平线的交点

绘制结果如图 2-43 所示。

（6）绘制左视图。单击"默认"选项卡"绘图"面板中的"矩形"按钮 ，设置矩形两个倒角距离均为 2，命令行提示与操作如下：

> 命令：_rectang
> 指定第一个角点或 [倒角(C)/标高(E)/圆角(F)/厚度(T)/宽度(W)]：C✓
> 指定矩形的第一个倒角距离 <0.0000>：2
> 指定矩形的第二个倒角距离 <2.0000>：✓
> 指定第一个角点或[倒角(C)/标高(E)/圆角(F)/厚度(T)宽度(W)]：按构造线确定位置指定一个角点
> 指定另一个角点或 [面积(A)/尺寸(D)/旋转(R)]：按构造线确定位置指定另一个角点

绘制结果如图 2-44 所示。

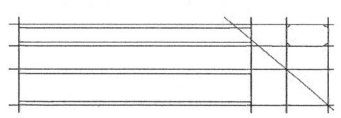

图 2-43　绘制左视图构造线（1）　　　　　　图 2-44　绘制左视图（1）

（7）删除构造线，最终绘制结果如图 2-38 所示。

2.3.3　绘制正多边形

正多边形是相对复杂的一种平面图形，人类曾经为准确地找到手工绘制正多边形的方法而长期求索。也是伟大数学家高斯为发现正十七边形的绘制方法而引以为毕生的荣誉，以致他的墓碑被设计成正十七边形。现在用户利用 AutoCAD 可以轻松地绘制任意边的正多边形。

1．执行方式

命令行：POLYGON（快捷命令：POL）。

菜单栏：绘图→多边形。

工具栏：绘图→多边形⬠。

功能区：默认→绘图→多边形⬠。

2．操作步骤

命令：POLYGON✓
输入侧面数 <4>：指定多边形的边数，默认值为4
指定正多边形的中心点或 [边(E)]：指定中心点
输入选项 [内接于圆(I)/外切于圆(C)] <I>：指定是内接于圆或外切于圆
指定圆的半径：指定外接圆或内切圆的半径

3．选项说明

（1）边（E）：选择该选项，则只要指定多边形的一条边，系统就会按逆时针方向创建该正多边形，如图 2-45（a）所示。

（2）内接于圆（I）：选择该选项，绘制的多边形内接于圆，如图 2-45（b）所示。

（3）外切于圆（C）：选择该选项，绘制的多边形外切于圆，如图 2-45（c）所示。

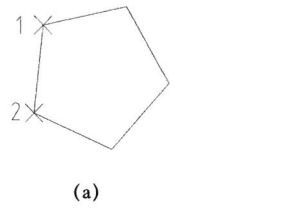

　　（a）　　　　　　　　　　　（b）　　　　　　　　　　　（c）

图 2-45　绘制正多边形

2.3.4　实例——螺母图形

本实例利用"圆"命令绘制圆，然后利用"多边形"命令绘制正六边形，最后利用"圆"命令绘制孔，如图 2-46 所示。

操作步骤：（光盘\动画演示\第 2 章\螺母.avi）

（1）单击"默认"选项卡"绘图"面板中的"圆"按钮⊙，绘制一个圆心坐标为（150,150）、半径为 50 的圆，结果如图 2-47 所示。

螺母

（2）单击"默认"选项卡"绘图"面板中的"多边形"按钮⬡，绘制正六边形，命令行提示与操作如下：

命令：_polygon
输入侧面数 <4>: 6↙
指定正多边形的中心点或 [边(E)]: 150,150↙
输入选项 [内接于圆(I)/外切于圆(C)] <I>: C↙
指定圆的半径: 50↙

结果如图 2-48 所示。

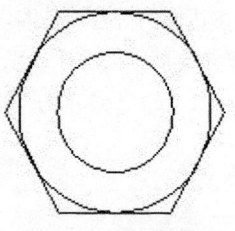

图 2-46　绘制螺母

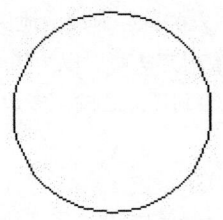

图 2-47　绘制圆（1）

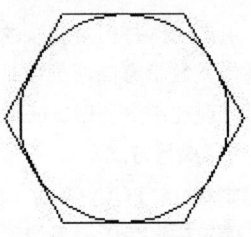

图 2-48　绘制正六边形

（3）单击"默认"选项卡"绘图"面板中的"圆"按钮⊘，以（150,150）为圆心、以 30 为半径绘制另一个圆。结果如图 2-46 所示。

2.4　点的绘制

点在 AutoCAD 中有多种不同的表示方式，用户可以根据需要进行设置，也可以设置等分点和测量点。

2.4.1　绘制点

通常认为，点是最简单的图形单元。在工程图形中，点通常用来标定某个特殊的坐标位置，或者作为某个绘制步骤的起点和基础。为了使点更显眼，AutoCAD 为点设置各种样式，用户可以根据需要来选择。

1．执行方式

命令行：POINT（快捷命令：PO）。

菜单栏：绘图→点（图 2-49）。

工具栏：绘图→点 ▪ 。

功能区：默认→绘图→多点 ▪ 。

2．操作步骤

命令：POINT↙
指定点：指定点所在的位置

3．选项说明

（1）通过菜单方法操作（图 2-49），"单点"命令表示只输入一个点，"多点"命令表示可输入多个点。

（2）可以单击状态栏中的"对象捕捉"按钮▯，设置点捕捉模式，帮助用户选择点。

（3）点在图形中的表示样式共有 20 种。可通过 DDPTYPE 命令或选择菜单栏中的"格式"→"点样式"命令，通过打开的"点样式"对话框来设置，如图 2-50 所示。

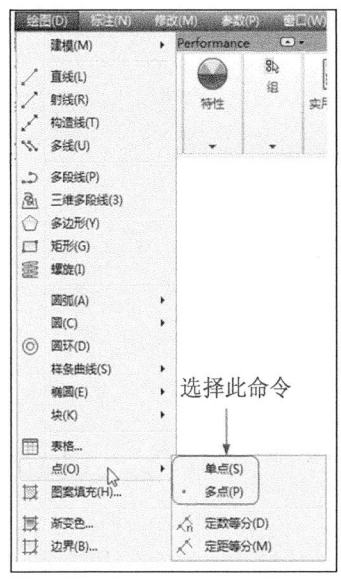

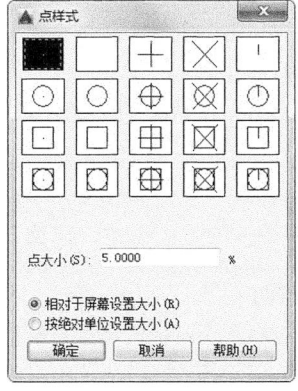

选择此命令

图 2-49 "点"子菜单　　　　　　图 2-50 "点样式"对话框（1）

2.4.2　定数等分点

有时需要把某个线段或曲线按一定的份数进行等分。这一点在手工绘图中很难实现，但在 AutoCAD 中，可以通过相关命令轻松完成。

1. 执行方式

命令行：DIVIDE（快捷命令：DIV）。

菜单栏：绘图→点→定数等分。

功能区：默认→绘图→定数等分 。

2. 操作步骤

命令：DIVIDE↙

选择要定数等分的对象：

输入线段数目或 [块(B)]：指定实体的等分数

图 2-51（a）所示为绘制定数等分的图形。

3. 选项说明

（1）等分数目范围为 2～32767。

（2）在等分点处，按当前点样式设置画出等分点。

（3）在第二提示行选择"块（B）"选项时，表示在等分点处插入指定的块。

2.4.3　定距等分点

和定数等分类似的是，有时需要把某个线段或曲线按给定的长度为单元进行等分。在 AutoCAD 中，可以通过相关命令来完成。

1. 执行方式

命令行：MEASURE（快捷命令：ME）。

菜单栏：绘图→点→定距等分。

功能区：默认→绘图→定距等分 。

2. 操作步骤

命令：MEASURE↙
选择要定距等分的对象：选择要设置测量点的实体
指定线段长度或 [块(B)]：指定分段长度

图 2-51（b）所示为绘制定距等分的图形。

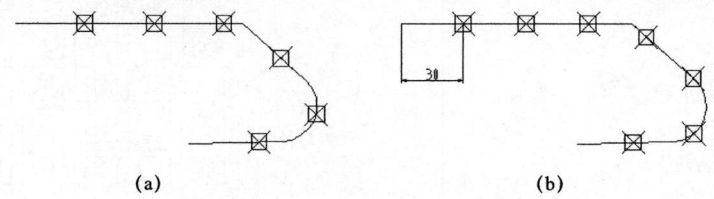

（a）   （b）

图 2-51　绘制等分点和定距等分

3. 选项说明

（1）设置的起点一般是指定线的绘制起点。

（2）在第二提示行选择"块（B）"选项时，表示在测量点处插入指定的块。

（3）在等分点处，按当前点样式设置绘制测量点。

（4）最后一个测量段的长度不一定等于指定分段长度。

2.4.4　实例——棘轮图形

本实例利用"圆"命令及定数等分点棘轮图形，如图 2-52 所示。

操作步骤：（光盘\动画演示\第 2 章\棘轮.avi）

棘轮

（1）绘制同心圆。单击"默认"选项卡"绘图"面板中的"圆"按钮 ⊘，绘制 3 个半径分别为 90、60、40 的同心圆，如图 2-53 所示。

（2）设置点样式。单击"默认"选项卡"实用工具"面板中的"点样式"按钮 ⟋，在打开的"点样式"对话框中选择 ⊠ 样式，如图 2-54 所示。

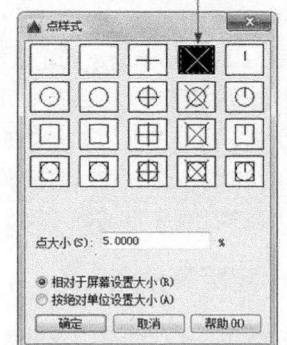

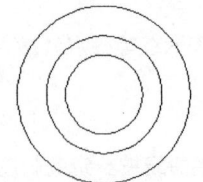

图 2-52　绘制棘轮　　　图 2-53　绘制同心圆（1）　　　图 2-54　"点样式"对话框（2）

（3）等分圆。单击"默认"选项卡"绘图"面板中的"定数等分"按钮 ⟋⟋，将步骤（1）绘制的圆进行等分，命令行提示与操作如下：

命令：_divide
选择要定数等分的对象：选择 R90圆

输入线段数目或 [块(B)]: 12✓

采用同样的方法，等分 *R*60 圆，等分结果如图 2-55 所示。

（4）绘制棘轮轮齿。单击"默认"选项卡"绘图"面板中的"直线"按钮，连接 3 个等分点，绘制直线，如图 2-56 所示。

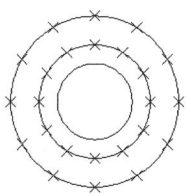　　　　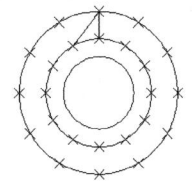

图 2-55　等分圆　　　　　　图 2-56　绘制棘轮轮齿

（5）绘制其余轮齿。采用相同的方法连接其他点，选择绘制的点和多余的圆及圆弧，按 Delete 键删除。结果如图 2-52 所示。

2.5　综合实例——汽车造型

绘制的顺序是先绘制两个车轮，从而确定汽车的大体尺寸和位置，然后绘制车体轮廓，最后绘制车窗。绘制过程中要用到"直线""圆""圆弧""多段线""圆环""矩形"和"正多边形"等命令，如图 2-57 所示。

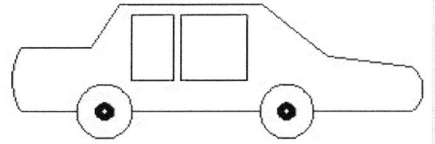

图 2-57　绘制汽车

汽车造型

操作步骤：（光盘\动画演示\第 2 章\汽车造型.avi）

（1）绘制车轮。单击"默认"选项卡"绘图"面板中的"圆"按钮，绘制两个圆，命令行提示与操作如下：

```
命令: _circle
指定圆的圆心或 [三点(3P)/两点(2P)/切点、切点、半径(T)]: 500,200✓
指定圆的半径或 [直径(D)] <163.7959>: 150✓
```

用同样的方法指定圆心坐标为（1500,200）、半径为 150，绘制另外一个圆。

单击"默认"选项卡"绘图"面板中的"圆环"按钮，绘制两个圆环，命令行提示与操作如下：

```
命令: _donut
指定圆环的内径 <10.0000>: 30✓
指定圆环的外径 <80.0000>: 100✓
指定圆环的中心点或 <退出>: 500,200✓
指定圆环的中心点或 <退出>: 1500,200✓
指定圆环的中心点或 <退出>: ✓
```

结果如图 2-58 所示。

（2）绘制车体轮廓。操作步骤如下。

① 绘制底板。单击"默认"选项卡"绘图"面板中的"直线"按钮，命令行提示与操作如下：

```
命令: _line
指定第一个点: 50,200✓
指定下一点或 [放弃(U)]: 350,200✓
指定下一点或 [放弃(U)]: ✓
```

用同样的方法指定端点坐标分别为{（650,200），（1350,200）}和{（1650,200），（2200,200）}，绘制两条线段，结果如图 2-59 所示。

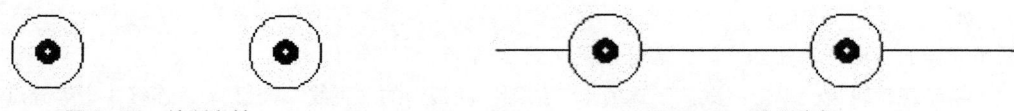

| 图 2-58 绘制车轮 | 图 2-59 绘制底板 |

② 绘制轮廓。单击"默认"选项卡"绘图"面板中的"多段线"按钮（此命令在后面章节中详细讲述），绘制多段线，命令行提示与操作如下：

```
命令：_pline
指定起点：50,200✓
当前线宽为 0.0000
指定下一个点或 [圆弧(A)/半宽(H)/长度(L)/放弃(U)/宽度(W)]：A✓（在AutoCAD中执行命令时，采用大写字母
与小写字母效果相同）
指定圆弧的端点(按住 Ctrl 键以切换方向)或[角度(A)/圆心(CE)/方向(D)/半宽(H)/直线(L)/半径(R)/第二个点(S)/
放弃(U)/宽度(W)]：s✓
指定圆弧上的第二个点：0,380✓
指定圆弧的端点：50,550✓
指定圆弧的端点(按住 Ctrl 键以切换方向)或[角度(A)/圆心(CE)/闭合(CL)/方向(D)/半宽(H)/直线(L)/半径(R)/第
二个点(S)/放弃(U)/宽度(W)]：l✓
指定下一点或 [圆弧(A)/闭合(C)/半宽(H)/长度(L)/放弃(U)/宽度(W)]：@375,0✓
指定下一点或 [圆弧(A)/闭合(C)/半宽(H)/长度(L)/放弃(U)/宽度(W)]：@160,240✓
指定下一点或 [圆弧(A)/闭合(C)/半宽(H)/长度(L)/放弃(U)/宽度(W)]：@780,0✓
指定下一点或 [圆弧(A)/闭合(C)/半宽(H)/长度(L)/放弃(U)/宽度(W)]：@365,-285✓
指定下一点或 [圆弧(A)/闭合(C)/半宽(H)/长度(L)/放弃(U)/宽度(W)]：@470,-60✓
指定下一点或 [圆弧(A)/闭合(C)/半宽(H)/长度(L)/放弃(U)/宽度(W)]：✓
```

单击"默认"选项卡"绘图"面板中的"圆弧"按钮，命令行提示与操作如下：

```
命令：_arc
指定圆弧的起点或 [圆心(C)]：2200,200✓
指定圆弧的第二个点或 [圆心(C)/端点(E)]：2256,322✓
指定圆弧的端点：2200,445✓
```

结果如图 2-60 所示。

（3）绘制车窗。操作步骤如下。

① 绘制车窗 1。单击"默认"选项卡"绘图"面板中的"矩形"按钮，命令行提示与操作如下：

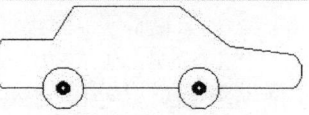

图 2-60 绘制轮廓

```
命令：_rectang
指定第一个角点或 [倒角(C)/标高(E)/圆角(F)/厚度(T)/宽度(W)]：650,730✓
指定另一个角点或 [面积(A)/尺寸(D)/旋转(R)]：880,370✓
```

② 绘制车窗 2。单击"默认"选项卡"绘图"面板中的"多边形"按钮，绘制四边形，命令行提示与操作如下：

```
命令：_polygon
输入侧面数<4>：✓
指定正多边形的中心点或 [边(E)]：E✓
指定边的第一个端点：920,730✓
指定边的第二个端点：920,370✓
```

结果如图 2-57 所示。

2.6 操作与实践

通过本章的学习，读者对直线类、圆类、平面图形和点命令的应用等知识有了大体的了解，本节通过 2 个练习使读者进一步掌握本章知识要点。

2.6.1 绘制粗糙度符号

1. 目的要求

练习绘制图 2-61 所示的符号，涉及的命令主要是"直线"命令。为了使绘制过程准确无误，要求通过坐标值的输入指定线段的端点，从而使用户灵活掌握线段的绘制方法。

2. 操作提示

（1）计算好各个点的坐标。

（2）利用"直线"命令绘制各条线段。

2.6.2 绘制圆头平键

1. 目的要求

练习绘制图 2-62 所示的圆头平键，涉及的命令有"直线"和"圆弧"命令。本例对尺寸要求不是很严格，在绘图时可以适当指定位置。通过本例，要求用户掌握圆弧的绘制方法，同时巩固直线的绘制方法。

图 2-61　粗糙度符号　　　　　　　　图 2-62　圆头平键

2. 操作提示

（1）利用"直线"命令绘制两条平行直线。

（2）利用"圆弧"命令绘制图形中圆弧部分，采用"起点、端点和包含角"方式。

2.7　思考与练习

1. 将用矩形命令绘制的四边形分解后，该矩形成为（　　　）个对象。

　　A．4　　　　　　　　　B．3　　　　　　　　　C．2　　　　　　　　　D．1

2. 以同一点作为正五边形的中心，圆的半径为 50，分别用 I 和 C 方式画的正五边形的间距为（　　　）。

　　A．15.32　　　　　　　B．9.55　　　　　　　C．7.43　　　　　　　D．12.76

3. 利用 ARC 命令刚刚结束绘制一段圆弧，现在执行 LINE 命令，提示"指定第一点:"时直接按 Enter 键，结果是（　　　）。

　　A．继续提示"指定第一点:"　　　　　　　　B．提示"指定下一点或 [放弃(U)]:"

　　C．LINE 命令结束　　　　　　　　　　　　　D．以圆弧端点为起点绘制圆弧的切线

4. 重复使用刚执行的命令，按（　　　）键。

　　A．Ctrl　　　　　　　　B．Alt　　　　　　　C．Enter　　　　　　　D．Shift

5. 绘制图 2-63 所示的图形。

6. 绘制图 2-64 所示的图形。其中，三角形是边长为 81 的等边三角形，3 个圆分别与三角形相切。

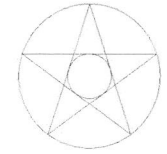　　　　　　　　　　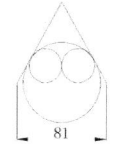

图 2-63　图形（1）　　　　　　　　　　图 2-64　图形（2）

第3章

辅助工具

■ 为了快捷准确地绘制图形和方便高效地管理图形，AutoCAD提供多种必要和辅助的绘图工具，如工具条、对象选择工具、图层管理器、精确定位工具等。利用这些工具，可以方便、迅速、准确地实现图形的绘制和编辑，不仅可提高工作效率，而且能更好地保证图形的质量。

3.1 精确定位工具

从前面的简单绘图过程中可以发现，有时要指定一个特殊位置或点很费力，例如绘制一条水平线或找到圆心。为了解决这个问题，提高绘图的效率，AutoCAD 提供一系列的精确定位工具。精确定位工具是指能够帮助用户快速、准确地定位某些特殊点（如端点、中点、圆心等）和特殊位置（如水平位置、垂直位置）的工具。

精确定位工具主要集中在状态栏上，图 3-1 所示为默认状态下显示的状态栏按钮。

模型 ⊞ ▦ ▾ ∟ ⊙ ▾ ⅄ ▾ ∠ ▭ ▾ ⚲ ⚳ ⚵ 1:1 ▾ ✿ ▾ ✛ ● ⚏ ⊡ ☰

图 3-1　状态栏按钮

3.1.1　正交模式

在用 AutoCAD 绘图的过程中，经常需要绘制水平直线和垂直直线，但是，用鼠标拾取线段的端点时，很难保证两个点严格处于水平或垂直方向。为此，AutoCAD 提供正交功能，启用正交模式画线或移动对象时，只能沿水平方向或垂直方向移动光标，因此只能画平行于坐标轴的正交线段。

1．执行方式

命令行：ORTHO。

状态栏：正交模式。

快捷键：F8。

2．操作步骤

命令：ORTHO✓
输入模式 [开(ON)/关(OFF)] <开>: (设置开或关)

3.1.2　栅格工具

用户可以应用显示栅格工具使绘图区域上出现可见的网格，它是一个形象的画图工具，就像传统的坐标纸一样，这样在绘图时有一个参照，绘图就会相对准确一些。本节介绍控制栅格的显示及设置栅格参数的方法。

1．执行方式

菜单栏：工具→绘图设置。

状态栏：显示图形栅格（仅限于打开与关闭）。

快捷键：F7（仅限于打开与关闭）。

2．操作步骤

按上述操作打开"草图设置"对话框，选择"捕捉和栅格"选项卡，如图 3-2 所示。

其中，"启用栅格"复选框控制是否显示栅格，"栅格间距"选项组用来设置栅格在水平与垂直方向的间距。如果"栅格 x 轴间距"和"栅格 y 轴间距"设置为 0，则 AutoCAD 会自动将捕捉栅格间距应用于栅格，且其原点和角度总是和捕捉栅格的原点和角度相同。"栅格行为"选项组用来设置栅格显示时的有关特性。可通过 Grid 命令在命令行设置栅格间距。

在"栅格 x 轴间距"和"栅格 y 轴间距"文本框中输入数值时，若在"栅格 x 轴间距"文本框中输入一个数值后按 Enter 键，则 AutoCAD 自动传送这个值给"栅格 y 轴间距"，这样可减少工作量。

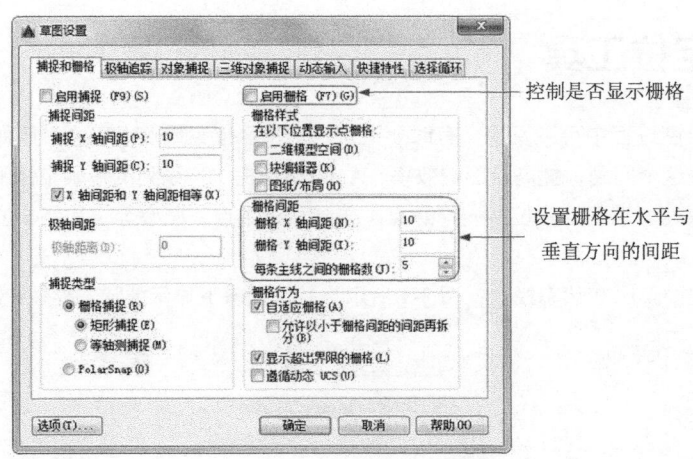

图 3-2 "草图设置"对话框

3.1.3 捕捉工具

为了准确地在屏幕上捕捉点，AutoCAD 提供捕捉工具，可以在屏幕上生成一个隐含的栅格（捕捉栅格），这个栅格能够捕捉光标，约束它只能落在栅格的某一个节点上，使用用户能够高精确度地捕捉和选择这个栅格上的点。本节介绍捕捉栅格的参数设置方法。

1. 执行方式

菜单栏：工具→绘图设置。

状态栏：捕捉模式（仅限于打开与关闭）。

快捷键：F9（仅限于打开与关闭）。

2. 操作步骤

按上述操作打开"草图设置"对话框，选择"捕捉和栅格"选项卡，如图 3-2 所示。

3. 选项说明

（1）"启用捕捉"复选框：控制捕捉功能的开关，与按 F9 键或单击状态栏中的"捕捉模式"按钮功能相同。

（2）"捕捉间距"选项组：设置捕捉各参数。其中，"捕捉 x 轴间距"与"捕捉 y 轴间距"确定捕捉栅格点在水平和垂直两个方向上的间距。

（3）"捕捉类型"选项组：确定捕捉类型和样式。AutoCAD 提供两种捕捉栅格的方式，即"栅格捕捉"和"PolarSnap（极轴捕捉）"。"栅格捕捉"是指按正交位置捕捉位置点，而"极轴捕捉"则可以根据设置的任意极轴角捕捉位置点。

"栅格捕捉"又分为"矩形捕捉"和"等轴测捕捉"两种方式。在"矩形捕捉"方式下捕捉栅格是标准的矩形，在"等轴测捕捉"方式下捕捉栅格和光标十字线不再互相垂直，而是成绘制等轴测图时的特定角度，这种方式对于绘制等轴测图是十分方便的。

（4）"极轴间距"选项组：该选项组只有在"极轴捕捉"类型时才可用。可在"极轴距离"文本框中输入距离值，也可以通过 SNAP 命令设置捕捉有关参数。

3.2 对象捕捉

在利用 AutoCAD 画图时经常要用到一些特殊的点，如圆心、切点、线段或圆弧的端点、中点等，如果用鼠标拾取，要准确地找到这些点是十分困难的。为此，AutoCAD 提供一些识别这些点的工具，通过这些工具可方便地构造新的几何体，使创建的对象精确地画出来，其结果比传统手工绘图更精确，更容易维护。

3.2.1　特殊位置点捕捉

在绘制 AutoCAD 图形时，有时需要指定一些特殊位置的点，如圆心、端点、中点、平行线上的点等，如表 3-1 所示。可以通过对象捕捉功能来捕捉这些点。

表 3-1　特殊位置点捕捉

名称	命令	含义
临时追踪点	TT	建立临时追踪点
两点之间中点	M2P	捕捉两个独立点之间的中点
捕捉自	FRO	与其他捕捉方式配合使用建立一个临时参考点，作为指出后继点的基点
端点	END	线段或圆弧的端点
中点	MID	线段或圆弧的中点
交点	INT	线、圆弧或圆等的交点
外观交点	APP	图形对象在视图平面上的交点
延长线	EXT	指定对象延伸线上的点
圆心	CET	圆或圆弧的圆心
象限点	QUA	距光标最近的圆或圆弧上可见部分象限点，即圆周上 0°、90°、180°、270° 位置点
切点	TAN	最后生成的一个点到选中的圆或圆弧上引切线的切点位置
垂足	PER	在线段、圆、圆弧或其延长线上捕捉一个点，使最后生成的对象线与原对象正交
平行线	PAR	指定对象平行的图形对象上的点
节点	NOD	捕捉用 Point 或 DIVIDE 等命令生成的点
插入点	INS	文本对象和图块的插入点
最近点	NEA	离拾取点最近的线段、圆、圆弧等对象上的点
无	NON	取消对象捕捉
对象捕捉设置	OSNAP	设置对象捕捉

AutoCAD 提供命令行、工具栏和右键快捷菜单 3 种执行特殊点对象捕捉的方法。

1. 命令方式

绘图时，在命令行中提示输入一点时，输入相应特殊位置点命令，然后根据提示操作即可。

要点提示　AutoCAD 对象捕捉功能中捕捉垂足（Perpendicular）和捕捉交点（Intersection）等项有延伸捕捉的功能，即如果对象没有相交，AutoCAD 会假想把线或弧延长，从而找出相应的点。

2. 工具栏方式

使用图 3-3 所示的"对象捕捉"工具栏可以使用户更方便的捕捉点。当命令行提示输入一点时，在"对象捕捉"工具栏中单击相应的按钮。把鼠标指针放在某一图标上时，会显示出该图标功能的提示，然后根据提示操作即可。

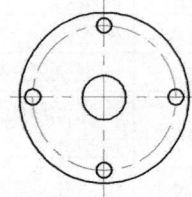

图 3-3 "对象捕捉"工具栏

3. 快捷菜单方式

快捷菜单可通过同时按下 Shift 键和右击来激活菜单中列出，且 AutoCAD 提供的对象捕捉模式，如图 3-4 所示。操作方法与工具栏相似，只要在 AutoCAD 提示输入点时选择快捷菜单中相应的命令，然后按提示操作即可。

3.2.2 实例——盘盖

利用上面所学的特殊位置点捕捉功能，依次绘制不同半径、不同位置的圆，绘制如图 3-5 所示的盘盖。

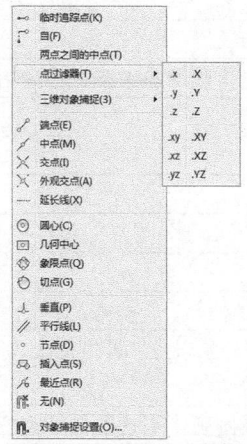

图 3-4 对象捕捉快捷菜单   图 3-5 绘制盘盖

操作步骤：（光盘\动画演示\第 3 章\盘盖.avi）

（1）设置图层。单击"默认"选项卡"图层"面板中的"图层特性"按钮，弹出"图层特性管理器"选项板，新建图层如下。

① "中心线"图层：线型为 CENTER，颜色为红色，其余属性默认。

② "粗实线"图层：线宽为 0.30mm，其余属性默认。

（2）绘制中心线。将"中心线"图层设置为当前层，单击"默认"选项卡"绘图"面板中的"直线"按钮，绘制垂直中心线。

（3）绘制辅助圆。单击"默认"选项卡"绘图"面板中的"圆"按钮，绘制圆形中心线。在指定圆心时，捕捉垂直中心线的交点，如图 3-6 所示，结果如图 3-7 所示。

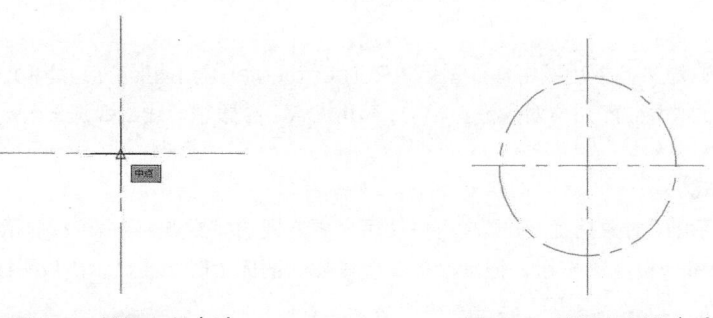

图 3-6 捕捉交点（1）   图 3-7 绘制中心线（1）

（4）绘制外圆和内孔。转换到"粗实线"图层，单击"默认"选项卡"绘图"面板中的"圆"按钮⊙，绘制两个同心圆。在指定圆心时，捕捉已绘制的圆的圆心，如图 3-8 所示，结果如图 3-9 所示。

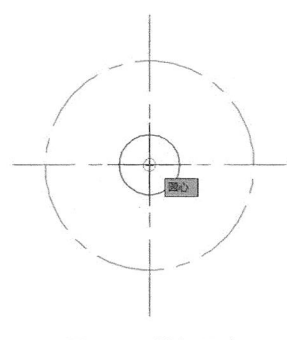

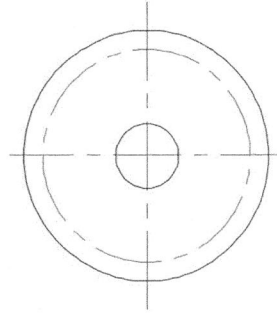

图 3-8　捕捉圆心　　　　　　　　　图 3-9　绘制同心圆（2）

（5）绘制螺孔。单击"默认"选项卡"绘图"面板中的"圆"按钮⊙，绘制侧边小圆。在指定圆心时，捕捉圆形中心线与水平中心线或垂直中心线的交点，如图 3-10 所示，结果如图 3-11 所示。

（6）绘制其余螺孔。使用同样的方法绘制其他 3 个螺孔，最终结果如图 3-5 所示。

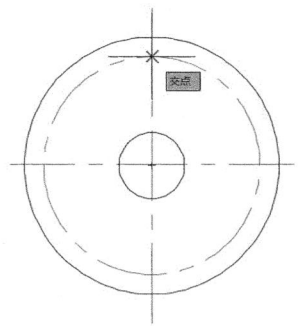

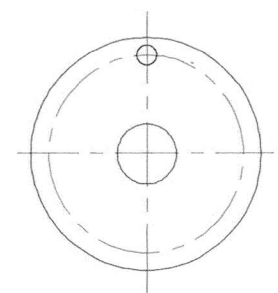

图 3-10　捕捉交点（2）　　　　　　　图 3-11　绘制单个均布圆

3.2.3　对象捕捉设置

在用 AutoCAD 绘图之前，可以根据需要事先设置一些对象捕捉方式，绘图时 AutoCAD 能自动捕捉这些特殊点，从而加快绘图速度，提高绘图质量。

1. 执行方式

命令行：DDOSNAP。

菜单栏：工具→绘图设置。

工具栏：对象捕捉→对象捕捉设置🅜。

状态栏：对象捕捉（功能仅限于打开与关闭）。

快捷键：F3（功能仅限于打开与关闭）。

快捷菜单：对象捕捉设置（图 3-12）。

2. 操作步骤

命令：DDOSNAP✓

系统打开"草图设置"对话框，选择"对象捕捉"选项卡，在此可以设置对象捕捉方式，如图 3-12 所示。

打开或关闭对象捕捉方式　　打开或关闭自动追踪功能

图 3-12　"对象捕捉"选项卡

各种捕捉模式

3．选项说明

（1）"启用对象捕捉"复选框：打开或关闭对象捕捉方式。选中此复选框时，在"对象捕捉模式"选项组中选中的捕捉模式处于激活状态。

（2）"启用对象捕捉追踪"复选框：打开或关闭自动追踪功能。

（3）"对象捕捉模式"选项组中列出各种捕捉模式的复选框：选中则该模式被激活。单击"全部清除"按钮，则所有模式均被清除。单击"全部选择"按钮，则所有模式均被选中。

另外，在对话框的左下角有一个"选项"按钮，单击它可打开"选项"对话框中的"草图"选项卡，利用该对话框可决定捕捉模式的各项设置。

> **操作与点拨：**
> 有时用户无法按预定的设想捕捉相应的特殊位置点，主要原因是没有设置这些作为捕捉的特殊位置点。只要重新进行设置，即可解决此问题。

3.2.4　实例——圆公切线

本例首先绘制两个有一定间距的圆，再利用上面学到的"对象捕捉"功能及"直线"命令，绘制圆的公切线，如图 3-13 所示。

操作步骤：（光盘\动画演示\第 3 章\圆公切线.avi）

圆公切线

（1）设置图层。单击"默认"选项卡"图层"面板中的"图层特性"按钮，新建图层如下。

① "中心线"图层：线型为 CENTER，其余属性默认。

② "粗实线"图层：线宽为 0.30mm，其余属性默认。

（2）绘制中心线。将"中心线"图层设置为当前层，单击"默认"选项卡"绘图"面板中的"直线"按钮，以适当长度绘制垂直相交中心线，结果如图 3-14 所示。

（3）绘制圆。转换到"粗实线"图层，单击"默认"选项卡"绘图"面板中的"圆"按钮，绘制图形轴孔部分，绘制圆时，分别以水平中心线与竖直中心线的交点为圆心，以适当半径绘制两个圆，结果如图 3-15 所示。

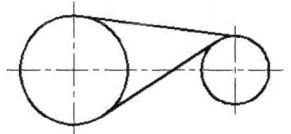

图 3-13　绘制圆公切线

图 3-14　绘制中心线（2）

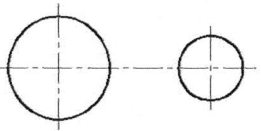

图 3-15　绘制圆（2）

（4）设置捕捉模式。选择菜单栏中的"工具"→"绘图设置"命令，打开"草图设置"对话框中的"对象捕捉"选项卡，单击"全部选择"按钮，选择所有的捕捉模式，并选中"启用对象捕捉"复选框，如图 3-16 所示，单击"确定"按钮。

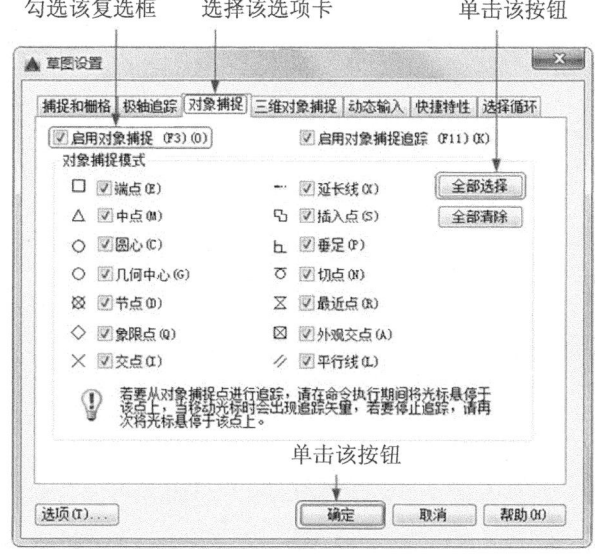

图 3-16　对象捕捉设置

（5）在状态栏中打开捕捉模式。

（6）绘制第一条公切线。单击"默认"选项卡"绘图"面板中的"直线"按钮，绘制公切线，命令行提示与操作如下：

```
命令：_line
指定第一个点：（单击"对象捕捉"工具栏中的"切点"按钮 ）
_tan 到：（指定左边圆上一点，系统自动显示"递延切点"提示，如图3-17所示）
指定下一点或 [放弃(U)]：（单击"对象捕捉"工具栏中的"切点"按钮 ）
_tan 到：（指定右边圆上一点，系统自动显示"递延切点"提示，如图3-18所示）
指定下一点或 [放弃(U)]：
```

（7）绘制第二条公切线。单击"默认"选项卡"绘图"面板中的"直线"按钮，绘制公切线。同样利用"切点"按钮捕捉切点，图 3-19 所示为捕捉第二个切点的情形。

（8）捕捉切点。系统自动捕捉到切点的位置，最终结果如图 3-13 所示。

不管用户指定圆上哪一点作为切点，系统会自动根据圆的半径和指定的大致位置确定准确的切点，并且根据大致指定点与内外切点的距离，依据距离趋近原则判断是绘制外切线还是内切线。

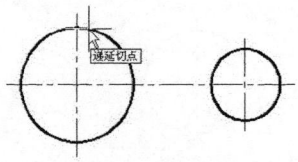

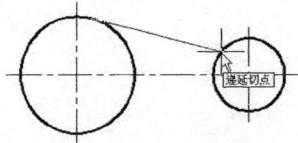

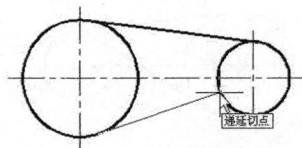

图 3-17　捕捉切点　　　　　　图 3-18　递延切点提示　　　　　　图 3-19　捕捉切点

3.2.5　基点捕捉

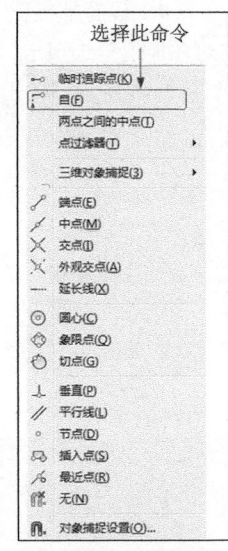

在绘制图形时，有时需要指定某个点为基点。这时可以利用基点捕捉功能来捕捉此点，基点捕捉要求确定一个临时参考点作为指定后续点的基点，通常与其他对象捕捉模式及相关坐标联合使用。

1．执行方式

命令行：FROM。

快捷菜单：自（图 3-20）。

2．操作步骤

在输入一点的提示下输入"FROM"，或单击相应的工具图标时，命令行提示与操作如下：

基点：（指定一个基点）

<偏移>：（输入相对于基点的偏移量）

执行上述命令后得到一个点，这个点与基点之间坐标差为指定的偏移量。

图 3-20　快捷菜单

在"<偏移>："提示后输入的坐标必须是相对坐标，如（@10,15）等。

3.2.6　实例——绘制直线 1

利用上面所学的基点捕捉功能绘制一条从点（45,45）到点（80,120）的线段。

操作步骤：（光盘\动画演示\第 3 章\绘制直线 1.avi）

单击"默认"选项卡"绘图"面板中的"直线"按钮　，命令行提示与操作如下：

绘制直线 1

命令：LINE✓

指定第一个点：45,45✓

指定下一点或 [放弃(U)]：ROM✓

基点：100,100✓

<偏移>：-20,20✓

指定下一点或 [放弃(U)]：✓

执行上述操作后，绘制出从点（45,45）到点（80,120）的一条线段。

3.2.7　点过滤器捕捉

利用点过滤器捕捉功能，可以根据一个点的 x 坐标和另一点的 y 坐标来确定一个新点。在"指定下一点或[放弃(U)]："提示下选择此项（在快捷菜单中选取），AutoCAD 提示：

.X 于：（指定一个点）

（需要 YZ）：（指定另一个点）

执行操作后，新建的点具有第一个点的 x 坐标和第二个点的 y 坐标。

3.2.8　实例——绘制直线 2

利用上面所学的点过滤器捕捉功能，绘制从点（45,45）到点（80,120）的一条线段。

操作步骤：（光盘\动画演示\第 3 章\绘制直线 2.avi）

单击"默认"选项卡"绘图"面板中的"直线"按钮 ，命令行提示与操作如下：

绘制直线 2

```
命令：LINE↙
指定第一个点：45,45↙
指定下一点或 [放弃(U)]:（打开右键快捷菜单，选择：点过滤器→X）
.X 于：80,100↙
(需要 YZ)：100,120↙
指定下一点或 [放弃(U)]: ↙
```

执行上述操作后，绘制出从点（45,45）到点（80,120）的一条线段。

3.3　对象追踪

"对象追踪"是指按指定角度或与其他对象的指定关系绘制对象。可以结合对象捕捉功能进行自动追踪，利用自动追踪功能可以对齐路径，有助于以精确的位置和角度创建对象。"自动追踪"包括两种追踪选项："极轴追踪"和"对象捕捉追踪"。可以指定临时点进行临时追踪。

3.3.1　对象捕捉追踪

"对象捕捉追踪"是指以捕捉到的特殊位置点为基点，按指定的极轴角或极轴角的倍数对齐要指定点的路径。

"对象捕捉追踪"必须配合"对象捕捉"功能一起使用，即同时打开状态栏上的"对象捕捉"开关和"对象捕捉追踪"开关。

1. 执行方式

命令行：DDOSNAP。

菜单栏：工具→绘图设置。

工具栏：对象捕捉→对象捕捉设置 。

状态栏：对象捕捉+对象捕捉追踪。

快捷键：F11。

快捷菜单：对象捕捉设置（图 3-12）。

2. 操作步骤

按照上面执行方式操作或者在"对象捕捉"开关或"对象捕捉追踪"开关右击，在弹出的快捷菜单中选择"设置"命令，系统打开"草图设置"对话框，然后选择"对象捕捉"选项卡，选中"启用对象捕捉追踪"复选框，即完成对象捕捉追踪设置。

3.3.2　实例——绘制直线 3

利用上面所学的对象捕捉追踪功能绘制一条线段，使该线段的一个端点与另一条线段的端点在一条水平线上。

操作步骤：（光盘\动画演示\第 3 章\绘制直线 3.avi）

（1）设置捕捉。同时打开状态栏上的"对象捕捉"和"对象捕捉追踪"按钮，启动对象捕捉追踪功能。

绘制直线 3

（2）绘制第一条线段。单击"默认"选项卡"绘图"面板中的"直线"按钮 ，绘制第一条线段。

（3）绘制第二条线段。单击"默认"选项卡"绘图"面板中的"直线"按钮 ，绘制第二条线段，命令行提示与操作如下：

命令：LINE✓
指定第一个点：（指定点1，如图3-21（a）所示）
指定下一点或 [放弃(U)]：（将鼠标指针移动到点2处，系统自动捕捉到第一条直线的端点2，如图3-21（b）所示。系统显示一条虚线为追踪线，移动鼠标指针，在追踪线的适当位置指定一点3，如图3-21（c）所示）
指定下一点或 [放弃(U)]：✓

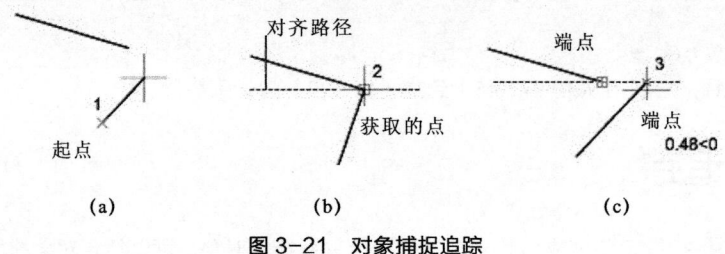

图 3-21 对象捕捉追踪

3.3.3 极轴追踪

"极轴追踪"是指按指定的极轴角或极轴角的倍数对齐要指定点的路径。"极轴追踪"必须配合"对象捕捉追踪"功能一起使用，即同时打开状态栏上的"极轴追踪"开关和"对象捕捉追踪"开关。

1. 执行方式

命令行：DDOSNAP。

菜单栏：工具→绘图设置。

工具栏：对象捕捉→对象捕捉设置 。

状态栏：极轴追踪。

快捷键：F10。

快捷菜单：极轴追踪设置（图3-22）。

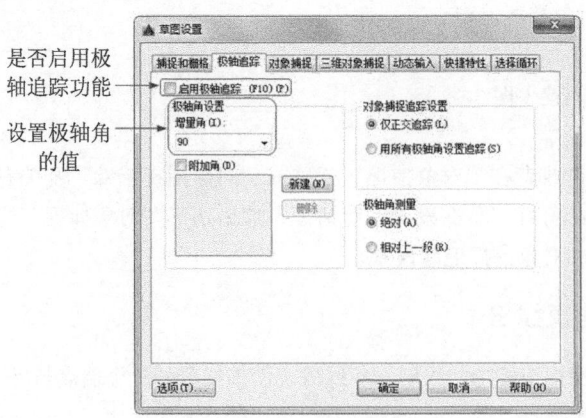

图 3-22 "极轴追踪"选项卡

2. 操作步骤

按照上面执行方式操作或者在"极轴"开关右击，在弹出的快捷菜单中选择"设置"命令，系统打开图 3-22 所示的"草图设置"对话框，选择"极轴追踪"选项卡。其中，各选项功能如下。

（1）"启用极轴追踪"复选框：选中该复选框，即启用极轴追踪功能。

（2）"极轴角设置"选项组：设置极轴角的值。可以在"增量角"下拉列表框中选择一种角度值，也可选中"附加角"复选框，单击"新建"按钮设置任意附加角。系统在进行极轴追踪时，同时追踪增量角和附加角，可以设置多个附加角。

（3）"对象捕捉追踪设置"和"极轴角测量"选项组：按界面提示设置相应单选按钮。

3.3.4 实例——极轴追踪法绘制方头平键

极轴追踪法绘制
方头平键

本例利用上面所学的极轴追踪方法绘制如图 3-23 所示的方头平键。读者注意体会和第 2 章讲述的方法有什么不同。

操作步骤：（光盘\动画演示\第 3 章\极轴追踪法绘制方头平键.avi）

（1）绘制主视图。单击"默认"选项卡"绘图"面板中的"矩形"按钮 □，绘制矩形。首先在屏幕上适当位置指定一个角点，然后指定第二个角点为（@100,11），结果如图 3-24 所示。

图 3-23　绘制方头平键（2）　　　　　　　　图 3-24　绘制主视图外形（2）

（2）绘制主视图棱线。同时打开状态栏上的"对象捕捉"和"对象捕捉追踪"按钮，启动对象捕捉追踪功能。单击"默认"选项卡"绘图"面板中的"直线"按钮 ╱，绘制直线，命令行提示与操作如下：

```
命令：LINE✓
指定第一个点：FROM✓
基点：（捕捉矩形左上角点，如图3-25所示）
<偏移>：@0,-2✓
指定下一点或 [放弃(U)]：（鼠标右移，捕捉矩形右边上的垂足，如图3-26所示）
```

使用相同的方法，以矩形左下角点为基点，向上偏移两个单位，利用基点捕捉绘制下边的另一条棱线，结果如图 3-27 所示。

图 3-25　捕捉角点　　　　　　　　　　　图 3-26　捕捉垂足

（3）设置捕捉。打开图 3-22 所示的"草图设置"对话框的"极轴追踪"选项卡，将"增量角"设置为 90，将"对象捕捉追踪"设置为"仅正交追踪"。

（4）绘制俯视图外形。单击"默认"选项卡"绘图"面板中的"矩形"按钮 □，捕捉上面绘制矩形左下角点，系统显示追踪线，沿追踪线向下在适当位置指定一点为矩形角点，如图 3-28 所示。另一角点坐标为（@100,18），结果如图 3-29 所示。

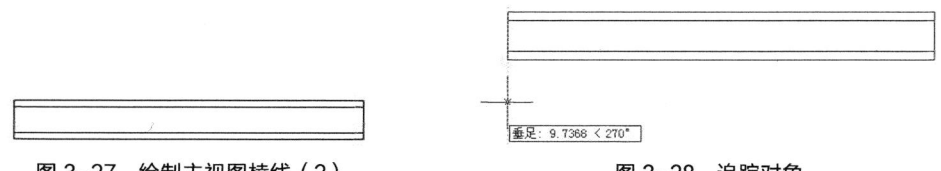

图 3-27　绘制主视图棱线（2）　　　　　　图 3-28　追踪对象

（5）绘制俯视图棱线。单击"默认"选项卡"绘图"面板中的"直线"按钮 ✎，结合基点捕捉功能绘制俯视图棱线，偏移距离为 2，结果如图 3-30 所示。

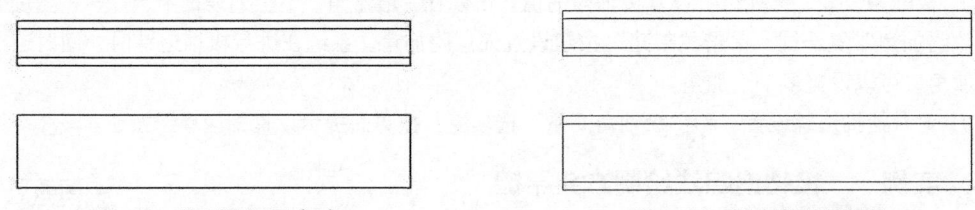

图 3-29　绘制俯视图（2）　　　　　　　　　　图 3-30　绘制俯视图棱线

（6）绘制左视图构造线。单击"默认"选项卡"绘图"面板中的"构造线"按钮 ✎，首先指定适当一点绘制-45°构造线，继续绘制构造线，命令行提示与操作如下：

命令：XLINE↙

指定点或 [水平(H)/垂直(V)/角度(A)/二等分(B)/偏移(O)]：（捕捉俯视图右上角点，在水平追踪线上指定一点，如图3-31所示）

指定通过点：（打开状态栏上的"正交"开关，指定水平方向一点指定斜线与第四条水平线的交点）

使用同样的方法绘制另一条水平构造线，再捕捉两条水平构造线与斜构造线交点为指定点，绘制两条竖直构造线，如图 3-32 所示。

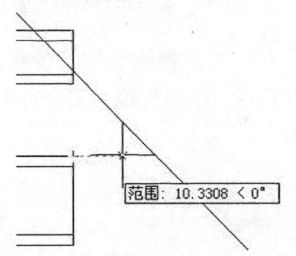 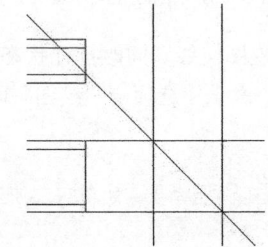

图 3-31　绘制左视图构造线（2）　　　　　　　图 3-32　完成左视图构造线

（7）绘制左视图。单击"默认"选项卡"绘图"面板中的"矩形"按钮 ▢，绘制矩形，命令行提示与操作如下：

命令：_rectang↙

指定第一个角点或 [倒角(C)/标高(E)/圆角(F)/厚度(T)/宽度(W)]：C↙

指定矩形的第一个倒角距离 <0.0000>：2

指定矩形的第一个倒角距离 <0.0000>：2

指定第一个角点或 [倒角(C)/标高(E)/圆角(F)/厚度(T)/宽度(W)]：（捕捉主视图矩形上边延长线与第一条竖直构造线交点，如图3-33所示）

指定另一个角点或 [尺寸(D)]：（捕捉主视图矩形下边延长线与第二条竖直构造线交点）

完成上述操作后结果如图 3-34 所示。

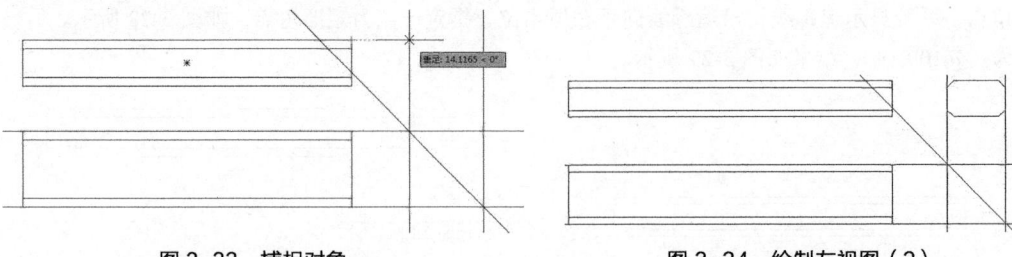

图 3-33　捕捉对象　　　　　　　　　　　　　图 3-34　绘制左视图（2）

（8）删除辅助线。单击"默认"选项卡"修改"面板中的"删除"按钮 ✎，删除构造线，最终结果如图 3-23 所示。

3.3.5　临时追踪

在绘制图形对象时，除了可以进行自动追踪外，还可以指定临时点作为基点，进行临时追踪。

在提示输入点时，输入"tt"，或选择右键快捷菜单中的"临时追踪点"命令，然后指定一个临时追踪点。该点上将出现一个小的加号（＋）。移动光标时，将相对于这个临时点显示自动追踪对齐路径。要删除此点，将光标移回到加号（＋）上面。

3.3.6　实例——绘制直线 4

绘制直线 4

利用上面所学的临时追踪功能绘制一条线段，使其一个端点与一个已知点水平。

操作步骤：（光盘\动画演示\第 3 章\绘制直线 4.avi）

（1）捕捉设置。打开状态栏上的"对象捕捉"开关，并打开图 3-22 所示的"草图设置"对话框的"极轴追踪"选项卡，将"增量角"设置为 90，将"对象捕捉追踪"设置为"仅正交追踪"。

（2）绘制点。选择菜单栏中的"格式"→"点样式"命令，打开"点样式"对话框，从中选择×形样式，如图 3-35 所示。

（3）单击"默认"选项卡"绘图"面板中的"多点"按钮 ⁚，绘制一个点，如图 3-36 所示。

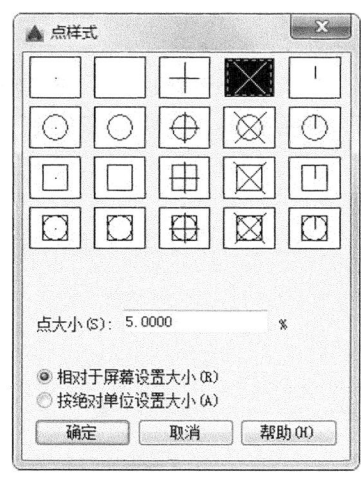

图 3-35　设置点样式

图 3-36　绘制点

（4）绘制直线。单击"默认"选项卡"绘图"面板中的"直线"按钮 ╱，绘制直线，命令行提示与操作如下：

```
命令：LINE↙
指定第一个点：（适当指定一点）
指定下一点或 [放弃(U)]：tt↙
指定临时对象追踪点：（捕捉左边的点，该点显示一个+号，移动鼠标，显示追踪线，如图3-37所示）
指定下一点或 [放弃(U)]：（在追踪线上适当位置指定一点）
指定下一点或 [放弃(U)]：↙
```

上述操作完成后，结果如图 3-38 所示。

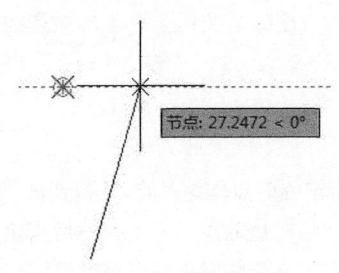

图 3-37　显示追踪线

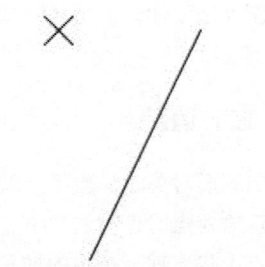

图 3-38　绘制直线和点的结果

3.4　动态输入

动态输入功能可以直接动态地输入绘制对象的各种参数，使绘图变得直观简捷。

1．执行方式

命令行：DSETTINGS。

菜单栏：工具→绘图设置。

工具栏：对象捕捉→对象捕捉设置 🔳（图 3-3）。

状态栏："动态输入"按钮 ➕（只限于打开与关闭）。

快捷键：F12（只限于打开与关闭）。

快捷菜单：对象捕捉设置。

2．操作步骤

按照上面执行方式操作或者在"动态输入"开关上右击，在弹出的快捷菜单中选择"动态输入设置"命令，系统打开图 3-39 所示的"草图设置"对话框的"动态输入"选项卡。其中，"指针输入"选项功能如下。

（1）启动指针输入：打开动态输入的指针输入功能。

（2）设置：单击该按钮，打开"指针输入设置"对话框，可以设置指针输入的格式和可见性，如图 3-40 所示。

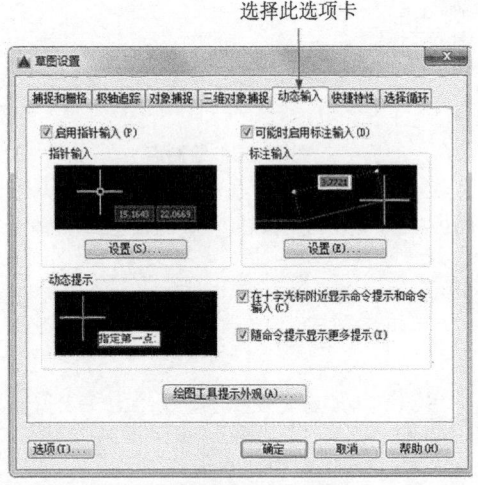

图 3-39　"动态输入"选项卡

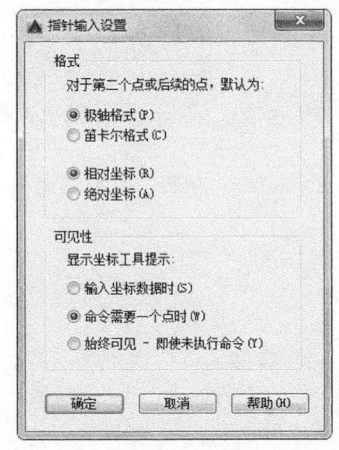

图 3-40　"指针输入设置"对话框

3.5 对象约束

"约束"能够精确地控制草图中的对象。草图约束有两种类型：尺寸约束和几何约束。

几何约束可以建立草图对象的几何特性（如要求某一直线具有固定长度）或两个及更多草图对象的关系类型（如要求两条直线垂直或平行，或几个弧具有相同的半径）。在图形区，用户可以使用"参数化"选项卡中的"全部显示""全部隐藏"或"显示"来显示有关信息，并显示代表这些约束的直观标记（如图 3-41 所示的水平标记 ═ 和共线标记 ）。

尺寸约束用于建立草图对象的大小（如直线的长度、圆弧的半径等），或两个对象之间的关系（如两点之间的距离），图 3-42 所示为一个带有尺寸约束的示例。

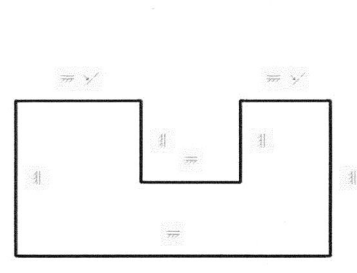

图 3-41 "几何约束"示意图

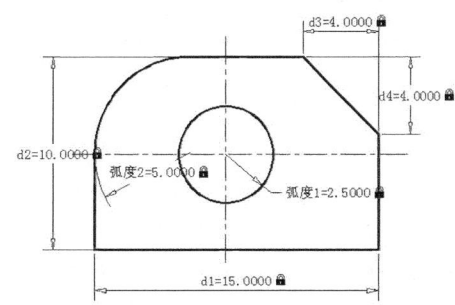

图 3-42 "尺寸约束"示意图

3.5.1 建立几何约束

使用几何约束可以指定草图对象必须遵守的条件，或是草图对象之间必须维持的关系。"几何约束"面板及工具栏（面板在"参数化"标签内的"几何"面板中）如图 3-43 所示。其主要几何约束选项功能如表 3-2 所示。

绘图中可指定二维对象或对象上的点之间的几何约束，之后编辑受约束的几何图形时，将保留约束。因此，通过使用几何约束，可以在图形中包括设计要求。

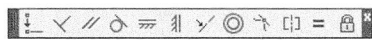

图 3-43 "几何约束"面板及工具栏

表 3-2 几何约束选项功能

约束模式	功能
重合	约束两个点使其重合，或者约束一个点使其位于曲线（或曲线的延长线）上。可以使对象上的约束点与某个对象重合，也可以使其与另一对象上的约束点重合
共线	使两条或多条直线段沿同一直线方向
同心	将两个圆弧、圆或椭圆约束到同一个中心点。结果与将重合约束应用于曲线的中心点所产生的结果相同

约束模式	功能
固定	将几何约束应用于一对对象时，选择对象的顺序及选择每个对象的点可能会影响对象彼此间的放置方式
平行	使选定的直线位于彼此平行的位置。平行约束在两个对象之间应用
垂直	使选定的直线位于彼此垂直的位置。垂直约束在两个对象之间应用
水平	使直线或点对位于与当前坐标系的 x 轴平行的位置。默认选择类型为对象
竖直	使直线或点对位于与当前坐标系的 y 轴平行的位置
相切	将两条曲线约束为保持彼此相切或其延长线保持彼此相切。相切约束在两个对象之间应用
平滑	将样条曲线约束为连续，并与其他样条曲线、直线、圆弧或多段线保持 G2 连续
对称	使选定对象受对称约束，相对于选定直线对称
相等	将选定圆弧和圆的尺寸重新调整为半径相同，或将选定直线的尺寸重新调整为长度相同

3.5.2 几何约束设置

在用 AutoCAD 绘图时，可以控制约束栏的显示，使用"约束设置"对话框，如图 3-44 所示，可控制约束栏上显示或隐藏的几何约束类型。可单独或全局显示/隐藏几何约束和约束栏。可执行以下操作：

* 显示（或隐藏）所有的几何约束。
* 显示（或隐藏）指定类型的几何约束。
* 显示（或隐藏）所有与选定对象相关的几何约束。

1. 执行方式

命令行：CONSTRAINTSETTINGS（快捷命令：CSETTINGS）。

菜单栏：参数→约束设置。

功能区：参数化→几何→"对话框启动器" ▸ 。

工具栏：参数化→约束设置 ▥ 。

2. 操作步骤

命令：CONSTRAINTSETTINGS↙

系统打开"约束设置"对话框，在该对话框中打开"几何"选项卡，如图 3-44 所示。利用此对话框可以控制约束栏上约束类型的显示。

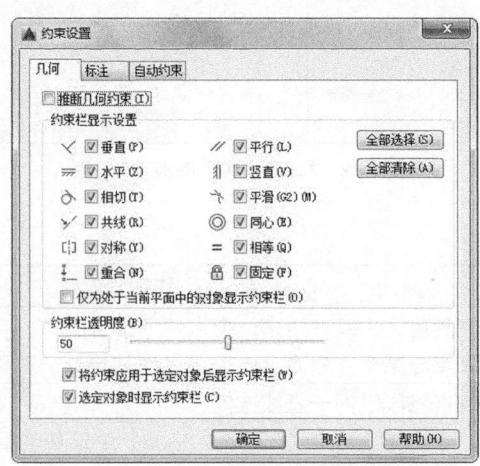

图 3-44 "约束设置"对话框

3．选项说明

（1）"约束栏显示设置"选项组：此选项组控制图形编辑器中是否为对象显示约束栏或约束点标记。例如，可以为水平约束和竖直约束隐藏约束栏的显示。

（2）"全部选择"按钮：选择几何约束类型。

（3）"全部清除"按钮：清除选定的几何约束类型。

（4）"仅为处于当前平面中的对象显示约束栏"复选框：仅为当前平面上受几何约束的对象显示约束栏。

（5）"约束栏透明度"选项组：设置图形中约束栏的透明度。

（6）"将约束应用于选定对象后显示约束栏"复选框：手动应用约束后或使用 AUTOCONSTRAIN 命令时显示相关约束栏。

3.5.3 实例——相切及同心圆

相切及同心圆

利用上面所学的几何约束功能绘制如图 3-45 所示的相切及同心圆。

操作步骤：（光盘\动画演示\第 3 章\相切及同心圆.avi）

（1）绘制圆。单击"默认"选项卡"绘图"面板中的"圆"按钮 ⊙，以适当半径绘制 4 个圆，结果如图 3-46 所示。

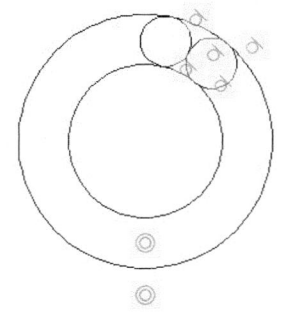

图 3-45　绘制相切及同心圆

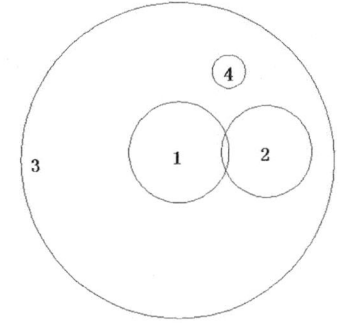

图 3-46　绘制圆（3）

（2）设置圆约束关系。操作步骤如下。

① 单击"参数化"选项卡"几何"面板中的"相切"按钮 ⚭，绘制两圆并使之相切，命令行提示与操作如下：

```
命令：_GcTangent
选择第一个对象：（使用鼠标指针选择圆1）
选择第二个对象：（使用鼠标指针选择圆2）
```

系统自动将圆 2 向左移动与圆 1 相切，结果如图 3-47 所示。

② 单击"参数化"选项卡"几何"面板中的"同心"按钮 ◎，使其中两圆同心，命令行提示与操作如下：

```
命令：_GcConcentric
选择第一个对象：（选择圆1）
选择第二个对象：（选择圆3）
```

系统自动建立同心的几何关系，如图 3-48 所示。

③ 用同样的方法，使圆 3 与圆 2 建立相切几何约束，如图 3-49 所示。

④ 用同样的方法，使圆 1 与圆 4 建立相切几何约束，如图 3-50 所示。

⑤ 用同样的方法，使圆 4 与圆 2 建立相切几何约束，如图 3-51 所示。

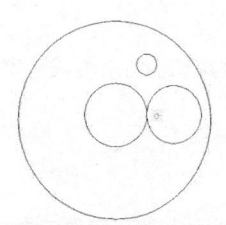 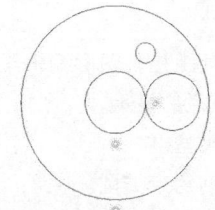 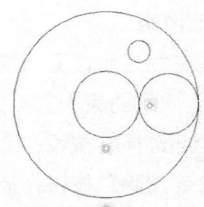

图 3-47　建立相切几何关系　　图 3-48　建立同心几何关系　图 3-49　建立圆 3 与圆 2 相切几何关系

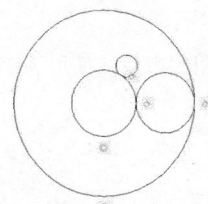 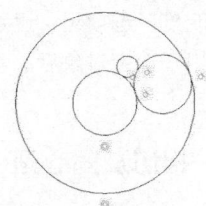

图 3-50　建立圆 1 与圆 4 相切几何关系　　　　图 3-51　建立圆 4 与圆 2 相切几何关系

⑥ 用同样的方法，使圆 3 与圆 4 建立相切几何约束，最终结果如图 3-45 所示。

3.5.4　建立尺寸约束

建立尺寸约束是限制图形几何对象的大小，也就是与在草图上标注的尺寸相似，同样设置尺寸标注线，与此同时再建立相应的表达式，不同的是可以在后续的编辑工作中实现尺寸的参数化驱动。"标注约束"面板及工具栏（面板在"参数化"标签内的"标注"面板中）如图 3-52 所示。

在生成尺寸约束时，用户可以选择草图曲线、边、基准平面或基准轴上的点，以生成水平、竖直、平行、垂直和角度尺寸。

生成尺寸约束时，系统会生成一个表达式，其名称和值显示在弹出的对话框文本区域中，如图 3-53 所示，用户可以接着编辑该表达式的名称和值。

生成尺寸约束时，只要选中几何体，其尺寸及其延伸线和箭头就会全部显示出来。将尺寸拖曳到位，然后单击。完成尺寸约束后，用户还可以随时更改尺寸约束。只需在图形区选中该值，双击，然后可以使用生成过程所采用的方式编辑其名称、值或位置。

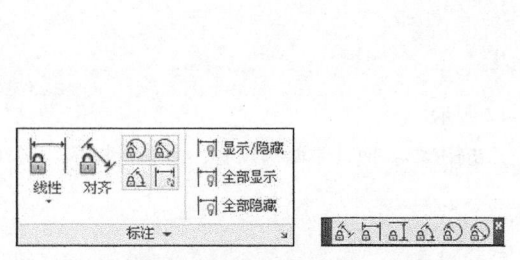 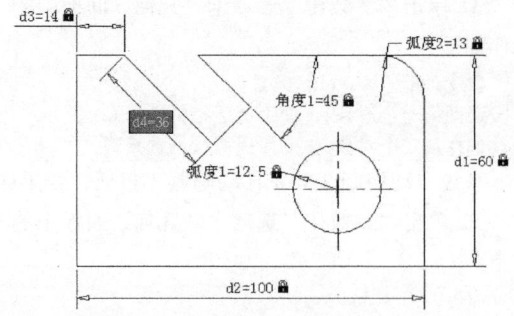

图 3-52　"标注约束"面板及工具栏　　　　　图 3-53　"尺寸约束编辑"示意图

3.5.5　尺寸约束设置

在用 AutoCAD 绘图时，可以控制约束栏的显示，使用"约束设置"对话框中的"标注"选项卡可控制显示标注约束时的系统配置，标注约束控制设计的大小和比例。标注约束可以约束以下内容。

- 对象之间或对象上的点之间的距离。
- 对象之间或对象上的点之间的角度。

1. 执行方式

命令行：CONSTRAINTSETTINGS（快捷命令：CSETTINGS）。

菜单栏：参数→约束设置。

功能区：参数化→标注→对话框启动器 ≡。

工具栏：参数化→约束设置 ≡。

2. 操作步骤

命令：CONSTRAINTSETTINGS✓

系统打开"约束设置"对话框，选择"标注"选项卡，可以控制约束栏上约束类型的显示，如图 3-54 所示。

图 3-54 "约束设置"对话框

3. 选项说明

（1）"标注约束格式"选项组：该选项组内可以设置标注名称格式，同时锁定图标的显示。

（2）"标注名称格式"下拉列表框：为应用标注约束时显示的文字指定格式。将名称格式设置为"显示：名称、值"或"名称和表达式"。例如，宽度=长度/2。

（3）"为注释性约束显示锁定图标"复选框：针对已应用注释性约束的对象显示锁定图标。

（4）"为选定对象显示隐藏的动态约束"复选框：显示选定时已设置为隐藏的动态约束。

3.5.6 实例——尺寸约束法绘制方头平键

利用上面所学的尺寸约束功能绘制如图 3-55 所示的方头平键。注意体会和 3.3.4 小节的绘制方法有什么不同。

尺寸约束法绘制
方头平键

操作步骤：（光盘\动画演示\第 3 章\尺寸约束法绘制方头平键.avi）

（1）打开"源文件\第 3 章\方头平键"（键 B18×100），如图 3-56 所示。

（2）标注约束设置。操作步骤如下。

① 单击"参数化"选项卡"几何"面板中的"共线"按钮 ⅍，使左端各竖直直线建立共线的几何约束。采用同样的方法创建右端各直线共线的几何约束。

② 单击"参数化"选项卡"几何"面板中的"相等"按钮 ═，使最上端水平线与下面各条水平线建立相等的几何约束。

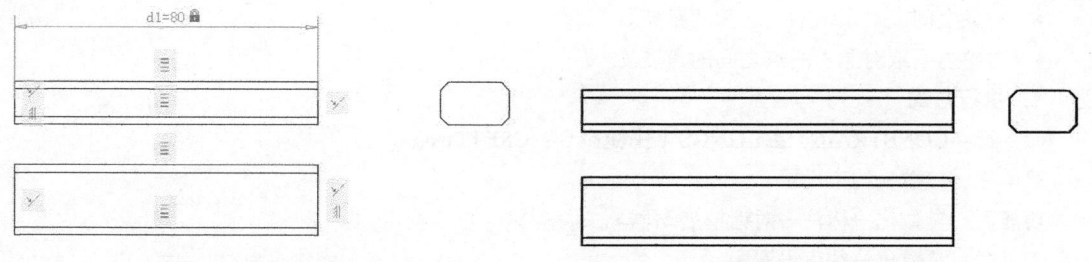

图 3-55　绘制键 B18×80　　　　　　　　图 3-56　键 B18×100

③ 单击"参数化"选项卡"几何"面板中的"竖直"按钮 ┫｜，使两侧的竖线建立竖直的几何约束。

④ 单击"参数化"选项卡"标注"面板中的"线性"按钮 ┠┐，更改水平尺寸，命令行提示与操作如下：

命令：_DcHorizonta
指定第一个约束点或 [对象(O)] <对象>：（单击最上端直线左端）
指定第二个约束点：（单击最上端直线右端）
指定尺寸线位置（在合适位置单击）
标注文字 = 100（输入长度80）

系统自动将长度 100 调整为 80，最终结果如图 3-55 所示。

3.5.7　自动约束

在用 AutoCAD 绘图时，使用"约束设置"对话框中的"自动约束"选项卡，如图 3-54 所示，可将设定公差范围内的对象自动设置为"相关约束"。

1. 执行方式

命令行：CONSTRAINTSETTINGS（快捷命令：CSETTINGS）。
菜单栏：参数→约束设置。
功能区：参数化→标注→对话框启动器 ⟊。
工具栏：参数化→约束设置 ⤵。

2. 操作步骤

命令：CONSTRAINTSETTINGS✓

系统打开"约束设置"对话框，选择"自动约束"选项卡，在此可以控制自动约束相关参数，如图 3-57 所示。

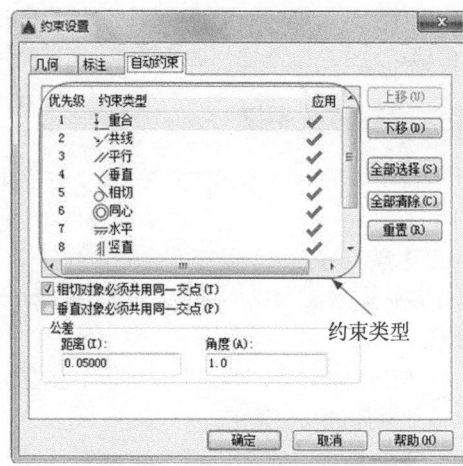

图 3-57　"自动约束"选项卡

3．选项说明

（1）"约束类型"列表框：显示自动约束的约束类型及优先级。可以通过"上移"和"下移"按钮调整优先级的先后顺序。可以单击 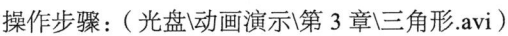 符号选择或去掉来选择某约束类型是否作为自动约束类型。

（2）"相切对象必须共用同一交点"复选框：指定两条曲线必须共用一个点（在距离公差内指定），以便应用相切约束。

（3）"垂直对象必须共用同一交点"复选框：指定直线必须相交或者一条直线的端点必须与另一条直线或直线的端点重合（在距离公差内指定）。

（4）"公差"选项组：设置可接受的"距离"和"角度"公差值，以确定是否可以应用约束。

3.5.8　实例——三角形

三角形

利用上面所学的自动约束功能，对未封闭三角形进行约束控制，使其形成封闭三角形，如图 3-58 所示。

操作步骤：（光盘\动画演示\第 3 章\三角形.avi）

（1）打开"源文件\第 3 章\原图"，如图 3-59 所示。

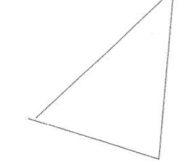

图 3-58　封闭三角形　　　　　图 3-59　打开三角形原图

（2）设置约束与自动约束。选择菜单栏中的"参数"→"约束设置"命令，打开"约束设置"对话框。打开"几何"选项卡，单击"全部选择"按钮，选择全部约束方式，如图 3-60 所示。再打开"自动约束"选项卡，将距离和角度公差设置为 1，取消选中"相切对象必须共用同一交点"复选框和"垂直对象必须共用同一交点"复选框，约束优先顺序按图 3-61 所示设置。

（3）固定边。单击"参数化"选项卡"几何"面板中的"固定"按钮，选择三角形的底边，命令行提示与操作如下：

```
命令：_GcFix
选择点或 [对象(O)] <对象>：（选择三角形底边）
```

完成上述操作后底边被固定，并显示固定标记，如图 3-62 所示。

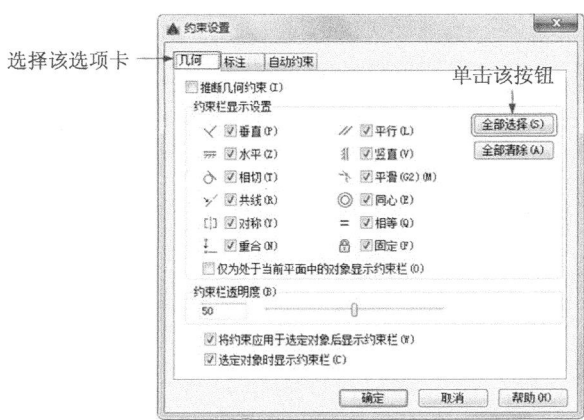

图 3-60　"几何"选项卡设置

图 3-61　"自动约束"选项卡设置

（4）重合约束。单击"参数化"选项卡"几何"面板中的"重合"按钮，选择三角形的底边，命令行提示与操作如下：

命令：_GcCoincident
选择第一个点或 [对象(O)/自动约束(A)] <对象>：
选择第二个点或 [对象(O)] <对象>：

使用同样的方法，使上边两个端点进行自动约束，两者重合，并显示重合标记，如图 3-63 所示。

（5）自动约束。再次单击"参数化"选项卡"几何"面板中的"自动约束"按钮，选择底边和右边为自动约束对象，如图 3-64 所示（注意：这里右边必然要缩短）。

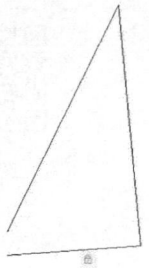

图 3-62　固定约束

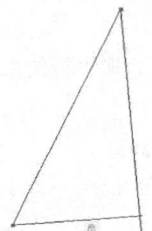

图 3-63　自动重合约束

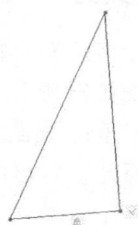

图 3-64　自动重合与自动垂直约束

3.6　图层设置

图层的概念类似于投影片，将不同属性的对象分别画在不同的投影片（图层）上，例如将图形的主要线段、中心线、尺寸标注等分别画在不同的图层上，每个图层可设定不同的线型、线条颜色，然后把不同的图层堆栈在一起成为一张完整的视图，如此可使视图层次有条理，方便图形对象的编辑与管理。一个完整的图形就是它所包含所有图层上的对象叠加在一起，如图 3-65 所示。

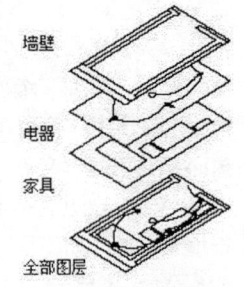

图 3-65　图层效果

3.6.1　设置图层

在用图层功能绘图之前，首先要对图层的各项特性进行设置，包括建立和命名图层、设置当前图层、设置图层的颜色和线型、图层是否关闭、图层是否冻结、图层是否锁定，以及图层删除等。本节主要对图层的这些相关操作进行介绍。

1. 利用对话框设置图层

AutoCAD 2016 提供详细直观的"图层特性管理器"对话框，用户可以方便地通过对该对话框中的各选项及其二级对话框进行设置，从而实现建立新图层、设置图层颜色及线型等各种操作功能。

（1）执行方式

命令行：LAYER。

菜单栏：格式→图层。

工具栏：图层→图层特性管理器。

功能区：默认→图层→图层特性。

（2）操作步骤

命令：LAYER✓

系统打开图 3-66 所示的"图层特性管理器"对话框。

（3）选项说明

①"新建特性过滤器"按钮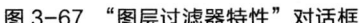：显示"图层过滤器特性"对话框，如图 3-67 所示，从中可以基于一个或多个图层特性创建图层过滤器。

②"新建组过滤器"按钮：创建一个图层过滤器，其中包含用户选定并添加到该过滤器的图层。

③"图层状态管理器"按钮：显示"图层状态管理器"对话框，如图 3-68 所示，从中可以设置图层的当前特性，并保存到命名图层状态中，以后可以再恢复这些设置。

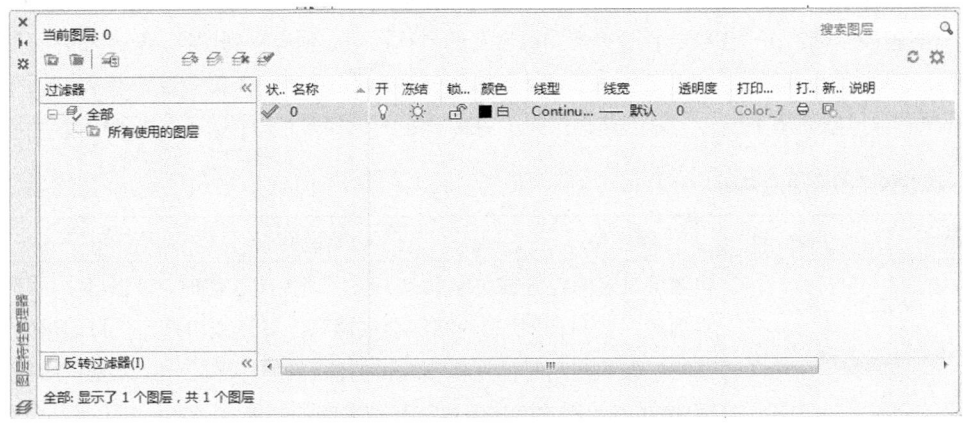

图 3-66 "图层特性管理器"对话框

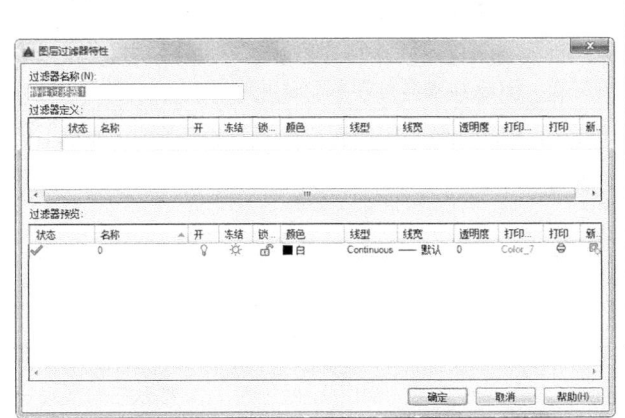

图 3-67 "图层过滤器特性"对话框

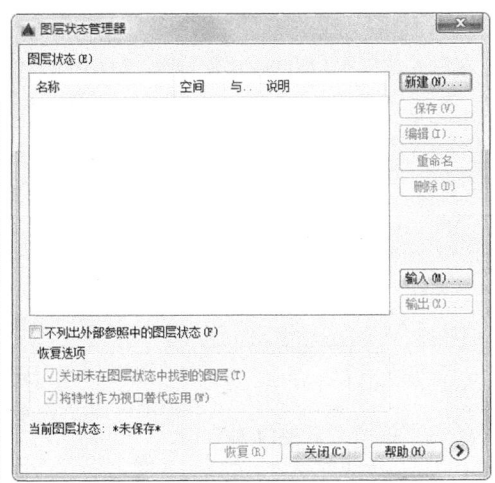

图 3-68 "图层状态管理器"对话框

④"新建图层"按钮：建立新图层。单击此按钮，图层列表中出现一个新的图层名称"图层 1"，用户可使用此名称，也可更改。为同时产生多个图层，可在选中一个图层名后，输入多个名称，各名称之间以逗号分隔。图层的名称可以包含字母、数字、空格和特殊符号，AutoCAD 2016 支持长达 255 个字符的图层名称。新的图层继承建立新图层时所选中的已有图层的所有特性（如颜色、线型、ON/OFF 状态等），如果新建图层时，没有图层被选中，则新图层具有默认的设置。

⑤"删除图层"按钮：删除所选层。在图层列表中选中某一图层，然后单击此按钮，则将该层删除。

⑥"置为当前"按钮：设置当前图层。在图层列表中选中某一图层，然后单击此按钮，则可把该层设置为当前层，并在"当前图层"一栏中显示其名称。当前层的名称存储在系统变量 CLAYER 中。另

外，双击图层名也可把该层设置为当前层。

⑦ "搜索图层"文本框：输入字符时，按名称快速过滤图层列表。关闭图层特性管理器时并不保存此过滤器。

⑧ "反转过滤器"复选框：打开此复选框，显示所有不满足选定图层特性过滤器中条件的图层。

⑨ 图层列表区：显示已有的图层及其特性。要修改某一图层的某一特性，单击它所对应的图标即可。右击空白区域或利用快捷菜单可快速选中所有图层。列表区中各列含义如下。

- 名称：显示满足条件的图层的名称。如果要对某层进行修改，首先要选中该层，使其逆反显示。
- 状态转换图标：在"图层特性管理器"对话框的名称栏中分别有一列图标，移动指针到图标上单击可以打开或关闭该图标所代表的功能，或从详细数据区中勾选或取消勾选关闭（ $\mathbb{Q}$ / $\mathbb{Q}$ ）、锁定（ $\square$ / $\blacksquare$ ）、在所有视口内冻结（ $\dot\bigcirc$ / $\maltese$ ）及不打印（ $\ominus$ / $\bigcirc$ ）等项目，各图标功能说明如表 3-3 所示。

表 3-3　状态转换图标功能说明

图示	名称	功能说明
$\mathbb{Q}$ / $\mathbb{Q}$	打开/关闭	将图层设定为打开或关闭状态，当呈现关闭状态时，该图层上的所有对象将隐藏，只有打开状态的图层会在屏幕上显示或由打印机打印出来。因此，绘制复杂的视图时，先将不编辑的图层暂时关闭，可降低图形的复杂度。图 3-69 表示尺寸标注图层打开和关闭的情形
$\dot\bigcirc$ / $\maltese$	解冻/冻结	将图层设定为解冻或冻结状态。当图层呈现冻结状态时，该图层上的对象均不会显示在屏幕或由打印机打出来，而且不会执行"重生（REGEN）""缩放（ROOM）""平移（PAN）"等命令的操作，因此，若将视图中不编辑的图层暂时冻结，可加快执行绘图编辑的速度。$\mathbb{Q}$/$\mathbb{Q}$（打开/关闭）功能只是单纯将对象隐藏，因此并不会加快执行速度
$\square$ / $\blacksquare$	解锁/锁定	将图层设定为解锁或锁定状态。被锁定的图层仍然显示在画面上，但不能以编辑命令修改被锁定的对象，只能绘制新的对象，如此可防止重要的图形被修改
$\ominus$ / $\bigcirc$	打印/不打印	设定该图层是否可以打印图形
$\square$ / $\square$	新视口冻结	在新布局视口中冻结选定图层。例如，在所有新视口中冻结 DIMENSIONS 图层，将在所有新创建的布局视口中限制该图层上的标注显示，但不会影响现有视口中的 DIMENSIONS 图层。如果以后创建了需要标注的视口，则可以通过更改当前视口设置来替代默认设置
	透明度	控制所有对象在选定图层上的可见性。对单个对象应用透明度时，对象的透明度特性将替代图层的透明度设置

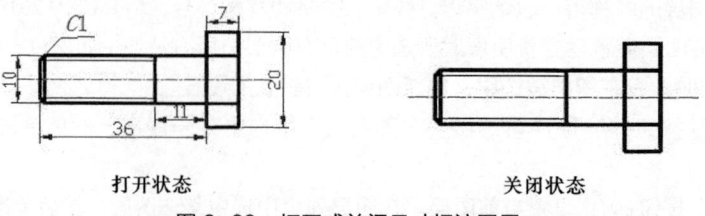

打开状态　　　　　　　　　　　关闭状态

图 3-69　打开或关闭尺寸标注图层

- 颜色：显示和改变图层的颜色。如果要改变某一层的颜色，单击其对应的颜色图标，AutoCAD 打开图 3-70 所示的"选择颜色"对话框，用户可从中选取需要的颜色。
- 线型：显示和修改图层的线型。如果要修改某一层的线型，单击该层的"线型"项，打开"选择线型"对话框，如图 3-71 所示，其中列出当前可用的线型，用户可从中选取，具体内容将在 3.6.3 小节详细介绍。
- 线宽：显示和修改图层的线宽。如果要修改某一层的线宽，单击该层的"线宽"项，打开"线宽"对话框，如图 3-72 所示，其中列出 AutoCAD 设定的线宽，用户可从中选取。其中，"线宽"列表框显示可以选用的线宽值，包括一些绘图中经常用到的线宽，用户可从中选取需要的线宽。"旧的"显示行显示前面赋予图层的线宽。建立一个新图层时，采用默认线宽（其值为 0.01in，即 0.25 mm），默认线宽的值由系统变量 LWDEFAULT 设置。"新的"显示行显示赋予图层的新的线宽。

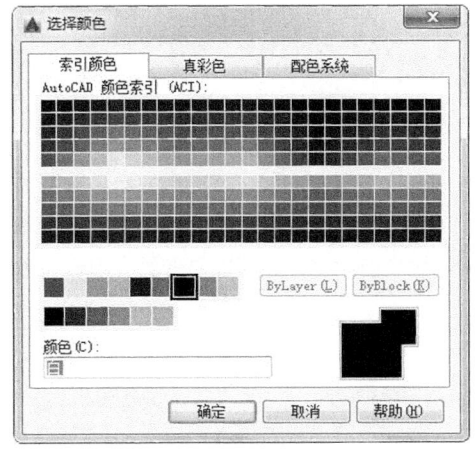

图 3-70 "选择颜色"对话框

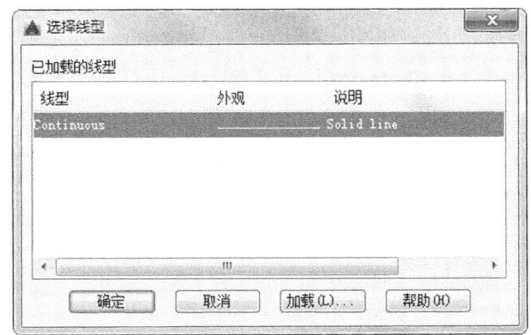

图 3-71 "选择线型"对话框

- 打印样式：修改图层的打印样式，所谓打印样式，是指打印图形时各项属性的设置。

2．利用面板设置图层

AutoCAD 提供一个"特性"面板，如图 3-73 所示。用户可以利用面板上的图标快速地察看和改变所选对象的图层、颜色、线型和线宽等特性。"特性"面板上的图层颜色、线型、线宽和打印样式的控制增强了查看和编辑对象属性的命令。在绘图屏幕上选择任何对象都将在面板上自动显示它所在图层、颜色、线型等属性。下面简单说明"特性"面板各部分的功能。

（1）"颜色控制"下拉列表框：单击右侧的向下箭头，弹出一下拉列表，用户可从中选择使之成为当前颜色，如果选择"更多颜色"选项，AutoCAD 打开"选择颜色"对话框以选择其他颜色。修改当前颜色之后，不论在哪个图层上绘图都采用这种颜色，但对各个图层的颜色设置没有影响。

（2）"线型控制"下拉列表框：单击右侧的向下箭头，弹出一下拉列表，用户可从中选择，某一线型，使之成为当前线型。修改当前线型之后，不论在哪个图层上绘图都采用这种线型，但对各个图层的线型设置没有影响。

（3）"线宽控制"下拉列表框：单击右侧的向下箭头，弹出一下拉列表，用户可从中选择一个线宽，使之成为当前线宽。修改当前线宽之后，不论在哪个图层上绘图都采用这种线宽，但对各个图层的线宽设置没有影响。

（4）"打印类型控制"下拉列表框：单击右侧的向下箭头，弹出一下拉列表，用户可从中选择一种打印样式，使之成为当前打印样式。

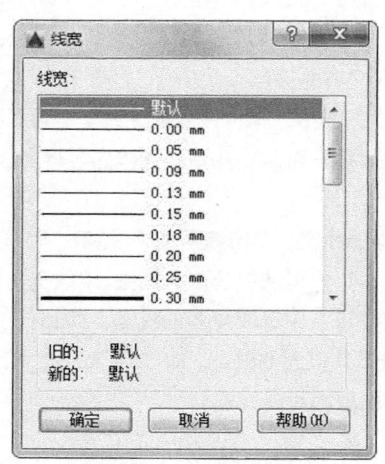

图 3-72 "线宽"对话框

图 3-73 "特性"面板

3.6.2 颜色的设置

由 AutoCAD 绘制的图形对象都具有一定的颜色，为使绘制的图形清晰明了，可把同一类的图形对象用相同的颜色绘制，而使不同类的对象具有不同的颜色以示区分。为此，需要适当地对颜色进行设置。AutoCAD 允许用户为图层设置颜色，以及为新建的图形对象设置当前颜色，还可以改变已有图形对象的颜色。

1．执行方式

命令行：COLOR。

菜单栏：格式→颜色。

2．操作步骤

命令：COLOR✓

单击相应的菜单项或在命令行输入 COLOR 后按 Enter 键，AutoCAD 打开"选择颜色"对话框。也可在图层操作中打开此对话框，具体方法 3.6.1 小节已讲述。

3．选项说明

（1）"索引颜色"选项卡

打开此选项卡，可以在系统所提供的 255 种索引色表中选择所需要的颜色，如图 3-70 所示。

① "索引颜色"列表框：依次列出 255 种索引色。可在此选择所需要的颜色。

② "颜色"文本框：所选择颜色的代号值显示在"颜色"文本框中，也可以直接在该文本框中输入设定的代号值来选择颜色。

③ ByLayer 和 ByBlock 按钮：单击这两个按钮，颜色分别按图层和图块设置。这两个按钮只有在设定图层颜色和图块颜色后才可以使用。

（2）"真彩色"选项卡

打开此选项卡，可以选择需要的任意颜色，如图 3-74 所示。用户可以拖曳调色板中的颜色指示光标和"亮度"滑块选择颜色及其亮度，也可以通过"色调""饱和度""亮度"调节钮来选择需要的颜色。所选择颜色的红、绿、蓝值显示在下面的"颜色"文本框中，也可以直接在该文本框中输入设定的红、绿、蓝值来选择颜色。

在此标签的右边有一个"颜色模式"下拉列表框，默认的颜色模式为 HSL 模式，即如图 3-74 所示的模式。如果选择 RGB 模式，则如图 3-75 所示。在该模式下选择颜色方式与 HSL 模式下类似。

选择该选项

选择该选项

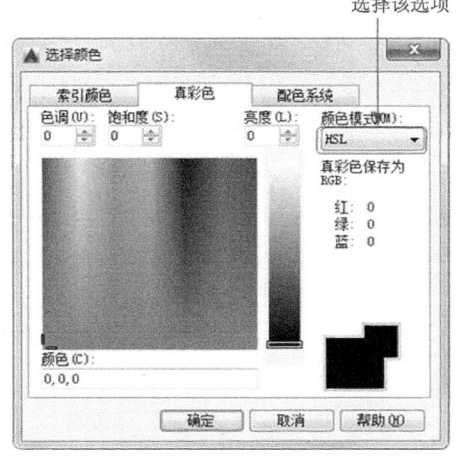

图 3-74 "真彩色"选项卡

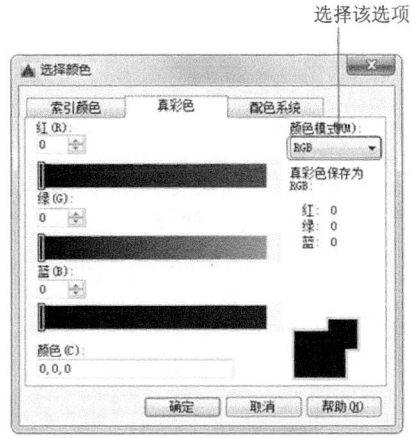

图 3-75 RGB 模式

（3）"配色系统"选项卡

打开此选项卡，可以从标准配色系统（如 Pantone）中选择预定义的颜色，如图 3-76 所示。可以在"配色系统"下拉列表框中选择需要的系统，然后拖曳右边的滑块来选择具体的颜色，所选择的颜色编号显示在下面的"颜色"文本框中，也可以直接在该文本框中输入编号值来选择颜色。

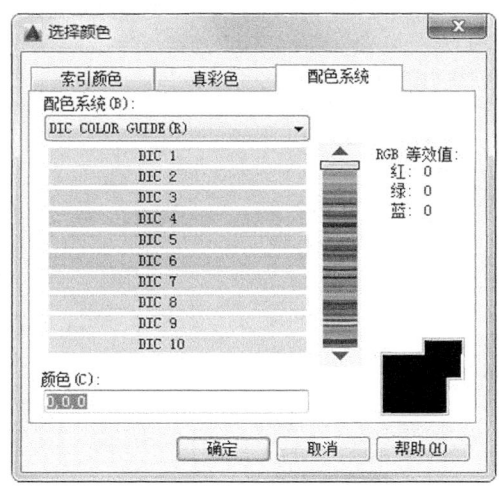

图 3-76 "配色系统"选项卡

3.6.3 线型的设置

国家标准 GB/T 4457.4－2002《机械制图 图样画法 画线》对机械图样中使用的各种图线的名称、线型、线宽及在图样中的应用作了规定，如表 3-4 所示。其中，常用的图线有 4 种，即粗实线、细实线、细点画线和虚线。

1. 在"图层特性管理器"中设置线型

打开"图层特性管理器"对话框，如图 3-66 所示。在图层列表的线型项下单击线型名，系统打开"选择线型"对话框，如图 3-71 所示。该对话框中选项的含义如下。

（1）"已加载的线型"列表框：显示在当前绘图中加载的线型，可供用户选用，其右侧显示出线型的形式。

（2）"加载"按钮：单击此按钮，打开"加载或重载线型"对话框，如图 3-77 所示。用户可通过此对话框加载线型并把它添加到线型列表中，不过加载的线型必须在线型库（LIN）文件中定义过。标准线型都保存在 acadiso.lin 文件中。

表 3-4　图线的形式及应用

图线名称	线型	线宽	主要用途
粗实线	——————	b	可见轮廓线，可见过渡线
细实线	——————	约 $b/2$	尺寸线、尺寸界线、剖面线、引出线、弯折线、牙底线、齿根线、辅助线等
细点画线	— — — —	约 $b/2$	轴线、对称中心线、齿轮节线等
虚线	— — — —	约 $b/2$	不可见轮廓线、不可见过渡线
波浪线	∿∿∿	约 $b/2$	断裂处的边界线、剖视与视图的分界线
双折线	∿⩗∿	约 $b/2$	断裂处的边界线
粗点画线	—— —— ——	b	有特殊要求的线或面的表示线
双点画线	— — — —	约 $b/2$	相邻辅助零件的轮廓线、极限位置的轮廓线、假想投影的轮廓线

2. 直接设置线型

用户也可以直接设置线型，执行方式如下。

命令行：LINETYPE。

在命令行输入上述命令后，系统打开"线型管理器"对话框，如图 3-78 所示。该对话框与前面讲述的相关知识相同，这里不再赘述。

图 3-77　"加载或重载线型"对话框

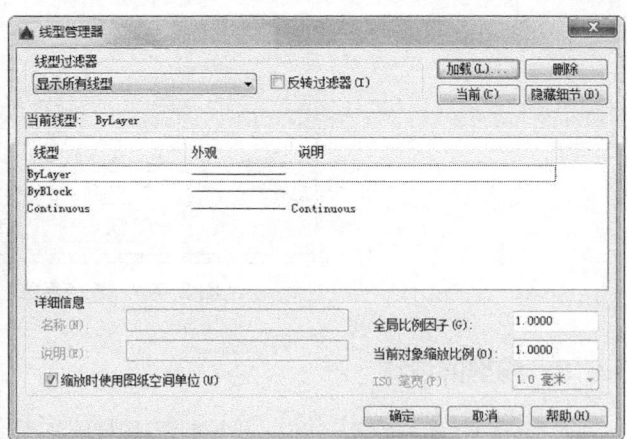

图 3-78　"线型管理器"对话框

3.6.4　线宽的设置

3.6.3 小节已经讲到，国家标准 GB/T 4457.4—2002《机械制图 图样画法 画线》对机械图样中使用的各种图线的线宽作了规定，图线分为粗、细两种，粗线的宽度 b 应按图样的大小和图形的复杂程度为 0.5～2mm 进行选择，细线的宽度约为 $b/2$。AutoCAD 提供相应的工具帮助用户来设置线宽。

1. 在"图层特性管理器"中设置线型

打开"图层特性管理器"对话框，如图 3-66 所示。单击该层的"线宽"项，打开"线宽"对话框，其中列出 AutoCAD 设定的线宽，用户可从中选取。

2. 直接设置线宽

用户也可以直接设置线型，执行方式如下。

命令行：LINEWEIGHT。

菜单栏：格式→线宽。

在命令行输入上述命令后，系统打开"线宽"对话框。该对话框与前面讲述的相关知识相同，这里不再赘述。

> **要点提示**
>
> 有的读者设置了线宽，但在图形中显示不出来，出现这种情况一般有以下两种原因。
> （1）没有打开状态上的"显示线宽"按钮。
> （2）线宽设置的宽度不够，AutoCAD 只能显示 0.30mm 以上的线宽的宽度。如果宽度低于 0.30mm，无法显示线宽的效果。

3.6.5　实例——泵轴

利用"直线""圆弧""圆"命令绘制图 3-79 所示的泵轴轮廓，利用上面所学的图层设置相关功能设置图层，并添加几何及标注约束。

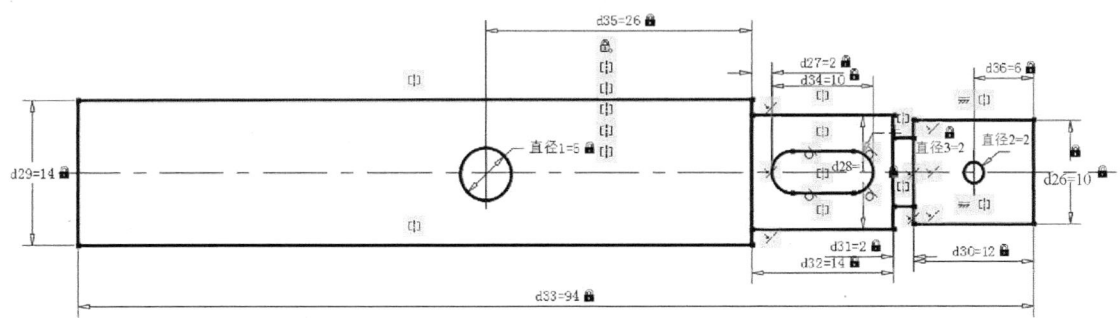

图 3-79　绘制泵轴

操作步骤：（光盘\动画演示\第 3 章\泵轴.avi）

1. 设置环境

（1）设置绘图环境，命令行提示与操作如下：

命令：LIMITS↙
重新设置模型空间界限：
指定左下角点或 [开(ON)/关(OFF)] <0.0000,0.0000>：↙
指定右上角点 <420.0000,297.0000>：297,210↙

泵轴

（2）图层设置。操作步骤如下。

① 单击"默认"选项卡"图层"面板中的"图层特性"按钮 ⛭，打开"图层特性管理器"对话框。

② 单击"新建图层"按钮 ⛭，创建一个新图层，将该图层命名为"中心线"。

③ 单击"中心线"图层对应的"颜色"列，打开"选择颜色"对话框，如图 3-80 所示。选择红色为该图层颜色，单击"确定"按钮，返回"图层特性管理器"对话框。

④ 单击"中心线"图层对应的"线型"列，打开"选择线型"对话框，如图 3-81 所示。

图 3-80　打开"选择颜色"对话框

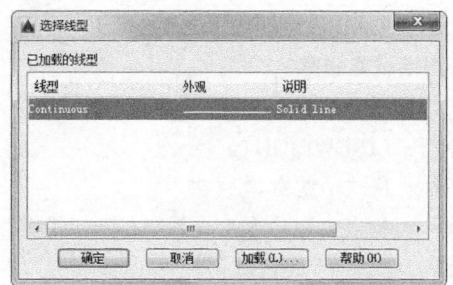

图 3-81　打开"选择线型"对话框

⑤　在"选择线型"对话框中单击"加载"按钮，系统打开"加载或重载线型"对话框，选择 CENTER 线型，如图 3-82 所示，单击"确定"按钮退出。在"选择线型"对话框中选择 CENTER（点画线）为该图层线型，单击"确定"按钮，返回"图层特性管理器"对话框。

⑥　单击"中心线"图层对应的"线宽"列，打开"线宽"对话框，如图 3-83 所示。选择 0.09mm 线宽，单击"确定"按钮。

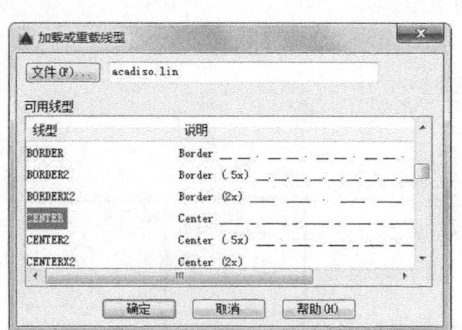

图 3-82　"加载或重载线型"对话框选择线型

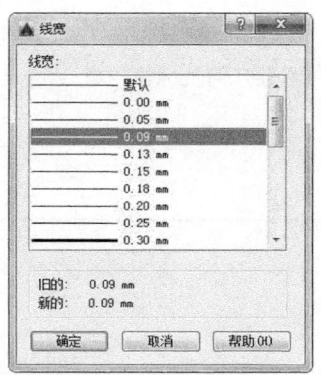

图 3-83　"线宽"对话框

⑦　采用相同的方法再创建两个新图层，分别命名为"轮廓线"和"尺寸线"。"轮廓线"图层的颜色设置为"白"，线型为 Continuous（实线），线宽为 0.30mm。"尺寸线"图层的颜色设置为"蓝"，线型为 Continuous，线宽为 0.09mm。设置完成后，使 3 个图层均处于打开、解冻和解锁状态，各项设置如图 3-84 所示。

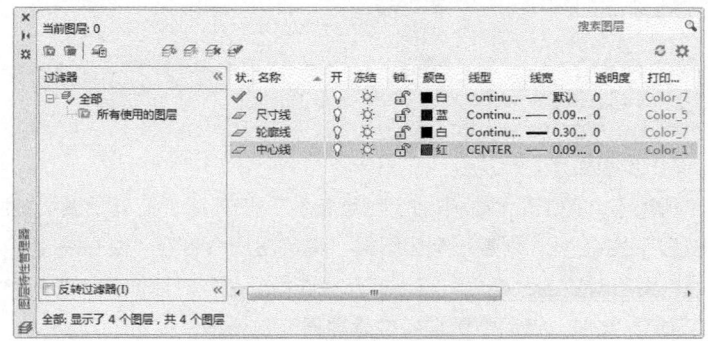

图 3-84　新建图层的各项设置

（3）绘制中心线。当前图层设置为"中心线"图层，单击"默认"选项卡"绘图"面板中的"直线"按钮 ∕，绘制泵轴的水平中心线。

（4）绘制泵轴的外轮廓线。当前图层设置为"轮廓线"图层。单击"默认"选项卡"绘图"面板中的"直线"按钮 ∕，绘制图 3-85 所示的泵轴外轮廓线，尺寸无须精确。

（5）添加约束。操作步骤如下。

① 单击"参数化"选项卡"几何"面板中的"固定"按钮 🔒，添加水平中心线的固定约束，命令行提示与操作如下：

> 命令：_GcFix
> 选择点或 [对象(O)] <对象>：选取水平中心线

结果如图 3-86 所示。

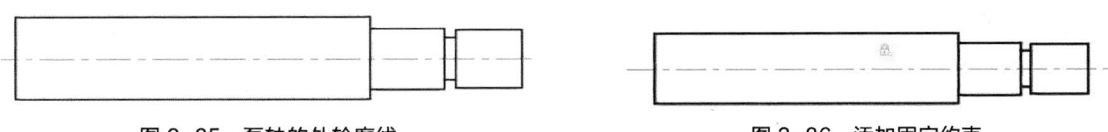

图 3-85　泵轴的外轮廓线　　　　　　　　　　图 3-86　添加固定约束

② 单击"参数化"选项卡"几何"面板中的"重合"按钮 ↳，选取左端竖直线的上端点和最上端水平直线的左端点添加重合约束。命令行提示与操作如下：

> 命令：_GcCoincident
> 选择第一个点或 [对象(O)/自动约束(A)] <对象>：选取左端竖直线的上端点
> 选择第二个点或 [对象(O)] <对象>：选取最上端水平直线的左端点

采用相同的方法，添加各个端点之间的重合约束，如图 3-87 所示。

③ 单击"参数化"选项卡"几何"面板中的"共线"按钮 ∕，添加轴肩竖直之间的共线约束，结果如图 3-88 所示。

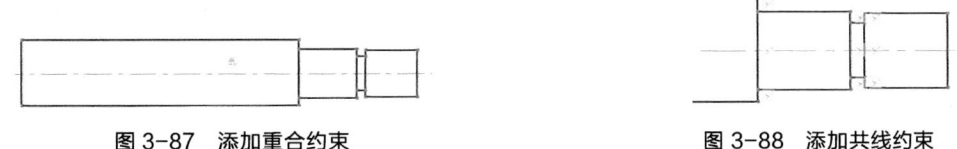

图 3-87　添加重合约束　　　　　　　　　　　图 3-88　添加共线约束

④ 单击"参数化"选项卡"标注"面板中的"竖直"按钮 🔲，选择左侧第一条竖直线的两端点进行尺寸约束，命令行提示与操作如下：

> 命令：_DcVertical
> 指定第一个约束点或 [对象(O)] <对象>：选取竖直线的上端点
> 指定第二个约束点：选取竖直线的下端点
> 指定尺寸线位置：指定尺寸线的位置
> 标注文字 = 19

更改尺寸值为 14，直线的长度根据尺寸进行变化。采用相同的方法，对其他线段进行竖直约束，结果如图 3-89 所示。

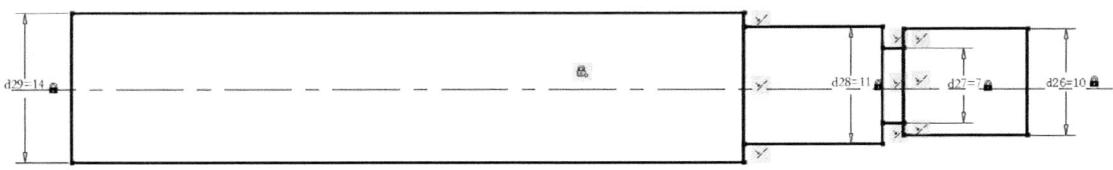

图 3-89　添加竖直尺寸约束

⑤ 单击"参数化"选项卡"几何"面板中的"水平"按钮，对泵轴外轮廓尺寸进行约束设置，命令行提示与操作如下：

命令：_DcHorizontal
指定第一个约束点或 [对象(O)] <对象>:指定第一个约束点
指定第二个约束点：指定第二个约束点
指定尺寸线位置：指定尺寸线的位置
标注文字 = 12.56

更改尺寸值为 **12**，直线的长度根据尺寸进行变化。采用相同的方法，对其他线段进行水平约束，绘制结果如图 **3-90** 所示。

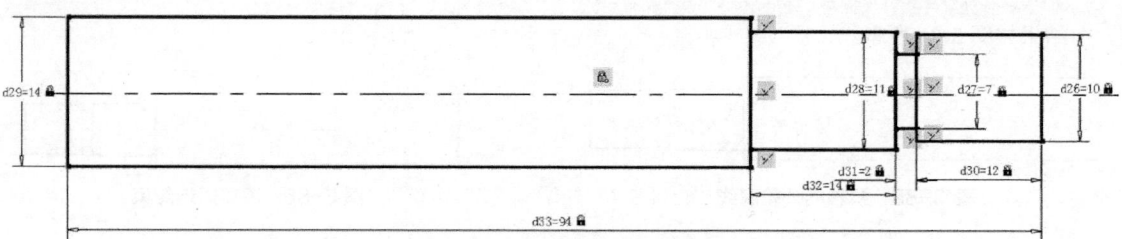

图 3-90　添加水平尺寸约束

⑥ 单击"参数化"选项卡"几何"面板中的"对称"按钮，添加上下两条水平直线相对于水平中心线的对称约束关系，命令行提示与操作如下：

命令：_GcSymmetric
选择第一个对象或 [两点(2P)] <两点>:选取右侧上端水平直线
选择第二个对象：选取右侧下端水平直线
选择对称直线:选取水平中心线

采用相同的方法，添加其他三个轴段相对于水平中心线的对称约束关系，结果如图 3-91 所示。

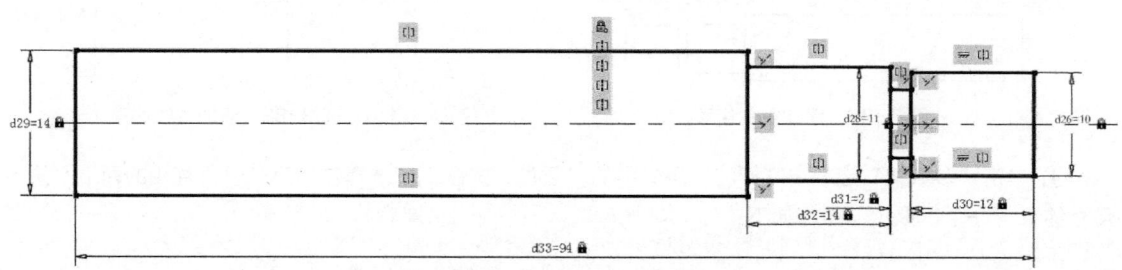

图 3-91　添加竖直尺寸约束

（6）绘制泵轴的键槽。操作步骤如下。

① 将"轮廓线"层设置为当前图层。单击"默认"选项卡"绘图"面板中的"直线"按钮，在第二轴段内适当位置绘制两条水平直线。

② 单击"默认"选项卡"绘图"面板中的"圆弧"按钮，在直线的两端绘制圆弧，结果如图 3-92 所示。

③ 单击"参数化"选项卡"几何"面板中的"重合"按钮，分别添加直线端点与圆弧端点的重合约束关系。

④ 单击"参数化"选项卡"几何"面板中的"对称"按钮，添加键槽上下两条水平直线相对于水平中心线的对称约束关系。

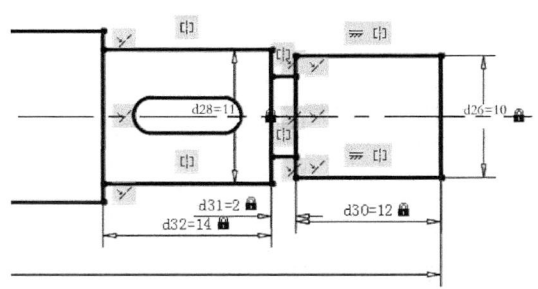

图 3-92　绘制键槽轮廓

⑤ 单击"参数化"选项卡"几何"面板中的"相切"按钮◯，添加直线与圆弧之间的相切约束关系，结果如图 3-93 所示。

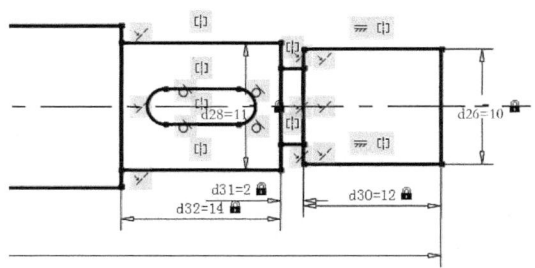

图 3-93　添加键槽的几何约束

⑥ 单击"参数化"选项卡"标注"面板中的"线性"按钮🔲，对键槽进行线性尺寸约束。

⑦ 单击"参数化"选项卡"标注"面板中的"半径"按钮◯，更改半径尺寸为 2，结果如图 3-94 所示。

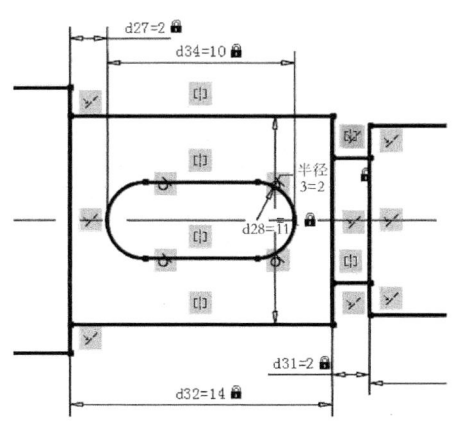

图 3-94　更改半径尺寸

（7）绘制孔。操作步骤如下。

① 当前图层设置为"中心线"图层，单击"默认"选项卡"绘图"面板中的"直线"按钮╱，在第一轴段和最后一轴段适当位置绘制竖直中心线。

② 单击"参数化"选项卡"标注"面板中的"线性"按钮🔲，对竖直中心线进行线性尺寸约束，如图 3-95 所示。

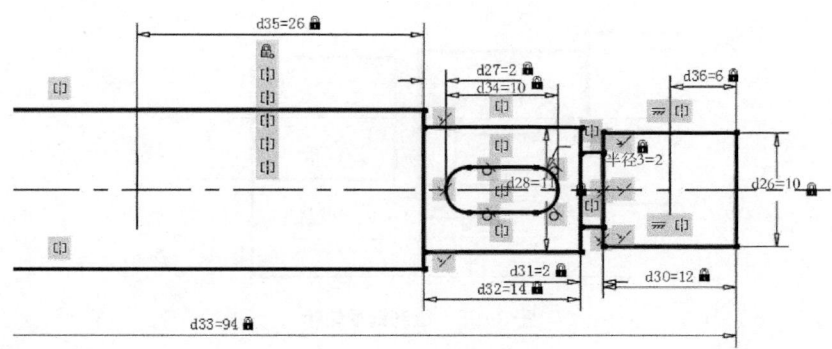

图 3-95　添加尺寸约束

③　当前图层设置为"轮廓线"图层，单击"默认"选项卡"绘图"面板中的"圆"按钮，在竖直中心线和水平中心线的交点处绘制圆，如图 3-96 所示。

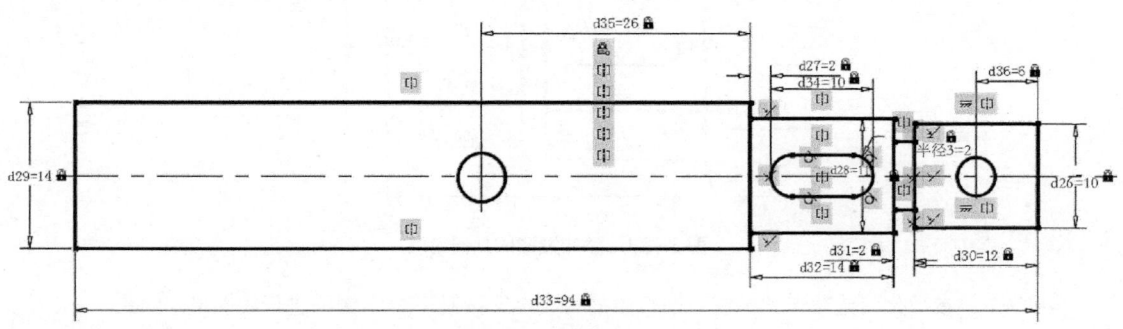

图 3-96　绘制圆（4）

④　单击"参数化"选项卡"标注"面板中的"直径"按钮，对圆的直径进行尺寸约束，如图 3-97所示。

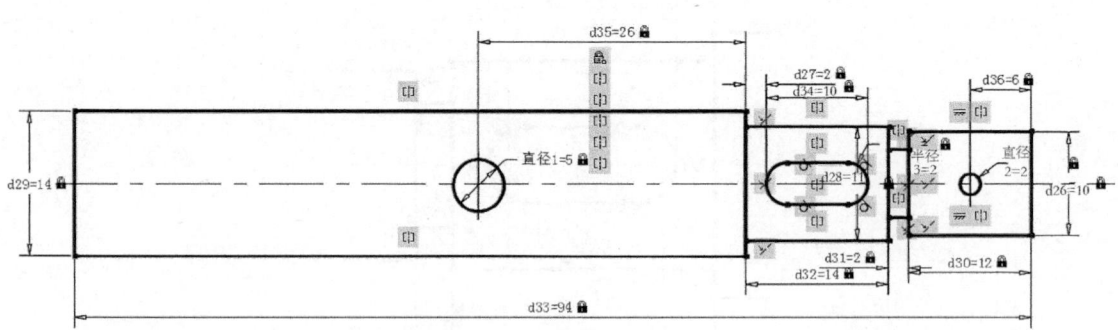

图 3-97　标注直径尺寸

图层的使用技巧：在画图时，所有图元的各种属性都尽量与图层一致。不出现下列情况：这根线是 WA 层的，颜色却是黄色，线型又变成点画线。尽量保持图元的属性和图层属性一致，也就是说尽可能使图元属性都是 ByLayer。在需要修改某一属性时，可以统一修改当前图层属性来完成。这样有助于图面提高清晰度、准确率和效率。

在进行几何约束和尺寸约束时，注意约束顺序，约束出错的话，可以根据需求适当的添加几何约束。

3.7 操作与实践

通过本章的学习，读者对精确绘图知识有了大体的了解，本节通过 2 个操作练习使读者进一步掌握本章知识要点。

3.7.1 利用图层命令绘制螺栓

1．目的要求

本实验设置图层并绘制图 3-98 所示的螺栓，通过本实验，要求读者掌握设置图层的方法与步骤。

2．操作提示

（1）如图 3-98 所示，设置 3 个新图层。

（2）绘制中心线。

（3）绘制螺栓轮廓线。

（4）绘制螺纹牙底线。

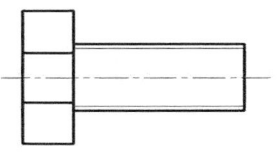

图 3-98　螺栓

3.7.2 过四边形上下边延长线交点作四边形右边平行线

1．目的要求

本实验绘制图 3-99 所示的四边形。绘制的图形比较简单，需要启用"对象捕捉"功能。通过本实验，读者将体会到对象捕捉功能带来的方便快捷。

2．操作提示

（1）基本图如图 3-99 所示，打开"对象捕捉"工具栏。

（2）利用"对象捕捉"工具栏中的"交点"工具捕捉四边形上下边的延长线交点作为直线起点。

（3）利用"对象捕捉"工具栏中的"平行线"工具捕捉一点作为直线终点。

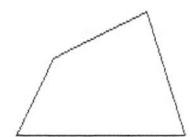

图 3-99　四边形

3.8 思考与练习

1. 当捕捉设定的间距与栅格所设定的间距不同时，（　　）。
   A．捕捉仍然只按栅格进行　　　　　　　　　B．捕捉时按照捕捉间距进行
   C．捕捉既按栅格，又按捕捉间距进行　　　　D．无法设置
2. 如图 3-100 所示图形（1），正五边形的内切圆半径为（　　）。
   A．64.348　　　　　　B．61.937　　　　　　C．72.812　　　　　　D．45
3. 下列关于被固定约束的圆心的圆说法错误的是（　　）。
   A．可以移动圆　　　B．可以放大圆　　　C．可以偏移圆　　　D．可以复制圆

4. 绘制如图 3-101 所示的图形（2），极轴追踪的极轴角该如何设置？（　　　）

   A. 增量角为 15°，附加角为 80°　　　　B. 增量角为 15°，附加角为 35°

   C. 增量角为 30°，附加角为 35°　　　　D. 增量角为 15°，附加角为 30°

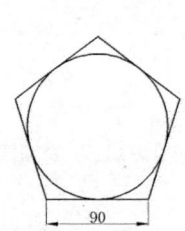

图 3-100　图形（1）

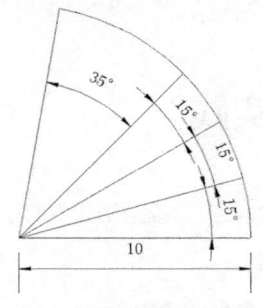

图 3-101　图形（2）

5. 有一根直线原来在 0 层，颜色为 Bylayer，如果通过偏移，（　　　）。

   A. 该直线仍在 0 层上，颜色不变　　　　B. 该直线可能在其他层上，颜色不变

   C. 该直线可能在其他层上，颜色与所在层一致　　D. 偏移只是相当于复制

6. 如果某图层的对象不能被编辑，但能在屏幕上可见，且能捕捉该对象的特殊点和标注尺寸，该图层状态为（　　　）。

   A. 冻结　　　　　　B. 锁定　　　　　C. 隐藏　　　　　　D. 块

7. 对某图层进行锁定后，则（　　　）。

   A. 图层中的对象不可编辑，但可添加对象　　B. 图层中的对象不可编辑，也不可添加对象

   C. 图层中的对象可编辑，也可添加对象　　　D. 图层中的对象可编辑，但不可添加对象

8. 利用对象约束功能绘制如图 3-102 所示图形。

9. 利用对象约束功能绘制如图 3-103 所示图形。

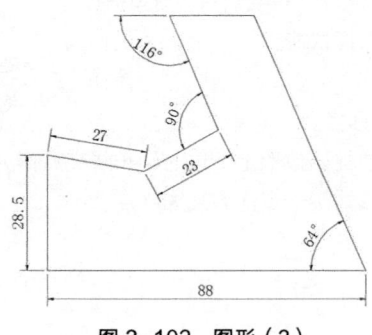

图 3-102　图形（3）

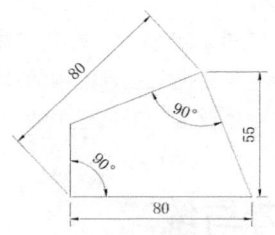

图 3-103　图形（4）

第4章

平面图形的编辑

■ 图形绘制完毕后，经常要进行复审，找出疏漏或根据变化来修改图形，力求准确与完美。这就是图形的编辑与修改。AutoCAD 2016立足实践，对图形的一些技术要求提供丰富的图形编辑修改功能，最大限度地满足用户工程技术上的指标要求。

这些编辑命令配合绘图命令，可以进一步完成复杂图形对象的绘制工作，并使用户合理安排和组织图形，保证作图准确，提高设计和绘图的效率。

本章主要讲述复制类命令、改变几何特性命令与删除及恢复类命令等知识。

4.1 选择对象

选择对象是进行编辑的前提。AutoCAD 提供多种对象选择方法，如点取方法、用选择窗口选择对象、用选择线选择对象、用对话框选择对象等。

AutoCAD 可以把选择的多个对象组成整体，如选择集和对象组进行整体编辑与修改。

AutoCAD 提供两种执行效果相同的途径编辑图形。

- 先执行编辑命令，然后选择要编辑的对象。
- 先选择要编辑的对象，然后执行编辑命令。

4.1.1 构造选择集

选择集可以仅由一个图形对象构成，也可以是一个复杂的对象组，如位于某一特定层上具有某种特定颜色的一组对象。选择集的构造可以在调用编辑命令之前或之后。

AutoCAD 提供以下 4 种方法构造选择集。

- 先选择一个编辑命令，然后选择对象，用 Enter 键结束操作。
- 使用 SELECT 命令。
- 用点取设备选择对象，然后调用编辑命令。
- 定义对象组。

无论使用哪种方法，AutoCAD 都将提示用户选择对象，并且光标的形状由十字光标变为拾取框。

下面结合 SELECT 命令说明选择对象的方法。

SELECT 命令可以单独使用，即在命令行中输入"SELECT"后按 Enter 键，也可以在执行其他编辑命令时被自动调用。此时，屏幕出现提示：

选择对象：

等待用户以某种方式选择对象作为回答。AutoCAD 提供多种选择方式，可以输入"？"查看这些选择方式。选择该选项后，出现如下提示：

需要点或窗口(W)/上一个(L)/窗交(C)/框选(BOX)/全部(ALL)/栏选(F)/圈围(WP)/圈交(CP)/编组(G)/添加(A)/删除(R)/多个(M)/上一个(P)/放弃(U)/自动(AU)/单选(SI)/子对象(SU)/对象(O)

选择对象：

上面各选项含义如下。

（1）点：该选项表示直接通过点取的方式选择对象。这是较常用也是系统默认的一种对象选择方法。用鼠标或键盘移动拾取框，使其框住要选取的对象，然后单击鼠标左键，就会选中该对象并高亮显示。该点的选定也可以使用键盘输入一个点坐标值来实现。选定点后，系统立即扫描图形，搜索并且选择穿过该点的对象。

用户可以利用"工具"→"选项"命令，在打开的"选项"对话框中设置拾取框的大小。选择"选择"选项卡，移动"拾取框大小"选项组的滑动标尺可以调整拾取框的大小。左侧的空白区中会显示相应的拾取框的尺寸大小。

（2）窗口（W）：用由两个对角顶点确定的矩形窗口选取位于其范围内部的所有图形，与边界相交的对象不会被选中。指定对角顶点时应该遵照从左向右的顺序。

在"选择对象:"提示下输入"W"后按 Enter 键，选择该选项后，出现如下提示：

指定第一个角点：（输入矩形窗口的第一个对角点的位置）
指定对角点：（输入矩形窗口的另一个对角点的位置）

指定两个对角顶点后，位于矩形窗口内部的所有图形被选中，并高亮显示，如图 4-1 所示。

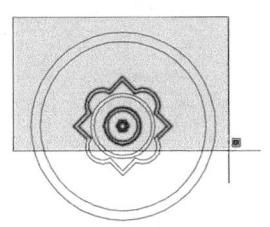

图中深色覆盖部分为选择窗口　　　　　　　　选择后的图形

图 4-1 "窗口"对象选择方式

（3）上一个（L）：在"选择对象:"提示下输入"L"后按 Enter 键，系统会自动选取最后绘出的一个对象。

（4）窗交（C）：该方式与上述"窗口"方式类似，区别在于：它不但选择矩形窗口内部的对象，也选中与矩形窗口边界相交的对象。

在"选择对象:"提示下输入"C"后按 Enter 键，系统提示：

指定第一个角点：（输入矩形窗口的第一个对角点的位置）
指定对角点：（输入矩形窗口的另一个对角点的位置）

选择的对象如图 4-2 所示。

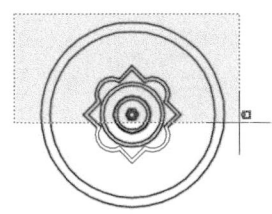

图中深色覆盖部分为选择窗口　　　　　　　　选择后的图形

图 4-2 "窗交"对象选择方式

（5）框（BOX）：该方式没有命令缩写字。使用时，系统根据用户在屏幕上给出的两个对角点的位置而自动引用"窗口"或"窗交"选择方式。若从左向右指定对角点，为"窗口"方式；反之，为"窗交"方式。

（6）全部（ALL）：选取图面上所有对象。在"选择对象:"提示下输入"ALL"后按 Enter 键。此时，绘图区域内的所有对象均被选中。

（7）栏选（F）：用户临时绘制一些直线，这些直线不必构成封闭图形，凡是与这些直线相交的对象均被选中。这种方式对选择相距较远的对象比较有效。交线可以穿过本身。在"选择对象:"提示下输入"F"后按 Enter 键，选择该选项后，出现如下提示：

指定第一个栏选点或拾取/拖曳光标：（指定交线的第一点）
指定下一个栏选点或 [放弃(U)]：（指定交线的第二点）
指定下一个栏选点或 [放弃(U)]：（指定下一条交线的端点）
……
指定下一个栏选点或 [放弃(U)]：（按Enter键结束操作）

执行结果如图 4-3 所示。

（8）圈围（WP）：使用一个不规则的多边形来选择对象。在"选择对象:"提示下输入"WP"，系统提示如下：

第一个圈围点或拾取/拖曳光标：（输入不规则多边形的第一个顶点坐标）

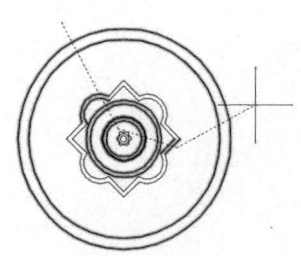 

图中虚线为选择栏   选择后的图形

图4-3 "栏选"对象选择方式

> 指定直线的端点或 [放弃(U)]:（输入第二个顶点坐标）
> 指定直线的端点或 [放弃(U)]:（按Enter键结束操作）

根据提示，用户顺次输入构成多边形所有顶点的坐标，直到最后按 Enter 键作出空回答结束操作，系统将自动连接第一个顶点与最后一个顶点形成封闭的多边形。多边形的边不能接触或穿过本身。若输入"U"，取消已定义的坐标点并且重新指定。凡是被多边形围住的对象均被选中（不包括边界），执行结果如图 4-4 所示。

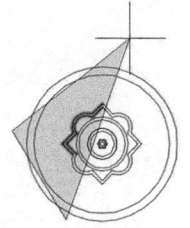 

图中十字线所拉出多边形为选择框   选择后的图形

图4-4 "圈围"对象选择方式

（9）圈交（CP）：类似于"圈围"方式，在提示后输入"CP"，后续操作与 WP 方式相同。区别在于：与多边形边界相交的对象也被选中，如图 4-5 所示。

其他几种选择方式与前面讲述的方式类似，读者可以自行练习，这里不再赘述。

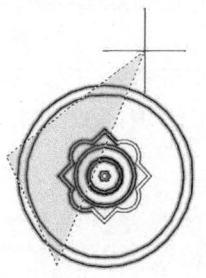 

图中十字线所拉出多边形为选择框   选择后的图形

图4-5 "圈交"对象选择方式

4.1.2 快速选择

有时用户需要选择具有某些共同属性的对象来构造选择集，如选择具有相同颜色、线型或线宽的对象,用户当然可以使用前面介绍的方法选择这些对象,但如果要选择的对象数量较多且分布在较复杂的图形中,会导致很大的工作量。AutoCAD 2016 提供 QSELECT 命令来解决这个问题。调用 QSELECT 命令后,打开"快速选择"对话框,利用该对话框可以根据用户指定的过滤标准快速创建选择集。"快速选择"对话框如图 4-6 所示。

1. 执行方式

命令行:QSELECT。

菜单栏:工具→快速选择。

快捷菜单:快速选择(图 4-7)。

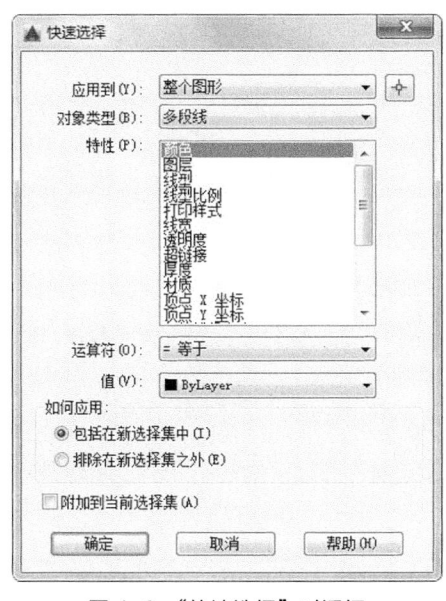

图 4-6 "快速选择"对话框

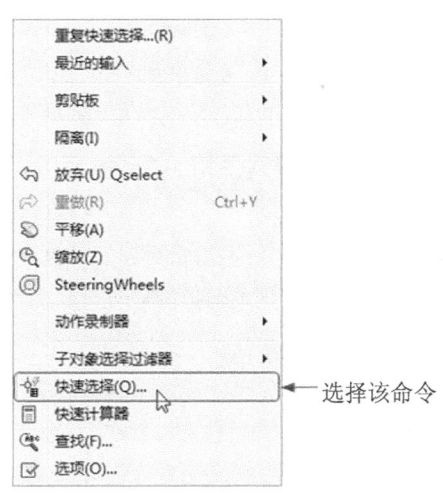

图 4-7 "快速选择"右键菜单

2. 操作步骤

执行上述命令后,在打开的"快速选择"对话框中可以选择符合条件的对象或对象组。

4.1.3 实例——选择指定对象

利用上面所学的快速选择功能,删除图 4-8 中所有直径小于 8 的圆。

操作步骤:(光盘\动画演示\第 4 章\选择指定对象.avi)

(1)单击"快速访问"工具栏中的"打开"按钮 ,打开"源文件\第 4 章\原图"图形文件,右击,在弹出的快捷菜单中选择"快速选择"命令,打开"快速选择"对话框。

选择指定对象

(2)在"应用到"下拉列表框中选择"整个图形"。

(3)在"对象类型"下拉列表框中选择"圆"。

(4)在"特性"列表框中选择"直径"。

(5)在"运算符"下拉列表框中选择"小于"。

(6)在"值"文本框中输入"8"。

(7)在"如何应用"选项组中选中"排除在新选择集之外"单选按钮,如图 4-9 所示。

(8)单击"确定"按钮,结果如图 4-8 所示,几个直径小于 8 的圆没有被选中。

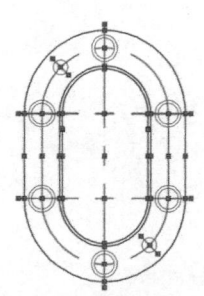

图 4-8　选择指定对象

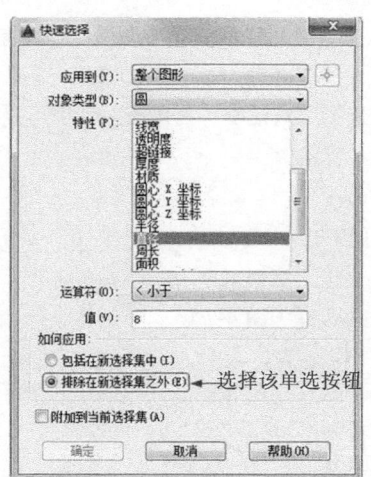

图 4-9　快速选择设置

4.2　复制类编辑命令

在 AutoCAD 中，一些编辑命令不改变编辑对象形状和大小，只是改变对象相对位置和数量。利用这些编辑功能，可以方便地编辑绘制的图形。

4.2.1　复制链接对象

1. 执行方式

命令行：COPYLINK。

菜单栏：编辑→复制链接。

2. 操作步骤

命令：COPYLINK✓

对象链接和嵌入的操作过程与用剪贴板粘贴的操作类似，但其内部运行机制却有很大的差异。链接对象及其创建应用程序始终保持联系。例如，Word 文档中包含一个 AutoCAD 图形对象，在 Word 中双击该对象，Windows 自动将其装入 AutoCAD 中，以供用户进行编辑。如果对原始 AutoCAD 图形作了修改，则 Word 文档中的图形也随之发生相应的变化。如果是用剪贴板粘贴上的图形，则它只是 AutoCAD 图形的一个副件，粘贴之后，就不再与 AutoCAD 图形保持任何联系，原始图形的变化不会对它产生任何作用。

4.2.2　实例——链接图形

利用上面所学的复制链接功能，在 Word 文档中链接 AutoCAD 图形对象，如图 4-10 所示。

操作步骤：（光盘\动画演示\第 4 章\链接图形.avi）

（1）打开文件。启动 Word，打开一个文件，在编辑窗口将光标移到要插入 AutoCAD 图形的位置。

（2）打开 CAD。启动 AutoCAD，打开或绘制一幅 DWG 文件。

（3）链接对象。在命令行中输入"COPYLINK"，如图 4-11 所示。

（4）粘贴对象。重新切换到 Word 中，在编辑菜单中选取粘贴选项，AutoCAD 图形即粘贴到 Word 文档中，如图 4-12 所示。

链接图形

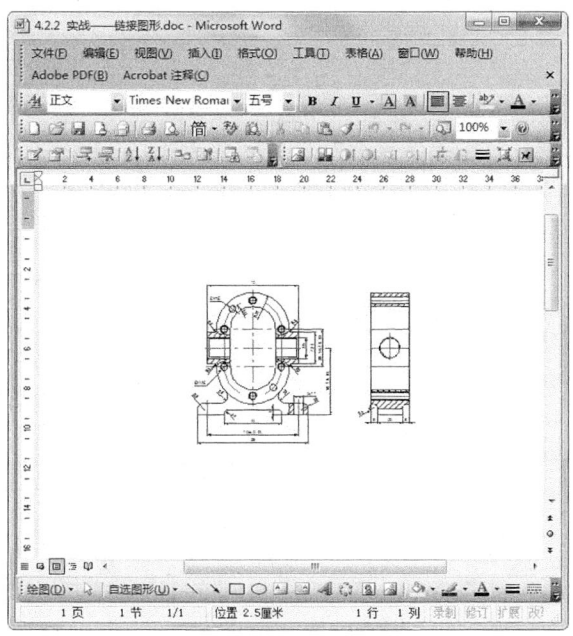

图 4-10 链接图形

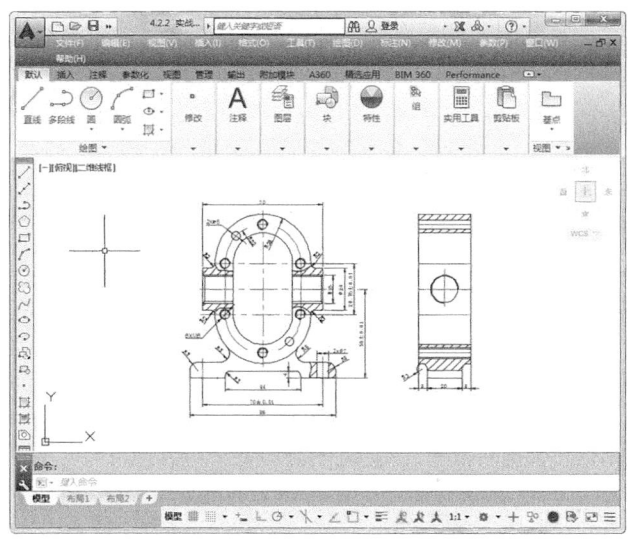

图 4-11 选择 AutoCAD 对象

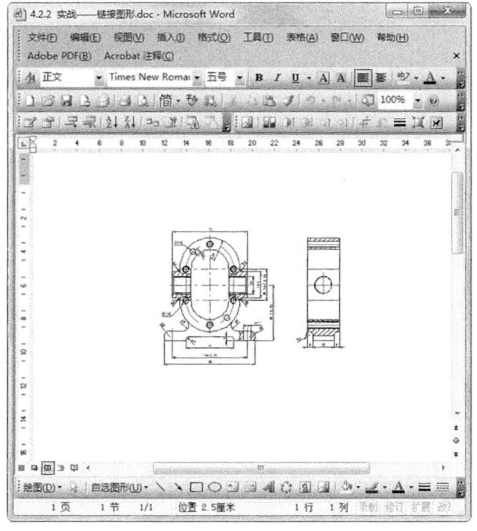

图 4-12 将 AutoCAD 对象链接到 Word 文档

4.2.3 "复制"命令

1. 执行方式

命令行：COPY。

菜单栏：修改→复制。

工具栏：修改→复制 （图 4-13）。

快捷菜单：选择要复制的对象，在绘图区域右击，在弹出的快捷菜单中选择"复制选择"命令（图
4-14）。

功能区：默认→修改→复制 （图 4-15）。

单击该按钮

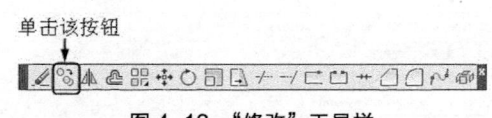

图 4-13 "修改"工具栏

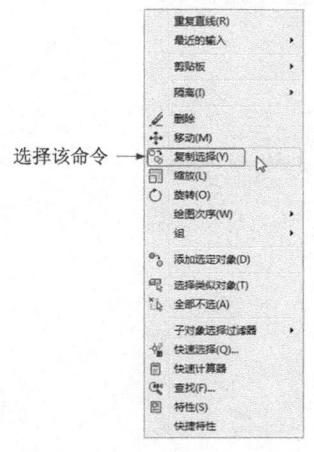

选择该命令 →

图 4-14 "修改"菜单

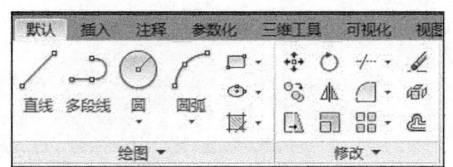

图 4-15 "修改"面板

2. 操作步骤

命令：COPY✔
选择对象：（选择要复制的对象）

用前面介绍的选择对象的方法选择一个或多个对象，按 Enter 键结束选择操作。系统提示如下：

当前设置：复制模式 = 多个
指定基点或 [位移(D)/模式(O)] <位移>：（指定基点或位移）

3. 选项说明

（1）指定基点

指定一个坐标点后，AutoCAD 2016 把该点作为复制对象的基点，并提示：

指定第二个点或 [阵列(A)] <使用第一点作为位移>：

指定第二个点后，系统将根据这两点确定的位移矢量把选择的对象复制到第二点处。如果此时直接按 Enter 键，即选择默认的"使用第一点作为位移"，则第一个点被当作相对于 x、y、z 的位移。例如，如果指定基点为 2、3 并在下一个提示下按 Enter 键，则该对象从它当前的位置开始在 x 方向上移动 2 个单位，在 y 方向上移动 3 个单位。

复制完成后，系统会继续提示：

指定第二个点或 [阵列(A)/退出(E)/放弃(U)] <退出>：

这时，可以不断指定新的第二点，从而实现多重复制。

（2）位移

直接输入位移值，表示以选择对象时的拾取点为基准，以拾取点坐标为移动方向纵横比移动指定位移后确定的点为基点。例如，选择对象时拾取点坐标为（2,3），设置位移为 5，则表示以点（2,3）为基准，沿纵横比为 3∶2 的方向移动 5 个单位所确定的点为基点。

（3）模式

控制是否自动重复该命令。选择该项后，系统提示如下：

输入复制模式选项 [单个(S)/多个(M)] <当前>：

可以设置复制模式是单个或多个。

4.2.4 实例——办公桌的绘制

本例利用"矩形"命令绘制办公桌侧边，利用上面所学的复制功能，绘制图 4-16 所示的办公桌。

图 4-16 绘制办公桌

操作步骤：（光盘\动画演示\第 4 章\办公桌.avi）

（1）绘制矩形。单击"默认"选项卡"绘图"面板中的"矩形"按钮 □，绘制矩形，如图 4-17 所示。

办公桌

（2）绘制抽屉。单击"默认"选项卡"绘图"面板中的"矩形"按钮 □，在合适的位置绘制一系列矩形，绘制结果如图 4-18 所示。

（3）绘制拉手。单击"默认"选项卡"绘图"面板中的"矩形"按钮 □，在合适的位置绘制一系列矩形，绘制结果如图 4-19 所示。

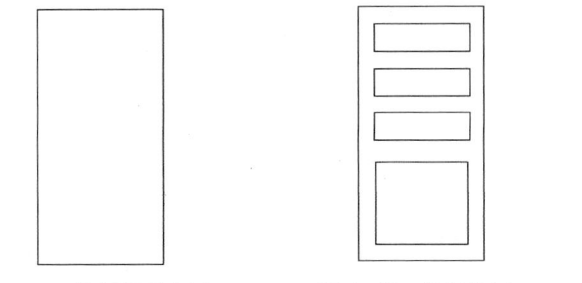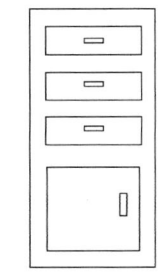

图 4-17 绘制矩形（2）　　　图 4-18 绘制抽屉　　　图 4-19 绘制拉手

（4）绘制桌面。单击"默认"选项卡"绘图"面板中的"矩形"按钮 □，在合适的位置绘制一矩形，绘制结果如图 4-20 所示。

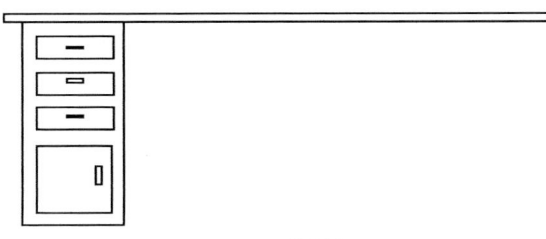

图 4-20 绘制桌面

（5）复制桌子另一边。单击"默认"选项卡"修改"面板中的"复制"按钮 °，将办公桌左边的一系列矩形复制到右边，完成办公桌的绘制，命令行提示与操作如下：

```
命令：_copy
选择对象：选择左边的一系列矩形
```

选择对象：✓
指定基点或 [位移(D)/模式(O)] <位移>：选择最外面的矩形与桌面的交点
指定第二个点或[阵列(A)] <使用第一个点作为位移>：选择放置矩形的位置
指定第二个点[阵列(A)/退出(E)/放弃(U)] <退出>：✓

最终绘制结果如图 4-16 所示。

4.2.5 "镜像"命令

镜像对象是指把选择的对象围绕一条镜像线作对称复制。镜像操作完成后，可以保留原对象，也可以将其删除。

1. 执行方式

命令行：**MIRROR**。

菜单栏：修改→镜像。

工具栏：修改→镜像▲。

功能区：默认→修改→镜像▲。

2. 操作步骤

命令：MIRROR✓
选择对象：（选择要镜像的对象）
指定镜像线的第一点：（指定镜像线的第一个点）
指定镜像线的第二点：（指定镜像线的第二个点）
要删除源对象吗？[是(Y)/否(N)] <否>：（确定是否删除原对象）

这两点确定一条镜像线，被选择的对象以该线为对称轴进行镜像操作。包含该线的镜像平面与用户坐标系统的 xy 平面垂直，即镜像操作工作在与用户坐标系统的 xy 平面平行的平面上。

4.2.6 实例——整流桥电路

本例利用"直线"命令绘制二极管及一侧导线，再利用上面所学的镜像功能绘制如图 4-21 所示的整流桥电路。

整流桥电路

操作步骤：（光盘\动画演示\第 4 章\整流桥电路.avi）

（1）绘制导线。单击"默认"选项卡"绘图"面板中的"直线"按钮 ，绘制一条 45° 斜线，如图 4-22 所示。

（2）绘制二极管。操作步骤如下。

① 单击"默认"选项卡"绘图"面板中的"多边形"按钮 ，绘制一个三角形，捕捉三角形中心为斜直线中点，并指定三角形一个顶点在斜线上，如图 4-23 所示。

② 利用"直线"命令打开状态栏上的"对象捕捉追踪"按钮，捕捉三角形在斜线上的顶点为端点，绘制一条与斜线垂直的短直线，完成二极管符号的绘制，如图 4-24 所示。

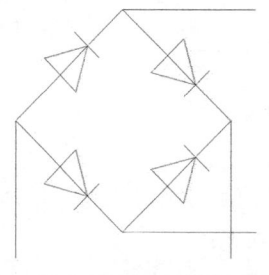

图 4-21　绘制整流桥电路

图 4-22　绘制直线（1）

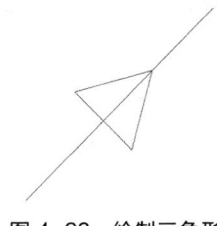

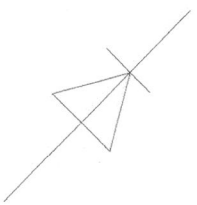

图 4-23　绘制三角形　　　　　　　图 4-24　二极管符号

（3）镜像二极管。操作步骤如下。

① 单击"默认"选项卡"修改"面板中的"镜像"按钮⚎，将图 4-24 中的图形进行镜像。命令行
提示与操作如下：

命令：_mirror
选择对象：（选择上步绘制的对象）
选择对象：✓
指定镜像线的第一点：（捕捉斜线下端点）
指定镜像线的第二点：（指定水平方向任意一点）
要删除源对象吗？[是(Y)/否(N)] <否>：✓

结果如图 4-25 所示。

② 单击"默认"选项卡"修改"面板中的"镜像"按钮⚎，以过右上斜线中点并与本斜线垂直的直
线为镜像轴，删除源对象，将左上角二极管符号进行镜像。使用同样的方法，将左下角二极管符号进行
镜像，结果如图 4-26 所示。

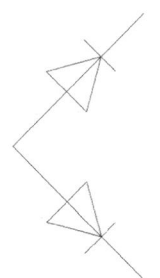

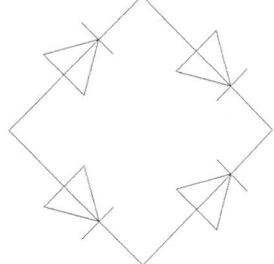

图 4-25　镜像二极管　　　　　　　图 4-26　再次镜像二极管

（4）利用"直线"命令绘制 4 条导线，最终结果如图 4-21 所示。

4.2.7 "偏移"命令

偏移对象是指保持选择的对象的形状、在不同的位置以不同的尺寸大小新建一个对象。

1．执行方式

命令行：OFFSET。

菜单栏：修改→偏移。

工具栏：修改→偏移⚏。

功能区：默认→修改→偏移⚏。

2．操作步骤

命令：OFFSET✓
当前设置：删除源=否　图层=源　OFFSETGAPTYPE=0
指定偏移距离或 [通过(T)/删除(E)/图层(L)] <通过>：（指定距离值）

选择要偏移的对象，或 [退出(E)/放弃(U)] <退出>：（选择要偏移的对象。按Enter键结束操作）
指定要偏移的那一侧上的点，或 [退出(E)/多个(M)/放弃(U)] <退出>：（指定偏移方向）
选择要偏移的对象，或 [退出(E)/放弃(U)] <退出>：

3. 选项说明

（1）指定偏移距离：输入一个距离值，或按 Enter 键使用当前的距离值，系统把该距离值作为偏移距离，如图 4-27 所示。

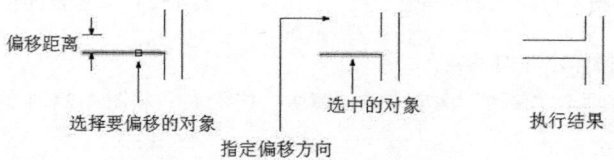

图 4-27　指定距离偏移对象

（2）通过（T）：指定偏移的通过点。选择该选项后出现如下提示：

选择要偏移的对象或 <退出>：（选择要偏移的对象，按Enter键结束操作）
指定通过点：（指定偏移对象的一个通过点）

上述操作完毕后，系统根据指定的通过点绘出偏移对象，如图 4-28 所示。

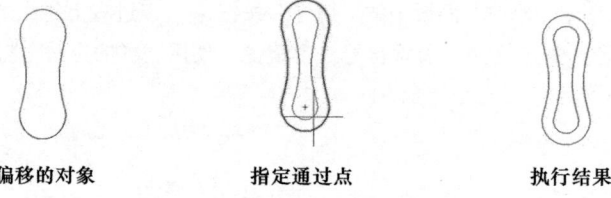

图 4-28　指定通过点偏移对象

（3）图层（L）：确定将偏移对象创建在当前图层上还是源对象所在的图层上。选择该选项后出现如下提示：

输入偏移对象的图层选项 [当前(C)/源(S)] <源>：

上述操作完毕后，系统根据指定的图层绘出偏移对象。

4.2.8　实例——门的绘制

门

本例利用"矩形"命令绘制门框，再利用上面所学的偏移功能绘制图 4-29 所示的门。

操作步骤：（光盘\动画演示\第 4 章\门.avi）

（1）绘制门框。单击"默认"选项卡"绘图"面板中的"矩形"按钮口，绘制第一角点为（0,0）、第二角点为（@900,2400）的矩形，绘制结果如图 4-30 所示。

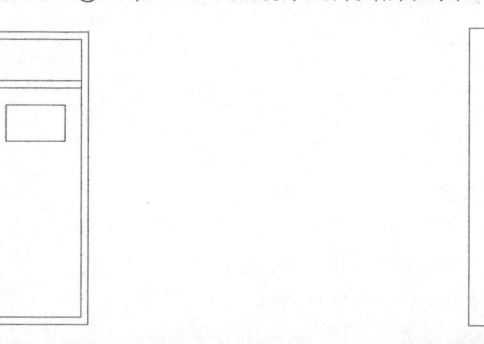

图 4-29　门　　　　　　　　　　　　　图 4-30　绘制矩形（3）

（2）偏移门框。单击"默认"选项卡"修改"面板中的"偏移"按钮⏢，将步骤（1）绘制的矩形向内偏移 60，命令行提示与操作如下：

命令：_offset
当前设置：删除源=否　图层=源　OFFSETGAPTYPE=0
指定偏移距离或 [通过(T)/删除(E)/图层(L)] <通过>：60↙
选择要偏移的对象，或 [退出(E)/放弃(U)] <退出>：（指定绘制的矩形）
指定要偏移的那一侧上的点，或 [退出(E)/多个(M)/放弃(U)] <退出>：（指定矩形内侧）
选择要偏移的对象，或 [退出(E)/放弃(U)] <退出>：↙

结果如图 4-31 所示。

（3）绘制门棱。单击"默认"选项卡"绘图"面板中的"直线"按钮╱，绘制坐标点为{（60,2000），（@780,0）}的直线，绘制结果如图 4-32 所示。

（4）偏移门棱。单击"默认"选项卡"修改"面板中的"偏移"按钮⏢，将步骤（3）绘制的直线向下偏移 60，绘制结果如图 4-33 所示。

（5）绘制其余部分。单击"默认"选项卡"绘图"面板中的"矩形"按钮▭，绘制角点坐标为{（200,1500），（700,1800）}的矩形，绘制结果如图 4-29 所示。

一般在绘制结构相同并且要求保持恒定的相对位置时，可以采用"偏移"命令实现。

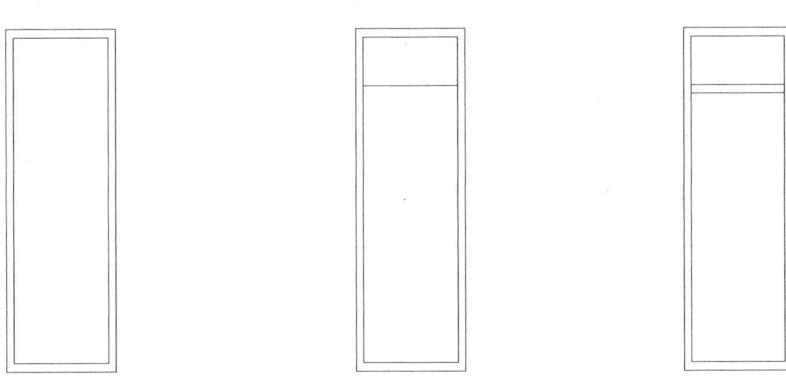

图 4-31　偏移矩形操作　　　　图 4-32　绘制直线（2）　　　　图 4-33　偏移直线操作

4.2.9 "移动"命令

1. 执行方式

命令行：MOVE。

菜单栏：修改→移动。

快捷菜单：选择要移动的对象，在绘图区域右击，在弹出的快捷菜单中选择"移动"命令。

工具栏：修改→移动✛。

功能区：默认→修改→移动✛。

2. 操作步骤

命令：MOVE↙
选择对象：（选择对象）
选择对象：

用前面介绍的对象选择方法选择要移动的对象，按 Enter 键结束选择。系统继续提示：

指定基点或[位移(D)] <位移>：（指定基点或移至点）

指定第二个点或 <使用第一个点作为位移>：

各选项功能与 COPY 命令相关选项功能相同，所不同的是，对象被移动后，原位置处的对象消失。

4.2.10 实例——电视柜

电视柜

本例分别打开"电视柜"与"电视机"源文件，并将两个图形放置到一个图形文件中，再利用上面所学的移动功能绘制图 4-34 所示的电视柜。

操作步骤：（光盘\动画演示\第 4 章\电视柜.avi）

（1）打开"电视柜"图形。打开"源文件\图库\电视柜"图形文件，如图 4-35 所示。

（2）打开"电视机"图形。打开"源文件\图库\电视机"图形文件，如图 4-36 所示。选中对象，右击，在弹出的快捷菜单中选择"带基点复制"命令，选择适当点为基点，打开"电视柜"图形文件，在适当位置右击，在弹出的快捷菜单中选择"粘贴"命令。

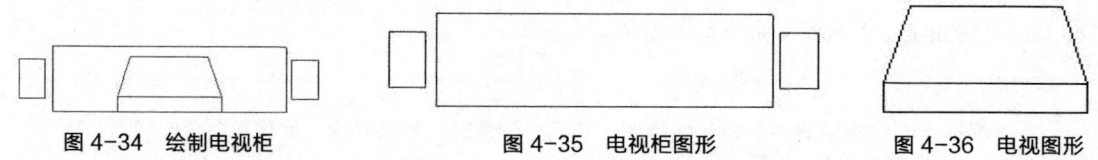

图 4-34 绘制电视柜   图 4-35 电视柜图形   图 4-36 电视图形

（3）移动电视机。单击"默认"选项卡"修改"面板中的"移动"按钮✛，移动到电视柜图形上，命令行提示与操作如下：

命令：MOVE✓

选择对象：指定对角点：找到 1 个

选择对象：（选择"电视机"图形）✓

指定基点或 [位移(D)] <位移>：（指定"电视机"图形外边的中点）指定第二个点或 <使用第一个点作为位移>：（F8关闭正交）<正交 关>（选取"电视机"图形外边的中点到"电视柜"外边中点）

绘制结果如图 4-34 所示。

4.2.11 "旋转"命令

1. 执行方式

命令行：ROTATE。

菜单栏：修改→旋转。

快捷菜单：选择要旋转的对象，在绘图区域右击，在弹出的快捷菜单中选择"旋转"命令。

工具栏：修改→旋转◯。

功能区：默认→修改→旋转◯。

2. 操作步骤

命令：ROTATE✓

UCS 当前的正角方向：ANGDIR=逆时针 ANGBASE=0

选择对象：（选择要旋转的对象）

指定基点：（指定旋转的基点。在对象内部指定一个坐标点）

指定旋转角度，或 [复制(C)/参照(R)] <0>：（指定旋转角度或其他选项）

3. 选项说明

（1）复制（C）：选择该项，可在旋转对象的同时保留原对象，如图 4-37 所示。

（2）参照（R）：采用参考方式旋转对象时，系统提示如下：

指定参照角 <0>：（指定要参考的角度，默认值为0）

指定新角度或 [点(P)] <0>：（输入旋转后的角度值）

上述操作完毕后，对象被旋转至指定的角度位置。

旋转前   旋转后

图 4-37   复制旋转

可以用拖曳鼠标的方法旋转对象。选择对象并指定基点后，从基点到当前光标位置会出现一条连线，移动鼠标选择的对象会动态地随着该连线与水平方向的夹角的变化而旋转，按 Enter 键后确认旋转操作，如图 4-38 所示。

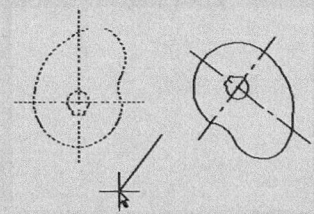

图 4-38   拖曳鼠标旋转对象

4.2.12   实例——曲柄

本例主要利用"直线""圆"命令先绘制一侧曲柄，并利用上面所学的旋转功能绘制如图 4-39 所示的曲柄。

曲柄

操作步骤：（光盘\动画演示\第 4 章\曲柄.avi）

（1）新建图层。单击"默认"选项卡"图层"面板中的"图层特性"按钮，打开"图层特性管理器"对话框。分别设置："中心线"图层，线型为 CENTER，其余属性默认；"粗实线"图层，线宽为 0.30mm，其余属性默认。

（2）绘制中心线。将"中心线"图层设置为当前层，单击"默认"选项卡"绘图"面板中的"直线"按钮，绘制中心线。坐标分别为{（100,100），（180,100）}和{（120,120），（120,80）}，结果如图 4-40 所示。

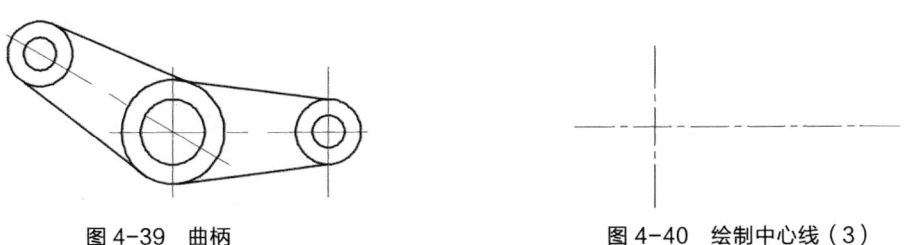

图 4-39   曲柄   图 4-40   绘制中心线（3）

（3）偏移中心线。单击"默认"选项卡"修改"面板中的"偏移"按钮，绘制另一条中心线，偏移距离为 48，结果如图 4-41 所示。

（4）绘制圆。转换到"粗实线"图层，单击"默认"选项卡"绘图"面板中的"圆"按钮 ⊙ ，绘制图形轴孔部分。绘制圆时，以水平中心线与左边竖直中心线交点为圆心，以32和20为直径绘制同心圆；以水平中心线与右边竖直中心线交点为圆心，分别以20和10为直径绘制同心圆。结果如图4-42所示。

（5）绘制连接线。单击"默认"选项卡"绘图"面板中的"直线"按钮 ／ ，绘制连接板。分别捕捉左右外圆的切点为端点，绘制上下两条连接线，结果如图4-43所示。

图 4-41　偏移中心线　　　　　　　　　　图 4-42　绘制同心圆（3）

（6）旋转复制曲柄。单击"默认"选项卡"修改"面板中的"旋转"按钮 ○ ，将所绘制的图形进行复制旋转，命令行提示与操作如下：

```
命令：ROTATE✓
UCS 当前的正角方向：ANGDIR=逆时针　ANGBASE=0
选择对象：（如图4-44所示，选择图形中要旋转的部分）
找到 1 个，总计 6 个
选择对象：✓
指定基点：_int 于（捕捉左边中心线的交点）
指定旋转角度，或 [复制(C)/参照(R)] <0>：C✓
旋转一组选定对象。
指定旋转角度，或 [复制(C)/参照(R)] <0>：150✓
```

最终结果如图4-39所示。

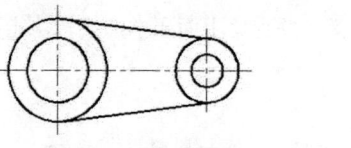

图 4-43　绘制连接线　　　　　　　　　　图 4-44　选择复制对象

4.2.13 "阵列"命令

阵列是指多重复制选择的对象并把这些副本按矩形、路径或环形排列。把副本按矩形排列称为建立矩形阵列，把副本按路径排列称为建立路径阵列，把副本按环形排列称为建立环形阵列。建立环形阵列时，应该控制复制对象的次数和对象是否被旋转；建立矩形阵列时，应该控制行和列的数量及对象副本之间的距离。

1. 执行方式

命令行：ARRAY。

菜单：修改→阵列。

工具栏：修改→阵列 品 ⌒ ፡፡።。

功能区：默认→修改→矩形阵列 品/路径阵列 ⌒/环形阵列 ፡፡።。

2. 操作步骤

```
命令：ARRAY✓（在命令行中输入ARRAY）
选择对象：（使用对象选择方法）
```

输入阵列类型[矩形(R)/路径(PA)/极轴(PO)]<矩形>：PA↙

类型=路径 关联=是

选择路径曲线：（使用一种对象选择方法）

选择夹点以编辑阵列或 [关联(AS)/方法(M)/基点(B)/切向(T)/项目(I)/行(R)/层(L)/对齐项目(A)/Z 方向(Z)/退出(X)] <退出>：I

指定沿路径的项目之间的距离或 [表达式(E)] <1293.769>：（指定距离）

最大项目数 = 5

指定项目数或 [填写完整路径(F)/表达式(E)] <5>：（输入数目）

选择夹点以编辑阵列或 [关联(AS)/方法(M)/基点(B)/切向(T)/项目(I)/行(R)/层(L)/对齐项目(A)/Z 方向(Z)/退出(X)] <退出>：

3．选项说明

（1）切向（T）：控制选定对象是否将相对于路径的起始方向重定向（旋转），然后再移动到路径的起点。

（2）表达式（E）：使用数学公式或方程式获取值。

（3）基点（B）：指定阵列的基点。

（4）关联（AS）：指定是否在阵列中创建项目作为关联阵列对象，或作为独立对象。

（5）项目（I）：编辑阵列中的项目数。

（6）行（R）：指定阵列中的行数和行间距，以及它们之间的增量标高。

（7）层（L）：指定阵列中的层数和层间距。

（8）对齐项目（A）：指定是否对齐每个项目以与路径的方向相切。对齐相对于第一个项目的方向。

（9）Z 方向（Z）：控制是否保持项目的原始 z 方向或沿三维路径自然倾斜项目。

（10）退出（X）：退出命令。

4.2.14　实例——餐厅桌椅

利用上面所学的阵列功能绘制餐厅桌椅，如图 4-45 所示。

本实例绘制餐厅桌椅，可以先绘制椅子，再绘制桌子，然后调整桌椅相互位置，最后摆放椅子。在绘制与布置桌椅时，要用到"复制""旋转""移动""偏移""环形阵列"等各种编辑命令。在绘制过程中，注意灵活运用这些命令，以最快速方便的方法达到目的。

餐厅桌椅

操作步骤：（光盘\动画演示\第 4 章\餐厅桌椅.avi）

（1）绘制椅子。操作步骤如下。

① 绘制初步轮廓。单击"默认"选项卡"绘图"面板中的"直线"按钮，绘制 3 条线段，如图 4-46 所示。

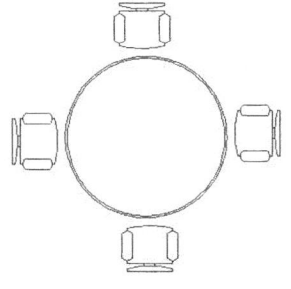

图 4-45　绘制餐厅桌椅

图 4-46　初步轮廓

② 复制线段。单击"默认"选项卡"修改"面板中的"复制"按钮，复制竖直直线，命令行提示

与操作如下：

命令：COPY↙

选择对象：（选择左边短竖线）

找到 1 个

选择对象：↙

当前设置：复制模式 = 多个

指定基点或 [位移(D)/模式(O)] <位移>：（捕捉横线段左端点）

指定第二个点或 [阵列(A)] <使用第一个点作为位移>：（捕捉横线段右端点）

结果如图 4-47 所示。使用同样的方法依次按图 4-48～图 4-50 的顺序复制椅子轮廓线。

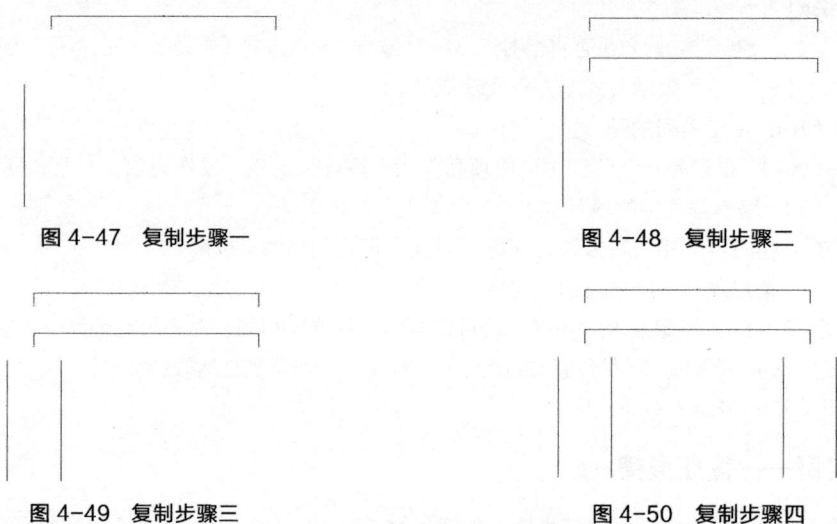

图 4-47　复制步骤一　　　　　　　　　　　　图 4-48　复制步骤二

图 4-49　复制步骤三　　　　　　　　　　　　图 4-50　复制步骤四

③ 完成椅子轮廓绘制。单击"默认"选项卡"绘图"面板中的"圆弧"按钮 和"直线"按钮 ，绘制椅背轮廓，命令行提示与操作如下：

命令：ARC↙

指定圆弧的起点或 [圆心(C)]：（用鼠标指定左上方竖线段端点）

指定圆弧的第二个点或 [圆心(C)/端点(E)]：（用鼠标在上方两竖线段正中间指定一点）

指定圆弧的端点：（用鼠标指定右上方竖线段端点）

命令：LINE↙

指定第一个点：（用鼠标在已绘制圆弧上指定一点）

指定下一点或 [放弃(U)]：（在垂直方向上用鼠标在中间水平线段上指定一点）

指定下一点或 [放弃(U)]：↙

单击"默认"选项卡"修改"面板中的"复制"按钮 ，复制另一条竖线段，如图 4-51 所示。

单击"默认"选项卡"绘图"面板中的"圆弧"按钮 ，命令行提示与操作如下：

命令：ARC↙

指定圆弧的起点或 [圆心(C)]：（用鼠标指定图4-51端点1）

指定圆弧的第二个点或 [圆心(C)/端点(E)]：E↙

指定圆弧的端点：（用鼠标指定图4-51端点2）

指定圆弧的中心点(按住 Ctrl 键以切换方向)或 [角度(A)/方向(D)/半径(R)]：R↙

指定圆弧的半径(按住 Ctrl 键以切换方向)：（用鼠标指定图4-51端点3）↙

采用同样的方法或者复制的方法绘制另外 3 段圆弧，如图 4-52 所示。

命令：LINE↙

指定第一个点：（用鼠标在已绘制圆弧正中间指定一点）

指定下一点或 [放弃(U)]:（在垂直方向上用鼠标指定一点）

指定下一点或 [放弃(U)]: ✓

单击"默认"选项卡"修改"面板中的"复制"按钮，绘制两条短竖线段，单击"默认"选项卡"绘图"面板中的"圆弧"按钮，绘制圆弧，命令行提示与操作如下：

命令: ARC✓

指定圆弧的起点或 [圆心(C)]:（用鼠标指定已绘制线段的下端点）

指定圆弧的第二个点或 [圆心(C)/端点(E)]: E✓

指定圆弧的端点:（用鼠标指定已绘制另一线段的下端点）

指定圆弧的中心点(按住 Ctrl 键以切换方向)或 [角度(A)/方向(D)/半径(R)]: D✓

指定圆弧起点的相切方向(按住 Ctrl 键以切换方向):（用鼠标指定圆弧起点切向）

完成图形，如图 4-53 所示。

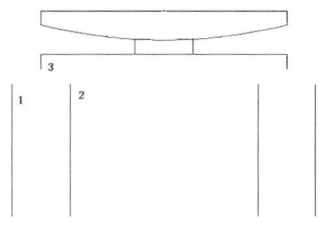 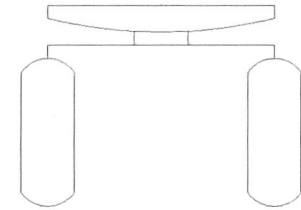 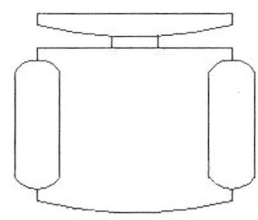

图 4-51　绘制连接板　　　图 4-52　绘制扶手圆弧　　　图 4-53　椅子图形

思考：

"复制"命令的应用是不是简捷而且准确？是否可以用"偏移"命令取代"复制"命令？

（2）绘制桌子。在命令行中输入"ZOOM"，将图形缩放到适当大小。单击"默认"选项卡"绘图"面板中的"圆"按钮和"修改"面板中的"偏移"按钮，命令行提示与操作如下：

命令: CIRCLE✓

指定圆的圆心或 [三点(3P)/两点(2P)/切点、切点、半径(T)]:（指定圆心）

指定圆的半径或 [直径(D)]:（指定半径）

命令: OFFSET✓

当前设置: 删除源=否　图层=源　OFFSETGAPTYPE=0

指定偏移距离或 [通过(T)/删除(E)/图层(L)] <通过>: ✓

选择要偏移的对象，或 [退出(E)/放弃(U)] <退出>:（选择已绘制的圆）

指定通过点或 [退出(E)/多个(M)/放弃(U)] <退出>:（指定一点）

选择要偏移的对象，或 [退出(E)/放弃(U)] <退出>: ✓

绘制的图形如图 4-54 所示。

（3）布置桌椅。操作步骤如下。

① 单击"默认"选项卡"修改"面板中的"旋转"按钮，将椅子正对餐桌，命令行提示与操作如下：

命令: ROTATE✓

UCS 当前的正角方向: ANGDIR=逆时针　ANGBASE=0

选择对象:（框选椅子）

指定对角点:

找到 21 个

选择对象: ✓

指定基点:（指定椅背中心点）

指定旋转角度，或 [复制(C)/参照(R)] <0>: 90✓

结果如图 4-55 所示。

② 单击"默认"选项卡"修改"面板中的"移动"按钮，将椅子放置到适当位置，命令行提示与

操作如下：

命令：MOVE↙
选择对象：（框选椅子）
指定对角点：找到 21 个　　选择对象：↙
指定基点或 [位移(D)] <位移>：（指定椅背中心点）
指定第二个点或 <使用第一个点作为位移>：（移到水平直径位置）

绘制结果如图 4-56 所示。

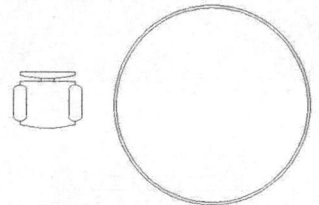
　　　　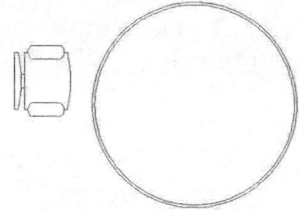
　　　　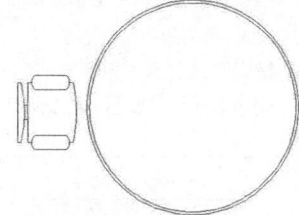

图 4-54　绘制桌子　　　　　　图 4-55　旋转椅子　　　　　　图 4-56　移动椅子

③ 单击"默认"选项卡"修改"面板中的"环形阵列"按钮 ，布置椅子，命令行提示与操作如下：

命令：_arraypolar
选择对象：（框选椅子图形）
选择对象：↙
类型 = 极轴　关联 = 是
指定阵列的中心点或 [基点(B)/旋转轴(A)]：（选择桌面圆心）
选择夹点以编辑阵列或 [关联(AS)/基点(B)/项目(I)/项目间角度(A)/填充角度(F)/行(ROW)/层(L)/旋转项目(ROT)/退出(X)] <退出>：I
输入阵列中的项目数或 [表达式(E)] <6>：4
选择夹点以编辑阵列或 [关联(AS)/基点(B)/项目(I)/项目间角度(A)/填充角度(F)/行(ROW)/层(L)/旋转项目(ROT)/退出(X)] <退出>：F
指定填充角度(+=逆时针、−=顺时针)或 [表达式(EX)] <360>：360
选择夹点以编辑阵列或 [关联(AS)/基点(B)/项目(I)/项目间角度(A)/填充角度(F)/行(ROW)/层(L)/旋转项目(ROT)/退出(X)] <退出>：

绘制的最终图形如图 4-45 所示。

4.2.15 "缩放"命令

1. 执行方式

命令行：SCALE。
菜单栏：修改→缩放。
快捷菜单：选择要缩放的对象，在绘图区域右击，在弹出的快捷菜单中选择"缩放"命令。
工具栏：修改→缩放 。
功能区：默认→修改→缩放 。

2. 操作步骤

命令：SCALE↙
选择对象：（选择要缩放的对象）
指定基点：（指定缩放操作的基点）
指定比例因子或 [复制(C)/参照(R)] <1.0000>：

3. 选项说明

（1）采用参考方向缩放对象。系统提示如下：

指定参照长度 <1>：（指定参考长度值）
指定新的长度或[点(P)]<1.0000>：（指定新长度值）

若新长度值大于参考长度值，则放大对象，否则缩小对象。操作完毕后，系统以指定的基点按指定比例因子缩放对象。如果选择"点（P）"选项，则指定两点来定义新的长度。

（2）可以用拖曳鼠标的方法缩放对象。选择对象并指定基点后，从基点到当前光标位置会出现一条连线，线段的长度即为比例大小。移动鼠标选择的对象会动态地随着该连线长度的变化而缩放，按 Enter 键确认缩放操作。

4.2.16 实例——装饰盘

本实例绘制过程中可用到圆、圆弧、环形阵列、缩放等命令绘制如图 4-57 所示的装饰盘。

装饰盘

操作步骤：（光盘\动画演示\第 4 章\装饰盘.avi）

（1）绘制外轮廓。单击"默认"选项卡"绘图"面板中的"圆"按钮 ⊙，绘制一个圆心为（100,100）、半径为 200 的圆作为盘外轮廓线，如图 4-58 所示。

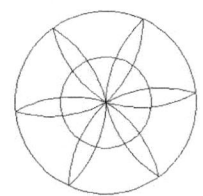

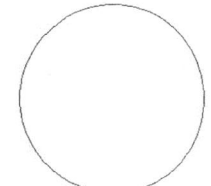

图 4-57　绘制装饰盘　　　　　　　图 4-58　绘制圆形外轮廓

（2）绘制部分花瓣。单击"默认"选项卡"绘图"面板中的"圆弧"按钮 ⌒，绘制花瓣，如图 4-59 所示。

（3）镜像花瓣。单击"默认"选项卡"修改"面板中的"镜像"按钮 ⚟，镜像花瓣，如图 4-60 所示。

（4）阵列花瓣。单击"默认"选项卡"修改"面板中的"环形阵列"按钮 ⊞，选择花瓣为源对象，以圆心为阵列中心点阵列花瓣，如图 4-61 所示。

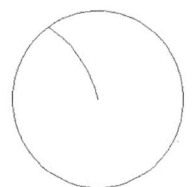

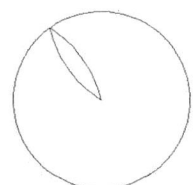

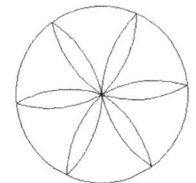

图 4-59　绘制花瓣　　　　图 4-60　镜像花瓣线　　　　图 4-61　阵列花瓣

（5）缩放装饰盘。单击"默认"选项卡"修改"面板中的"缩放"按钮 ▭，缩放一个圆作为装饰盘内装饰圆，命令行提示与操作如下：

命令：SCALE✓
选择对象：（选择圆）
指定基点：（指定圆心）
指定比例因子或 [复制(C)/参照(R)]<1.0000>：C✓
指定比例因子或 [复制(C)/参照(R)]<1.0000>：0.5✓

绘制完成，效果如图 4-57 所示。

4.3 改变几何特性类命令

这一类编辑命令在对指定对象进行编辑后，使编辑对象的几何特性发生变化。这类命令包括"修剪""延伸""圆角""倒角""拉伸""拉长""打断""打断于点""分解"等。

4.3.1 "修剪"命令

1. 执行方式

命令行：TRIM。

菜单栏：修改→修剪。

工具栏：修改→修剪 。

功能区：默认→修改→修剪 。

2. 操作步骤

命令：TRIM↙
当前设置:投影=UCS，边=无
选择修剪边...
选择对象或<全部选择>：（选择一个或多个对象并按Enter键，或者按Enter键选择所有显示的对象）

按 Enter 键结束对象选择，系统提示如下：

选择要修剪的对象，或按住Shift键选择要延伸的对象，或[栏选(F)/窗交(C)/投影(P)/边(E)/删除(R)/放弃(U)]：

3. 选项说明

（1）在选择对象时，如果按住 Shift 键，系统就自动将"修剪"命令转换成"延伸"命令。"延伸"命令将在 4.3.3 小节介绍。

（2）选择"边"选项时，可以选择对象的修剪方式。

* 延伸（E）：延伸边界进行修剪。在此方式下，如果修剪边没有与要修剪的对象相交，系统会延伸修剪边，直至与对象相交，然后再修剪，如图 4-62 所示。

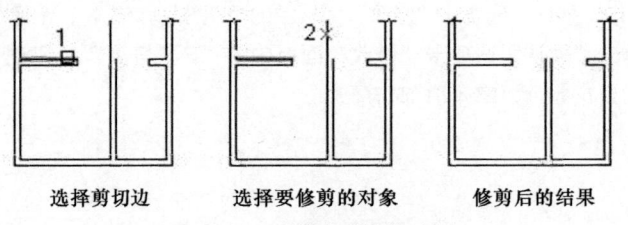

选择剪切边　　　　　　选择要修剪的对象　　　　　　修剪后的结果

图 4-62　延伸方式修剪对象

* 不延伸（N）：不延伸边界修剪对象，只修剪与修剪边相交的对象。

（3）选择"栏选（F）"选项时，系统以栏选的方式选择被修剪对象，如图 4-63 所示。

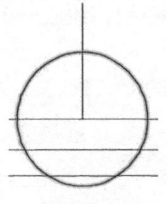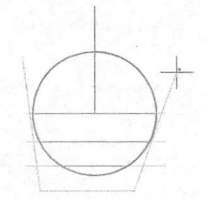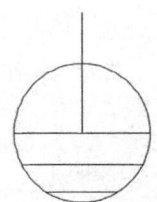

选定修剪边　　　　　使用栏选选定的要修剪的对象　　　　　栏选修剪结果

图 4-63　栏选修剪对象

第 4 章
平面图形的编辑

（4）选择"窗交（C）"选项时，系统以窗交的方式选择被修剪对象，如图 4-64 所示。

（5）被选择的对象可以互为边界和被修剪对象，此时系统会在选择的对象中自动判断边界，如图 4-64 所示。

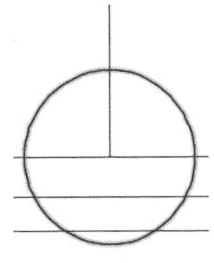　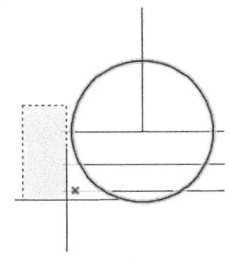　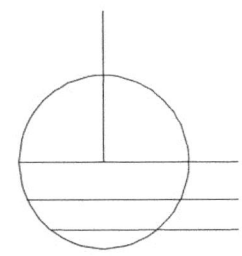

使用窗交选择选定的边　　　　选定要修剪的对象　　　　窗交选择修剪结果

图 4-64　窗交选择修剪对象

4.3.2　实例——间歇轮

间歇机构是机械机构中一种重要而非连续运动的机构。本例利用上面所学的修剪功能绘制间歇机构的核心零件间歇轮，如图 4-65 所示。

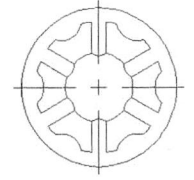　

间歇轮

图 4-65　绘制间歇轮

操作步骤：（光盘\动画演示\第 4 章\间歇轮.avi）

（1）设置图层。单击"默认"选项卡"图层"面板中的"图层特性"按钮，新建两个图层。

① 第一个图层命名为"轮廓线"，线宽属性为 0.3mm，其余属性默认。

② 第二个图层命名为"中心线"，颜色设为"红色"，线型加载为 CENTER，其余属性默认。

（2）绘制直线。将当前图层设置为"中心线"图层，单击"默认"选项卡"绘图"面板中的"直线"按钮，命令行提示与操作如下：

```
命令: line✓
指定第一个点: 165,200✓
指定下一点或 [放弃(U)]: 235,200✓
指定下一点或 [放弃(U)]: ✓
```

重复执行 LINE 命令，绘制从点（200,165）到点（200,235）的直线，结果如图 4-66 所示。

（3）绘制圆。将当前图层设置为"轮廓线"图层。单击"默认"选项卡"绘图"面板中的"圆"按钮，命令行提示与操作如下：

```
命令: circle✓
指定圆的圆心或 [三点(3P)/两点(2P)/切点、切点、半径(T)]: 200,200✓
指定圆的半径或 [直径(D)]: 32✓
```

按空格键，重复执行"圆"命令，绘制以点（200,200）为圆心、分别以 24.5 和 14 为半径的同心圆，如图 4-67 所示。

（4）绘制直线。单击"默认"选项卡"绘图"面板中的"直线"按钮，在竖直中心线左右两边各 3mm 处绘制两条与其平行的直线，如图 4-68 所示。

（5）绘制圆弧。单击"默认"选项卡"绘图"面板中的"圆弧"按钮，命令行提示与操作如下：

```
命令: arc✓
指定圆弧的起点或 [圆心(C)]: （选取1点）
```

指定圆弧的第二个点或 [圆心(C)/端点(E)]: E↙
指定圆弧的端点：（选取2点）
指定圆弧的中心点(按住 Ctrl 键以切换方向)或 [角度(A)/方向(D)/半径(R)]: R↙
指定圆弧的半径(按住 Ctrl 键以切换方向): 3↙

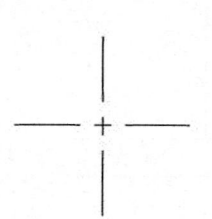

图 4-66　绘制直线（3）

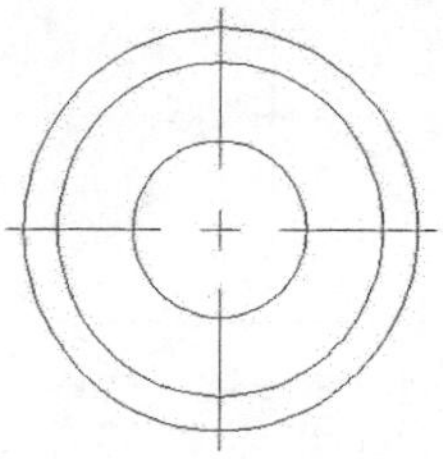

图 4-67　绘制圆（5）

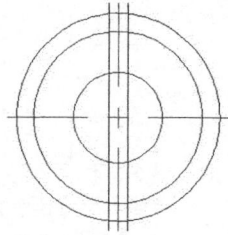

图 4-68　绘制直线（4）

结果如图 4-69 所示。

（6）修剪处理。单击"默认"选项卡"修改"面板中的"修剪"按钮 ，命令行提示与操作如下：

命令: _trim
当前设置:投影=UCS，边=延伸
选择剪切边...
选择对象或 <全部选择>：　(选择如图4-70所示的图形)
选择对象：↙
选择要修剪的对象，或按住 Shift 键选择要延伸的对象，或[栏选(F)/窗交(C)/投影(P)/边(E)/删除(R)/放弃(U)]:
（选择要修剪的图形）
选择要修剪的对象，或按住 Shift 键选择要延伸的对象，或[栏选(F)/窗交(C)/投影(P)/边(E)/删除(R)/放弃(U)]:
选择要修剪的对象，或按住 Shift 键选择要延伸的对象，或[栏选(F)/窗交(C)/投影(P)/边(E)/删除(R)/放弃(U)]:
选择要修剪的对象，或按住 Shift 键选择要延伸的对象，或[栏选(F)/窗交(C)/投影(P)/边(E)/删除(R)/放弃(U)]: ↙
选择要修剪的对象，或按住 Shift 键选择要延伸的对象，或[栏选(F)/窗交(C)/投影(P)/边(E)/删除(R)/放弃(U)]:
结果如图 4-71 所示。

（7）绘制圆。单击"默认"选项卡"绘图"面板中的"圆"按钮 ，绘制以大圆与水平直线的交点为圆心、半径为 **9mm** 的圆，如图 4-72 所示。

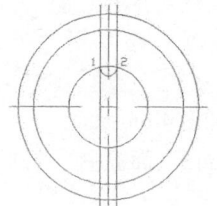

图 4-69　绘制圆弧

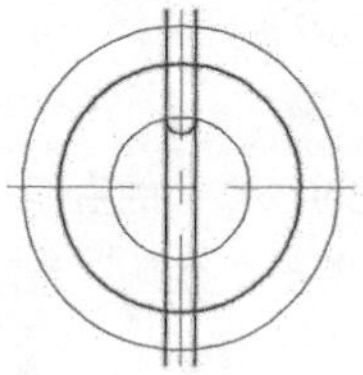

图 4-70　选择修剪边

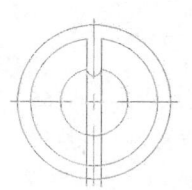

图 4-71　修剪处理图形

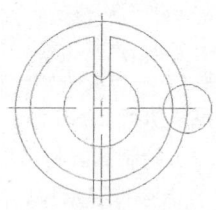

图 4-72　绘制圆（6）

（8）修剪处理。单击"默认"选项卡"修改"面板中的"修剪"按钮 ，进行修剪，结果如图 4-73 所示。

（9）阵列处理。单击"默认"选项卡"修改"面板中的"环形阵列"按钮 ，阵列轮片，命令行提示与操作如下：

命令: arraypolar↙
选择对象：(选择已修剪的圆弧与第（6）步修剪的两竖线及其相连的圆弧)
选择对象：↙
类型 ＝ 极轴　关联 ＝ 是
指定阵列的中心点或 [基点(B)/旋转轴(A)]：(选择圆中心线交点)

选择夹点以编辑阵列或 [关联(AS)/基点(B)/项目(I)/项目间角度(A)/填充角度(F)/行(ROW)/层(L)/旋转项目
(ROT)/退出(X)] <退出>：I
　　输入阵列中的项目数或 [表达式(E)] <4>：6
　　选择夹点以编辑阵列或 [关联(AS)/基点(B)/项目(I)/项目间角度(A)/填充角度(F)/行(ROW)/层(L)/旋转项目
(ROT)/退出(X)] <退出>：F
　　指定填充角度(+=逆时针、-=顺时针)或 [表达式(EX)] <360>：360
　　选择夹点以编辑阵列或 [关联(AS)/基点(B)/项目(I)/项目间角度(A)/填充角度(F)/行(ROW)/层(L)/旋转项目
(ROT)/退出(X)] <退出>：

结果如图 4-74 所示。

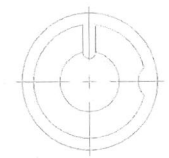

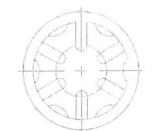

图 4-73　修剪处理结果　　　　　　　　　　图 4-74　阵列轮片结果

（10）修剪处理。单击"默认"选项卡"修改"面板中的"修剪"按钮 ，进行修剪，结果如图 4-65
所示。

4.3.3　"延伸"命令

"延伸对象"命令用于延伸对象到另一个对象的边界线，如图 4-75 所示。

选择边界　　　　　　　选择要延伸的对象　　　　　执行延伸结果
图 4-75　延伸对象

1. 执行方式

命令行：EXTEND。

菜单栏：修改→延伸。

工具栏：修改→延伸 。

功能区：默认→修改→延伸 。

2. 操作步骤

命令：EXTEND↙
当前设置:投影=UCS，边=无
选择边界的边...
选择对象或 <全部选择>：（选择边界对象）

此时可以选择对象来定义边界。若直接按 Enter 键，则选择所有对象作为边界对象。

AutoCAD 2016 规定可以用作边界对象的对象有直线段、射线、双向无限长线、圆弧、圆、椭圆、二
维和三维多段线、样条曲线、文本、浮动的视口、区域。如果选择二维多段线作边界对象，系统会忽略
其宽度而把对象延伸至多段线的中心线。

选择边界对象后，系统继续提示如下：

选择要延伸对象，或按Shift键选择要修剪的对象，或[栏选(F)/窗交(C)/投影(P)/边(E)/放弃(U)]：

3. 选项说明

选择对象时，如果按住 Shift 键，系统会自动将"延伸"命令转换成"修剪"命令。

4.3.4 实例——力矩式自整角发送机

本例利用上面所学的延伸功能绘制力矩式自整角发送机，如图 4-76 所示。

本例绘制力矩式自整角发送机，将重点学习"延
伸"命令的使用，在本例中绘制完直线和圆后都会使
用到"延伸"命令，最后添加注释完成绘图。

操作步骤：（光盘\动画演示\第 4 章\力矩式自整角
发送机.avi）

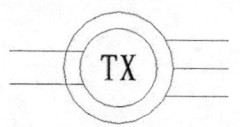
图 4-76　力矩式自整角发送机

力矩式自整角
发送机

（1）绘制圆。单击"默认"选项卡"绘图"面板
中的"圆"按钮⊙，在点（100,100）处绘制半径为 10 的外圆。

（2）偏移外圆。单击"默认"选项卡"修改"面板中的"偏移"按钮⊜，绘制内圆。命令行提示与
操作如下：

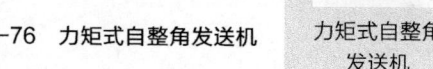
```
命令：_offset
当前设置：删除源=否　图层=源　OFFSETGAPTYPE=0
指定偏移距离或 [通过(T)/删除(E)/图层(L)] <通过>：3 （偏移距离为3）
选择要偏移的对象，或 [退出(E)/放弃(U)] <退出>：（选择外圆为偏移对象）
指定要偏移的那一侧上的点，或 [退出(E)/多个(M)/放弃(U)] <退出>：（选择圆内侧，按Enter键确认）
```
偏移后的效果如图 4-77 所示。

（3）绘制两端引线，左边 2 条，右边 3 条。

① 单击"默认"选项卡"绘图"面板中的"直线"按钮╱，从点（80,100）到点（120,100）绘制
直线，如图 4-78 所示。

② 单击"默认"选项卡"修改"面板中的"修剪"按钮⊬，以内圆为修剪参考，修剪直线，效果如
图 4-79 所示。

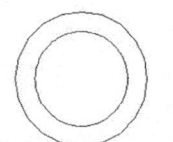
图 4-77　偏移图效果

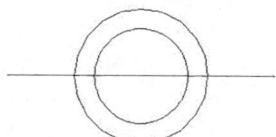
图 4-78　绘制直线（5）

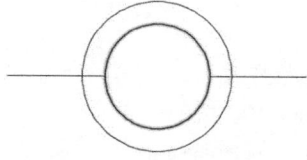
图 4-79　内圆修剪

③ 单击"默认"选项卡"修改"面板中的"修剪"按钮⊬，以外圆为修剪参考，修剪直线，效果如
图 4-80 所示。

④ 单击"默认"选项卡"修改"面板中的"复制"按钮⊙，分别向上、向下复制移动右边引线，移
动距离为 5，如图 4-81 所示。

⑤ 单击"默认"选项卡"修改"面板中的"移动"按钮✛，向上移动左边引线，移动距离为 3；单击
"默认"选项卡"修改"面板中的"复制"按钮⊙，向下复制移动左引线，移动距离为 6，如图 4-82 所示。

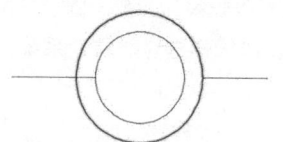
图 4-80　外圆修剪

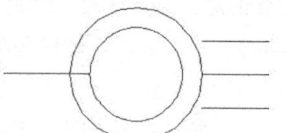
图 4-81　右引线复制和移动

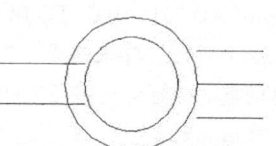
图 4-82　左引线移动和复制

⑥ 单击"默认"选项卡"修改"面板中的"延伸"按钮 ，以内圆为延伸边界，延伸左边两条引线，
命令行提示与操作如下：

命令：_extend
当前设置：投影=UCS，边=无
选择边界的边...
选择对象或 <全部选择>：（选择倒角生成的斜线）
找到 1 个
选择对象：✓
选择要延伸的对象，或按住 Shift 键选择要修剪的对象，或[栏选(F)/窗交(C)/投影(P)/边(E)/放弃(U)]：（选择已
绘制的细实线）
选择要延伸的对象，或按住 Shift 键选择要修剪的对象，或 [栏选(F)/窗交(C)/投影(P)/边(E)/放弃(U)]：✓

效果如图 4-83 所示。

⑦ 单击"默认"选项卡"修改"面板中的"延伸"按钮 ，以外圆为延伸参考，延伸右边 3 条引线，
效果如图 4-84 所示。

⑧ 单击"默认"选项卡"注释"面板中的"多行文字"按钮 A(此命令将在后面章节中详细讲述)，
在内圆中心输入"TX"。力矩式自整角发送机符号如图 4-76 所示。

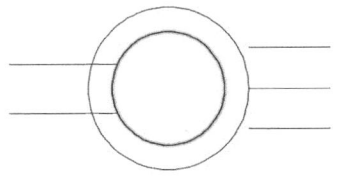

图 4-83　左引线延伸

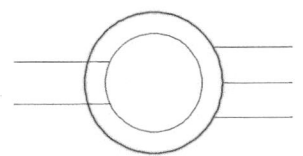

图 4-84　右引线延伸

4.3.5 "圆角"命令

圆角是指用指定的半径决定的一段平滑的圆弧连接两个对象。AutoCAD 2016 规定可以圆滑连接一对
直线段、非圆弧的多段线、样条曲线、双向无限长线、射线、圆、圆弧和椭圆。可以在任何时刻圆滑连
接多段线的每个节点。

1．执行方式

命令行：FILLET。

菜单栏：修改→圆角。

工具栏：修改→圆角 。

功能区：默认→修改→圆角 。

2．操作步骤

命令：FILLET↙
当前设置：模式 = 修剪，半径 = 0.0000
选择第一个对象或 [放弃(U)/多段线(P)/半径(R)/修剪(T)/多个(M)]：（选择第一个对象或别的选项）
选择第二个对象，或按住 Shift 键选择对象以应用角点或 [半径(R)]：（选择第二个对象）

3．选项说明

（1）多段线（P）：在一条二维多段线的两段直线段节点处插入圆滑的弧。选择多段线后，系统会根
据指定的圆弧半径把多段线各顶点用圆滑的弧连接起来。

（2）修剪（T）：决定在圆滑连接两条边时，是否修剪这两条边，如图 4-85 所示。

（3）多个（M）：同时对多个对象进行圆角编辑，而不必重新起用命令。

修剪方式 　　　　　　　不修剪方式

图 4-85　圆角连接

（4）快速创建零距离倒角或零半径圆角：按住 Shift 键并选择两条直线，可以快速创建零距离倒角或零半径圆角。

4.3.6　实例——挂轮架

本实例利用上面所学的圆角功能绘制挂轮架，如图 4-86 所示。

由图 4-86 可知，该挂轮架主要由直线、相切的圆及圆弧组成。因此，可以用"直线""圆""圆弧"命令，并配合"修剪"命令来绘制；挂轮架的上部是对称的结构，因此可以使用"镜像"命令对其进行操作；对于其中的圆角如 R10、R8、R4 等均可以采用"圆角"命令来绘制。

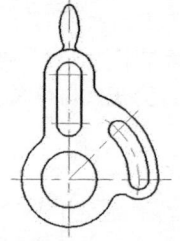

挂轮架

图 4-86　绘制挂轮架

操作步骤：（光盘\动画演示\第 4 章\挂轮架.avi）

（1）设置绘图环境。操作步骤如下。

① 利用 LIMITS 命令设置图幅：297mm×210mm。

② 单击"默认"选项卡"图层"面板中的"图层特性"按钮，CSX 图层线型为实线，线宽为 0.30mm，其他默认；XDHX 图层线型为 CENTER，线宽为 0.09mm，其他默认。

（2）绘制对称中心线。将 XDHX 图层设置为当前图层，单击"默认"选项卡"绘图"面板中的"直线"按钮，命令行提示与操作如下：

命令：LINE↙（绘制最下面的水平对称中心线）
指定第一个点：80,70↙
指定下一点或 [放弃(U)]：210,70↙
指定下一点或 [放弃(U)]：↙

① 利用 LINE 命令绘制另两条线段，端点分别为{（140,210），（140,12）}、{（中心线的交点），（@70<45）}。

② 单击"默认"选项卡"修改"面板中的"偏移"按钮，将水平中心线分别向上偏移 40、35、50、4，依次以偏移形成的水平对称中心线为偏移对象。

③ 单击"默认"选项卡"绘图"面板中的"圆"按钮，以下部中心线的交点为圆心绘制半径为 50 的中心线圆。

④ 单击"默认"选项卡"修改"面板中的"修剪"按钮，修剪中心线圆，结果如图 4-87 所示。

（3）绘制挂轮架中部。将 CSX 图层设置为当前图层。

① 单击"默认"选项卡"绘图"面板中的"圆"按钮，以下部中心线的交点为圆心，分别绘制半径为 20 和 34 的同心圆。

② 单击"默认"选项卡"修改"面板中的"偏移"按钮，将竖直中心线分别向两侧偏移 9、18。

③ 单击"默认"选项卡"绘图"面板中的"直线"按钮，分别捕捉竖直中心线与水平中心线的交点并绘制四条竖直线。

④ 单击"默认"选项卡"修改"面板中的"删除"按钮，删除偏移的竖直对称中心线，结果如图 4-88 所示。

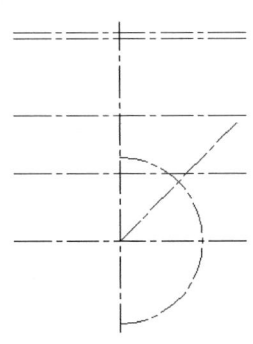

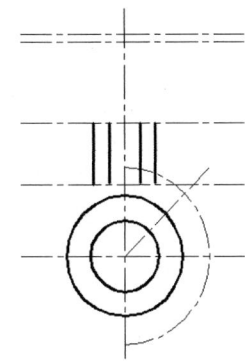

图 4-87　修剪中心线圆后的图形　　　　图 4-88　绘制挂轮架中部的圆

⑤ 单击"默认"选项卡"绘图"面板中的"圆弧"按钮 ⌒，在偏移的中心线上方绘制圆弧，命令行提示与操作如下：

> 命令：ARC↙（绘制 *R*18 圆弧）
> 指定圆弧的起点或 [圆心(C)]：C↙
> 指定圆弧的圆心：（捕捉中心线的交点）
> 指定圆弧的起点：（捕捉左侧中心线的交点）
> 指定圆弧的端点(按住 Ctrl 键以切换方向)或 [角度(A)/弦长(L)]：A↙
> 指定夹角(按住 Ctrl 键以切换方向)：-180↙
> 命令：ARC （"圆弧"命令，绘制上部 *R*9 圆弧）
> 指定圆弧的起点或 [圆心(C)]：C
> 指定圆弧的圆心：
> 指定圆弧的起点：
> 指定圆弧的端点(按住 Ctrl 键以切换方向)或 [角度(A)/弦长(L)]：a
> 指定夹角(按住 Ctrl 键以切换方向)：-180

同理，绘制下部 *R*9 圆弧和左端 *R*10 圆角，命令行提示与操作如下：

> 命令：_arc （按空格键继续执行"圆弧"命令，绘制下部 *R*9 圆弧）
> 指定圆弧的起点或 [圆心(C)]：C
> 指定圆弧的圆心：
> 指定圆弧的起点：
> 指定圆弧的端点(按住 Ctrl 键以切换方向)或 [角度(A)/弦长(L)]：a
> 指定夹角(按住 Ctrl 键以切换方向)：180
> 命令：_fillet↙（"圆角"命令，绘制左端 *R*10 圆角）
> 当前设置：模式 = 修剪，半径 = 0.0000
> 选择第一个对象或 [放弃(U)/多段线(P)/半径(R)/修剪(T)/多个(M)]：R
> 指定圆角半径 <0.0000>：10
> 选择第一个对象或 [放弃(U)/多段线(P)/半径(R)/修剪(T)/多个(M)]：T
> 输入修剪模式选项 [修剪(T)/不修剪(N)] <修剪>：T
> 选择第一个对象或 [放弃(U)/多段线(P)/半径(R)/修剪(T)/多个(M)]：（选择中间最左侧的竖直线的下部）
> 选择第二个对象，或按住 Shift 键选择对象以应用角点或 [半径(R)]：（选择下部 *R*34 圆）
> 选择第二个对象，或按住 Shift 键选择对象以应用角点或 [半径(R)]：

⑥ 单击"默认"选项卡"修改"面板中的"修剪"按钮 ⊬，修剪 *R*34 圆，结果如图 4-89 所示。

（4）绘制挂轮架右部。操作步骤如下。

① 分别捕捉圆弧 *R*50 与倾斜中心线、水平中心线的交点为圆心，以 7 为半径绘制圆。捕捉 *R*34 圆的圆心，分别绘制半径为 43、57 的圆弧，命令行提示与操作如下：

> 命令：CIRCLE↙（绘制 *R*7 圆弧）
> 指定圆的圆心或 [三点(3P)/两点(2P)/切点、切点、半径(T)]：_int 于（捕捉圆弧 *R*50 与倾斜中心线的交点）

指定圆的半径或 [直径(D)]: 7✓

命令: _circle

指定圆的圆心或 [三点(3P)/两点(2P)/切点、切点、半径(T)]: （捕捉圆弧 $R50$ 与水平中心线的交点）

指定圆的半径或 [直径(D)] <7.0000>: ✓

命令: ARC✓ （绘制 $R43$ 圆弧）

指定圆弧的起点或 [圆心(C)]: C✓

指定圆弧的圆心: （捕捉 $R34$ 圆弧的圆心）

指定圆弧的起点: （捕捉下部 $R7$ 圆与水平对称中心线的左交点）

指定圆弧的端点(按住 Ctrl 键以切换方向)或 [角度(A)/弦长(L)]: _int于 （捕捉上部 $R7$ 圆与倾斜对称中心线的左交点）

命令: ARC✓ （绘制 $R57$ 圆弧）

指定圆弧的起点或 [圆心(C)]: C✓

指定圆弧的圆心: （捕捉 $R34$ 圆弧的圆心）

指定圆弧的起点: （捕捉下部 $R7$ 圆与水平对称中心线的右交点）

指定圆弧的端点(按住 Ctrl 键以切换方向)或 [角度(A)/弦长(L)]: （捕捉上部 $R7$ 圆与倾斜对称中心线的右交点）

② 单击"默认"选项卡"修改"面板中的"修剪"按钮 ✂，修剪 $R7$ 圆。

③ 单击"默认"选项卡"绘图"面板中的"圆"按钮 ⊘，以 $R34$ 圆弧的圆心为圆心绘制半径为 64 的圆。

④ 单击"默认"选项卡"修改"面板中的"圆角"按钮 ◻，绘制上部 $R10$ 圆角。

⑤ 单击"默认"选项卡"修改"面板中的"修剪"按钮 ✂，修剪 $R64$ 圆。

⑥ 单击"默认"选项卡"绘图"面板中的"圆弧"按钮 ⌒，绘制 $R14$ 的圆弧，命令行提示与操作如下：

命令: ARC✓ （绘制下部 $R14$ 圆弧）

指定圆弧的起点或 [圆心(C)]: C✓

指定圆弧的圆心: _cen于 （捕捉下部 $R7$ 圆的圆心）

指定圆弧的起点: _int于 （捕捉 $R64$ 圆与水平对称中心线的交点）

指定圆弧的端点(按住 Ctrl 键以切换方向)或 [角度(A)/弦长(L)]: A✓

指定夹角(按住 Ctrl 键以切换方向): -180

⑦ 单击"默认"选项卡"修改"面板中的"圆角"按钮 ◻，绘制下部 $R8$ 圆角，结果如图 4-90 所示，命令行提示与操作如下：

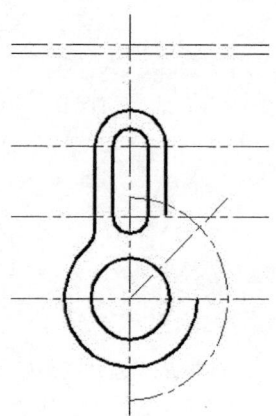

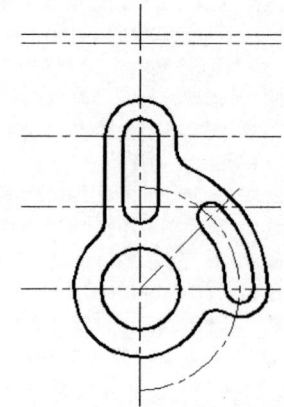

图 4-89　挂轮架中部图形　　　　　图 4-90　绘制完成挂轮架右部图形

命令: FILLET

当前设置: 模式 = 修剪，半径 = 10.0000

选择第一个对象或 [放弃(U)/多段线(P)/半径(R)/修剪(T)/多个(M)]: R
指定圆角半径 <10.0000>: 8
选择第一个对象或 [放弃(U)/多段线(P)/半径(R)/修剪(T)/多个(M)]: T
输入修剪模式选项 [修剪(T)/不修剪(N)] <修剪>: T
选择第一个对象或 [放弃(U)/多段线(P)/半径(R)/修剪(T)/多个(M)]:
选择第二个对象，或按住 Shift 键选择对象以应用角点或 [半径(R)]:

（5）绘制挂轮架上部。操作步骤如下。

① 单击"默认"选项卡"修改"面板中的"偏移"按钮 ，将竖直对称中心线向右偏移 22。

② 将 0 图层设置为当前图层，单击"默认"选项卡"绘图"面板中的"圆"按钮 ，以第二条水平中心线与竖直中心线的交点为圆心绘制 R26 辅助圆。

③ 将 CSX 图层设置为当前图层，单击"默认"选项卡"绘图"面板中的"圆"按钮 ，以 R26 圆与偏移的竖直中心线的交点为圆心绘制 R30 圆，结果如图 4-91 所示。

④ 单击"默认"选项卡"修改"面板中的"删除"按钮 ，分别选择偏移形成的竖直中心线及 R26 圆。

⑤ 单击"默认"选项卡"修改"面板中的"修剪"按钮 ，修剪 R30 圆。

⑥ 单击"默认"选项卡"修改"面板中的"镜像"按钮 ，以竖直中心线为镜像轴，镜像所绘制的 R30 圆弧，结果如图 4-92 所示。单击"默认"选项卡"修改"面板中的"圆角"按钮 ，绘制 R4 圆角，命令行提示与操作如下：

命令: FILLET✓（绘制最上部 R4 圆弧）
当前设置: 模式 = 修剪，半径 = 8.0000
选择第一个对象或[放弃(U)/多段线(P)/半径(R)/修剪(T)/多个(M)]: R✓
指定圆角半径 <8.0000>: 4✓
选择第一个对象或 [放弃(U)/多段线(P)/半径(R)/修剪(T)/多个(M)]: T
输入修剪模式选项 [修剪(T)/不修剪(N)] <修剪>: T
选择第一个对象或[放弃(U)/多段线(P)/半径(R)/修剪(T)/多个(M)]: （选择左侧 R30 圆弧的上部）
选择第二个对象，或按住 Shift 键选择对象以应用角点或 [半径(R)]:（选择右侧 R30 圆弧的上部）
命令: FILLET✓（绘制左边 R4 圆角）
当前设置: 模式 = 修剪，半径 = 4.0000
选择第一个对象或[放弃(U)/多段线(P)/半径(R)/修剪(T)/多个(M)]: T✓（更改修剪模式）
输入修剪模式选项 [修剪(T)/不修剪(N)] <修剪>: N✓（选择修剪模式为"不修剪"）
选择第一个对象或[放弃(U)/多段线(P)/半径(R)/修剪(T)/多个(M)]: （选择左侧 R30 圆弧的下端）
选择第二个对象，或按住 Shift 键选择对象以应用角点或 [半径(R)]: （选择 R18 圆弧的左侧）
命令: FILLET✓（绘制右边 R4 圆角）
当前设置: 模式 = 不修剪，半径 = 4.0000
选择第一个对象或[放弃(U)/多段线(P)/半径(R)/修剪(T)/多个(M)]: （选择右侧 R30 圆弧的下端）
选择第二个对象，或按住 Shift 键选择对象以应用角点或 [半径(R)]:（选择 R18 圆弧的右侧）

⑦ 单击"默认"选项卡"修改"面板中的"修剪"按钮 ，修剪 R30 圆。结果如图 4-93 所示。

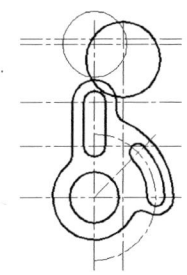

图 4-91　绘制 R30 圆

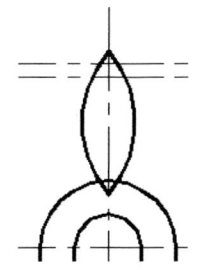

图 4-92　镜像 R30 圆

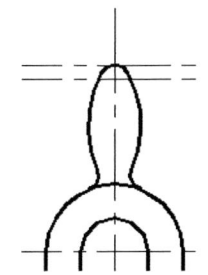

图 4-93　绘制挂轮架的上部

（6）整理并保存图形。单击"默认"选项卡"修改"面板中的"拉长"按钮 ，（此命令将在 4.3.11 小节中详细讲述），调整中心线长度；单击"快速访问"工具栏中的"保存"按钮 ，保存文件，命令行提示与操作如下：

> 命令：LENGTHEN↙（"拉长"命令，对图中的中心线进行调整）
> 选择要测量的对象或 [增量(DE)/百分数(P)/全部(T)/动态(DY)]：DY↙（选择动态调整）
> 选择要修改的对象或 [放弃(U)]：（分别选择欲调整的中心线）
> 指定新端点：（将选择的中心线调整到新的长度）
> 选择要修改的对象或 [放弃(U)]：↙
> 命令：ERASE↙（删除多余的中心线）
> 选择对象：（选择最上边的两条水平中心线）
> …… 找到 1 个，总计 2个
> 命令：SAVE AS↙（将绘制完成的图形以"挂轮架.dwg"为文件名保存在指定的路径中）

要点提示

使用"圆角"命令操作时，需要注意设置圆角半径，否则圆角操作后看起来好像没有效果，因为系统默认的圆角半径是 0。

4.3.7 "倒角"命令

倒角是指用斜线连接两个不平行的线型对象。可以用斜线连接直线段、双向无限长线、射线和多段线。

AutoCAD 采用两种方法确定连接两个线型对象的斜线：指定斜线距离和指定斜线角度。下面分别介绍这两种方法。

（1）指定斜线距离。斜线距离是指从被连接的对象与斜线的交点到被连接的两对象可能的交点距离，如图 4-94 所示。

（2）指定斜线角度和一个斜距离连接选择的对象。采用这种方法斜线连接对象时，需要输入两个参数：斜线与一个对象的斜线距离和斜线与该对象的夹角，如图 4-95 所示。

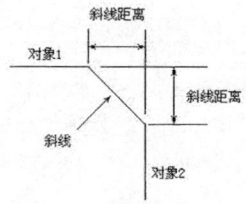

图 4-94 斜线距离

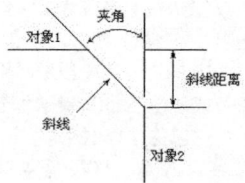

图 4-95 斜线距离与夹角

1. 执行方式

命令行：CHAMFER。

菜单栏：修改→倒角。

工具栏：修改→倒角 。

功能区：默认→修改→圆角 。

2. 操作步骤

> 命令：CHAMFER↙
> （"不修剪"模式）当前倒角距离 1 = 0.0000，距离 2 = 0.0000
> 选择第一条直线或 [放弃(U)/多段线(P)/距离(D)/角度(A)/修剪(T)/方式(E)/多个(M)]：（选择第一条直线或别的选项）
> 选择第二条直线，或按住 Shift 键选择直线以应用角点或 [距离(D)/角度(A)/方法(M)]：（选择第二条直线）

有时用户在执行"圆角"和"倒角"命令时,发现命令不执行或执行没什么变化,那是因为系统默认圆角半径和倒角距离均为 0。如果不事先设定圆角半径或斜角距离,系统就以默认值执行命令,所以好像没有执行命令。

3．选项说明

（1）多段线（P）：对多段线的各个交叉点倒斜角。为了得到最好的连接效果,一般设置斜线是相等的值。系统根据指定的斜线距离把多段线的每个交叉点都作斜线连接,连接的斜线成为多段线新添加的构成部分,如图 4-96 所示。

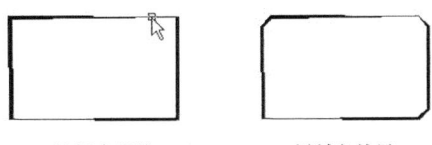

选择多段线　　　　　倒斜角结果

图 4-96　斜线连接多段线

（2）距离（D）：选择倒角的两个斜线距离。这两个斜线距离可以相同或不相同,若两者均为 0,则系统不绘制连接的斜线,而是把两个对象延伸至相交并修剪超出的部分。

（3）角度（A）：选择第一条直线的斜线距离和第一条直线的倒角角度。

（4）修剪（T）：与圆角连接命令 FILLET 相同,该选项决定连接对象后是否修剪原对象。

（5）方式（E）：决定采用"距离"方式,还是"角度"方式来倒斜角。

（6）多个（M）：同时对多个对象进行倒斜角编辑。

4.3.8　实例——洗菜盆

利用上面所学的倒角功能绘制厨房用的洗菜盆。

本例绘制的洗菜盆是厨房用具,可先绘制外轮廓,再依次绘制水龙头、出水口等小部件,最后绘制倒角,如图 4-97 所示。

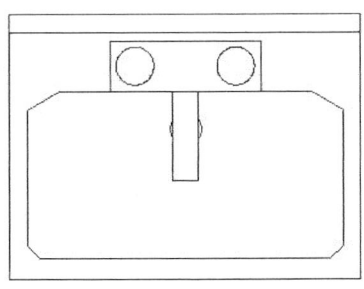

图 4-97　绘制洗菜盆

洗菜盆

操作步骤：（光盘\动画演示\第 4 章\洗菜盆.avi）

（1）绘制初步轮廓。单击"默认"选项卡"绘图"面板中的"直线"按钮 ，绘制矩形,大约尺寸如图 4-98 所示。

（2）绘制水龙头和出水口。单击"默认"选项卡"绘图"面板中的"圆"按钮 ，以在图 4-98 中矩形 1 约左中位置处指定圆心,35 为半径,绘制圆。单击"默认"选项卡"修改"面板中的"复制"按钮 ，复制绘制的圆，命令行提示与操作如下：

```
命令: _circle
指定圆的圆心或 [三点(3P)/两点(2P)/切点、切点、半径(T)]:
指定圆的半径或 [直径(D)]: 35
命令: _copy
选择对象: 找到 1 个
选择对象:
当前设置: 复制模式 = 多个
指定基点或 [位移(D)/模式(O)] <位移>: D
指定位移 <60.0000, 0.0000, 0.0000>: 120,0
```

单击"默认"选项卡"绘图"面板中的"圆"按钮⊙，以在图 4-98 中矩形 2 正中位置指定圆心，25 为半径，绘制出水口。

（3）修剪图形。单击"默认"选项卡"修改"面板中的"修剪"按钮 ⫨，将绘制的出水口圆修剪成如图 4-99 所示的样式。

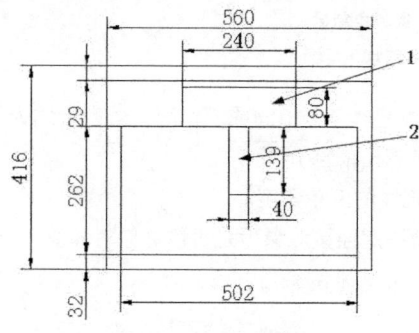

图 4-98　初步轮廓图

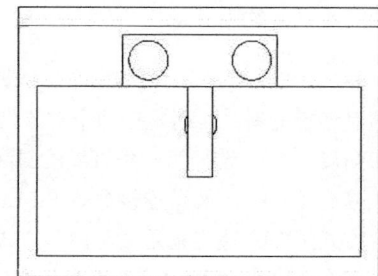

图 4-99　绘制水笼头和出水口

（4）绘制倒角。单击"默认"选项卡"修改"面板中的"倒角"按钮 ◻，绘制水盆四角，命令行提示与操作如下：

```
命令: CHAMFER↙
("修剪"模式) 当前倒角距离 1 = 0.0000, 距离 2 = 0.0000
选择第一条直线或 [放弃(U)/多段线(P)/距离(D)/角度(A)/修剪(T)/方式(E)/多个(M)]: D↙
指定第一个倒角距离 <0.0000>: 50↙
指定第二个倒角距离 <50.0000>: 30↙
选择第一条直线或 [放弃(U)/多段线(P)/距离(D)/角度(A)/修剪(T)/方式(E)/多个(M)]: M↙
选择第一条直线或 [放弃(U)/多段线(P)/距离(D)/角度(A)/修剪(T)/方式(E)/多个(M)]: (选择右上角横线段)
选择第二条直线, 或按住 Shift 键选择直线以应用角点或 [距离(D)/角度(A)/方法(M)]: (选择右上角竖线段)
选择第一条直线或 [放弃(U)/多段线(P)/距离(D)/角度(A)/修剪(T)/方式(E)/多个(M)]: (选择左上角横线段)
选择第二条直线, 直线, 或按住 Shift 键选择直线以应用角点或 [距离(D)/角度(A)/方法(M)]: (选择右上角竖线段)
命令: CHAMFER↙
("修剪"模式) 当前倒角距离 1 = 50.0000, 距离 2 = 30.0000
选择第一条直线或 [放弃(U)/多段线(P)/距离(D)/角度(A)/修剪(T)/方式(E)/多个(M)]: A↙
指定第一条直线的倒角长度 <20.0000>: ↙
指定第一条直线的倒角角度 <0>: 45↙
选择第一条直线或 [放弃(U)/多段线(P)/距离(D)/角度(A)/修剪(T)/方式(E)/多个(M)]: M↙
选择第一条直线或 [放弃(U)/多段线(P)/距离(D)/角度(A)/修剪(T)/方式(E)/多个(M)]: (选择左下角横线段)
选择第二条直线, 或按住 Shift 键选择直线以应用角点或 [距离(D)/角度(A)/方法(M)]: (选择左下角竖线段)
选择第一条直线或 [放弃(U)/多段线(P)/距离(D)/角度(A)/修剪(T)/方式(E)/多个(M)]: (选择右下角横线段)
选择第二条直线, 或按住 Shift 键选择直线以应用角点或 [距离(D)/角度(A)/方法(M)]: (选择右下角竖线段)
```

洗菜盆绘制完成，结果如图 4-97 所示。

> "倒角"命令和"圆角"命令类似，需要注意设置倒角距离，否则倒角操作后好像没有效果，因为系统默认的倒角距离是 0。

4.3.9 "拉伸"命令

拉伸对象是指拖曳选择的对象，且对象的形状发生变化。拉伸对象时应指定拉伸的基点和移置点。利用一些辅助工具（如捕捉、钳夹功能及相对坐标等）可以提高拉伸的精度，如图 4-100 所示。

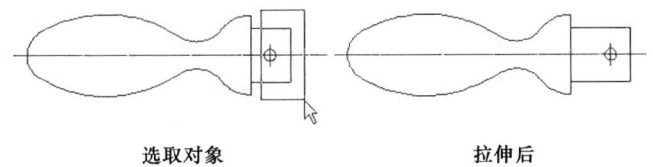

选取对象   拉伸后

图 4-100　拉伸对象

1．执行方式

命令行：STRETCH。

菜单栏：修改→拉伸。

工具栏：修改→拉伸 🔲。

功能区：默认→修改→拉伸 🔲。

2．操作步骤

命令：STRETCH↙

以交叉窗口或交叉多边形选择要拉伸的对象…

选择对象：C↙

指定第一个角点：指定对角点：找到 2 个（采用交叉窗口的方式选择要拉伸的对象）

指定基点或 [位移(D)]<位移>：（指定拉伸的基点）

指定第二个点或 <使用第一个点作为位移>：（指定拉伸的移至点）

此时，若指定第二个点，系统将根据这两点决定矢量拉伸对象。若直接按 Enter 键，系统会把第一个点的坐标值作为 x 轴和 y 轴的分量值。

> 用交叉窗口选择拉伸对象后，落在交叉窗口内的端点被拉伸，落在外部的端点保持不动。

4.3.10　实例——手柄

利用上面所学的拉伸功能绘制图 4-101 所示的手柄。

本例绘制矩形可先绘制中心线，再利用"圆"与"直线"命令绘制外轮廓，最后依次修剪图形。

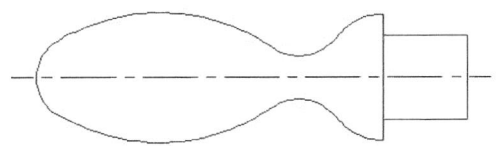

图 4-101　绘制手柄

操作步骤：（光盘\动画演示\第 4 章\手柄.avi）

（1）设置图层。单击"默认"选项卡"图层"面板中的"图层特性"按钮  。
新建两个图层："轮廓线"图层，线宽属性为 0.3mm，其余属性默认；"中心线"图
层，颜色设为"红色"，线型加载为 CENTER，其余属性默认。

手柄

（2）绘制中心线。将"中心线"图层设置为当前层。单击"默认"选项卡"绘图"
面板中的"直线"按钮 ，绘制直线，直线的两个端点坐标是（150,150）和（@100,0），
结果如图 4-102 所示。

（3）绘制外轮廓。将"轮廓线"图层设置为当前层。单击"默认"选项卡"绘图"面板中的"圆"
按钮 ，以点（160,150）为圆心、半径为 10mm 绘制圆；以点（235,150）为圆心、半径为 15mm 绘制圆。
再绘制半径为 50mm 的圆与前两个圆相切，结果如图 4-103 所示。

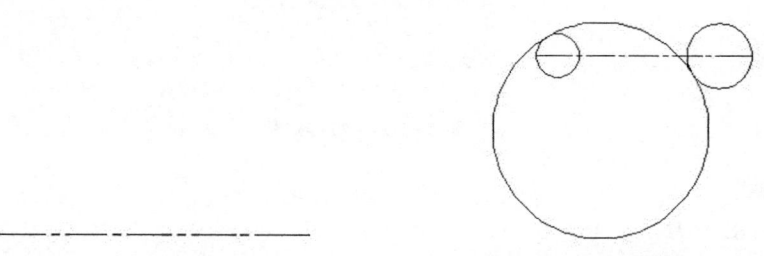

图 4-102　绘制直线（6）　　　　　　图 4-103　绘制圆（7）

（4）绘制直线。单击"默认"选项卡"绘图"面板中的"直线"按钮 ，绘制直线，各端点坐标为
{（250,150），（@10<90），（@15<180）}，重复"直线"命令绘制从点（235,165）到点（235,150）的直
线，结果如图 4-104 所示。

（5）修剪处理。单击"默认"选项卡"修改"面板中的"修剪"按钮 ，将图 4-104 修剪成如图 4-105
所示的样式。

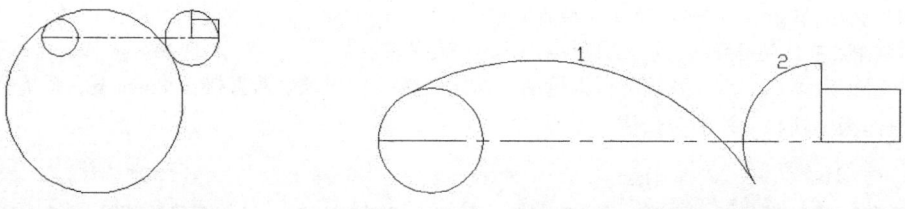

图 4-104　绘制直线（7）　　　　　　图 4-105　修剪处理图形结果

（6）绘制圆。单击"默认"选项卡"绘图"面板中的"圆"按钮 ，绘制与圆弧 1 和圆弧 2 相切的
圆，半径为 12mm，结果如图 4-106 所示。

（7）修剪处理。单击"默认"选项卡"修改"面板中的"修剪"按钮 ，将多余的圆弧进行修剪，
结果如图 4-107 所示。

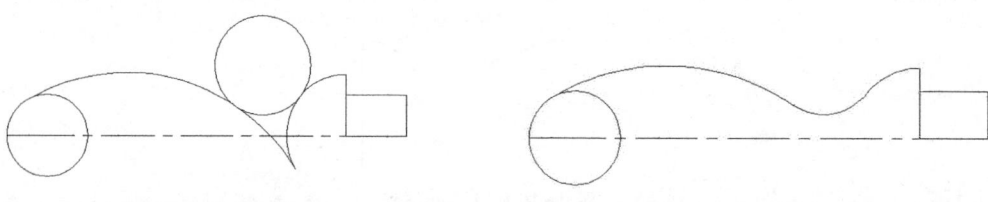

图 4-106　绘制圆（8）　　　　　　图 4-107　修剪处理圆弧

（8）镜像处理。单击"默认"选项卡"修改"面板中的"镜像"按钮▲，以中心线为对称轴，不删除原对象，将绘制的中心线以上对象镜像，结果如图4-108所示。

（9）修剪处理。单击"默认"选项卡"修改"面板中的"修剪"按钮 ，进行修剪处理，结果如图4-109所示。

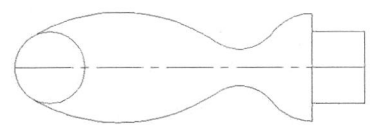 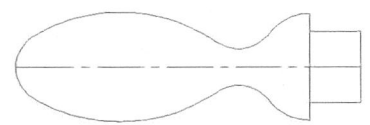

图 4-108　镜像处理中心线以上对象　　　　　　图 4-109　修剪后结果

（10）拉长接头。选择菜单栏中的"修改"→"拉伸"命令，拉长接头部分，命令行提示与操作如下：

命令: STRETCH✓
以交叉窗口或交叉多边形选择要拉伸的对象...
选择对象: C✓
指定第一个角点:（框选手柄接头部分，如图4-110所示）
指定对角点: 找到 6 个
选择对象: ✓
指定基点或 [位移(D)] <位移>: 100, 100✓
指定位移的第二个点或 <用第一个点作位移>:105, 100✓

结果如图 4-111 所示。

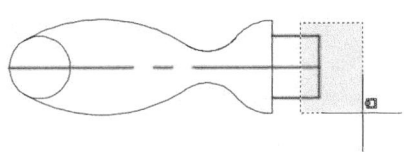 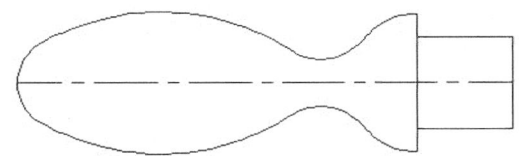

图 4-110　选择手柄接头对象　　　　　　　　图 4-111　拉伸接头部分结果

（11）拉长中心线。利用夹点编辑命令调整中心线长度，结果如图4-101所示。

4.3.11 "拉长"命令

1. 执行方式

命令行：LENGTHEN。

菜单栏：修改→拉长。

功能区：默认→修改→拉长 。

2. 操作步骤

命令: LENGTHEN✓
选择要测量的对象或 [增量(DE)/百分数(P)/全部(T)/动态(DY)]:（选定对象）

3. 选项说明

（1）增量（DE）：用指定增量的方法改变对象的长度或角度。

（2）百分数（P）：用指定占总长度百分比的方法改变圆弧或直线段的长度。

（3）全部（T）：用指定新的总长度或总角度值的方法来改变对象的长度或角度。

（4）动态（DY）：打开动态拖曳模式。在这种模式下，可以使用拖曳鼠标的方法来动态地改变对象的长度或角度。

4.3.12 实例——挂钟

利用上面所学的拉长功能绘制图 4-112 所示的挂钟。

本例利用"圆"命令先绘制挂钟外壳，再利用"直线"命令绘制指针，最后利用"拉长"命令拉伸秒针。

操作步骤：（光盘\动画演示\第 4 章\挂钟.avi）

（1）绘制外轮廓线。单击"默认"选项卡"绘图"面板中的"圆"按钮⊙，以端点（100,100）为圆心，绘制半径为 20mm 的圆形作为挂钟的外轮廓线，如图 4-113 所示。

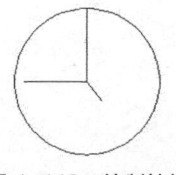
图 4-112 绘制挂钟

挂钟

（2）绘制指针。单击"默认"选项卡"绘图"面板中的"直线"按钮╱，绘制坐标为{（100,100），（100,118）}、{（100,100），（86,100）}、{（100,100），（105,94）}的 3 条直线作为挂钟的指针，如图 4-114 所示。

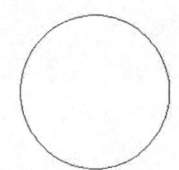
图 4-113 绘制圆（9）

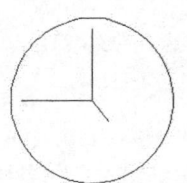
图 4-114 绘制指针

（3）拉长秒针。单击"默认"选项卡"修改"面板中的"拉长"按钮╱，将秒针拉长至圆的边，命令行提示与操作如下：

```
命令：_lengthen
选择要测量的对象或 [增量(DE)/百分比(P)/总计(T)/动态(DY)] <增量(DE)>："DE
输入长度增量或 [角度(A)] <0.0000>:2✓
选择要修改的对象或 [放弃(U)]:选择秒针✓
选择要修改的对象或 [放弃(U)]:✓
```

绘制挂钟完成，效果如图 4-112 所示。

4.3.13 "打断"命令

1. 执行方式

命令行：BREAK。

菜单栏：修改→打断。

工具栏：修改→打断🗂。

功能区：默认→修改→打断🗂。

2. 操作步骤

```
命令：BREAK✓
选择对象：（选择要打断的对象）
指定第二个打断点或 [第一点(F)]:（指定第二个断开点或输入F）
```

3. 选项说明

如果选择"第一点（F）"，AutoCAD 2016 将丢弃前面的第一个选择点，重新提示用户指定两个断开点。

4.3.14 实例——连接盘

本实例利用上面所学的打断功能绘制连接盘，如图 4-115 所示。本例主要用到"圆弧""偏移""环形阵列""修剪""镜像"命令等。

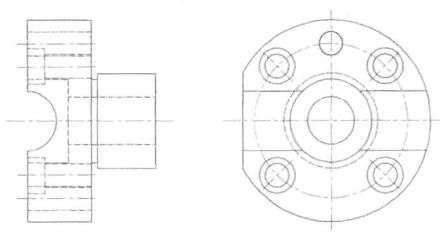

图 4-115 绘制连接盘

连接盘

操作步骤：（光盘\动画演示\第 4 章\连接盘.avi）

（1）设置图层。单击"默认"选项卡"图层"面板中的"图层特性"按钮，新建 3 个图层。

① 第一个图层命名为"轮廓线"，线宽属性为 0.3mm，其余属性默认。

② 第二个图层命名为"中心线"，颜色设为"红"，线型加载为 CENTER，其余属性默认。

③ 第三个图层命名为"虚线"，线型加载为 ACAD_IS002W100，其余属性默认。

（2）绘制中心线。将"中心线"图层设置为当前层。单击"默认"选项卡"绘图"面板中的"直线"按钮，绘制两条垂直的中心线。单击"默认"选项卡"绘图"面板中的"圆"按钮，以两中心线交点为圆心绘制 R130 圆，命令行提示与操作如下：

> 命令：line↙
> 指定第一个点：
> 指定下一点或 [放弃(U)]：（用鼠标在水平方向选取两点）
> 指定下一点或 [放弃(U)]：↙

重复执行上述命令绘制竖直中心线。

> 命令：circle↙
> 指定圆的圆心或 [三点(3P)/两点(2P)/切点、切点、半径(T)]：（选择两条中心线的交点）
> 指定圆的半径或 [直径(D)]：130↙

结果如图 4-116 所示。

（3）绘制圆。将"轮廓线"图层设置为当前层。单击"默认"选项卡"绘图"面板中的"圆"按钮，分别绘制半径为 170、80、70、40 的同心圆，并将半径 80 的圆放置在"虚线层"，结果如图 4-117 所示。

（4）绘制辅助直线。将"中心线"图层设置为当前层。单击"默认"选项卡"绘图"面板中的"直线"按钮，绘制与水平方向成 45° 的辅助直线。单击"默认"选项卡"修改"面板中的"打断"按钮，或者在命令行中输入"BREAK"后按 Enter 键（快捷命令为 BR），将斜线进行打断操作，命令行提示与操作如下：

> 命令：break↙
> 选择对象：（选择斜点画线上适当一点）
> 指定第二个打断点或 [第一点(f)]：（选择圆心点）

结果如图 4-118 所示。

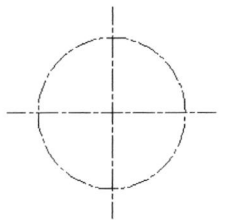

图 4-116 绘制中心线（4）

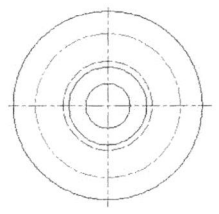

图 4-117 绘制圆（10）

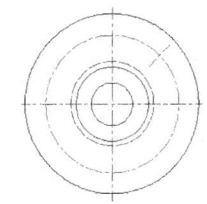

图 4-118 绘制 45° 辅助直线

（5）绘制圆。将"轮廓线"图层设置为当前层。单击"默认"选项卡"绘图"面板中的"圆"按钮 ⊘ ，以辅助直线与半径为 130mm 的圆的交点为圆心分别绘制半径为 20mm 和 30mm 的圆。重复执行上述命令，以竖直中心线与半径为 130mm 的圆的交点为圆心绘制半径为 20mm 的圆，结果如图 4-119 所示。

（6）阵列处理。单击"默认"选项卡"修改"面板中的"环形阵列"按钮 ⊞ ，其中阵列项目数为 4，在绘图区域选择半径为 20mm 和 30mm 的圆，以及其斜中心线，阵列的中心点为两条中心线的交点，结果如图 4-120 所示。

（7）偏移处理。单击"默认"选项卡"修改"面板中的"偏移"按钮 ⊘ ，将竖直中心线向左进行偏移 150mm 操作，命令行提示与操作如下：

> 命令：offset↙
> 当前设置：删除源=否　图层=源　OFFSETGAPTYPE=0
> 指定偏移距离或 [通过(T)/删除(E)/图层(L)] <通过>：150↙
> 选择要偏移的对象，或 [退出(E)/放弃(U)] <退出>：（选择竖直中心线）
> 指定要偏移那一侧上的点，或 [退出(E)/多个(M)/放弃(U)] <退出>：（选择竖直中心线的左侧）
> 选择要偏移的对象，或 [退出(E)/放弃(U)] <退出>：↙

重复执行上述命令，将水平中心线分别向两侧偏移 50mm。选取偏移后的直线，将其所在层修改为"轮廓线"层，结果如图 4-121 所示。

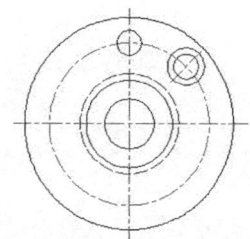

图 4-119　绘制圆（11）

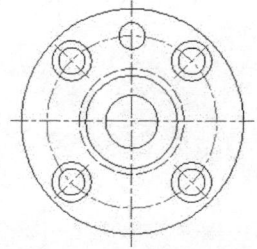

图 4-120　阵列圆处理

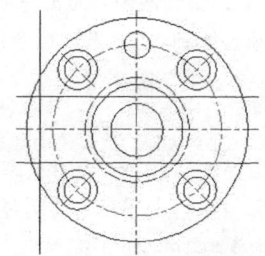

图 4-121　偏移中心线处理

（8）修剪处理。单击"默认"选项卡"修改"面板中的"修剪"按钮 ⊬ ，将多余的线段进行修剪，命令行提示与操作如下：

> 命令：trim↙
> 当前设置：投影=ucs，边=无
> 选择修剪边...
> 选择对象或 <全部选择>：（全部选择）
> 选择对象或 <全部选择>：↙
> 选择要修剪的对象，或按住Shift键选择要延伸的对象，或[栏选(F)/窗交(C)/投影(P)/边(E)/删除(R)/放弃(U)]：（用鼠标选择要修剪的对象）
> 选择要修剪的对象，或按住Shift键选择要延伸的对象，或[栏选(F)/窗交(C)/投影(P)/边(E)/删除(R)/放弃(U)]：↙

结果如图 4-122 所示。

（9）绘制辅助直线。转换图层，单击"默认"选项卡"绘图"面板中的"直线"按钮 ／ ，绘制辅助直线，结果如图 4-123 所示。

（10）偏移处理。单击"默认"选项卡"修改"面板中的"偏移"按钮 ⊘ ，将水平辅助直线分别向右偏移 70mm、110mm、120mm 和 220mm，再将竖直辅助直线向上分别偏移 40mm、50mm、70mm、80mm、110mm、130mm、150mm 和 170mm。选取偏移后的直线，将其所在图层修改为"轮廓线"或"虚线"图层，结果如图 4-124 所示。

（11）修剪处理。单击"默认"选项卡"修改"面板中的"修剪"按钮 ⊬ ，进行修剪处理，并且将轴槽处的图线转换成粗实线，结果如图 4-125 所示。

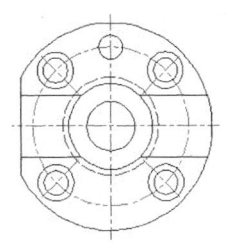

图 4-122　修剪线段处理

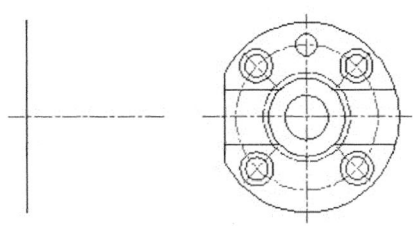

图 4-123　绘制辅助直线图形

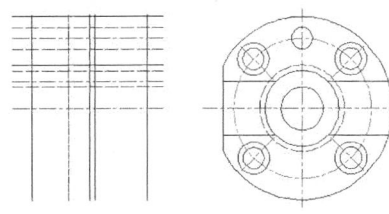

图 4-124　偏移辅助直线处理

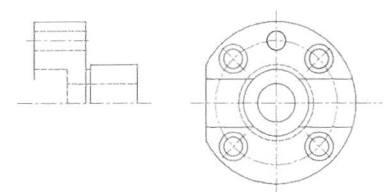

图 4-125　修剪处理并转换线型

（12）绘制投影孔。具体操作步骤如下。

① 单击"默认"选项卡"绘图"面板中的"直线"按钮 ，绘制左视图中半径 30mm 和半径 20mm 的阶梯孔投影，并将绘制好的直线放置在虚线层，然后捕捉捕捉孔的中心向右引出中心线，并放置在中心线层。

② 单击"默认"选项卡"修改"面板中的"偏移"按钮 ，将左侧竖直直线向右偏移为 30mm，并替换到虚线层中，如图 4-126 所示。

③ 单击"默认"选项卡"修改"面板中的"修剪"按钮 ，修剪辅助线，完成投影孔的绘制，结果如图 4-127 所示。

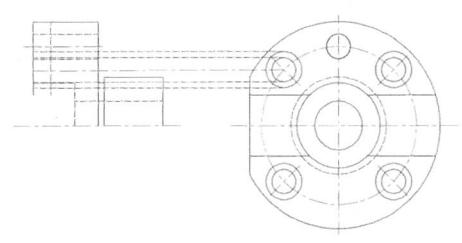

图 4-126　偏移竖直直线

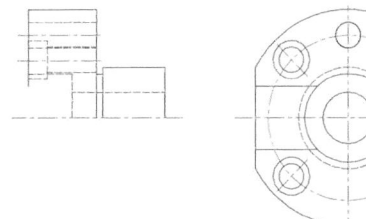

图 4-127　绘制投影孔

（13）镜像处理。单击"默认"选项卡"修改"面板中的"镜像"按钮 ，选中中心线上方除半径 20mm 的通孔外的所有图线，以水平线为对称中心线对图形进行镜像处理。结果如图 4-128 所示。

（14）绘制圆弧。将"轮廓线"图层设置为当前层，单击"默认"选项卡"绘图"面板中的"圆弧"按钮 ，绘制圆弧，命令行提示与操作如下：

```
命令：arc✓
指定圆弧的起点或 [圆心(C)]：（选取点2）
指定圆弧的第二个点或 [圆心(C)/端点(E)]：E✓
指定圆弧的端点：（选取点1）
指定圆弧的圆心或 [角度(A)/方向(D)/半径(R)]：R✓
指定圆弧的半径：50✓
```

结果如图 4-129 所示。

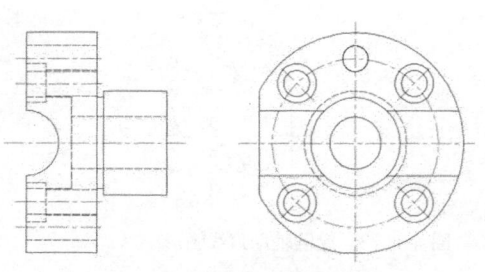

图 4-128　镜像处理图形结果

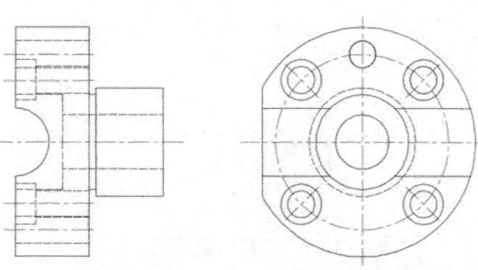

图 4-129　绘制半径为 50 的圆弧

4.3.15 "打断于点"命令

"打断于点"命令是指在对象上指定一点，从而把对象在此点拆分成两部分，此命令与"打断"命令类似。

1. 执行方式

工具栏：修改→打断于点 ![icon]。

功能区：默认→修改→打断于点 ![icon]。

2. 操作步骤

```
命令：break
选择对象：（选择要打断的对象）
指定第二个打断点或 [第一点(F)]：_f（系统自动执行"第一点(F)"选项）
指定第一个打断点：（选择打断点）
指定第二个打断点：@（系统自动忽略此提示）
```

4.3.16 实例——油标尺

利用上面所学的打断于点功能，绘制变速箱的油标尺，如图 4-130 所示。本例主要利用"直线""圆弧""打断于点"命令绘制油标尺。

操作步骤：（光盘\动画演示\第 4 章\油标尺.avi）

（1）设置图层。单击"默认"选项卡"图层"面板中的"图层特性"按钮 ![icon]，新建 3 个图层。

图 4-130　绘制油标尺

① 第一个图层命名为"轮廓线"，线宽属性为 0.3mm，其余属性默认。

② 第二个图层命名为"中心线"，颜色设为红色，线型加载为 CENTER，其余属性默认。

③ 第三个图层命名为"细实线"，颜色设为蓝色，其余属性默认。

（2）绘制中心线。将"中心线"图层设置为当前图层。单击"默认"选项卡"绘图"面板中的"直线"按钮 ![icon]，绘制端点坐标为{（150,100），（150,250）}的直线，如图 4-131 所示。

（3）绘制直线。将"轮廓线"图层设置为当前图层。单击"默认"选项卡"绘图"面板中的"直线"按钮 ![icon]，绘制端点坐标为{（140,110），（160,110）}的直线与端点坐标为{（140,110），（140,220）}的直线，如图 4-132 所示。

（4）绘制轮廓线。单击"默认"选项卡"修改"面板中的"偏移"按钮 ![icon]，水平直线向上分别偏移 80mm、90mm、102mm 和 108mm，竖直直线向右分别偏移 2mm、4mm 和 7mm，结果如图 4-133 所示。

（5）修剪图形。单击"默认"选项卡"修改"面板中的"修剪"按钮 ![icon]，对图形进行修剪，结果如图 4-134 所示。

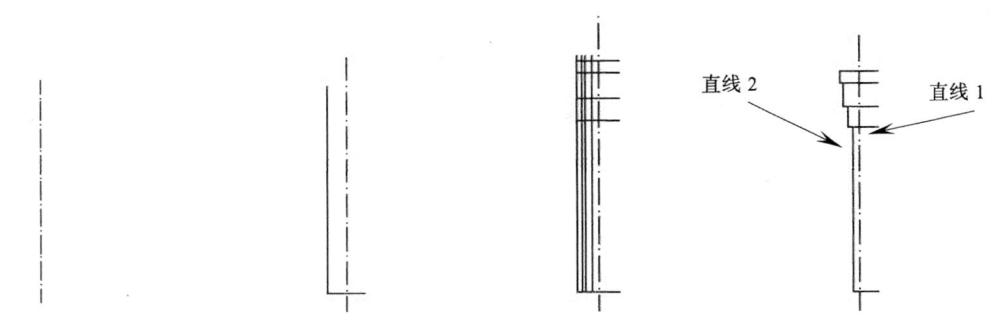

图 4-131　绘制中心线（5）　　图 4-132　绘制边界线　　图 4-133　绘制偏移线　　图 4-134　图形修剪

（6）绘制螺纹。单击"默认"选项卡"修改"面板中的"偏移"按钮🔲，将直线 1 向下偏移 2mm，将直线 2 向右偏移 1mm。并单击"默认"选项卡"修改"面板中的"修剪"按钮✂，将中心线右边的图线修剪掉，结果如图 4-135 所示。继续修剪偏移生成的直线，结果如图 4-136 所示。

（7）倒角。单击"默认"选项卡"修改"面板中的"倒角"按钮◻，将图 4-134 中的直线 2 与其下面相交直线形成的夹角倒直角 C1.5，如图 4-137 所示。单击"默认"选项卡"绘图"面板中的"直线"按钮✏，在倒角交点绘制一条与中心线相交的水平线，结果如图 4-138 所示。

（8）打断直线。单击"默认"选项卡"修改"面板中的"打断于点"按钮◻，命令行提示与操作如下：

```
命令：_break
选择对象：（选择直线3）
指定第二个打断点 或 [第一点（F）]：_F
指定第一个打断点：（指定交点4）
指定第二个打断点：@
```

将直线 3 的图层属性更改为"细实线"图层。

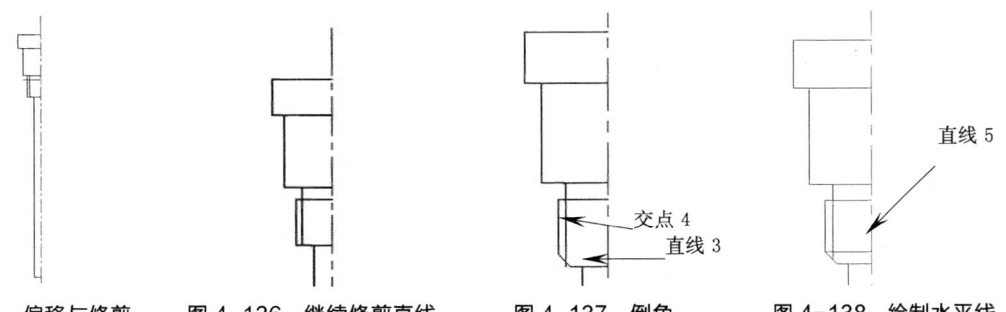

交点 4
直线 3
直线 5

图 4-135　偏移与修剪　　图 4-136　继续修剪直线　　图 4-137　倒角　　图 4-138　绘制水平线

（9）绘制偏移直线和圆弧。单击"默认"选项卡"修改"面板中的"偏移"按钮🔲，将水平直线 5 向上偏移 4mm 和 8mm，中心线向左偏移 6mm；单击"默认"选项卡"绘图"面板中的"圆弧"按钮，使用 3 点绘制方式，选择交点 6、7、8 绘制圆弧，结果如图 4-139 所示。

（10）修剪图形。单击"默认"选项卡"修改"面板中的"修剪"按钮✂和"删除"按钮🖊，对图形进行修剪编辑，结果如图 4-140 所示。

（11）绘制偏移直线和倒圆角。单击"默认"选项卡"修改"面板中的"偏移"按钮🔲，将图 4-140 中最上面的两条水平线分别向内偏移 1mm；单击"默认"选项卡"修改"面板中的"圆角"按钮◻，将图 4-140 中最上面的两条水平线与左边竖线夹角倒圆角，圆角半径为 1mm，绘制结果如图 4-141 所示。

（12）绘制圆。单击"默认"选项卡"绘图"面板中的"圆"按钮⊙，以中心线与顶面交点为圆心绘制半径为 3mm 的圆；修剪为左上 1/4 圆弧，如图 4-142 所示。

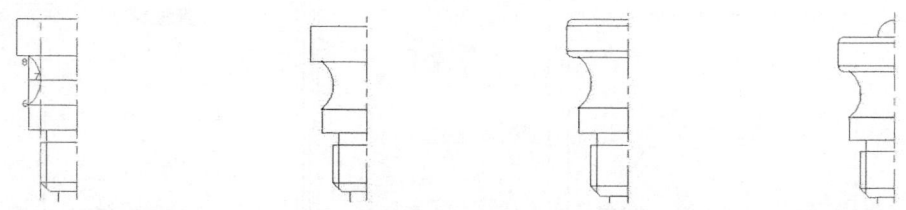

图 4-139　绘制偏移直线和圆弧　　图 4-140　修剪图形　　图 4-141　偏移直线和倒圆　　图 4-142　绘制 1/4 圆弧

（13）镜像图形。单击"默认"选项卡"修改"面板中的"镜像"按钮 ⚮，以中心线为镜像轴，将中心线左侧图形镜像到中心线右侧，最终结果如图 4-130 所示。

▲ 技巧与提示——巧用"打断"命令

如果指定的第二断点在所选对象的外部，则分为两种情况：（1）如果所选对象为直线或圆弧，则对象的该端被切掉，如图 4-143（a）和图 4-143（b）所示；（2）如果所选对象为圆，则从第一断点逆时针方向到第二断点的部分被切掉，如图 4-143（c）所示。

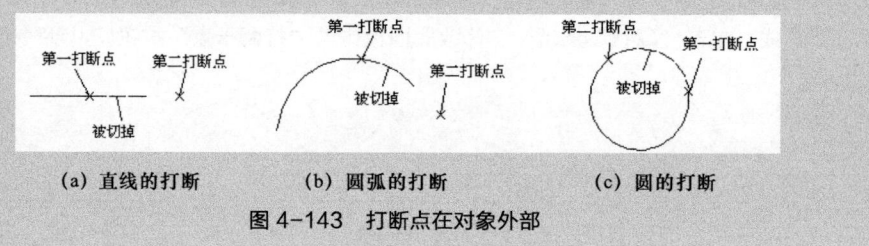

(a) 直线的打断　　　(b) 圆弧的打断　　　(c) 圆的打断

图 4-143　打断点在对象外部

4.3.17 "分解"命令

1. 执行方式

命令行：EXPLODE。

菜单栏：修改→分解。

工具栏：修改→分解 🗗。

功能区：默认→修改→分解 🗗。

2. 操作步骤

命令：EXPLODE✓
选择对象：（选择要分解的对象）

选择一个对象后，该对象会被分解。系统将继续提示该行信息，允许分解多个对象。

3. 选项说明

选择的对象不同，分解的结果就不同，下面列出 12 种对象的分解结果。

（1）二维和优化多段线：放弃所有关联的宽度或切线信息。对于宽多段线，将沿多段线中心放置结果直线和圆弧。

（2）三维多段线：分解成直线段。为三维多段线指定的线型应用到每一个得到的线段。

（3）三维实体：将平整面分解成面域，将非平整面分解成曲面。

（4）注释性对象：分解一个包含属性的块将删除属性值并重显示属性定义。无法分解使用 MINSERT 命令和外部参照插入的块及其依赖块。

（5）体：分解成一个单一表面的体（非平面表面）、面域或曲线。

（6）圆：如果位于非一致比例的块内，则分解为椭圆。

（7）引线：根据不同的引线，可分解成直线、样条曲线、实体（箭头）、块插入（箭头、注释块）、多行文字或公差对象。

（8）网格对象：将每个面分解成独立的三维面对象，保留指定的颜色和材质。

（9）多行文字：分解成文字对象。

（10）多段线：分解成直线和圆弧。

（11）多面网格：单顶点网格分解成点对象，双顶点网格分解成直线，三顶点网格分解成三维面。

（12）面域：分解成直线、圆弧或样条曲线。

4.3.18　实例——圆头平键

圆头平键是机械零件中的标准件。其结构虽然很简单，但在绘制时，其尺寸一定要遵守（GB/T 1095—2003）《平键 键槽的剖面尺寸》中的相关规定。

本实例绘制的圆头平键结构很简单，按以前学习的方法，可以通过"直线"和"圆弧"命令绘制而成。现在可以通过"倒角"和"圆角"命令取代"直线"和"圆弧"命令绘制圆头结构，以最快速方便的方法达到绘制目的，如图 4-144 所示。

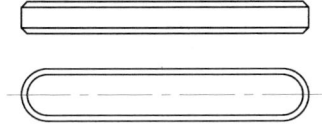

图 4-144　绘制圆头平键

圆头平键

操作步骤：（光盘\动画演示\第 4 章\圆头平键.avi）

（1）新建图层。单击"默认"选项卡"图层"面板中的"图层特性"按钮，新建 3 个图层。

① 第一层命名为"粗实线"，线宽 0.3mm，其余属性默认。

② 第二层命名为"中心线"，颜色为红色，线型为 CENTER，其余属性默认。

③ 第三层命名为"标注"，颜色为绿色，其余属性默认。

将线宽显示打开。

（2）绘制中心线。将"中心线"图层设置为当前图层，单击"默认"选项卡"绘图"面板中的"直线"按钮，命令行提示与操作如下：

```
命令：LINE↙
指定第一个点：-5,-21↙
指定下一点或 [放弃(U)]:@110,0↙
```

（3）绘制平键主视图。将"粗实线"图层设置为当前图层，单击"默认"选项卡"绘图"面板中的"矩形"按钮口和"直线"按钮，命令行提示与操作如下：

```
命令：RECTANG↙
指定第一个角点或 [倒角(C)/标高(E)/圆角(F)/厚度(T)/宽度(W)]: 0,0↙
指定另一个角点或 [面积(A)/尺寸(D)/旋转(R)]: @100,11↙
命令：LINE↙
指定第一个点：0,2↙
指定下一点或 [放弃(U)]:@100,0↙
指定下一点或 [放弃(U)]: ↙
```

使用同样的方法绘制线段，端点坐标为（0,9）、（@100,0），绘制结果如图 4-145 所示。

（4）绘制平键俯视图。单击"默认"选项卡"绘图"面板中的"矩形"按钮口和"修改"面板中的

"偏移"按钮 ，命令行提示与操作如下：

```
命令：RECTANG✓
指定第一个角点或 [倒角(C)/标高(E)/圆角(F)/厚度(T)/宽度(W)]：0,-30✓
指定另一个角点或 [面积(A)/尺寸(D)/旋转(R)]：@100,18✓
命令：OFFSET✓
当前设置：删除源=否  图层=源  OFFSETGAPTYPE=0
指定偏移距离或 [通过(T)/删除(E)/图层(L)] <通过>：2✓
选择要偏移的对象，或 [退出(E)/放弃(U)] <退出>：（选择上一步绘制的矩形）
指定要偏移那一侧上的点，或 [退出(E)/多个(M)/放弃(U)] <退出>：（用鼠标选择矩形内任意一点）
选择要偏移的对象，或 [退出(E)/放弃(U)] <退出>：✓
```

绘制结果如图 4-146 所示。

图 4-145   绘制圆头平键主视图   图 4-146   绘制轮廓线

（5）分解矩形。单击"默认"选项卡"修改"面板中的"分解"按钮 ，分解矩形，命令行提示与操作如下：

```
命令：EXPLODE✓
选择对象：  框选主视图图形
指定对角点：
找到3个，总计 1个
2个不能分解。
选择对象：✓
```

这样，主视图矩形被分解成为 4 条直线。

☺ **思考：**

为什么要分解矩形？"分解"命令是将合成对象分解为其部件对象，可以分解的对象包括矩形、尺寸标注、块体、多边形等。将矩形分解成线段为下一步进行倒角做准备。

（6）倒角处理。单击"默认"选项卡"修改"面板中的"倒角"按钮 ，命令行提示与操作如下：

```
命令：CHAMFER✓
（"修剪"模式）当前倒角距离 1 = 0.0000，距离 2 = 0.0000
选择第一条直线或 [放弃(U)/多段线(P)/距离(D)/角度(A)/修剪(T)/方式(E)/多个(M)]：D✓
指定第一个倒角距离 <0.0000>：2✓
指定第二个倒角距离 <2.0000>：2✓
选择第一条直线或 [放弃(U)/多段线(P)/距离(D)/角度(A)/修剪(T)/方式(E)/多个(M)]：（选择如图4-147所示的直线）
选择第二条直线，或按住Shift键选择直线以应用角点或 [距离(D)/角度(A)/方法(M)]：（选择如图4-147所示的直线）
```

执行完命令之后，变成图 4-148 所示的图形。

选择倒角直线

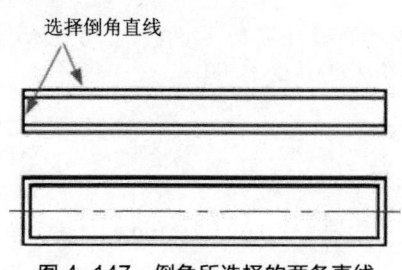

图 4-147   倒角所选择的两条直线

对其他边倒角，仍然运用"倒角"命令，将图形绘制成如图 4-149 所示的样式。

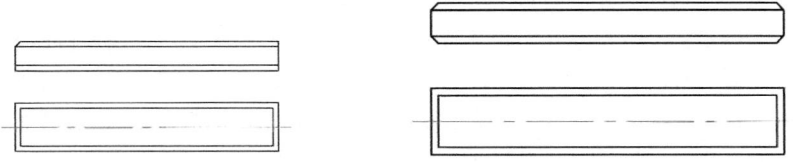

图 4-148　倒角之后的图形　　　　　　　图 4-149　倒角处理

倒角需要指定倒角的距离和倒角对象。如果需要加倒角的两个对象在同一图层，AutoCAD
将在这个图层创建倒角。否则，AutoCAD 在当前图层上创建倒角线。倒角的颜色、线型
和线宽也是如此。

（7）圆角处理。单击"默认"选项卡"修改"面板中的"圆角"按钮⬜，命令行提示与操作如下：

命令：FILLET✓
当前设置：模式 = 修剪，半径 = 0.0000
选择第一个对象或 [放弃(U)/多段线(P)/半径(R)/修剪(T)/多个(M)]：R✓
指定圆角半径 <0.0000>：9✓
选择第一个对象或 [放弃(U)/多段线(P)/半径(R)/修剪(T)/多个(M)]：P✓
选择二维多段线或 [半径(R)]：（选择图4-150俯视图中的外矩形）

操作"圆角"命令完毕之后，图形如图 4-151 所示。

圆角的操作对象

图 4-150　操作圆角的对象

下面对第二个矩形进行圆角操作。

单击"默认"选项卡"修改"面板中的"圆角"按钮⬜，命令行提示与操作如下：

命令：FILLET✓
当前设置：模式 = 修剪，半径 = 9.0000
选择第一个对象或 [放弃(U)/多段线(P)/半径(R)/修剪(T)/多个(M)]：R✓
指定圆角半径 <9.0000>：7✓
选择第一个对象或 [放弃(U)/多段线(P)/半径(R)/修剪(T)/多个(M)]：P✓
选择二维多段线或 [半径(R)]：（选择图4-150俯视图中的内矩形）
4 条直线已被圆角

操作完毕之后，图形如图 4-152 所示。

图 4-151　"圆角"命令后的图形　　　　　　图 4-152　圆角处理

（8）尺寸标注。将"标注"图层设置为当前层，为圆头平键进行尺寸标注（具体操作将在后面讲解），
结果如图 4-144 所示。

可以给多段线的直线线段加圆角，这些直线可以相邻、不相邻、相交或由线段隔开。如果多段线的线段不相邻，则被延伸以适应圆角。如果它们是相交的，则被修剪以适应圆角。图形界限检查打开时，要创建圆角，则多段线的线段必须收敛于图形界限之内。

结果是包含圆角（作为弧线段）的单个多段线。这条新多段线的所有特性（如图层、颜色和线型）将继承所选的第一个多段线的特性。

4.3.19 "合并"命令

"合并"命令可以将直线、圆、椭圆弧和样条曲线等独立的线段合并为一个对象，如图 4-153 所示。

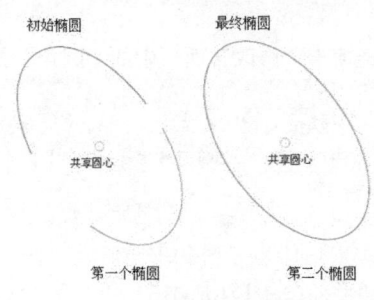

图 4-153　合并对象

1. 执行方式

命令行：JOIN。

菜单栏：修改→合并。

工具栏：修改→合并 ➡。

功能区：默认→修改→合并 ➡。

2. 操作步骤

命令：JOIN↙
选择源对象或要一次合并的多个对象：（选择一个对象）
找到 1 个
选择要合并的对象：（选择另一个对象）
找到 1 个，总计 2 个
选择要合并的对象：↙
2 条直线已合并为 1 条直线

4.3.20 "光顺曲线"命令

在两条开放曲线的端点之间创建相切或平滑的样条曲线。

1. 执行方式

命令行：BLEND。

菜单栏：修改→光顺曲线。

工具栏：修改→光顺曲线 ~。

功能区：默认→修改→光顺曲线 ~。

2. 操作步骤

命令：BLEND↙

连续性=相切
选择第一个对象或 [连续性(CON)]：CON
输入连续性[相切(T)/平滑(S)] <相切>：
选择第一个对象或 [连续性(CON)]：
选择第二个点：

3．选项说明

（1）连续性（CON）：在两种过渡类型中指定一种。

（2）相切（T）：创建一条三阶样条曲线，在选定对象的端点处具有相切（G1）连续性。

（3）平滑（S）：创建一条五阶样条曲线，在选定对象的端点处具有曲率（G2）连续性。

如果使用"平滑"选项，勿将显示从控制点切换为拟合点。此操作将样条曲线更改为三阶，这会改变样条曲线的形状。

4.4 删除及恢复类命令

这一类命令主要用于删除图形的某部分或对已被删除的部分进行恢复，包括"删除""恢复"和"清除"等命令。

4.4.1 "删除"命令

如果所绘制的图形不符合要求或不小心绘错图形，可以使用"删除"命令把它删除。

1．执行方式

命令行：ERASE。

菜单栏：修改→删除。

快捷菜单：选择要删除的对象，在绘图区域右击，在弹出的快捷菜单中选择"删除"命令。

工具栏：修改→删除 🖉 。

功能区：默认→修改→删除 🖉 。

2．操作步骤

可以先选择对象，后调用"删除"命令，也可以先调用"删除"命令，然后选择对象。选择对象时，可以使用前面介绍的对象选择的各种方法。

选择多个对象时，多个对象都被删除；若选择的对象属于某个对象组，则该对象组的所有对象都被删除。

4.4.2 "恢复"命令

若不小心误删图形，可以使用"恢复"命令恢复误删的对象。

1．执行方式

命令行：OOPS 或 U。

工具栏：标准→放弃。

组合键：Ctrl+Z。

2．操作步骤

在命令行窗口中输入"OOPS"后按 Enter 键。

4.4.3 "清除"命令

此命令与"删除"命令功能完全相同。

1. 执行方式

菜单栏：编辑→删除。

快捷键：Del。

2. 操作步骤

用菜单或快捷键输入上述命令后，系统提示如下：

> 选择对象：（选择要清除的对象，按Enter键执行"清除"命令）

4.5　综合实例——M10 螺母

螺母和螺栓配合组成螺纹紧固件是机械工业上最常见的连接零件，具有连接方便、承受力强等优点。由于用量巨大，适用场合普遍，现在已经形成国家标准，其参数已经固定，所以在绘制螺纹零件时，一定要注意不要随便设置参数，一定要参照相关的国家标准（GB/T 6170—2015 等），按照规范的参数进行绘制。

M10 螺母的绘制过程分为两步：对于主视图，由多边形和圆构成，直接绘制；对于俯视图，则需要利用与主视图的投影对应关系进行定位与绘制，再利用"修剪"命令完成细节绘制，最后使用"镜像"命令完成俯视图的绘制，如图 4-154 所示。

操作步骤：（光盘\动画演示\第 4 章\M10 螺母.avi）

（1）设置绘图环境。操作步骤如下。

① 单击"快速访问"工具栏中的"新建"按钮，新建一个名称为"M10 螺母.dwg"的文件。

② 用 LIMITS 命令设置图幅：297mm×210mm。

③ 单击"默认"选项卡"图层"面板中的"图层特性"按钮，创建 CSX、XSX 和 XDHX 图层。其中，CSX

M10 **螺母**

图 4-154　绘制 M10 **螺母**

图层线型为实线，线宽为 0.30mm，其他默认；XDHX 图层线型为 CENTER，线宽为 0.09mm。

（2）绘制中心线。将 XDHX 图层设置为当前层，绘制中心线，单击"默认"选项卡"绘图"面板中的"直线"按钮，绘制主视图中心线，直线{（100,200），（250,200）}和直线{（173,100），（173,300）}。利用"偏移"命令，将水平中心线向下偏移 30mm，以绘制俯视图中心线。

（3）将 CSX 图层设置为当前层，绘制螺母主视图。操作步骤如下。

① 绘制内外圆环。单击"默认"选项卡"绘图"面板中的"圆"按钮，在绘图窗口中绘制两个圆，圆心为（173,200），半径分别为 4.5mm 和 8mm。

② 绘制正六边形。单击"默认"选项卡"绘图"面板中的"多边形"按钮，以点（173,200）为中心点，绘制外切圆半径为 8mm 的正六边形。结果如图 4-155 所示。

（4）绘制螺母俯视图。操作步骤如下。

① 绘制竖直参考直线。单击"默认"选项卡"绘图"面板中的"直线"按钮，如图 4-156 所示，通过点 1、2、3、4 绘制竖直参考线。

② 绘制螺母顶面线。单击"默认"选项卡"绘图"面板中的"直线"按钮，绘制直线{（160,175），（180,175）}，结果如图 4-157 所示。

③ 倒角处理。单击"默认"选项卡"修改"面板中的"倒角"按钮，选择直线 1 和直线 2 进行倒角处理，倒角距离为点 1 和点 2 之间的距离，角度为 30°，命令行提示与操作如下：

> 命令：CHAMFER✓
> （"修剪"模式) 当前倒角距离 1 = 0.0000, 距离 2 = 0.0000

选择第一条直线或 [放弃(U)/多段线(P)/距离(D)/角度(A)/修剪(T)/方式(E)/多个(M)]: A✓
指定第一条直线的倒角长度 <0.0000>: （捕捉点1）
指定第二点：（捕捉点2）（点1 和点2 之间的距离作为直线的倒角长度）
指定第一条直线的倒角角度 <0>: 30✓
选择第一条直线或 [放弃(U)/多段线(P)/距离(D)/角度(A)/修剪(T)/方式(E)/多个(M)]: （直线1）

选择第二条直线，或按住 Shift 键选择直线以应用角点或 [距离(D)/角度(A)/方法(M)]: （直线 2）

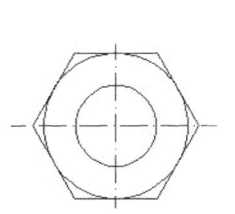 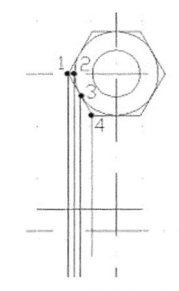 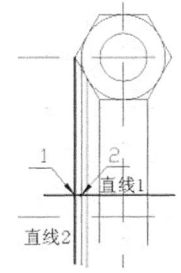

图 4-155　绘制螺母主视图　　　图 4-156　绘制参考直线　　　图 4-157　绘制顶面线

结果如图 4-158 所示。

 对于在长度和角度模式下的"倒角"操作，在指定倒角长度时，不仅可以直接输入数值，还可以利用"对象捕捉"捕捉两个点的距离指定倒角长度，例如上例中捕捉点 1 和点 2 的距离作为倒角长度，这种方法往往对于某些不可测量或事先不知道倒角距离的情况特别适用。

④ 绘制辅助线。单击"默认"选项卡"绘图"面板中的"直线"按钮，通过步骤③倒角的左端顶点绘制一条水平直线，结果如图 4-159 所示。

⑤ 绘制圆弧。单击"默认"选项卡"绘图"面板中的"圆弧"按钮，分别通过点1、2、3 和点3、4、5 绘制圆弧，结果如图 4-160 所示。

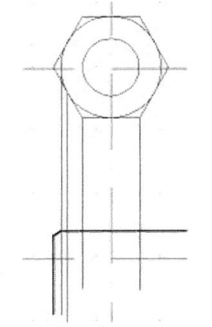 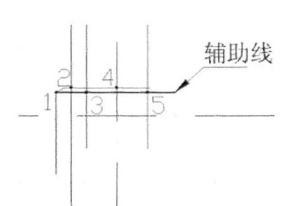 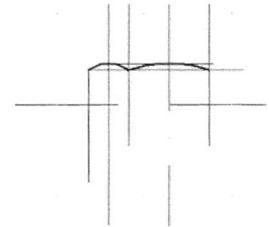

图 4-158　倒角处理结果　　　图 4-159　绘制一条辅助线　　　图 4-160　过点绘制圆弧

⑥ 修剪处理。单击"默认"选项卡"修改"面板中的"修剪"按钮，修剪图形中的多余线段，结果如图 4-161 所示。

⑦ 删除辅助线。单击"默认"选项卡"修改"面板中的"删除"按钮，或者在命令行中输入"ERASE"后按 Enter 键。结果如图 4-162 所示。

⑧ 镜像处理。单击"默认"选项卡"修改"面板中的"镜像"按钮，或者在命令行中输入"MIRROR"

后按 Enter 键，命令行提示与操作如下：

命令：MIRROR✓
选择对象：（指定镜像对象，选择螺母左上部分）
选择对象：（可以按Enter键或空格键结束选择）
指定镜像线的第一点：（选择中心线作为镜像线）
指定镜像线的第二点：
要删除源对象吗？[是(Y)/否(N)] <否>: N✓

结果如图 4-163 所示。

⑨ 绘制内螺纹线。将 XSX 图层设为当前图层，单击"默认"选项卡"绘图"面板中的"圆弧"按钮 ⌒，绘制圆弧，圆弧 3 点坐标分别为（173,205）、（168,200）和（178,200）。单击"默认"选项卡"修改"面板中的"打断"按钮 ⌐，删除过长的中心线，得到的最终结果如图 4-154 所示。

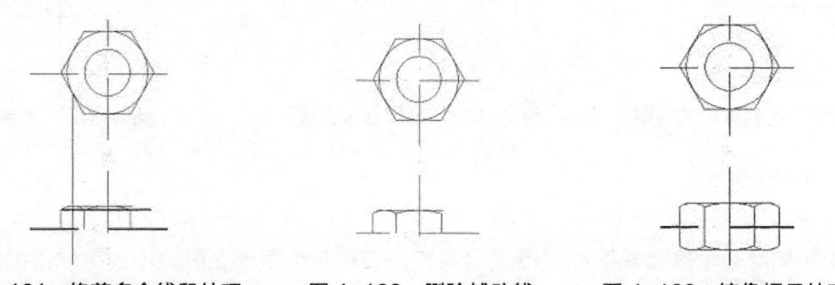

图 4-161　修剪多余线段处理　　　图 4-162　删除辅助线　　　图 4-163　镜像螺母处理

4.6　操作与实践

通过本章的学习，读者对平面图形编辑的相关知识有了大体的了解。本节通过 2 个操作练习使读者进一步掌握本章知识要点。

4.6.1　绘制均布结构图形

1. 目的要求

本例设计的图形是一种常见的机械零件，如图 4-164 所示。在绘制过程中，除了要用到"直线""圆"等基本绘图命令外，还要用到"修剪"和"环形阵列"命令。通过本例，要求读者熟练掌握"修剪"和"阵列"命令的用法。

2. 操作提示

（1）设置新图层。
（2）绘制中心线和基本轮廓。
（3）进行阵列编辑。
（4）进行修剪编辑。

4.6.2　绘制轴承座

1. 目的要求

本例设计的图形是一种常见的对称图形，如图 4-165 所示。在绘制过程中，除了要用到"直线""圆"等基本绘图命令外，还要用到"镜像"命令。通过本例，要求读者熟练掌握"镜像"命令的用法。

2. 操作提示

（1）如图 4-165 所示，利用"图层"命令设置 3 个图层。

（2）利用"直线"命令绘制中心线。

（3）利用"直线"和"圆"命令绘制部分轮廓线。

（4）利用"圆角"命令进行圆角处理。

（5）利用"直线"命令绘制螺孔线。

（6）利用"镜像"命令对左端局部结构进行镜像。

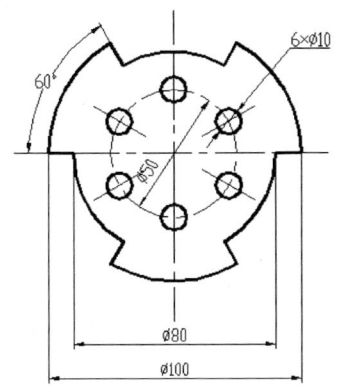

图 4-164　均布结构图形

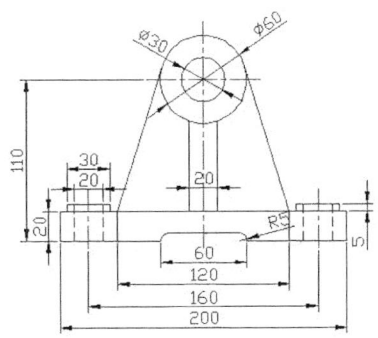

图 4-165　轴承座

4.7　思考与练习

1. 执行矩形阵列命令选择对象后，默认创建几行几列图形？（　　　）

　　A. 2 行 3 列　　　　　　B. 3 行 2 列　　　　　　C. 3 行 4 列　　　　　　D. 4 行 3 列

2. 已有一个画好的圆，绘制一组同心圆可以用哪个命令来实现？（　　　）

　　A. STRETCH 伸展　　B. OFFSET 偏移　　　C. EXTEND 延伸　　　D. MOVE 移动

3. 关于偏移，下面说法错误的是（　　　）。

　　A. 偏移值为 30

　　B. 偏移值为–30

　　C. 偏移圆弧时，既可以创建更大的圆弧，也可以创建更小的圆弧

　　D. 可以偏移的对象类型有样条曲线

4. 如果对图 4-166 中的正方形沿两个点打断，打断之后的长度为（　　　）。

　　A. 150　　　　　　　　B. 100　　　　　　　　C. 150 或 50　　　　　　D. 随机

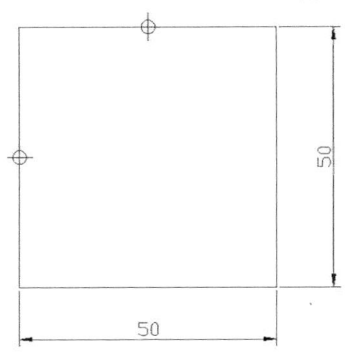

图 4-166　矩形

5. 关于分解命令（EXPLODE）的描述正确的是（　　）。

　A. 对象分解后，颜色、线型和线宽不会改变

　B. 图案分解后，图案与边界的关联性仍然存在

　C. 多行文字分解后，将变为单行文字

　D. 构造线分解后，可得到两条射线

6. 对两条平行的直线倒圆角（FILLET），圆角半径设置为 20mm，其结果是（　　）。

　A. 不能倒圆角　　　　　　　　　　B. 按半径 20 倒圆角

　C. 系统提示错误　　　　　　　　　D. 倒出半圆，其直径等于直线间的距离

7. 使用 COPY 命令复制一个圆，指定基点为（0, 0），再提示指定第二个点时按 Enter 键，以第一个点作为位移，则下面说法正确的是（　　）。

　A. 没有复制图形　　　　　　　　　B. 复制的图形圆心与"0,0"重合

　C. 复制的图形与原图形重合　　　　D. 在任意位置复制圆

8. 对于一个多段线对象中的所有角点进行圆角，可以使用圆角命令中的（　　）命令选项。

　A. 多段线（P）　　B. 修剪（T）　　C. 多个（U）　　D. 半径（R）

第5章

复杂二维绘图和编辑命令

■ 通过前面讲述的一些基本的二维绘图和编辑命令，可以完成一些简单二维图形的绘制。但是，有些二维图形的绘制利用前面所学的命令很难完成。为此，AutoCAD推出一些高级二维绘图和编辑命令来方便有效地完成这些复杂的二维图形的绘制。

本章主要讲述多段线、样条曲线、多线、面域、图案填充、对象编辑等内容。

5.1 多段线

多段线是一种由线段和圆弧组合而成的线，这种线由于其组合形式多样，线宽变化，弥补了直线或圆弧功能的不足，适合绘制各种复杂的图形轮廓，因而得到广泛的应用。

5.1.1 绘制多段线

1．执行方式

命令行：PLINE（快捷命令：PL）。

菜单栏：绘图→多段线。

工具栏：绘图→多段线 ⟲。

功能区：默认→绘图→多段线 ⟲。

2．操作步骤

命令：PLINE✓
指定起点：（指定多段线的起点）
当前线宽为 0.0000
指定下一个点或 [圆弧(A)/半宽(H)/长度(L)/放弃(U)/宽度(W)]：（指定多段线的下一点）

3．选项说明

多段线主要由连续的不同宽度的线段或圆弧组成，如果在上述命令提示中选择"圆弧"选项，则命令行提示如下：

指定圆弧的端点(按住 Ctrl 键以切换方向)或 [角度(A)/圆心(CE)/闭合(CL)/方向(D)/半宽(H)/直线(L)/半径(R)/第二个点(S)/放弃(U)/宽度(W)]：

绘制圆弧的方法与"圆弧"命令相似。

5.1.2 实例——锅

本例讲解利用多段线命令绘制锅。先通过多线段绘制锅的右半部分，再将右半部分作为镜像的对象完成整个锅的绘制，如图 5-1 所示。

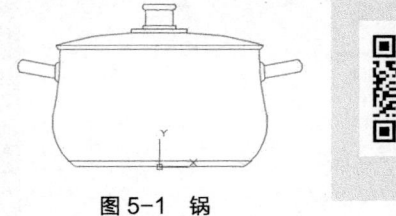

图 5-1 锅

操作步骤：（光盘\动画演示\第 5 章\锅.avi）

（1）绘制轮廓线。单击"默认"选项卡"绘图"面板中的"多段线"按钮 ⟲，绘制锅轮廓线，命令行提示与操作如下：

命令：_pline✓
指定起点：0,0
当前线宽为 0.0000
指定下一个点或 [圆弧(A)/半宽(H)/长度(L)/放弃(U)/宽度(W)]：157.5,0✓
指定下一点或 [圆弧(A)/闭合(C)/半宽(H)/长度(L)/放弃(U)/宽度(W)]：A✓
指定圆弧的端点(按住 Ctrl 键以切换方向)或[角度(A)/圆心(CE)/闭合(CL)/方向(D)/半宽(H)/直线(L)/半径(R)/第二个点(S)/放弃(U)/宽度(W)]：s✓
指定圆弧上的第二个点：196.4,49.2✓
指定圆弧的端点：201.5,94.4✓
指定圆弧的端点(按住 Ctrl 键以切换方向)或[角度(A)/圆心(CE)/闭合(CL)/方向(D)/半宽(H)/直线(L)/半径(R)/第二个点(S)/放弃(U)/宽度(W)]：s✓
指定圆弧上的第二个点：191,155.6✓
指定圆弧的端点：187.5,217.5✓
指定圆弧的端点(按住 Ctrl 键以切换方向)或[角度(A)/圆心(CE)/闭合(CL)/方向(D)/半宽(H)/直线(L)/半径(R)/第

二个点(S)/放弃(U)/宽度(W): s✓
    指定圆弧上的第二个点: 192.3,220.2✓
    指定圆弧的端点: 195,225✓
    指定圆弧的端点(按住 Ctrl 键以切换方向)或[角度(A)/圆心(CE)/闭合(CL)/方向(D)/半宽(H)/直线(L)/半径(R)/第
二个点(S)/放弃(U)/宽度(W): l✓
      指定下一点或 [圆弧(A)/闭合(C)/半宽(H)/长度(L)/放弃(U)/宽度(W)]: 0,225✓
      指定下一点或 [圆弧(A)/闭合(C)/半宽(H)/长度(L)/放弃(U)/宽度(W)]: ✓

（2）绘制直线。单击"默认"选项卡"绘图"面板中的"直线"按钮 ，绘制坐标为{（0,10.5），（172.5,10.5）}
和{（0,217.5），（187.5,217.5）}的两条直线，绘制结果如图 5-2 所示。

（3）绘制扶手。单击"默认"选项卡"绘图"面板中的"多段线"按钮 ，绘制扶手，命令行提示
与操作如下：

命令: _pline✓
    指定起点: 188,194.6✓
    当前线宽为 0.0000
    指定下一个点或 [圆弧(A)/半宽(H)/长度(L)/放弃(U)/宽度(W)]: A✓
    指定圆弧的端点(按住 Ctrl 键以切换方向)或 [角度(A)/圆心(CE)/方向(D)/半宽(H)/直线(L)/半径(R)/第二个点
(S)/放弃(U)/宽度(W)]: S✓
    指定圆弧上的第二个点: 193.6,192.7✓
    指定圆弧的端点: 196.7,187.7✓
    指定圆弧的端点(按住 Ctrl 键以切换方向)或 [角度(A)/圆心(CE)/闭合(CL)/方向(D)/半宽(H)/直线(L)/第
二个点(S)/放弃(U)/宽度(W)]: L✓
      指定下一点或 [圆弧(A)/闭合(C)/半宽(H)/长度(L)/放弃(U)/宽度(W)]: 197.9,165✓
      指定下一点或 [圆弧(A)/闭合(C)/半宽(H)/长度(L)/放弃(U)/宽度(W)]: A✓
    指定圆弧的端点(按住 Ctrl 键以切换方向)或 [角度(A)/圆心(CE)/闭合(CL)/方向(D)/半宽(H)/直线(L)/第
二个点(S)/放弃(U)/宽度(W)]: S✓
    指定圆弧上的第二个点: 195.4,160.5✓
    指定圆弧的端点: 190.8,158✓
    指定圆弧的端点(按住 Ctrl 键以切换方向)或 [角度(A)/圆心(CE)/闭合(CL)/方向(D)/半宽(H)/直线(L)/第
二个点(S)/放弃(U)/宽度(W)]: ✓
命令: PLINE✓
    指定起点: 196.7,187.7✓
    当前线宽为 0.0000
    指定下一个点或 [圆弧(A)/半宽(H)/长度(L)/放弃(U)/宽度(W)]: 259.2,198.7✓
    指定下一点或 [圆弧(A)/闭合(C)/半宽(H)/长度(L)/放弃(U)/宽度(W)]: A✓
    指定圆弧的端点(按住 Ctrl 键以切换方向)或[角度(A)/圆心(CE)/闭合(CL)/方向(D)/半宽(H)/直线(L)/第
二个点(S)/放弃(U)/宽度(W)]: S✓
    指定圆弧上的第二个点: 267.3,188.9✓
    指定圆弧的端点: 263.8,176.7✓
    指定圆弧的端点(按住 Ctrl 键以切换方向)或 [角度(A)/圆心(CE)/闭合(CL)/方向(D)/半宽(H)/直线(L)/第
二个点(S)/放弃(U)/宽度(W)]: L✓
      指定下一点或 [圆弧(A)/闭合(C)/半宽(H)/长度(L)/放弃(U)/宽度(W)]: 197.9,165✓
      指定下一点或 [圆弧(A)/闭合(C)/半宽(H)/长度(L)/放弃(U)/宽度(W)]: ✓

绘制结果如图 5-3 所示。

（4）绘制圆弧。单击"默认"选项卡"绘图"面板中的"圆弧"按钮 ，以（195,225）为起点、第
二点为（124.5,241.3）、端点为（52.5,247.5）绘制圆弧。

（5）绘制矩形。单击"默认"选项卡"绘图"面板中的"矩形"按钮 ，分别以{（52.5,247.5），（-52.5,255）}
和{（31.4,255），（@-62.8,6）}为角点绘制矩形。

（6）绘制锅盖。单击"默认"选项卡"绘图"面板中的"多段线"按钮 ，绘制锅盖把弧线，命令
行提示与操作如下：

命令：_pline↙
指定起点：26.3,261↙
当前线宽为 0.0000
指定下一个点或 [圆弧(A)/半宽(H)/长度(L)/放弃(U)/宽度(W)]：@0,30↙
指定下一点或 [圆弧(A)/闭合(C)/半宽(H)/长度(L)/放弃(U)/宽度(W)]：A↙
指定圆弧的端点(按住 Ctrl 键以切换方向)或[角度(A)/圆心(CE)/闭合(CL)/方向(D)/半宽(H)/直线(L)/半径(R)/第二个点(S)/放弃(U)/宽度(W)]：S↙
指定圆弧上的第二个点：31.5,296.3↙
指定圆弧的端点：26.3,301.5↙
指定圆弧的端点(按住 Ctrl 键以切换方向)或 [角度(A)/圆心(CE)/闭合(CL)/方向(D)/半宽(H)/直线(L)/半径(R)/第二个点(S)/放弃(U)/宽度(W)]：L↙
指定下一点或 [圆弧(A)/闭合(C)/半宽(H)/长度(L)/放弃(U)/宽度(W)]：0,301.5↙
指定下一点或 [圆弧(A)/闭合(C)/半宽(H)/长度(L)/放弃(U)/宽度(W)]：↙

（7）绘制直线。单击"默认"选项卡"绘图"面板中的"直线"按钮 ，绘制坐标点为{（26.3,291），（@-26.3,0）}的直线，绘制结果如图 5-4 所示。

（8）镜像对象。单击"默认"选项卡"修改"面板中的"镜像"按钮 ，将整个对象以端点坐标为（0,0）和（0,10）的线段为对称线镜像处理，绘制结果如图 5-1 所示。

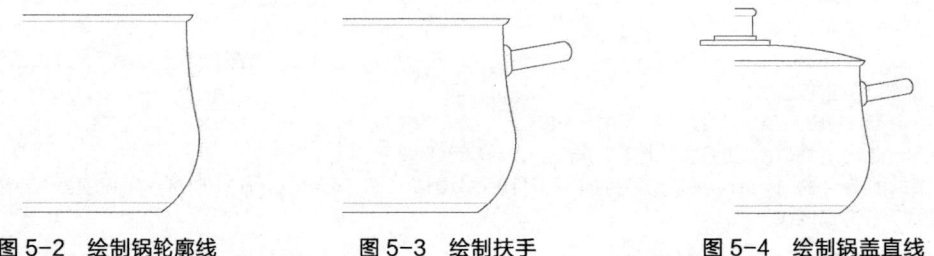

图 5-2 绘制锅轮廓线　　　　图 5-3 绘制扶手　　　　图 5-4 绘制锅盖直线

5.1.3 编辑多段线

1. 执行方式

命令行：PEDIT（快捷命令：PE）。

菜单栏：修改→对象→多段线。

工具栏：修改 II→编辑多段线 。

快捷菜单：选择要编辑的多段线，在绘图区域右击，在弹出的快捷菜单中选择"多段线"→"编辑多段线"命令。

2. 操作步骤

命令：PEDIT↙
选择多段线或 [多条(M)]：（选择一条要编辑的多段线）
输入选项 [闭合(C)/合并(J)/宽度(W)/编辑顶点(E)/拟合(F)/样条曲线(S)/非曲线化(D)/线型生成(L)/反转(R)/放弃(U)]：

3. 选项说明

（1）合并（J）：以选中的多段线为主体，合并其他直线段、圆弧和多段线，使其成为一条多段线。能合并的条件是各段端点首尾相连，如图 5-5 所示。

（2）宽度（W）：修改整条多段线的线宽，使其具有同一线宽，如图 5-6 所示。

（3）编辑顶点（E）：选择该项后，在多段线起点处出现一个斜的十字叉"×"，它为当前顶点的标记，并在命令行出现进行后续操作的提示：

[下一个(N)/上一个(P)/打断(B)/插入(I)/移动(M)/重生成(R)/拉直(S)/切向(T)/宽度(W)/退出(X)] <N>：

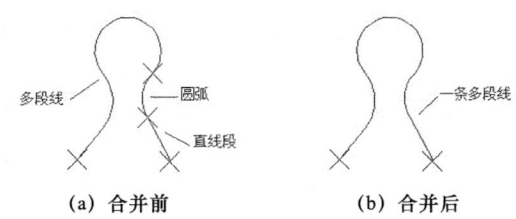

（a）合并前   （b）合并后

图 5-5 合并多段线

这些选项允许用户进行移动、插入顶点和修改任意两点间的线宽等操作。

（4）拟合（F）：将指定的多段线生成由光滑圆弧连接的圆弧拟合曲线，该曲线经过多段线的各顶点，如图 5-7 所示。

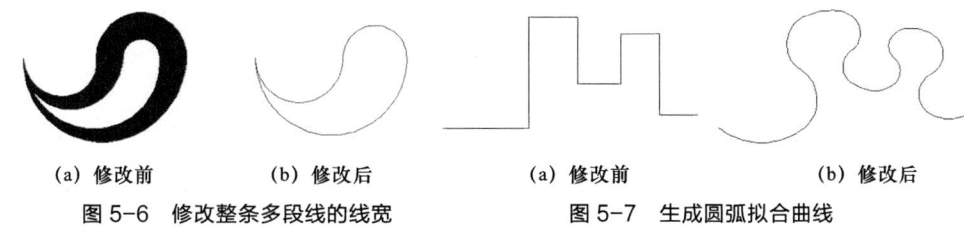

（a）修改前 （b）修改后   （a）修改前 （b）修改后

图 5-6 修改整条多段线的线宽   图 5-7 生成圆弧拟合曲线

（5）样条曲线（S）：将指定的多段线以各顶点为控制点生成 B 样条曲线，如图 5-8 所示。

（6）非曲线化（D）：将指定的多段线中的圆弧由直线代替。对于选用"拟合（F）"或"样条曲线（S）"选项后生成的圆弧拟合曲线或样条曲线，则删除生成曲线时新插入的顶点，恢复成由直线段组成的多段线。

（7）线型生成（L）：当多段线的线型为点画线时，控制多段线的线型生成方式开关。选择此项，系统提示：

输入多段线线型生成选项 [开(ON)/关(OFF)] <关>:

选择"开（ON）"选项时，将在每个顶点处允许以短画开始和结束生成线型；选择"关（OFF）"选项时，将在每个顶点处以长画开始和结束生成线型。"线型生成"不能用于带变宽线段的多段线，如图 5-9 所示。

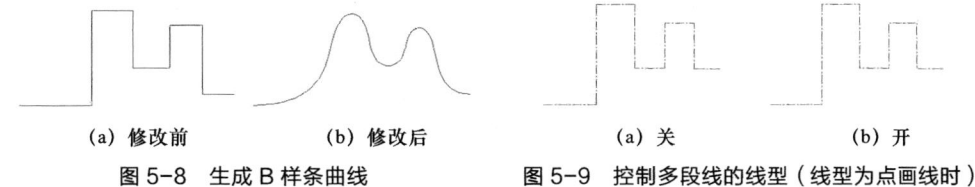

（a）修改前 （b）修改后   （a）关 （b）开

图 5-8 生成 B 样条曲线   图 5-9 控制多段线的线型（线型为点画线时）

（8）反转(R)：反转多段线顶点的顺序。使用此选项可反转使用包含文字线型的对象的方向。例如，根据多段线的创建方向，线型中的文字可能倒置显示。

5.1.4 实例——支架

本例利用上面所学的多段线编辑功能绘制支架。主要利用基本二维绘图命令绘制支架的外轮廓，然后用"编辑多段线"命令将其合并，再利用"偏移"命令完成整个图形，如图 5-10 所示。

操作步骤：（光盘\动画演示\第 5 章\支架.avi）

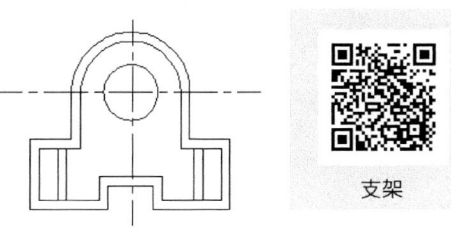

支架

图 5-10 绘制支架

（1）设置图层。单击"默认"选项卡"图层"面板中的"图层特性"按钮🔳，新建两个图层。

① 第一个图层命名为"轮廓线"，线宽属性为 0.3mm，其余属性默认。

② 第二个图层命名为"中心线"，颜色设为"红"，线型加载为 CENTER，其余属性默认。

（2）绘制辅助直线。将"中心线"图层设置为当前层，单击"默认"选项卡"绘图"面板中的"直线"按钮✏️，绘制一条水平中心线和竖直中心线，结果如图 5-11 所示。

（3）绘制圆。将"轮廓线"图层设置为当前层，单击"默认"选项卡"绘图"面板中的"圆"按钮⊘，以中心线的交点为圆心分别绘制半径为 12mm 与 22mm 的两个圆。结果如图 5-12 所示。

图 5-11　绘制辅助中心线　　　　图 5-12　绘制圆（12）

（4）偏移处理。单击"默认"选项卡"修改"面板中的"偏移"按钮🔲，将竖直线分别向右偏移 14mm、28mm、40mm，将水平直线分别向下偏移 24mm、36mm、46mm。选取偏移后的直线，将图层修改为"轮廓线"图层，结果如图 5-13 所示。

（5）绘制直线。单击"默认"选项卡"绘图"面板中的"直线"按钮✏️，绘制与大圆相切的竖直线，结果如图 5-14 所示。

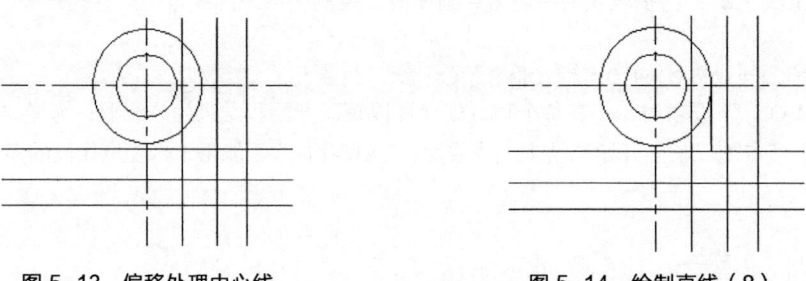

图 5-13　偏移处理中心线　　　　图 5-14　绘制直线（8）

（6）修剪处理。单击"默认"选项卡"修改"面板中的"修剪"按钮✂️，修剪相关图线，结果如图 5-15 所示。

（7）镜像处理。单击"默认"选项卡"修改"面板中的"镜像"按钮▲，将点画线的右下区以竖直辅助线为镜像线进行镜像处理，结果如图 5-16 所示。

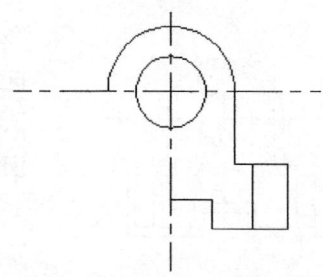

图 5-15　修剪相关图线处理

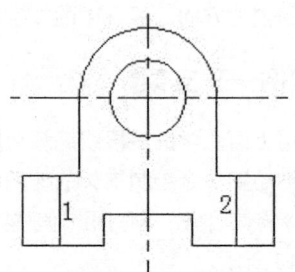

图 5-16　镜像点画线右下区部分处理

（8）偏移处理。单击"默认"选项卡"修改"面板中的"偏移"按钮 ⚙，将线段 1 向左偏移 4mm，将线段 2 向右偏移 4mm，结果如图 5-17 所示。

（9）多段线的转化。单击"默认"选项卡"修改"面板中的"编辑多段线"按钮 ✎，将图形的外轮廓线转换成多段线，命令行提示与操作如下：

命令：pedit↙
选择多段线或 [多条(M)]：M↙
选择对象：（选取图形的外轮廓线）
选择对象：↙
是否将直线、圆弧和样条曲线转换为多段线？[是(Y)/否(N)]? <Y>：↙
输入选项 [闭合(C)/打开(O)/合并(J)/宽度(W)/拟合(F)/样条曲线(S)/非曲线化(D)/线型生成(L)/反转(R)/放弃(U)]：J↙
合并类型 = 延伸
输入模糊距离或 [合并类型(J)] <0.0000>：↙
多段线已增加 12 条线段
输入选项 [闭合(C)/打开(O)/合并(J)/宽度(W)/拟合(F)/样条曲线(S)/非曲线化(D)/线型生成(L)/反转(R)/放弃(U)]：↙

（10）偏移处理。单击"默认"选项卡"修改"面板中的"偏移"按钮 ⚙，将外轮廓线向外偏移 4mm，结果如图 5-18 所示。

（11）修剪中心线。单击"默认"选项卡"修改"面板中的"打断"按钮 ☐，调整中心线的长度，结果如图 5-10 所示。

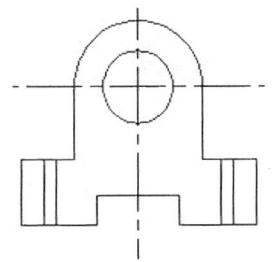

图 5-17 偏移线段 1 和 2 处理

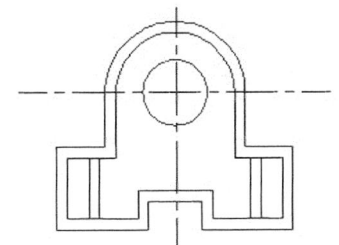

图 5-18 偏移多段线

《机械制图》国家标准规定中心线不能超出轮廓线 2～5mm。

5.2 样条曲线

样条曲线可用于创建形状不规则的曲线，例如地理信息系统（GIS）应用或汽车设计绘制轮廓线。

AutoCAD 使用一种称为非一致有理 B 样条（NURBS）曲线的特殊样条曲线类型。NURBS 曲线在控制点之间产生一条光滑的曲线，如图 5-19 所示。

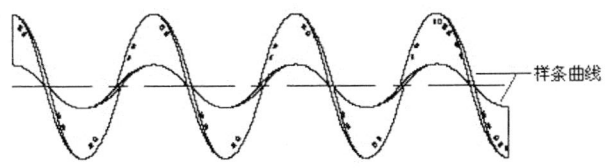

图 5-19 样条曲线

5.2.1　绘制样条曲线

1．执行方式

命令行：SPLINE。

菜单栏：绘图→样条曲线。

工具栏：绘图→样条曲线∿。

功能区：默认→样条曲线拟合∿或样条曲线控制点∿。

2．操作步骤

命令：SPLINE✓
当前设置：方式=拟合　节点=弦
指定第一个点或 [方式(M)/节点(K)/对象(O)]：（指定一点或选择"对象(O)"选项）
输入下一个点或 [起点切向(T)/公差(L)]：（指定第二点）
输入下一个点或 [端点相切(T)/公差(L)/放弃(U)]：（指定第三点）
输入下一个点或 [端点相切(T)/公差(L)/放弃(U)/闭合(C)]：C

3．选项说明

（1）对象（O）：将二维或三维的二次或三次样条曲线拟合多段线转换为等价的样条曲线，然后（根据 DELOBJ 系统变量的设置）删除该多段线。

（2）闭合（C）：将最后一点定义为与第一点一致，并使它在连接处相切，这样可以闭合样条曲线。选择该项，系统继续提示：

指定切向：（指定点或按 Enter 键）

用户可以指定一点来定义切向矢量，或者使用"切点"和"垂足"对象捕捉模式使样条曲线与现有对象相切或垂直。

（3）公差（L）：指定距样条曲线必须经过的指定拟合点的距离。公差应用于除起点和端点外的所有拟合点。修改该项，命令行提示与操作如下：

命令：SPLINE
当前设置：方式=拟合　节点=弦
指定第一个点或 [方式(M)/节点(K)/对象(O)]：M
输入样条曲线创建方式 [拟合(F)/控制点(CV)] <拟合>：F
当前设置：方式=拟合　节点=弦
指定第一个点或 [方式(M)/节点(K)/对象(O)]：
输入下一个点或 [起点切向(T)/公差(L)]：L
指定拟合公差<0.0000>：

（4）起点切向（T）：定义样条曲线的第一点和最后一点的切向。

如果在样条曲线的两端都指定切向，可以输入一个点或者使用"切点"和"垂足"对象捕捉模式使样条曲线与已有的对象相切或垂直。

如果按 Enter 键，AutoCAD 将计算默认切向。

5.2.2　编辑样条曲线

1．执行方式

命令行：SPLINEDIT。

菜单栏：修改→对象→样条曲线。

快捷菜单：选择要编辑的样条曲线，在绘图区域右击，在弹出的快捷菜单中选择"样条曲线"下拉菜单中的各项命令。

工具栏：修改 II→编辑样条曲线∿。

2．操作步骤

命令：SPLINEDIT↙

选择样条曲线：（选择不闭合的样条曲线）

输入选项 [打开(O)/拟合数据(F)/编辑顶点(E)/转换为多段线(P)/反转(R)/放弃(U)/退出(X)] <退出>：

选择样条曲线：（选择不闭合的样条曲线）

输入选项 [闭合(C)/合并(J)/拟合数据(F)/编辑顶点(E)/转换为多段线(P)/反转(R)/放弃(U)/退出(X)] <退出>：

3．选项说明

（1）闭合（C）：通过定义与第一个点重合的最后一个点，闭合开放的样条曲线。在默认情况下，闭合的样条曲线是周期性的，沿整个曲线保持曲率连续性（C2）。

（2）打开（O）：通过删除最初创建样条曲线时指定的第一个和最后一个点之间的最终曲线段，可打开闭合的样条曲线。

（3）合并（J）：选定的样条曲线、直线和圆弧在重合端点处合并到现有样条曲线。选择有效对象后，该对象将合并到当前样条曲线，合并点处将具有一个折点。

（4）拟合数据（F）：编辑近似数据。选择该项后，创建该样条曲线时指定的各点以小方格的形式显示出来。

（5）编辑顶点（E）：精密调整样条曲线定义。

（6）转换为多段线（P）：将样条曲线转换为多段线。精度值决定结果多段线与源样条曲线拟合的精确程度。有效值为介于 0～99 的任意整数。

（7）反转（R）：翻转样条曲线的方向。该项操作主要用于应用程序。

（8）放弃（U）：取消上一编辑操作。

5.2.3　实例——单人床

本例利用上面所学的样条曲线功能绘制单人床，如图 5-20 所示。

在建筑卧室设计图中，床是必不可少的内容，床分单人床和双人床。在一般的建筑中，卧室的位置及床的摆放均需要进行精心的设计，以方便房主居住生活，同时要考虑舒适、采光、美观等因素。

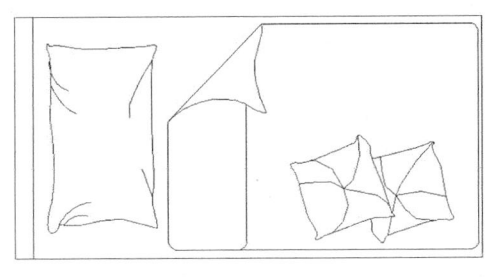

图 5-20　单人床

单人床

操作步骤：（光盘\动画演示\第 5 章\单人床.avi）

（1）绘制矩形。单击"默认"选项卡"绘图"面板中的"矩形"按钮口，绘制矩形，长为 300mm，宽为 150mm，如图 5-21 所示。

（2）绘制床头。单击"默认"选项卡"绘图"面板中的"直线"按钮 ，在床左侧绘制一条垂直的直线，图 5-22 所示为床头的平面图。

（3）绘制被子轮廓。在空白位置绘制一个长为 200mm、宽为 140mm 的矩形，并利用"移动"命令将其移动到床的右侧，注意两边的间距要尽量相等，右侧距床轮廓的边缘稍近，如图 5-23 所示，此矩形即为被子的轮廓。

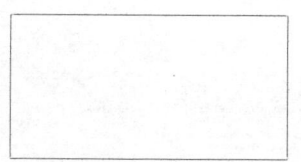

图 5-21　床轮廓

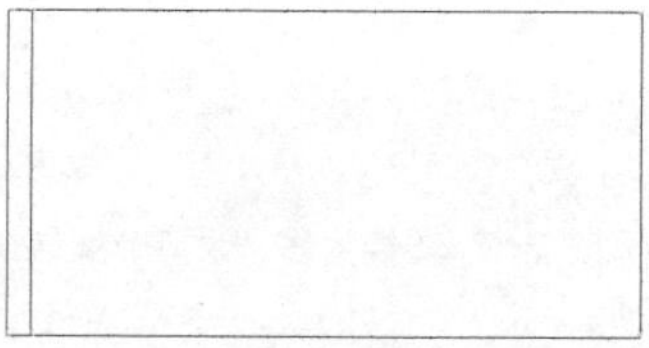

图 5-22　绘制床头

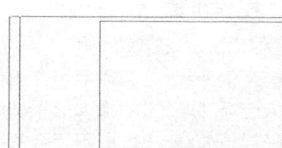

图 5-23　绘制被子轮廓

（4）倒圆角。在被子左顶端绘制一水平方向为 40mm、垂直方向为 140mm 的矩形，如图 5-24 所示。并利用"圆角"命令修改矩形的角部，设置圆角半径为 5mm，如图 5-25 所示。

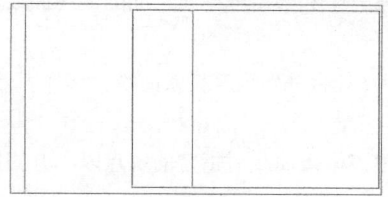

图 5-24　绘制矩形（4）

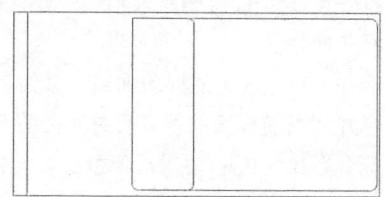

图 5-25　修改倒角

（5）绘制辅助线。在被子轮廓的左上角绘制一条 45° 的斜线，单击"默认"选项卡"绘图"面板中的"直线"按钮 ，绘制一条水平直线。然后单击"默认"选项卡"修改"面板中的"旋转"按钮 ，选择线段一端为旋转基点，在角度提示行后面输入"45"，按 Enter 键，旋转直线，如图 5-26 所示。再将其移动到适当的位置，如图 5-27 所示。单击"默认"选项卡"修改"面板中的"修剪"按钮 ，将多余线段删除，如图 5-28 所示。

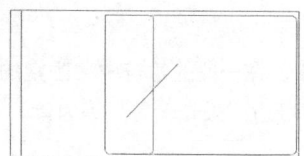

图 5-26　绘制 45° 直线

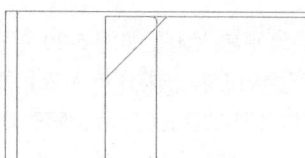

图 5-27　移动直线（a）

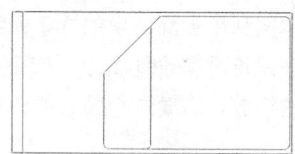

图 5-28　删除多余线段

（6）绘制样条曲线 1。单击"默认"选项卡"绘图"面板中的"样条曲线拟合"按钮 。首先单击已绘制的 45° 斜线的端点，如图 5-29 所示，依次单击点 A、B、C，再单击 E 点，设置端点的切线方向，命令行提示与操作如下：

```
命令：SPLINE
当前设置：方式=拟合　节点=弦
指定第一个点或 [方式(M)/节点(K)/对象(O)]：<对象捕捉追踪 开>　<对象捕捉 开>　<对象捕捉追踪 关>(选择点A)
输入下一个点或 [起点切向(T)/公差(L)]：（选择点B）
输入下一个点或 [端点相切(T)/公差(L)/放弃(U)]：（选择点C）
输入下一个点或 [端点相切(T)/公差(L)/放弃(U)/闭合(C)]：T
指定端点切向：（选择点E）
```

（7）绘制样条曲线 2。同理，另外一侧的样条曲线如图 5-30 所示。首先依次单击点 A，B，C，然后按 Enter 键，以 E 点为端点切线方向。此为被子的掀开角，绘制完成后删除角内的多余直线，如图 5-31 所示。

（8）绘制枕头和抱枕。用同样的方法绘制枕头和抱枕的图形，最终效果如图 5-20 所示。

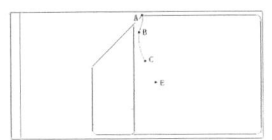
图 5-29　绘制样条曲线 1

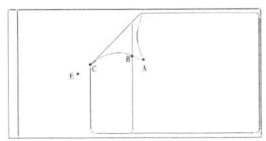
图 5-30　绘制样条曲线 2

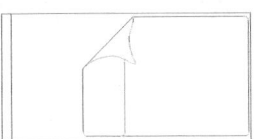
图 5-31　绘制掀起角

5.3　多线

多线是一种复合线，由连续的直线段复合组成。这种线的一个突出优点是能够提高绘图效率，保证图线之间的统一性。

5.3.1　绘制多线

1．执行方式

命令行：MLINE。

菜单栏：绘图→多线。

2．操作步骤

命令：MLINE↙
当前设置：对正 = 上，比例 = 20.00，样式 = STANDARD
指定起点或 [对正(J)/比例(S)/样式(ST)]：（指定起点）
指定下一点：（给定下一点）
指定下一点或 [放弃(U)]：（继续给定下一点绘制线段。输入U，则放弃前一段的绘制；右击或按Enter键，结束命令）
指定下一点或 [闭合(C)/放弃(U)]：（继续给定下一点绘制线段。输入C，则闭合线段，结束命令）

3．选项说明

（1）对正（J）：该项用于给定绘制多线的基准，共有 3 种对正类型："上""无"和"下"。其中，"上（T）"表示以多线上侧的线为基准，其余两种依此类推。

（2）比例（S）：选择该项，要求用户设置平行线的间距。输入值为 0 时平行线重合，值为负时多线的排列倒置。

（3）样式（ST）：该项用于设置当前使用的多线样式。

5.3.2　定义多线样式

1．执行方式

命令行：MLSTYLE。

菜单栏：格式→多线样式。

2．操作步骤

命令：MLSTYLE↙

系统自动执行该命令，打开图 5-32 所示的"多线样式"对话框。在该对话框中，用户可以对多线样式进行定义、保存和加载等操作。下面通过定义一个新的多线样式来介绍该对话框的使用方法。欲定义的多线样式由 3 条平行线组成，中心轴线为紫色的中心线，其余两条平行线为黑色实线，相对于中心轴线上、下各偏移 0.5mm。操作步骤如下。

（1）在"多线样式"对话框中单击"新建"按钮，系统打开"创建新的多线样式"对话框，如图 5-33 所示。

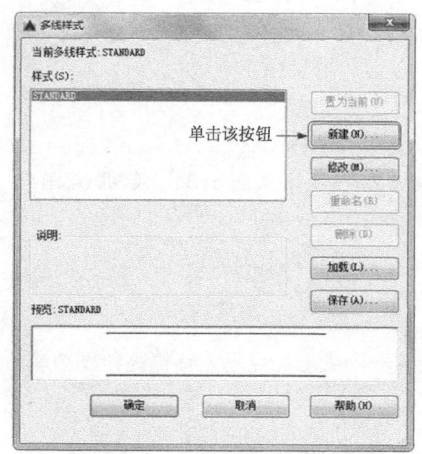

图 5-32 "多线样式"对话框

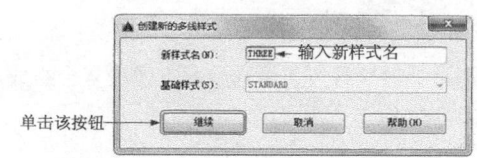

图 5-33 "创建新的多线样式"对话框

（2）在"新样式名"文本框中输入"THREE"，单击"继续"按钮。

（3）系统打开"新建多线样式"对话框，如图 5-34 所示。

（4）在"封口"选项组中可以设置多线起点和端点的特性，包括以直线、外弧，还是内弧封口及封口线段或圆弧的角度。

（5）在"填充颜色"下拉列表框中选择多线填充的颜色。

（6）在"图元"选项组中设置组成多线的元素的特性。单击"添加"按钮，为多线添加元素；反之，单击"删除"按钮，可以为多线删除元素。在"偏移"文本框中可以设置选中的元素的位置偏移值。在"颜色"下拉列表框中为选中元素选择颜色。单击"线型"按钮，为选中元素设置线型。

（7）设置完毕后，单击"确定"按钮，系统返回图 5-32 所示的"多线样式"对话框，在"样式"列表中会显示已设置的多线样式名，选择该样式，单击"置为当前"按钮，则将已设置的多线样式设置为当前样式，下面的预览框中会显示当前多线样式。

（8）单击"确定"按钮，完成多线样式设置。图 5-35 所示为按图 5-34 设置的多线样式绘制的多线。

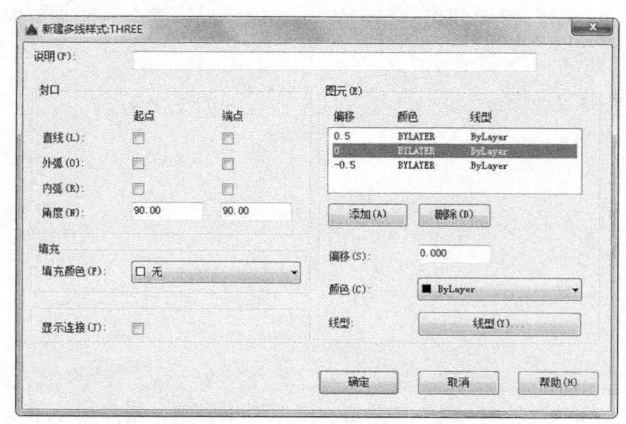

图 5-34 "新建多线样式"对话框

图 5-35 绘制的多线

5.3.3 编辑多线

1. 执行方式

命令行：MLEDIT。

菜单栏：修改→对象→多线。

2．操作步骤

调用该命令后，打开"多线编辑工具"对话框，如图 5-36 所示。

利用该对话框可以创建或修改多线的模式。对话框分 4 列显示示例图形。其中，第一列管理十字交叉形式的多线，第二列管理 T 形多线，第三列管理拐角接合点和节点，第四列管理多线被剪切或连接的形式。

单击"多线编辑工具"对话框中的某个示例图形，即可调用该项编辑功能。

下面以"十字打开"为例介绍多线编辑方法：把选择的两条多线进行交叉。选择该选项后，在命令行中出现如下提示：

选择第一条多线：（选择第一条多线）
选择第二条多线：（选择第二条多线）

选择完毕后，第二条多线被第一条多线横断交叉。系统继续提示：

选择第一条多线：

上述操作后可以继续选择多线进行操作，选择"放弃（U）"功能会撤销前次操作。操作过程和执行结果如图 5-37 所示。

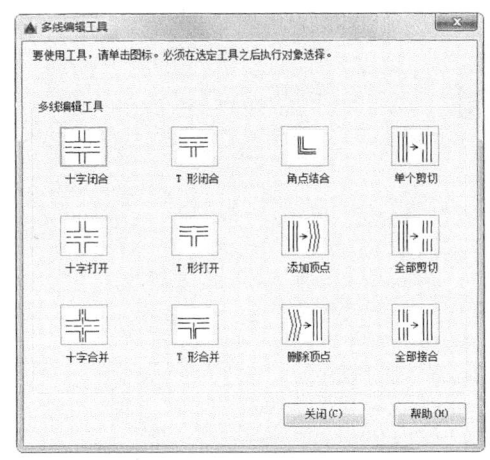

图 5-36　"多线编辑工具"对话框

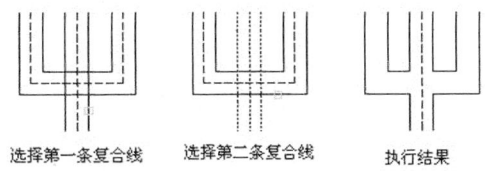

选择第一条复合线　　选择第二条复合线　　执行结果

图 5-37　十字打开

5.3.4　实例——别墅墙体

在建筑平面图中，墙体用双线表示，一般采用轴线定位的方式，以轴线为中心，具有很强的对称关系，因此绘制墙线通常有 3 种方法。

* 使用"偏移"命令，直接偏移轴线，将轴线向两侧偏移一定距离，得到双线，然后将所得双线转移至墙线图层。

* 使用"多线"命令直接绘制墙线。

* 当墙体要求填充成实体颜色时，也可以采用"多段线"命令直接绘制，将线宽设置为墙厚即可。

在本例中，笔者推荐选用第二种方法，即采用"多线"命令绘制墙线，图 5-38 所示为绘制完成的别墅首层墙体平面。

操作步骤：（光盘\动画演示\第 5 章\别墅墙体.avi）

（1）设置图层。单击"默认"选项卡"图层"面板中的"图层特性"按钮，打开"图层特性管理

别墅墙体

器"对话框，新建"轴线"和"墙体"图层，将轴线的颜色设置为"红色"，线型为 CENTER，墙体的线宽设为 0.3，其余属性默认，结果如图 5-39 所示。

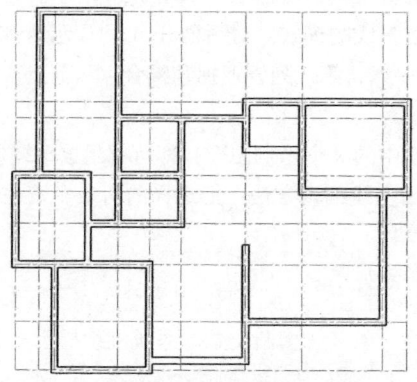

图 5-38　绘制别墅墙体

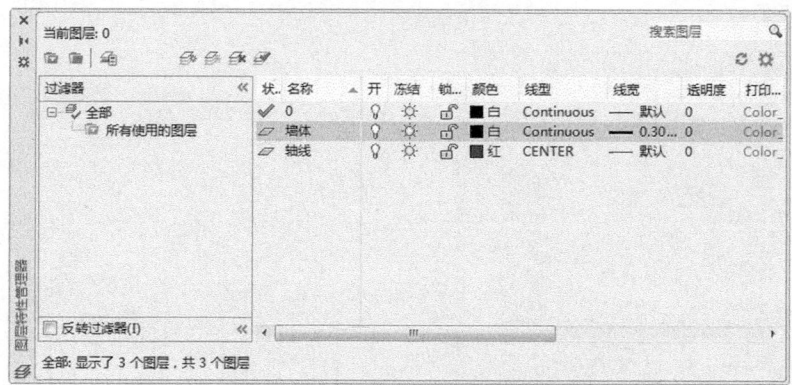

图 5-39　打开"图层特性管理器"对话框

在使用 AutoCAD 2016 绘图过程中，应经常保存已绘制的图形文件，以避免因软件系统不稳定导致软件瞬间关闭而无法及时保存文件，从而丢失大量已绘制的信息。AutoCAD 软件有自动保存图形文件的功能，使用者只需在绘图时将该功能激活即可，设置步骤如下：选择"工具"→"选项"命令，弹出"选项"对话框。选择"打开和保存"选项卡，在"文件安全措施"选项组中选中"自动保存"复选框，根据个人需要输入"保存间隔分钟数"，然后单击"确定"按钮，设置完成，如图 5-40 所示。

（2）绘制轴线。建筑轴线是在绘制建筑平面图时布置墙体和门窗的依据，同样也是建筑施工定位的重要依据。在轴线的绘制过程中，主要使用"直线"和"偏移"命令，图 5-41 所示为绘制完成的别墅平面轴线。

① 设置线型比例。选择"格式"→"线型"命令，弹出"线型管理器"对话框。选择线型 CENTER，单击"显示细节"按钮（单击"显示细节"按钮后该按钮变为"隐藏细节"按钮），将"全局比例因子"设置为 20，然后单击"确定"按钮，完成对轴线线型的设置，如图 5-42 所示。

② 绘制横向轴线。绘制横向轴线基准线。将"轴线"图层设置为当前层，单击"默认"选项卡"绘图"面板中的"直线"按钮，绘制一条横向基准轴线，长度为 14700mm，如图 5-43 所示。

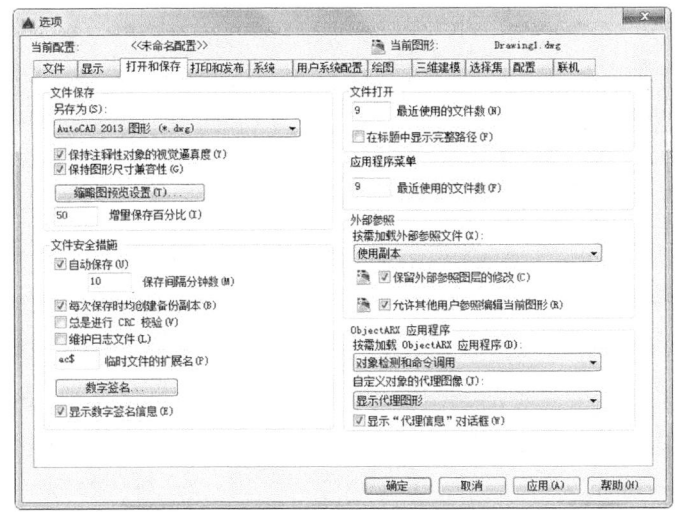

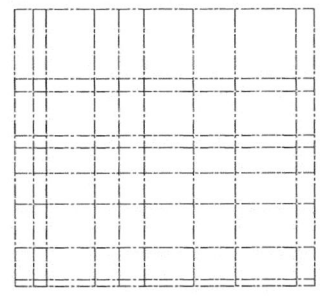

图 5-40　文件自动保存设置　　　　　　　　　　　图 5-41　别墅平面轴线

　　单击"默认"选项卡"修改"面板中的"偏移"按钮，将横向基准轴线依次向下偏移，偏移量分别为 3300mm、3900mm、6000mm、6600mm、7800mm、9300mm、11400mm 和 13200mm，如图 5-44 所示，依次完成横向轴线的绘制。

图 5-42　设置线型比例　　　　　　　　　　　图 5-43　绘制横向基准轴线

　　③ 绘制纵向轴线绘制纵向基准轴线。单击"默认"选项卡"绘图"面板中的"直线"按钮，以前面绘制的横向基准轴线的左端点为起点，垂直向下绘制一条纵向基准轴线，长度为 13200mm，如图 5-45 所示。

　　绘制其余纵向轴线。单击"默认"选项卡"修改"面板中的"偏移"按钮，将纵向基准轴线依次向右偏移，偏移量分别为 900mm、1500mm、3900mm、5100mm、6300mm、8700mm、10800mm、13800mm 和 14700mm，如图 5-46 所示，依次完成纵向轴线的绘制。

> **要点提示**
>
> 在绘制建筑轴线时，一般选择建筑横向、纵向的最大长度为轴线长度，但当建筑物形体过于复杂时，太长的轴线往往会影响图形效果。因此，也可以仅在一些需要轴线定位的建筑局部绘制轴线。

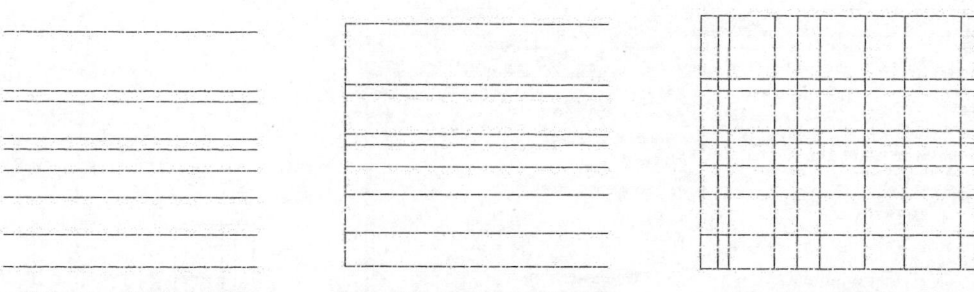

图 5-44　偏移横向轴线　　　　图 5-45　绘制纵向基准轴线　　　　图 5-46　偏移纵向轴线

（3）绘制墙体。操作步骤如下。

① 定义多线样式。在使用"多线"命令绘制墙线前，应首先对多线样式进行设置。选择菜单栏中的"格式"→"多线样式"命令，弹出"多线样式"对话框，如图 5-47 所示。单击"新建"按钮，在弹出的对话框中输入新样式名为"240 墙"，如图 5-48 所示。

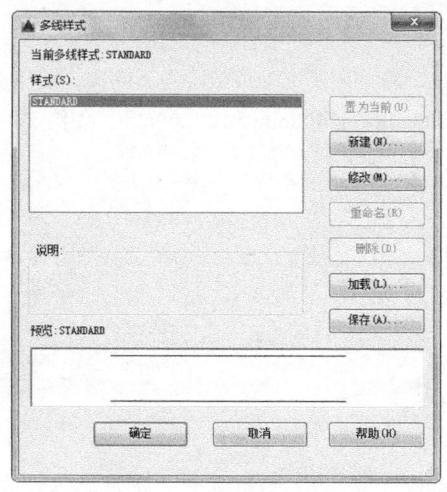

图 5-47　"多线样式"对话框　　　　　　图 5-48　"创建新的多线样式"对话框

单击"继续"按钮，弹出"新建多线样式"对话框，如图 5-49 所示。在该对话框中进行以下设置：选择直线起点和端点均封口，元素偏移量首行设为 120，第二行设为-120。

单击"确定"按钮，返回"多线样式"对话框，在"样式"列表栏中选择多线样式"240 墙"，单击"置为当前"按钮，将其置为当前，如图 5-50 所示。

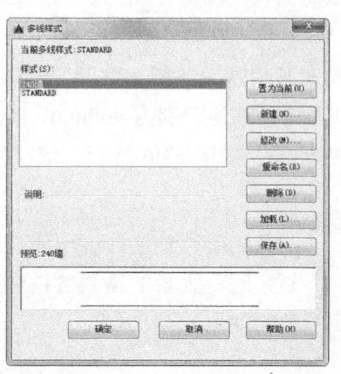

图 5-49　设置多线样式　　　　　　　　图 5-50　将所建"多线样式"置为当前

② 绘制墙线。在"图层"下拉列表中选择"墙体"图层，将其设置为当前图层。

选择菜单栏中的"绘图"→"多线"命令（或者在命令行中输入"ml"，执行"多线"命令）绘制墙线，绘制结果如图 5-51 所示，命令行提示与操作如下：

```
命令：_mline
当前设置：对正 = 上，比例 = 20.00，样式 = 240墙
指定起点或 [对正(J)/比例(S)/样式(ST)]: J↙（输入J，重新设置多线的对正方式）
输入对正类型 [上(T)/无(Z)/下(B)] <上>: Z↙（输入Z，选择"无"为当前对正方式）
当前设置：对正 = 无，比例 = 20.00，样式 = 240墙
指定起点或 [对正(J)/比例(S)/样式(ST)]: S↙（输入S，重新设置多线比例）
输入多线比例 <20.00>: 1↙（输入1，作为当前多线比例）
当前设置：对正 = 无，比例 = 1.00，样式 = 240墙
指定起点或 [对正(J)/比例(S)/样式(ST)]:（捕捉左上部墙体轴线交点作为起点）
指定下一点：
……（依次捕捉墙体轴线交点，绘制墙线）
指定下一点或 [放弃(U)]: ↙（绘制完成后，按Enter键结束命令）
```

③ 编辑和修整墙线。选择菜单栏中的"修改"→"对象"→"多线"命令，在弹出的"多线编辑工具"对话框中提供 12 种多线编辑工具，可根据不同的多线交叉方式选择相应的工具进行编辑，如图 5-52 所示。

少数较复杂的墙线结合处无法找到相应的多线编辑工具进行编辑，因此可以选择"分解"命令，将多线分解，然后利用"修剪"命令对该结合处的线条进行修整。

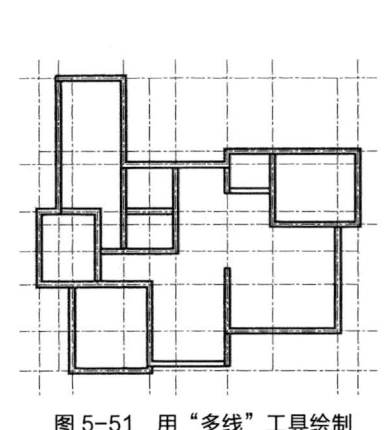

图 5-51 用"多线"工具绘制

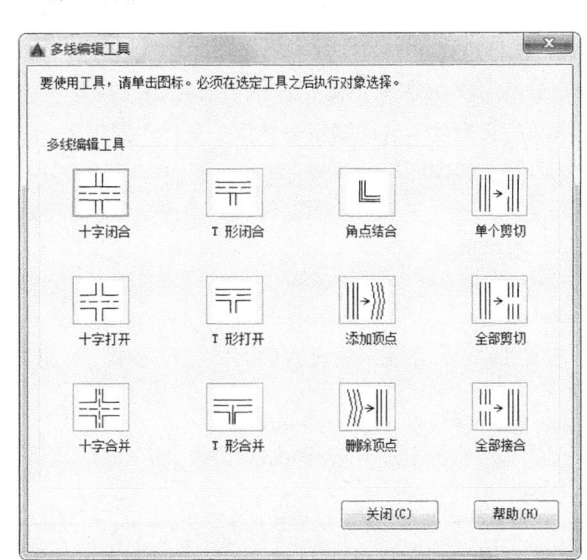

图 5-52 "多线编辑工具"对话框

另外，一些内部墙体并不在主要轴线上，可以通过添加辅助轴线，并结合"修剪"或"延伸"命令进行绘制和修整。经过编辑和修整后的墙线如图 5-38 所示。

5.4 面域

面域是具有边界的平面区域，内部可以包含孔。在 AutoCAD 中，用户可以将由某些对象围成的封闭区域转变为面域，这些封闭区域可以是圆、椭圆、封闭二维多段线和封闭的样条曲线等对象，也可以是由圆弧、直线、二维多段线和样条曲线等对象构成的封闭区域。

5.4.1 创建面域

1. 执行方式

命令行：REGION。

菜单栏：绘图→面域。

工具栏：绘图→面域 ◎ 。

功能区：默认→绘图→面域 ◎ 。

2. 操作步骤

命令：REGION↙

选择对象：

选择对象后，系统自动将所选择的对象转换成面域。

5.4.2 面域的布尔运算

布尔运算是数学上的一种逻辑运算，在 AutoCAD 绘图中，能够极大地提高绘图的效率。

要点提示

> 布尔运算的对象只包括实体和共面的面域，普通的线条图形对象无法使用布尔运算。

通常的布尔运算包括并集、交集和差集，操作方法类似，下面进行介绍。

1. 执行方式

命令行：UNION（并集）或 INTERSECT（交集）或 SUBTRACT（差集）。

菜单栏：修改→实体编辑→并集（交集、差集）。

工具栏：实体编辑→并集 ⑩ （交集 ⑩ 、差集 ⑩ ）。

功能区：三维工具→实体编辑→并集 ⑩ （交集 ⑩ 、差集 ⑩ ）。

2. 操作步骤

命令：UNION（INTERSECT）↙

选择对象：

选择对象后，系统对所选择的面域进行并集（交集）计算。

命令：SUBTRACT↙

选择要从中减去的实体、曲面和面域...

选择对象：（选择差集运算的主体对象）

选择对象：（右击结束）

选择对象：（选择差集运算的参照体对象）

选择对象：（右击结束）

选择对象后，系统对所选择的面域进行差集计算，运算逻辑是主体对象减去与参照体对象重叠的部分。布尔运算的结果如图 5-53 所示。

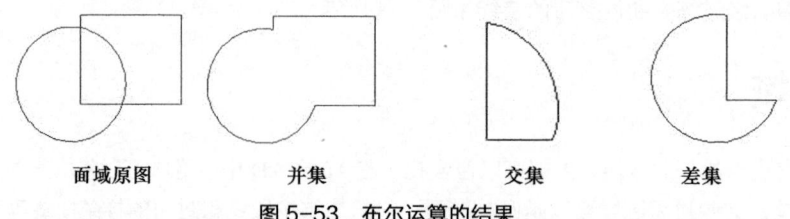

面域原图　　　　　　并集　　　　　　交集　　　　　　差集

图 5-53　布尔运算的结果

5.4.3 面域的数据提取

面域对象除了具有一般图形对象的属性外，还具有作为面对象所具备的属性，其中一个重要的属性就是质量特性。用户可以通过相关操作提取面域的有关数据。

1. 执行方式

命令行：MASSPROP。

菜单栏：工具→查询→面域/质量特性。

2. 操作步骤

命令：MASSPROP↙
选择对象：

选择对象后，系统自动切换到文本窗口，显示对象面域的质量特性数据，图 5-54 所示为图 5-53 中并集面域的质量特性数据。用户可以将分析结果写入文本文件，并保存。

```
AutoCAD 文本窗口 - Drawing1.dwg
编辑(E)
命令: MASSPROP

选择对象: 找到 1 个

选择对象:

 ----------------    面域    ----------------

面积:                    574458.2400
周长:                    3036.1988
边界框:                X: 1367.7934  --   2168.0526
                       Y: 1147.0222  --   1864.8624
质心:                  X: 1767.9230
                       Y: 1505.9423
惯性矩:                X: 1.3275E+12
                       Y: 1.8262E+12
惯性积:               XY: -1.5294E+12
旋转半径:              X: 1520.1327
                       Y: 1782.9525
主力矩与质心的 X-Y 方向:
                       I: 24667933234.5020 沿 [1.0000 0.0000]
                       J: 30657631301.2910 沿 [0.0000 1.0000]

是否将分析结果写入文件? [是(Y)/否(N)] <否>:
```

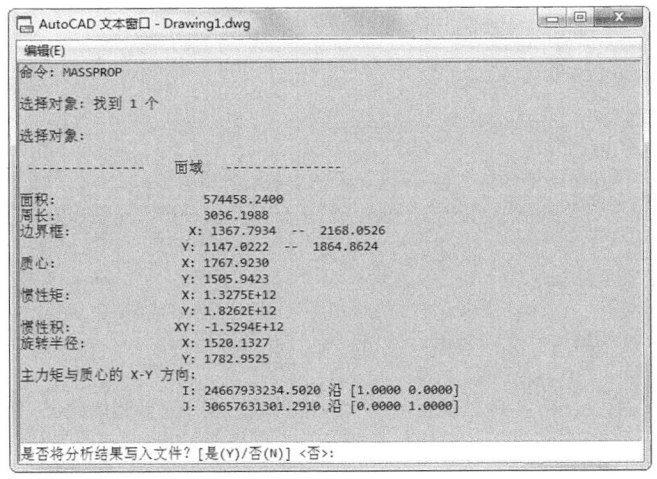

图 5-54 文本窗口（1）

5.4.4 实例——法兰盘

本实例利用上面所学的面域相关功能绘制法兰盘。

本实例绘制图 5-55 所示的法兰盘，需要两个基本图层：一个为“粗实线”图层；另一个为“中心线”图层。如果只需要单独绘制零件图形，则可以利用一些基本的绘图命令和编辑命令来完成。现需要计算质量特性数据，所以可以考虑采用面域的布尔运算方法来绘制图形并计算质量特性数据。

图 5-55 绘制法兰盘

法兰盘

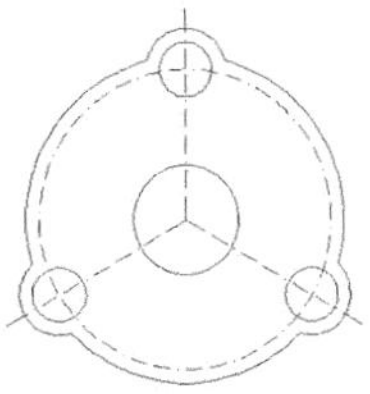

操作步骤：（光盘\动画演示\第 5 章\法兰盘.avi）

（1）设置图层。单击“默认”选项卡“图层”面板中的“图层特性”按钮，新建两个图层。

① 第一个图层命名为“粗实线”，线宽属性为 0.3mm，其余属性默认。

② 第二个图层命名为“中心线”，颜色设为“红”，线型加载为 CENTER，其余属性默认。

（2）绘制圆。将“粗实线”图层设置为当前图层，单击“默认”选项卡“绘图”面板中的“圆”按钮，绘制半径为 60mm 和 20mm 的同心圆，结果如图 5-56 所示。

（3）绘制圆。将"中心线"图层设置为当前图层，绘制圆。单击"默认"选项卡"绘图"面板中的"圆"按钮 ⊘，捕捉上一圆的圆心为圆心，指定半径为 55mm 绘制圆。

（4）绘制中心线。单击"默认"选项卡"绘图"面板中的"直线"按钮 ✏，以大圆的圆心为起点，终点坐标为（@0,75），结果如图 5-57 所示。

（5）绘制圆。将"粗实线"图层设置为当前图层，绘制圆。单击"默认"选项卡"绘图"面板中的"圆"按钮 ⊘，以定位圆和中心线的交点为圆心，分别绘制半径为 15mm 和 10mm 的圆，结果如图 5-58 所示。

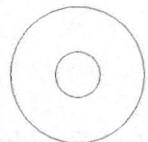 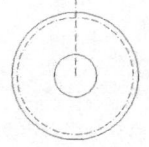 

图 5-56　绘制圆后的图形　　　　图 5-57　绘制中心线后的图形　　　　图 5-58　绘制圆后的图形

（6）阵列对象。单击"默认"选项卡"修改"面板中的"环形阵列"按钮 ⬚，命令行提示与操作如下：

```
命令：_arraypolar
选择对象：（选择图中边缘的两个圆和中心线）
选择对象：✓
类型 = 极轴　关联 = 否
指定阵列的中心点或 [基点(B)/旋转轴(A)]：（用鼠标拾取图中大圆的中心点）
选择夹点以编辑阵列或 [关联(AS)/基点(B)/项目(I)/项目间角度(A)/填充角度(F)/行(ROW)/层(L)/旋转项目
(ROT)/退出(X)] <退出>：I
输入阵列中的项目数或 [表达式(E)] <6>：3
选择夹点以编辑阵列或 [关联(AS)/基点(B)/项目(I)/项目间角度(A)/填充角度(F)/行(ROW)/层(L)/旋转项目
(ROT)/退出(X)] <退出>：F
指定填充角度(+=逆时针、-=顺时针)或 [表达式(EX)] <360>：
选择夹点以编辑阵列或 [关联(AS)/基点(B)/项目(I)/项目间角度(A)/填充角度(F)/行(ROW)/层(L)/旋转项目
(ROT)/退出(X)] <退出>：✓
```

结果如图 5-59 所示。

（7）面域处理。单击"默认"选项卡"绘图"面板中的"面域"按钮 ▣，创建面域，命令行提示与操作如下：

```
命令：REGION✓
选择对象：
选择对象：✓
```

分别创建 *A*、*B*、*C*、*D* 四个面域。

（8）并集处理。单击"三维工具"选项卡"实体编辑"面板中的"并集"按钮 ◉，命令行提示与操作如下：

```
命令：UNION✓（或者下同）
选择对象：（依次选择图5-59中的圆A、B、C和D）
选择对象：✓
```

结果如图 5-60 所示。

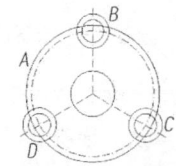 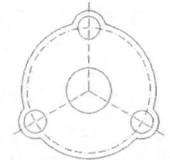

图 5-59　阵列圆后的图形　　　　图 5-60　并集后的图形

（9）提取数据。选择菜单栏中的"工具"→"查询"→"面域/质量特性"命令，如图 5-61 所示，命令行提示与操作如下：

```
命令：MASSPROP↙
选择对象：框选对象
指定对角点：（指定对角点）
找到 9个
选择对象：↙
```

系统自动切换到文本显示框，如图 5-62 所示，选择"是"或"否"，数据提取完成。

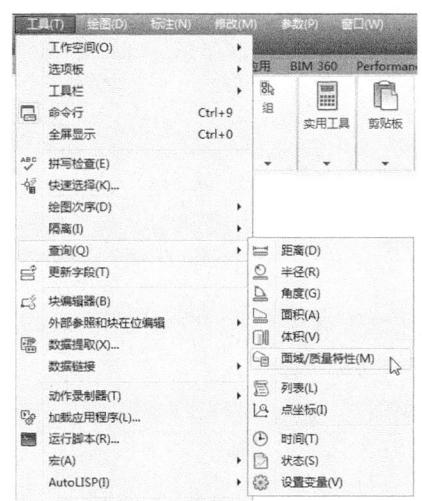

图 5-61 "面域/质量特性"菜单

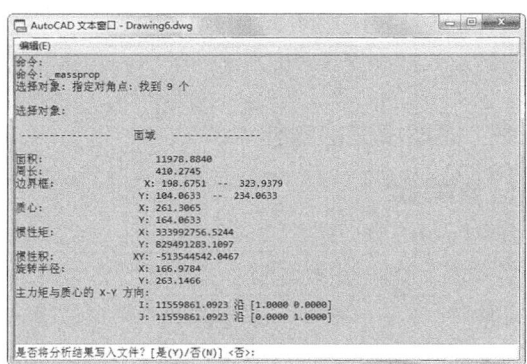

图 5-62 文本窗口（2）

5.5 图案填充

当用户需要用一个重复的图案（pattern）填充一个区域时，可以使用 BHATCH 命令建立一个相关联的填充阴影对象，即所谓的图案填充。

5.5.1 基本概念

1. 图案边界

进行图案填充时，首先要确定填充图案的边界。定义边界的对象只能是直线、双向射线、单向射线、多线、样条曲线、圆弧、圆、椭圆、椭圆弧、面域等对象或用这些对象定义的块，而且作为边界的对象在当前屏幕上必须全部可见。

2. 孤岛

在进行图案填充时，把位于总填充域内的封闭区域称为孤岛，如图 5-63 所示。在用 BHATCH 命令填充时，AutoCAD 允许用户以点取点的方式确定填充边界，即在希望填充的区域内任意点取一点，AutoCAD 会自动确定填充边界，同时也确定该边界内的岛。如果用户是以点取对象的方式确定填充边界的，则必须确切地点取这些岛。有关知识将在 5.5.2 小节中介绍。

3. 填充方式

在进行图案填充时，需要控制填充的范围，AutoCAD 系统为用户设置以下 3 种填充方式实现对填充范围的控制。

- 普通方式：如图 5-64（a）所示，该方式从边界开始，由每条填充线或每个填充符号的两端向里画，遇到内部对象与之相交时，填充线或符号断开，直到遇到下一次相交时再继续画。采用这种方式时，要避免剖面线或符号与内部对象的相交次数为奇数。该方式为系统内部的默认方式。
- 最外层方式：如图 5-64（b）所示，该方式从边界向里画剖面符号，只要在边界内部与对象相交，剖面符号由此断开，而不再继续画。
- 忽略方式：如图 5-65 所示，该方式忽略边界内的对象，所有内部结构都被剖面符号覆盖。

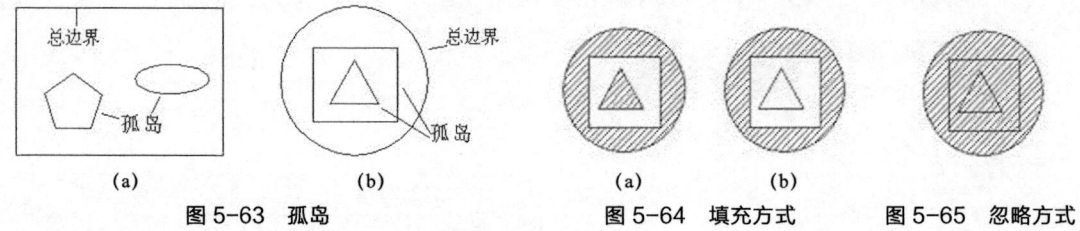

| 图 5-63　孤岛 | 图 5-64　填充方式 | 图 5-65　忽略方式 |

5.5.2　图案填充的操作

1. 执行方式
命令行：BHATCH。
菜单栏：绘图→图案填充。
工具栏：绘图→图案填充▨或绘图→渐变色▨。
功能区：默认→绘图→图案填充▨。

2. 操作步骤
执行上述命令后，系统打开如图 5-66 所示的"图案填充创建"选项卡，各选项组和按钮含义如下。

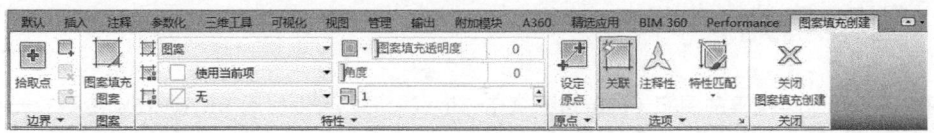

图 5-66　"图案填充创建"选项卡

（1）"边界"面板

① 拾取点：通过选择由一个或多个对象形成的封闭区域内的点，确定图案填充边界（图 5-67）。指定内部点时，可以随时在绘图区域中单击鼠标右键以显示包含多个选项的快捷菜单。

选择一点　　　　填充区域　　　　填充结果（1）

图 5-67　边界确定

② 选择边界对象：指定基于选定对象的图案填充边界。使用该选项时，不会自动检测内部对象，必须选择选定边界内的对象，以按照当前孤岛检测样式填充这些对象，如图 5-68 所示。

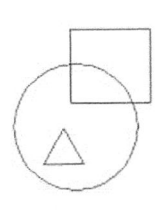 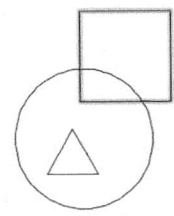 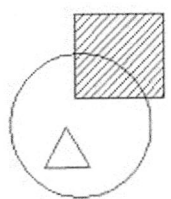

原始图形　　　　　　　选取边界对象　　　　　　填充结果（2）

图 5-68　选择边界对象

③ 删除边界对象：从边界定义中删除之前添加的任何对象，如图 5-69 所示。

④ 重新创建边界：围绕选定的图案填充或填充对象创建多段线或面域，并使其与图案填充对象相关联（可选）。

⑤ 显示边界对象：选择构成选定关联图案填充对象的边界的对象，使用显示的夹点可修改图案填充边界。

⑥ 保留边界对象：指定如何处理图案填充边界对象。

- 不保留边界：不创建独立的图案填充边界对象。
- 保留边界—多段线：创建封闭图案填充对象的多段线。
- 保留边界—面域：创建封闭图案填充对象的面域对象。
- 选择新边界集：指定对象的有限集（称为边界集），以便通过创建图案填充时的拾取点进行计算。

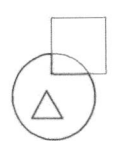 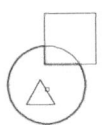 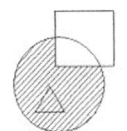

选取边界对象　　　　　　删除边界　　　　　　填充结果（3）

图 5-69　删除"岛"后的边界

（2）"图案"面板

显示所有预定义和自定义图案的预览图像。

（3）"特性"面板

① 图案填充类型：指定是使用纯色、渐变色、图案还是用户定义的填充。

② 图案填充颜色：替代实体填充和填充图案的当前颜色。

③ 背景色：指定填充图案背景的颜色。

④ 图案填充透明度：设定新图案填充或填充的透明度，替代当前对象的透明度。

⑤ 图案填充角度：指定图案填充或填充的角度。

⑥ 填充图案比例：放大或缩小预定义或自定义填充图案。

⑦ 相对图纸空间：（仅在布局中可用）相对于图纸空间单位缩放填充图案。使用此选项，可很容易地做到以适合于布局的比例显示填充图案。

⑧ 双向：（仅当"图案填充类型"设定为"用户定义"时可用）将绘制第二组直线，与原始直线成 90° 角，从而构成交叉线。

⑨ ISO 笔宽：（仅对于预定义的 ISO 图案可用）基于选定的笔宽缩放 ISO 图案。

（4）"原点"面板

① 设定原点：直接指定新的图案填充原点。

② 左下：将图案填充原点设定在图案填充边界矩形范围的左下角。

③ 右下：将图案填充原点设定在图案填充边界矩形范围的右下角。

④ 左上：将图案填充原点设定在图案填充边界矩形范围的左上角。

⑤ 右上：将图案填充原点设定在图案填充边界矩形范围的右上角。

⑥ 中心：将图案填充原点设定在图案填充边界矩形范围的中心。

⑦ 使用当前原点：将图案填充原点设定在 HPORIGIN 系统变量中存储的默认位置。

⑧ 存储为默认原点：将新图案填充原点的值存储在 HPORIGIN 系统变量中。

（5）"选项"面板

① 关联：指定图案填充或填充为关联图案填充。关联的图案填充或填充在用户修改其边界对象时将会更新。

② 注释性：指定图案填充为注释性。此特性会自动完成缩放注释过程，从而使注释能够以正确的大小在图纸上打印或显示。

③ 特性匹配。具体内容如下。

• 使用当前原点：使用选定图案填充对象（除图案填充原点外）设定图案填充的特性。

• 使用源图案填充的原点：使用选定图案填充对象（包括图案填充原点）设定图案填充的特性。

• 允许的间隙：设定将对象用作图案填充边界时可以忽略的最大间隙。默认值为 0，此值指定对象必须封闭区域而没有间隙。

• 创建独立的图案填充：控制当指定几个单独的闭合边界时，是创建单个图案填充对象，还是创建多个图案填充对象。

④ 孤岛检测。具体内容如下。

• 普通孤岛检测：从外部边界向内填充。如果遇到内部孤岛，填充将关闭，直到遇到孤岛中的另一个孤岛。

• 外部孤岛检测：从外部边界向内填充。此选项仅填充指定的区域，不会影响内部孤岛。

• 忽略孤岛检测：忽略所有内部的对象，填充图案时将通过这些对象。

⑤ 绘图次序：为图案填充或填充指定绘图次序。选项包括不更改、后置、前置、置于边界之后和置于边界之前。

（6）"关闭"面板

关闭"图案填充创建"：退出 HATCH 并关闭上下文选项卡，也可以按 Enter 键或 Esc 键退出 HATCH。

5.5.3 编辑填充的图案

利用 HATCHEDIT 命令可以编辑已经填充的图案。

1. 执行方式

命令行：HATCHEDIT。

菜单栏：修改→对象→图案填充。

工具栏：修改 II→编辑图案填充 。

功能区默认→修改→编辑图案填充。

2. 操作步骤

执行上述命令后，AutoCAD 会给出下列提示：

选择图案填充对象：

选取关联填充物体后，系统弹出如图 5-70 所示的"图案填充编辑器"选项卡。

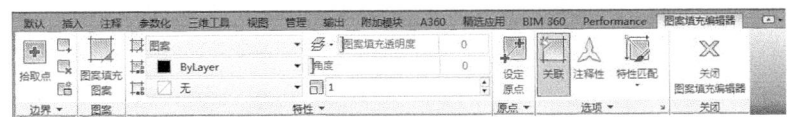

图 5-70　"图案填充编辑器"选项卡

在图 5-70 中，只有正常显示的选项才可以对其进行操作。该对话框中各项的含义与图 5-66 所示的"图案填充创建"选项卡中各项的含义相同。利用该对话框，可以对已弹出的图案进行一系列的编辑修改。

5.5.4　实例——旋钮

本例利用上面所学的图案填充相关功能绘制旋钮。

根据图形的特点，采用"圆""环形阵列"等命令绘制主视图，利用"镜像"和"图案填充"命令完成左视图，如图 5-71 所示。

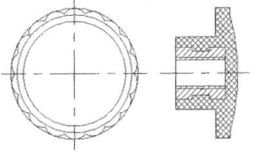

图 5-71　绘制旋钮　　旋钮

操作步骤：（光盘\动画演示\第 5 章\旋钮.avi）

（1）设置图层。单击"快速访问"工具栏中的"新建"按钮□，新建一个名称为"旋钮"的文件。单击"默认"选项卡"图层"面板中的"图层特性"按钮绢，新建 3 个图层。

① 第一个图层命名为"轮廓线"，线宽属性为 0.3mm，其余属性默认。

② 第二个图层命名为"中心线"，颜色设为"红色"，线宽属性为 0.15mm，线型加载为 CENTER，其余属性默认。

③ 第三个图层命名为"细实线"，颜色设为"蓝色"，线宽属性为 0.15mm，其余属性默认。

（2）绘制直线。将"中心线"图层设置为当前层，单击"默认"选项卡"绘图"面板中的"直线"按钮／，绘制一条竖直中心线和水平中心线，结果如图 5-72 所示。

（3）绘制圆。将"轮廓线"图层设置为当前层，单击"默认"选项卡"绘图"面板中的"圆"按钮⊙，分别以中心线的交点为圆心绘制半径为 20mm、22.5mm 和 25mm 的同心圆，再以半径为 20mm 的圆和竖直中心线的交点为圆心，绘制半径为 5mm 的圆，结果如图 5-73 所示。

（4）绘制辅助直线。单击"默认"选项卡"绘图"面板中的"直线"按钮／，命令行提示与操作如下：

```
命令：line↙
指定第一个点：
指定下一点或 [放弃(U)]：@30<80↙
指定下一点或 [放弃(U)]：↙
命令：line↙
指定第一个点：
指定下一点或 [放弃(U)]：@30<100↙
指定下一点或 [放弃(U)]：↙
```

结果如图 5-74 所示。

（5）修剪处理。单击"默认"选项卡"修改"面板中的"修剪"按钮／，修剪相关图线，结果如图 5-75 所示。

（6）删除线段。单击"默认"选项卡"修改"面板中的"删除"按钮✐，删除辅助直线，结果如图 5-76 所示。

（7）阵列处理。单击"默认"选项卡"修改"面板中的"环形阵列"按钮嘂，将修剪后的圆弧以中心线的交点为中心点进行环形阵列，项目数为 18，填充角度为 360，结果如图 5-77 所示。

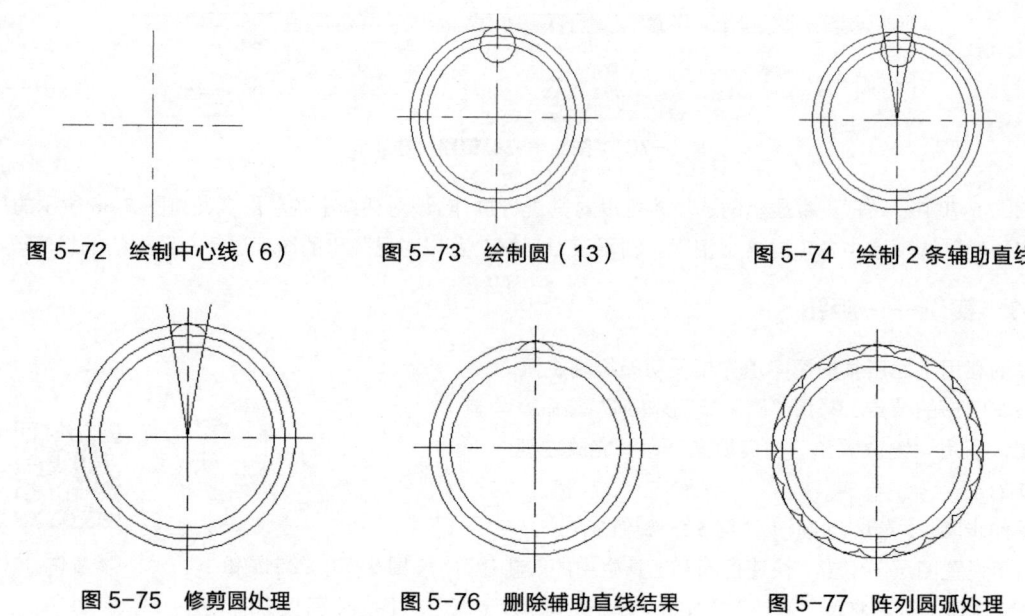

图 5-72　绘制中心线（6）　　　图 5-73　绘制圆（13）　　　图 5-74　绘制 2 条辅助直线

图 5-75　修剪圆处理　　　图 5-76　删除辅助直线结果　　　图 5-77　阵列圆弧处理

（8）绘制直线。单击"默认"选项卡"绘图"面板中的"直线"按钮，绘制线段 1 和线段 2，其中线段 1 与左边的中心线处于同水平位置，结果如图 5-78 所示。

（9）偏移处理。单击"默认"选项卡"修改"面板中的"偏移"按钮，将线段 1 分别向上偏移 5mm、6mm、8.5mm、10mm、14mm 和 25mm，将线段 2 分别向右偏移 6.5mm、13.5mm、16mm、20mm、22mm 和 25mm。选取偏移后的直线，将其所在图层分别修改为"轮廓线"和"细实线"图层，其中离基准点画线最近的线为细实线，结果如图 5-79 所示。

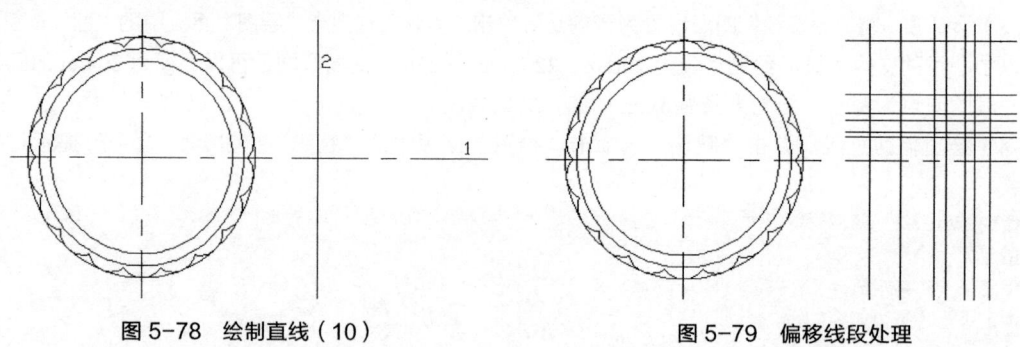

图 5-78　绘制直线（10）　　　　　　图 5-79　偏移线段处理

（10）修剪处理。单击"默认"选项卡"修改"面板中的"修剪"按钮，将多余的线段进行修剪，结果如图 5-80 所示。

（11）绘制圆。单击"默认"选项卡"绘图"面板中的"圆"按钮，命令行提示与操作如下：

命令：circle↙
指定圆的圆心或 [三点(3P)/两点(2P)/切点、切点、半径(T)]：（从"对象捕捉"快捷菜单中按Shift键后右击，选择"自"菜单）_from基点：（选择最右侧竖直线与水平中心线的交点）
<偏移>：@-80,0↙
指定圆的半径或 [直径(D)]：80↙

结果如图 5-81 所示。

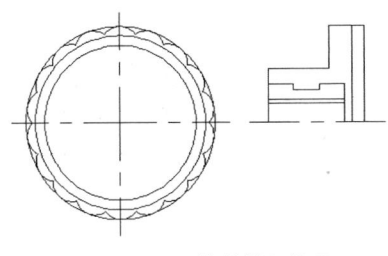

图 5-80　修剪线段处理

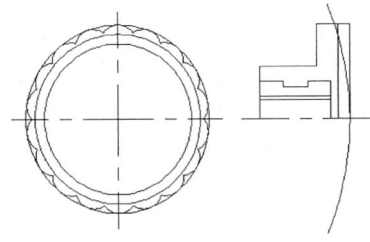

图 5-81　绘制圆（14）

（12）修剪处理。单击"默认"选项卡"修改"面板中的"修剪"按钮 ⊱，将多余的线段进行修剪，结果如图 5-82 所示。

（13）删除多余线段。单击"默认"选项卡"修改"面板中的"删除"按钮 ✐，将多余的线段进行删除，结果如图 5-83 所示。

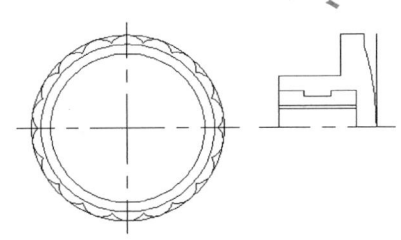

图 5-82　修剪线段处理

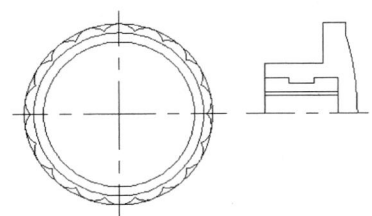

图 5-83　删除线段结果

（14）镜像处理。单击"默认"选项卡"修改"面板中的"镜像"按钮 ⚎，将左视图的上半部分以水平中心线为镜像线进行镜像处理，结果如图 5-84 所示。

（15）绘制剖面线。切换当前图层为"细实线"，单击"默认"选项卡"绘图"面板中的"图案填充"按钮 ▨，打开"图案填充创建"选项卡，如图 5-85 所示。

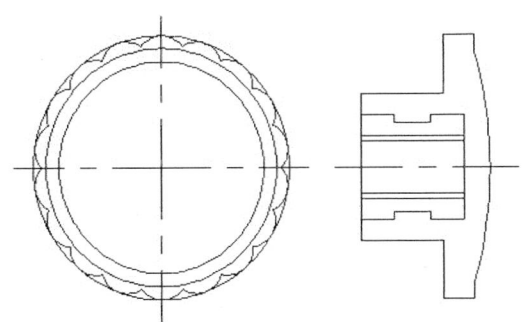

图 5-84　镜像处理后的结果

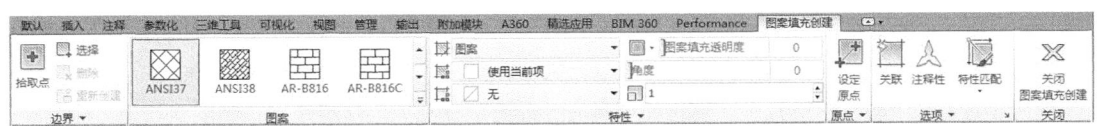

图 5-85　"图案填充创建"选项卡

在"图案填充创建"选项卡中，选择 ANSI37 填充图案，在所需填充区域中拾取任意一个点，重复拾取直至所有填充区域都被虚线框所包围，按 Enter 键完成图案填充操作，重复操作填充 ANSI31 填充图案，即完成剖面线的绘制。至此，旋钮的绘制工作完成，最终效果如图 5-71 所示。剖面符号如图 5-1 所示。

要点提示 在剖视图中，被剖切面剖切的部分称为剖面。为了在剖视图上区分剖面和其他表面，应在剖面上画出剖面符号（也称为剖面线）。机件的材料不相同，采用的剖面符号也不相同。各种材料的剖面符号如表 5-1 所示。

表 5-1　剖面符号（GB/T 4457.4－2002）

材料名称	剖面符号	材料名称	剖面符号
金属材料 （已有规定剖面符号者除外）		木质胶合板 （不分层数）	
非金属材料 （已有规定剖面符号者除外）		基础周围的泥土	
转子、电枢、变压器和电抗器等的迭钢片		混凝土	
线圈绕组元件		钢筋混凝土	
型砂、填砂、粉末冶金、砂轮、陶瓷刀片、硬质合金、刀片等		砖	
玻璃及供观察用的其他透明材料		格网、筛网、过滤网等	
木材　纵剖面		液体	
木材　横剖面			

5.6　对象编辑

在 AutoCAD 中，对象编辑是指直接对对象本身的参数或图形要素进行编辑，包括钳夹功能、对象属性修改和特性匹配等。

5.6.1　夹点编辑

利用夹点编辑功能可以快速方便地编辑对象。AutoCAD 在图形对象上定义了一些特殊点，称为夹持点，利用夹持点可以灵活地控制对象，如图 5-86 所示。

要使用夹点编辑功能编辑对象，必须先打开夹点编辑功能，打开的方法为：选择菜单栏中的"工具"→"选项"命令，在"选择集"选项卡的"夹点"选项组下面选中"显示夹点"复选框。在该页面上还可以设置代表夹点的小方格的尺寸和颜色。也可以通过 GRIPS 系统变量控制是否打开钳夹功能：1 代表打开，0 代表关闭。

打开夹点编辑功能后，应该在编辑对象之前先选择对象。夹点表示对象的控制位置。

使用夹点编辑对象，要选择一个夹点作为基点，称为基准夹点。然后选择一种编辑操作，如删除、移动、复制选择、拉伸和缩放等，可以用空格键、Enter 键或键盘上的快捷键循环选择这些功能。

下面仅以其中的拉伸对象操作为例进行讲述，其他操作类似。

在图形上拾取一个夹点，该夹点改变颜色，此点为夹点编辑的基准点。这时系统提示：

```
** 拉伸 **
指定拉伸点或 [基点(B)/复制(C)/放弃(U)/退出(X)]:
```

在上述拉伸编辑提示下输入"移动"命令或右击，在弹出的快捷菜单中选择"移动"命令，如图 5-87 所示，系统就会转换为"移动"操作，其他操作类似。

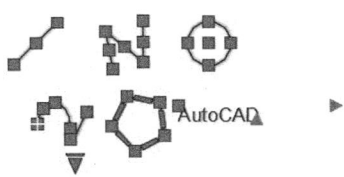

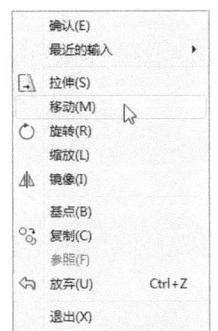

图 5-86　夹持点　　　　　图 5-87　快捷菜单（5）

5.6.2　实例——编辑图形

绘制如图 5-88（a）所示的图形，并利用钳夹功能编辑如图 5-88（b）所示的图形。

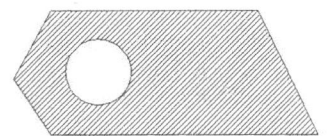
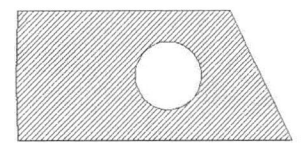

（a）绘制图形　　　　　　　　（b）编辑图形

图 5-88　编辑填充图案

操作步骤：（光盘\动画演示\第 5 章\编辑图形.avi）

（1）绘制图形轮廓。单击"默认"选项卡"绘图"面板中的"直线"按钮 和 "圆"按钮 ，绘制图形轮廓。

（2）填充图形。单击"默认"选项卡"绘图"面板中的"图案填充"按钮 ，系统打开"图案填充创建"选项卡，在"类型"下拉列表框中选择"用户定义"选项，角度设置为 45，间距设置为 20。

编辑图形

一定要单击"选项"面板中的"关联"按钮 ，如图 5-89 所示。

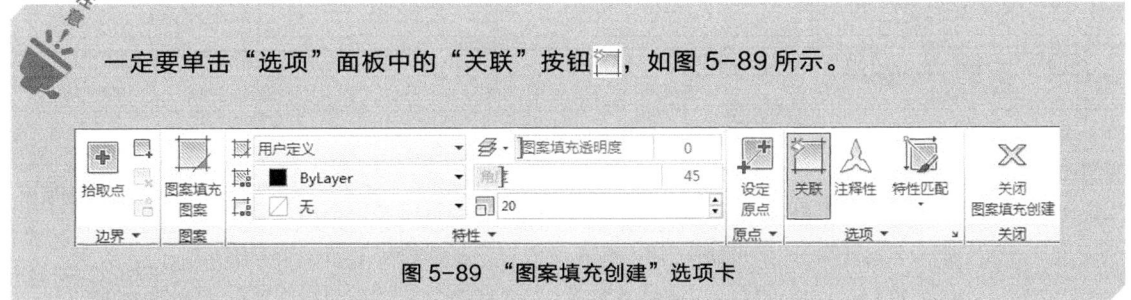

图 5-89　"图案填充创建"选项卡

（3）夹点编辑功能设置。选择菜单栏中的"工具"→"选项"命令，系统打开"选项"对话框，在 "选择集"选项组中选中"显示夹点"复选框，并进行其他设置。完成设置后单击"确定"按钮退出。

（4）夹点编辑。用鼠标分别点取图 5-90 所示图形的左边界的两线段，这两线段上会显示出相应的特征点方框，再用鼠标点取图中最左边的特征点，该点则以醒目方式显示。拖曳鼠标，使光标移到图 5-91

中的相应位置，单击"确认"按钮，则得到如图 5-92 所示的图形。

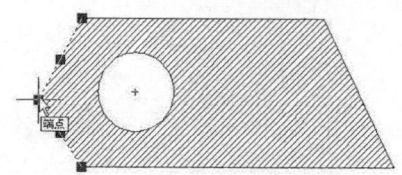

图 5-90　显示边界特征点

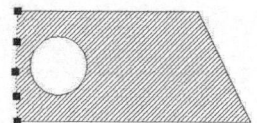

图 5-91　移动夹点到新位置

图 5-92　编辑夹点后的图案

用鼠标点取圆，圆上会出现相应的特征点，再用鼠标点取圆的圆心部位，则该特征点以醒目方式显示，如图 5-93 所示。拖曳鼠标，使光标位于另一点的位置，然后单击"确认"按钮，则得到如图 5-94 所示的结果。

图 5-93　显示圆上特征点

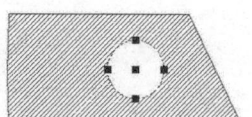

图 5-94　夹点移动到新位置

5.6.3　修改对象属性

1. 执行方式

命令行：DDMODIFY 或 PROPERTIES。

菜单栏：修改→特性。

2. 操作步骤

命令：DDMODIFY✓

执行该命令后，AutoCAD 打开"特性"选项板，如图 5-95 所示。利用它可以方便地设置或修改对象的各种属性。不同的对象属性种类和值不同，修改属性值，则对象改变为新的属性。

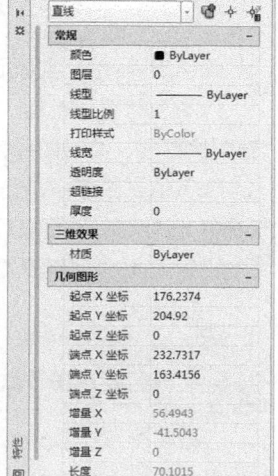

图 5-95　"特性"选项板

5.6.4　实例——花朵

本实例利用上面所学的二维图形绘制、夹点编辑和修改对象属性的相关功能绘制花朵。

花朵图案由花朵与枝叶组成，其中花朵外围是一个由 5 段圆弧组成的图形。花枝和花叶可以用多段线来绘制。不同的颜色可以通过特性工具板来修改，这是在不分别设置图层的情况下的一种简洁方法，如图 5-96 所示。

操作步骤：（光盘\动画演示\第 5 章\花朵.avi）

图 5-96　绘制花朵

（1）绘制花蕊。单击"默认"选项卡"绘图"面板中的"圆"

花朵

按钮 ⊘，绘制花蕊，命令行提示与操作如下：

> 命令：_circle
> 指定圆的圆心或 [三点(3P)/两点(2P)/切点、切点、半径(T)]:（指定圆心）
> 指定圆的半径或 [直径(D)]:（用鼠标拉出圆的半径）

（2）绘制正五边形。单击"默认"选项卡"绘图"面板中的"多边形"按钮 ⬠，命令行提示与操作如下：

> 命令：_polygon
> 输入侧面数 <4>: 5↙
> 指定正多边形的中心点或 [边(E)]: <对象捕捉 开>（单击状态栏中的"对象捕捉"按钮，打开对象捕捉功能，捕捉圆心，如图5-97所示）
> 输入选项 [内接于圆(I)/外切于圆(C)] <I>: ↙
> 指定圆的半径:（用鼠标拉出圆的半径）

绘制结果如图 5-98 所示。

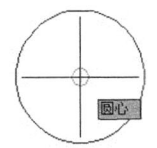

图 5-97　捕捉圆心

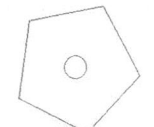

图 5-98　绘制正五边形

（3）绘制花朵。单击"默认"选项卡"绘图"面板中的"圆弧"按钮，绘制花朵外轮廓雏形，命令行提示与操作如下：

> 命令：_arc
> 指定圆弧的起点或 [圆心(C)]:（捕捉最上斜边的中点）
> 指定圆弧的第二个点或 [圆心(C)/端点(E)]:（捕捉最上顶点）
> 指定圆弧的端点:（捕捉左上斜边中点）

绘制结果如图 5-99 所示。用同样的方法绘制另外 4 段圆弧，结果如图 5-100 所示。

最后删除正五边形，结果如图 5-101 所示。

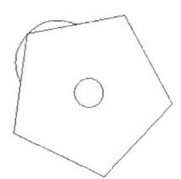

图 5-99　绘制一段圆弧

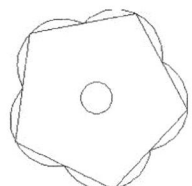

图 5-100　绘制所有圆弧

图 5-101　绘制花朵

（4）绘制枝叶。单击"默认"选项卡"绘图"面板中的"多段线"按钮，绘制枝叶，命令行提示与操作如下：

> 命令：_pline
> 指定起点:（捕捉圆弧右下角的交点）
> 当前线宽为 0.0000
> 指定下一个点或 [圆弧(A)/半宽(H)/长度(L)/放弃(U)/宽度(W)]: W↙
> 指定起点宽度 0.0000>: 4↙
> 指定端点宽度 <4.0000>: ↙
> 指定下一个点或 [圆弧(A)/半宽(H)/长度(L)/放弃(U)/宽度(W)]: A↙
> 指定圆弧的端点(按住 Ctrl 键以切换方向)或 [角度(A)/圆心(CE)/方向(D)/半宽(H)/直线(L)/半径(R)/第二个点(S)/放弃(U)/宽度(W)]: S↙
> 指定圆弧上的第二个点:（指定第二点）

指定圆弧的端点：（指定第三点）

指定圆弧的端点(按住 Ctrl 键以切换方向)或 [角度(A)/圆心(CE)/闭合(CL)/方向(D)/半宽(H)/直线(L)/半径(R)/第二个点(S)/放弃(U)/宽度(W)]：↙（完成花枝绘制）

命令：_pline

指定起点：（捕捉花枝上一点）

当前线宽为 4.0000

指定下一个点或 [圆弧(A)/半宽(H)/长度(L)/放弃(U)/宽度(W)]：H↙

指定起点半宽 <2.0000>：12↙

指定端点半宽 <12.0000>：3↙

指定下一个点或 [圆弧(A)/半宽(H)/长度(L)/放弃(U)/宽度(W)]：A↙

指定圆弧的端点(按住 Ctrl 键以切换方向)或 [角度(A)/圆心(CE)/方向(D)/半宽(H)/直线(L)/半径(R)/第二个点(S)/放弃(U)/宽度(W)]：S↙

指定圆弧上的第二个点：（指定第二点）

指定圆弧的端点：（指定第三点）

指定圆弧的端点(按住 Ctrl 键以切换方向)或 [角度(A)/圆心(CE)/闭合(CL)/方向(D)/半宽(H)/直线(L)/半径(R)/第二个点(S)/放弃(U)/宽度(W)]：↙

用同样的方法绘制另两片叶子，结果如图 5-102 所示。

（5）调整颜色。操作步骤如下。

① 选择枝叶，枝叶上显示夹点标志，如图 5-103 所示，在一个夹点上右击，在弹出的快捷菜单中选择"特性"命令，如图 5-104 所示。系统打开"特性"选项板，在"颜色"下拉列表框中选择"绿"，如图 5-105 所示。

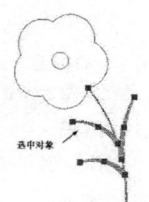

图 5-102　绘制出枝叶图案　　　　图 5-103　选择枝叶

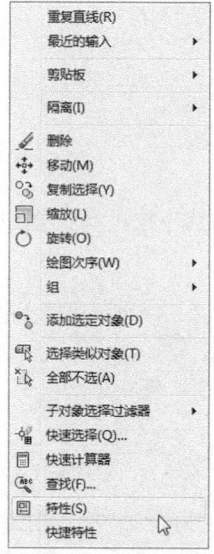

图 5-104　快捷菜单（6）　　　　图 5-105　修改枝叶颜色

② 用同样的方法修改花朵颜色为"红"，花蕊颜色为"洋红"，最终结果如图 5-96 所示。

要点提示

本例讲解了一个简单的花朵造型的绘制过程，在绘制时一定要先绘制中心的圆，因为正五边形的外接圆与此圆同心，必须通过捕捉获得正五边形的外接圆圆心位置。反过来，如果先画正五边形，再画圆，会发现无法捕捉正五边形外接圆圆心。所以，绘图时必须注意绘制的先后顺序。

另外，本例强调"特性"选项板的灵活应用。"特性"选项板包含当前对象的各种特性参数，用户可以通过修改特性参数来灵活修改和编辑对象。"特性"选项板对任何对象都适用，读者注意灵活运用。

5.6.5 特性匹配

利用特性匹配功能可将目标对象的属性与源对象的属性进行匹配，使目标对象与源对象相同。利用特性匹配功能可以方便快捷地修改对象属性，并保持不同对象的属性相同。

1. 执行方式

命令行：MATCHPROP。

工具栏：标准→特性匹配📧。

菜单栏：修改→特性匹配。

功能区：默认→特性→特性匹配📧。

2. 操作步骤

命令：MATCHPROP✓
选择源对象：（选择源对象）
选择目标对象或[设置(S)]：（选择目标对象）

图 5-106（a）所示为两个不同属性的对象，以左边的圆为源对象，对右边的矩形进行属性匹配，结果如图 5-106（b）所示。

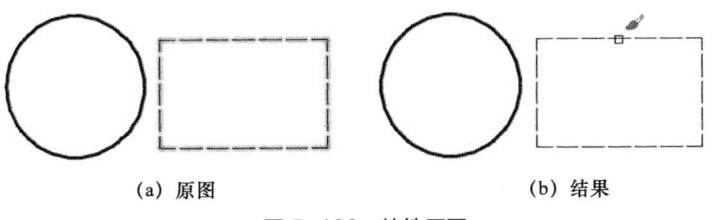

(a) 原图　　　　　　　　(b) 结果

图 5-106　特性匹配

5.7　综合实例——足球

本例讲解一个简单的足球造型。这是一个很有趣味的造型，乍看起来不知道怎样绘制，仔细研究其中图线的规律就可以寻找到一定的方法。本例巧妙运用"圆""镜像""正多边形""环形阵列"和"图案填充"等命令来完成造型的绘制，读者在这个简单的实例中，要学会全面理解和掌握基本绘图命令与灵活应用编辑命令。

本例绘制的足球是由相互邻接的正六边形通过用圆修剪而形成的。因此，可以利用"多边形"命令（POLYGON）绘制一个正六边形，利用"镜像"命令（MIRROR）对其进行镜像操作。然后对这个镜像形成的正六边形利用"环形阵列"命令（**ARRAYPOLAR**）进行阵列操作。接着在适当的位置用"圆"命令（**CIRCLE**）绘制一个圆，将所绘制圆外面的线条用"修剪"命令（**TRIM**）修剪掉，最后将圆中的 3 个区域利用"图案填充"命令（**BHATCH**）进行实体填充，如图 5-107 所示。

图 5-107　绘制足球　　　足球

操作步骤：（光盘\动画演示\第 5 章\足球.avi）

（1）绘制正六边形。单击"默认"选项卡"绘图"面板中的"多边形"按钮⬠，绘制正六边形，命令行提示与操作如下：

```
命令：polygon↙
输入侧面数 <4>：6↙
指定正多边形的中心点或 [边(E)]：240,120↙
输入选项 [内接于圆(I)/外切于圆(C)] <I>：↙
指定圆的半径：20↙
```

（2）镜像操作。单击"默认"选项卡"修改"面板中的"镜像"按钮◭，命令行提示与操作如下：

```
命令：MIRROR↙
选择对象：↙（用鼠标左键点取正六边形上的一点）
选择对象：↙（按Enter键，结束选择）
指定镜像线的第一点：<对象捕捉 开>（捕捉正六边形下边的顶点）
指定镜像线的第二点：（方法同上）
要删除源对象吗[是(Y)/否(N)] <否>：（不删除源对象）
```

结果如图 5-108 所示。

（3）环形阵列操作。单击"默认"选项卡"修改"面板中的"环形阵列"按钮⬚，选择图 5-108 下面的正六边形以中心点（240，120）进行环形阵列，项目数为 6，填充角度为 360°，生成图 5-109 所示的图形。

（4）绘制圆。单击"默认"选项卡"绘图"面板中的"圆"按钮⊘，以（250,115）为圆心，绘制半径为 35mm 的圆作为足球外轮廓，绘制结果如图 5-110 所示。

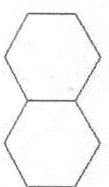

图 5-108　正六边形镜像后的图形

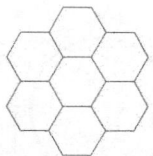

图 5-109　环形阵列正六边形后的图形

（5）修剪操作。单击"默认"选项卡"修改"面板中的"修剪"按钮⊬，结果如图 5-111 所示。

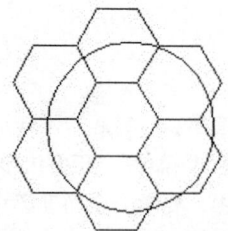

图 5-110　绘制圆后的图形

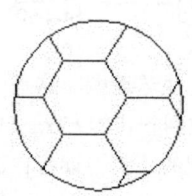

图 5-111　修剪后的图形

（6）填充操作。单击"默认"选项卡"绘图"面板中的"图案填充"按钮▨，系统打开图 5-112 所示的"图案填充创建"选项卡,图案设置成 SOLID。用鼠标指定 3 个将要填充的区域,确认后生成图 5-107 所示的图形。

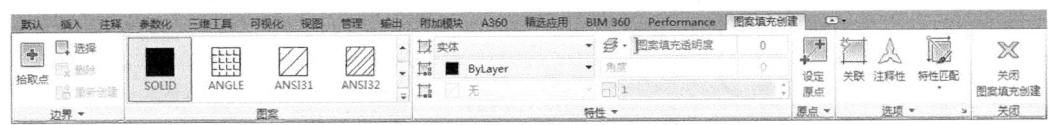

图 5-112 "图案填充创建"选项卡

5.8 操作与实践

通过本章的学习,读者对复杂二维图形的绘制和编辑有了大体的了解。本节通过 3 个操作练习使读者进一步掌握本章知识要点。

5.8.1 绘制浴缸

1. 目的要求

本例主要用到"多段线"命令和"椭圆"命令绘制浴缸,如图 5-113 所示,通过本实验要求读者掌握"多段线"命令。

2. 操作提示

(1)利用"多段线"命令绘制浴缸外沿。

(2)利用"椭圆"命令绘制缸底。

5.8.2 绘制雨伞

1. 目的要求

本例主要用到"样条曲线"和"多段线"命令绘制雨伞,如图 5-114 所示,通过本实验要求读者掌握"样条曲线"和"多段线"命令。

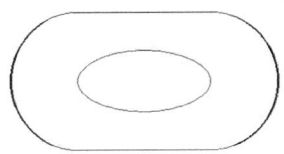

图 5-113 浴缸

2. 操作提示

(1)利用"圆弧"命令绘制伞的外框。

(2)利用"样条曲线"命令绘制伞的底边。

(3)利用"圆弧"命令绘制伞面。

(4)利用"多段线"命令绘制伞顶和伞把。

5.8.3 利用布尔运算绘制三角铁

1. 目的要求

本例主要用到"面域"和"布尔运算"命令绘制三角铁,如图 5-115 所示,通过本实验要求读者掌握"面域"和"布尔运算"命令。

2. 操作提示

(1)利用"多边形"和"圆"命令绘制初步轮廓。

(2)利用"面域"命令将三角形及其边上的 6 个圆转换成面域。

(3)利用"并集"命令,将正三角形分别与 3 个角上的圆进行并集处理。

(4)利用"差集"命令,以三角形为主体对象,3 个边中间位置的圆为参照体,进行差集处理。

图 5-114　雨伞

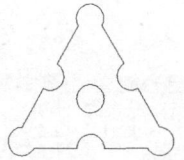

图 5-115　三角铁

5.9　思考与练习

1. 同时填充多个区域，如果修改一个区域的填充图案而不影响其他区域，则（　　）。

   A. 将图案分解

   B. 在创建图案填充时选择"关联"

   C. 删除图案，重新对该区域进行填充

   D. 在创建图案填充时，选择"创建独立的图案填充"

2. 若需要编辑已知多段线，使用"多段线"命令中哪个选项可以创建宽度不等的对象？（　　）

   A. 样条（S）　　　　B. 锥形（T）　　　　C. 宽度（W）　　　　D. 编辑顶点（E）

3. 使用特性匹配进行编辑时，以下哪些选项不是对象的特殊特性？（　　）

   A. 标注　　　　　　B. 厚度　　　　　　C. 文字　　　　　　D. 表

4. 执行"样条曲线"命令后，某选项用来输入曲线的偏差值。值越大，曲线离指定的点越远；值越小，曲线离指定的点越近。该选项是（　　）。

   A. 闭合　　　　　　B. 端点切向　　　　C. 拟合公差　　　　D. 起点切向

5. 图 5-116 所示的图形采用的多线编辑方法分别是（　　）。

   A. T 字打开，T 字闭合，T 字合并　　　　B. T 字闭合，T 字打开，T 字合并

   C. T 字合并，T 字闭合，T 字打开　　　　D. T 字合并，T 字打开，T 字闭合

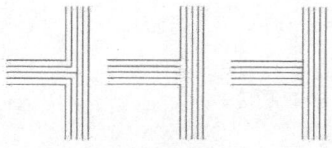

图 5-116　图形（5-1）

6. 关于样条曲线拟合点说法错误的是（　　）。

   A. 可以删除样条曲线的拟合点

   B. 可以添加样条曲线的拟合点

   C. 可以阵列样条曲线的拟合点

   D. 可以移动样条曲线的拟合点

7. 半径为 72.5mm 的圆的周长为（　　）mm。

   A. 455.5309　　　　　　　　　　　　B. 16512.9964

   C. 910.9523　　　　　　　　　　　　D. 261.0327

8. 利用"多段线"命令绘制图 5-117 所示的图形，并填充图形。

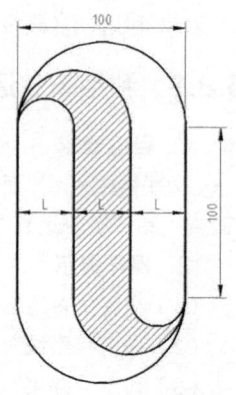

图 5-117　图形（5-2）

第6章

文字与表格

■ 文字注释是图形中很重要的一部分内容，进行各种设计时，通常不仅要绘出图形，还要在图形中标注一些文字，如技术要求、注释说明等，对图形对象加以解释。AutoCAD提供多种写入文字的方法。图表在AutoCAD图形中也有大量的应用，如明细表、参数表和标题栏等。图表功能使绘制图表变得方便快捷。

6.1 文本样式

文本样式是用来控制文字基本形状的一组设置。AutoCAD 提供"文字样式"对话框，通过该对话框可方便直观地定制需要的文本样式，或是对已有样式进行修改。

所有 AutoCAD 图形中的文字都有和其相对应的文本样式。输入文字对象时，AutoCAD 使用当前设置的文本样式。模板文件 ACAD.DWT 和 ACADISO.DWT 定义名为 STANDARD 的默认文本样式。

1. 执行方式

命令行：STYLE 或 DDSTYLE。

菜单栏：格式→文字样式。

工具栏：文字→文字样式 A。

功能区：默认→注释→文字样式 A 或注释→文字→文字样式→管理文字样式或注释→文字→对话框启动器" ↘ "。

2. 操作步骤

执行上述操作后，打开"文字样式"对话框，如图 6-1 所示。

3. 选项说明

（1）"字体"选项组：确定字体式样。文字字体确定字符的形状，在 AutoCAD 中，除了固有的 SHX 形状字体文件外，还可以使用 TrueType 字体（如宋体、楷体、italley 等）。一种字体可以设置不同的效果，从而被多种文本样式使用，如图 6-2 所示就是同一种字体（宋体）的不同样式。

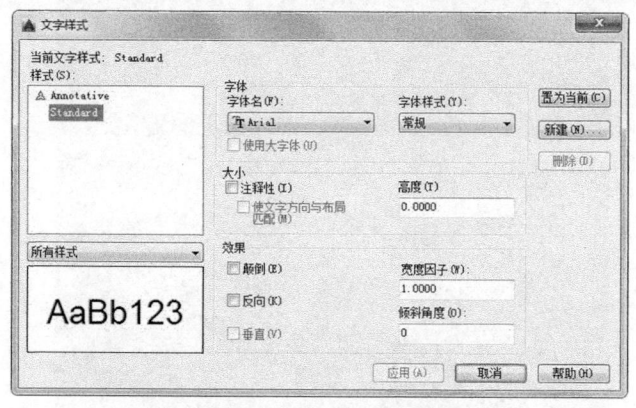

图 6-1 "文字样式"对话框   图 6-2 同一种字体的不同样式

（2）"大小"选项组。操作步骤如下。

① "注释性"复选框：指定文字为注释性文字。

② "使文字方向与布局匹配"复选框：指定图纸空间视口中的文字方向与布局方向匹配。如果取消选中"注释性"复选框，则该选项不可用。

③ "高度"文本框：设置文字高度。如果设置为 0.2，则每次用该样式输入文字时，文字默认值为 0.2 高度。

（3）"效果"选项组：此选项组中的各项用于设置字体的特殊效果。

① "颠倒"复选框：选中此复选框，表示将文本文字倒置标注，如图 6-3（a）所示。

② "反向"复选框：确定是否将文本文字反向标注，图 6-3（b）给出了这种标注效果。

③ "垂直"复选框：确定文本是水平标注，还是垂直标注。此复选框选中时为垂直标注，否则为水

平标注，如图 6-4 所示。

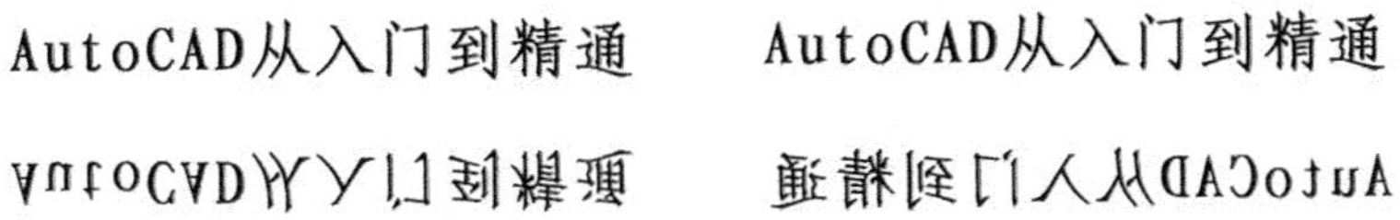

（a）颠倒　　　　　　　　　　　　（b）反向

图 6-3　文字倒置标注与反向标注　　　　　　　　图 6-4　垂直标注文字

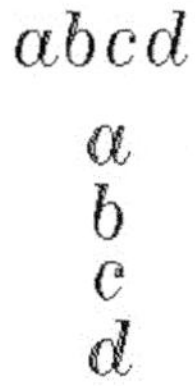

"垂直"复选框只有在 SHX 字体下才可用。

④"宽度因子"文本框：设置宽度系数，确定文本字符的宽高比。当比例系数为 1 时，表示按字体文件中定义的宽高比标注文字。当此系数小于 1 时，字变窄，反之变宽。图 6-5 给出不同比例系数下标注的文本。

⑤"倾斜角度"文本框：用于确定文字的倾斜角度。角度为 0 时不倾斜，为正时向右倾斜，为负时向左倾斜，如图 6-6 所示。

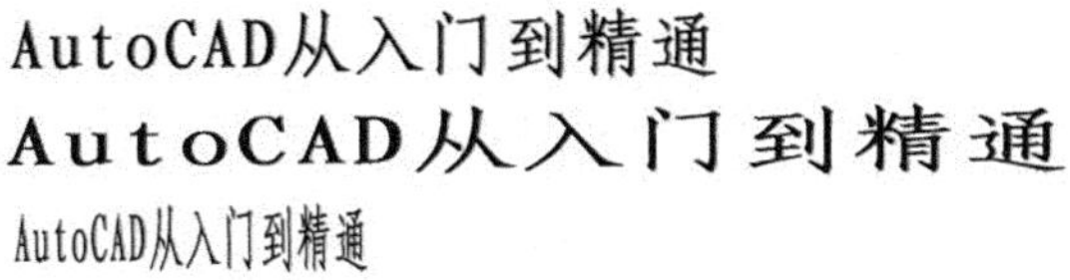

图 6-5　不同宽度系数 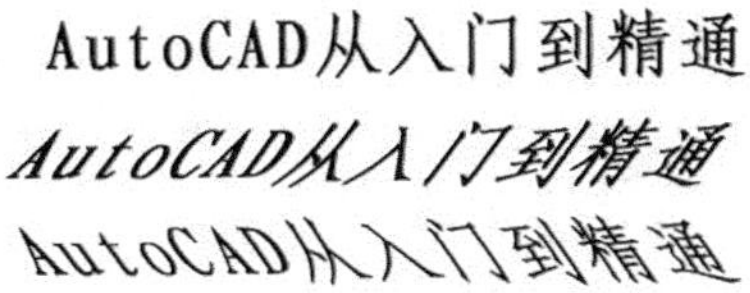　　　　　　　　　　　　图 6-6　不同倾斜角度

（4）"置为当前"按钮：该按钮用于将在"样式"下选定的样式设置为"当前"。

（5）"新建"按钮：该按钮用于新建文字样式。单击此按钮，系统弹出如图 6-7 所示的"新建文字样式"对话框，并自动为当前设置提供名称"样式 *n*"（其中，*n* 为所提供样式的编号）。可以采用默认值或在该框中输入名称，然后单击"确定"按钮，使新样式名使用当前样式设置。

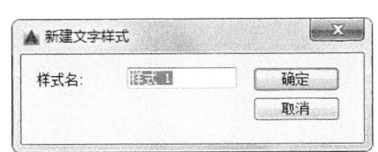

图 6-7　"新建文字样式"对话框

（6）"删除"按钮：该按钮用于删除未使用文字样式。

6.2　文本标注

在制图过程中，文字传递很多设计信息，它可能是一个很长、复杂的说明，也可能是一个简短的文字信息。需要标注的文本不太长时，可以利用 TEXT 命令创建单行文本。需要标注很长、很复杂的文字信息时，用户可以用 MTEXT 命令创建多行文本。

6.2.1　单行文本标注

1．执行方式

命令行：TEXT。

菜单栏：绘图→文字→单行文字。

工具栏：文字→单行文字 **AI**。

功能区：默认→注释→单行文字 **AI** 或注释→文字→单行文字 **AI**。

2．操作步骤

命令：TEXT↙

当前文字样式： Standard　当前文字高度：0.2000

指定文字的起点或 [对正(J)/样式(S)]：

3．选项说明

（1）指定文字的起点

在此提示下直接在作图屏幕上点取一点作为文本的起始点，AutoCAD 提示如下：

指定高度 <0.2000>：（确定字符的高度）

指定文字的旋转角度 <0>：（确定文本行的倾斜角度）

输入文字：（输入文本）

在此提示下输入一行文本后按 Enter 键，AutoCAD 继续显示"输入文字:"提示，可继续输入文本，待全部输入完后在此提示下直接按 Enter 键，则退出 TEXT 命令。因此，TEXT 命令也可创建多行文本，只是这种多行文本每一行是一个对象，不能对多行文本同时进行操作。

只有当前文本样式中设置的字符高度为 0 时，在使用 TEXT 命令时，AutoCAD 才出现要求用户确定字符高度的提示信息，AutoCAD 允许将文本行倾斜排列，如图 6-8 所示为倾斜角度分别是 0°、45°和-45°时的排列效果。在"指定文字的旋转角度 <0>:"提示下输入文本行的倾斜角度或在屏幕上拉出一条直线来指定倾斜角度，这与图 6-6 文字倾斜标注不同。

图 6-8　文本行倾斜排列的效果

（2）对正（J）

在上面的提示信息下输入"J"，用来确定文本的对齐方式，对齐方式决定文本的哪一部分与所选的插入点对齐。执行此选项，AutoCAD 提示：

输入选项 [左(L)/居中(C)/右(R)/对齐(A)/中间(M)/布满(F)/左上(TL)/中上(TC)/右上(TR)/左中(ML)/正中(MC)/右中(MR)/左下(BL)/中下(BC)/右下(BR)]：

在此提示下，选择一个选项作为文本的对齐方式。当文本串水平排列时，AutoCAD 为标注文本串定义如图 6-9 所示的顶线、中线、基线和底线，各种对齐方式如图 6-10 所示，图中大写字母对应上述提示中各命令。

下面以"对齐"命令为例进行简要说明。

对齐（A）：选择此选项，要求用户指定文本行基线的起始点与终止点的位置，AutoCAD 提示如下：

指定文字基线的第一个端点：（指定文本行基线的起点位置）

指定文字基线的第二个端点：（指定文本行基线的终点位置）
输入文字：（输入一行文本后按Enter键）
输入文字：（继续输入文本或直接按Enter键结束命令）

图 6-9　文本行的底线、基线、中线和顶线

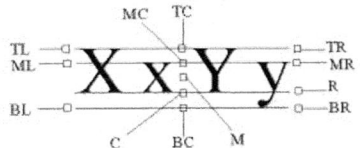

图 6-10　文本的对齐方式

执行结果：所输入的文本字符均匀地分布于指定的两点之间，如果两点间的连线不水平，则文本行倾斜放置，倾斜角度由两点间的连线与 X 轴夹角确定；字高、字宽根据两点间的距离、字符的多少及文本样式中设置的宽度系数自动确定。指定两点之后，每行输入的字符越多，字宽和字高越小。

其他命令选项与"对齐"命令类似，不再赘述。

实际绘图时，有时需要标注一些特殊字符，如直径符号、上划线或下划线、温度符号等。由于这些符号不能直接从键盘上输入，AutoCAD 为此提供一些控制码，用来实现这些要求。常用的控制码如表 6-1 所示。

表 6-1　AutoCAD 常用的控制码

符号	功能	符号	功能
%%o	上划线	\U+E107	流线
%%u	下划线	\U+2261	标识
%%d	"度数"符号	\U+E102	界碑线
%%p	"正/负"符号	\U+2260	不相等
%%c	"直径"符号	\U+2126	欧姆
%%%	百分号%	\U+03A9	欧米加
\U+2248	几乎相等	\U+214A	地界线
\U+2220	角度	\U+2082	下标 2
\U+E100	边界线	\U+00B2	平方
\U+2104	中心线	\U+0278	电相位
\U+0394	差值		

在表 6-1 中，%%o 和%%u 分别是上划线和下划线的控制码，第一次出现此符号开始画上划线和下划线，第二次出现此符号上划线和下划线终止。例如在"Text:"提示后输入"I want to %%u go to Beijing%%u."，则得到图 6-11 上行所示的文本行；输入"50%%d+%%c75%%p12"，则得到图 6-11 下行所示的文本行。

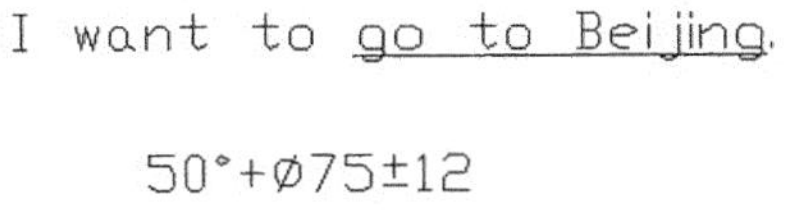

I want to go to Beijing.

50°+⌀75±12

图 6-11　文本行

用 TEXT 命令可以创建一个或若干个单行文本，也就是说用此命令可以标注多行文本。在"输入文本:"提示下输入一行文本后按 Enter 键，AutoCAD 继续提示"输入文本:"，用户可输入第二行文本，依此类推，直到文本全部输完，再在此提示下直接按 Enter 键，结束文本输入命令。每一次按 Enter 键就结束一个单行文本的输入，每一个单行文本是一个对象，可以单独修改其文本样式、字高、旋转角度和对齐方式等。

用 TEXT 命令创建文本时，在命令行输入的文字同时显示在屏幕上，而且在创建过程中可以随时改变文本的位置，只要将光标移到新的位置单击鼠标左键，则当前行结束，随后输入的文本在新的位置出现。用这种方法可以把多行文本标注到屏幕的任何地方。

6.2.2 多行文本标注

1. 执行方式

命令行：MTEXT。

菜单栏：绘图→文字→多行文字。

工具栏：绘图→多行文字**A**或文字→多行文字**A**。

功能区：默认→注释→多行文字**A**或→注释→文字→多行文字**A**。

2. 操作步骤

命令：MTEXT✓

当前文字样式：Standard 当前文字高度：1.9122 注释性： 否

指定第一角点：（指定矩形框的第一个角点）

指定对角点或 [高度(H)/对正(J)/行距(L)/旋转(R)/样式(S)/宽度(W)/栏(C)]:

3. 选项说明

（1）指定对角点:直接在屏幕上点取一个点作为矩形框的第二个角点，AutoCAD 以这两个点为对角点形成一个矩形区域，其宽度作为将来要标注的多行文本的宽度，而且第一个点作为第一行文本顶线的起点。响应后 AutoCAD 打开图 6-12 所示的多行文字编辑器，可利用此对话框与编辑器输入多行文本并对其格式进行设置。关于选项卡中各项的含义与编辑器功能稍后再详细介绍。

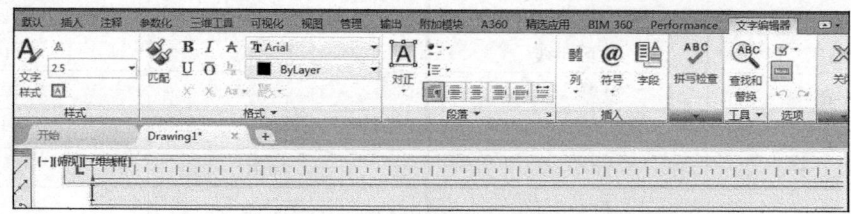

图 6-12 "文字编辑器"选项卡和"多行文字编辑器"

（2）对正（J）:确定所标注文本的对齐方式。选择此选项，AutoCAD 提示：

输入对正方式 [左上(TL)/中上(TC)/右上(TR)/左中(ML)/正中(MC)/右中(MR)/左下(BL)/中下(BC)/右下(BR)] <左上(TL)>:

这些对齐方式与 TEXT 命令中的各对齐方式相同，不再重复。选取一种对齐方式后按 Enter 键，AutoCAD 回到上一级提示。

（3）行距（L）：确定多行文本的行间距，这里所说的"行间距"是指相邻两文本行基线之间的垂直距离。执行此选项，AutoCAD 提示：

输入行距类型 [至少(A)/精确(E)] <至少(A)>:

在此提示下有两种方式确定行间距："至少"方式和"精确"方式。"至少"方式下，AutoCAD 根据每行文本中最大的字符自动调整行间距。"精确"方式下，AutoCAD 为多行文本赋予一个固定的行间距。可以直接输入一个确切的间距值，也可以输入 nx 的形式，其中 n 是一个具体数，表示行间距设置为单行文本高度的 n 倍，而单行文本高度是本行文本字符高度的 1.66 倍。

（4）旋转（R）:确定文本行的旋转角度。选择此选项，AutoCAD 提示：

指定旋转角度 <0>:（输入旋转角度）

输入角度值后按 Enter 键，AutoCAD 返回"指定对角点或 [高度（H）/对正（J）/行距（L）/旋转（R）/样式（S）/宽度（W）/栏（C）]:"提示。

（5）样式（S）:确定当前的文本样式。

（6）宽度（W）:指定多行文本的宽度。可在屏幕上选取一点与由前面确定的第一个角点组成的矩形框的宽作为多行文本宽度。可以输入一个数值，精确设置多行文本的宽度。

在创建多行文本时，只要给定文本行的起始点和宽度，AutoCAD 就会打开如图 6-12 所示的"文字编辑器"选项卡，用户可以在编辑器中输入和编辑多行文本，包括字高、文本样式及倾斜角度等。

该编辑器与 Microsoft 的 Word 编辑器界面类似，事实上该编辑器与 Word 编辑器在某些功能上趋于一致。这样既增强多行文字编辑功能，又使用户更熟悉和方便，效果很好。

4."文字编辑器"选项卡

"文字编辑器"选项卡用来控制文本的显示特性。可以在输入文本之前设置文本的特性，也可以改变已输入文本的特性。要改变已有文本的显示特性，首先应选择要修改的文本，选择文本有以下 3 种方法。

① 将光标定位到文本开始处，将光标拖曳到文本末尾。

② 双击一个字，则该字被选中。

③ 三击鼠标则选择全部内容。

下面介绍选项卡中部分选项的功能。

（1）"样式"面板

"高度"下拉列表框：确定文本的字符高度，可在文本编辑框中直接输入新的字符高度，也可从下拉列表中选择已设定过的高度。

（2）"格式"面板

①"**B**"和"*I*"按钮：设置黑体或斜体效果，只对 TrueType 字体有效。

②"删除线"按钮 A：用于在文字上添加水平删除线。

③"下划线" U 与"上划线" O 按钮：设置或取消上（下）划线。

④"堆叠"按钮 ⅓：即层叠/非层叠文本按钮，用于层叠所选的文本，也就是创建分数形式。当文本中某处出现"/""^"或"#"这 3 种层叠符号之一时可层叠文本，方法是选中需层叠的文字，然后单击此按钮，则符号左边的文字作为分子，右边的文字作为分母。AutoCAD 提供了 3 种分数形式，如果选中"abcd/efgh"后单击此按钮，得到图 6-13（a）所示的分数形式；如果选中"abcd^efgh"后单击此按钮，则得到图 6-13（b）所示的形式，此形式多用于标注极限偏差；如果选中"abcd # efgh"后单击此按钮，则创建斜排的分数形式，如图 6-13（c）所示。如果选中已经层叠的文本对象后单击此按钮，则恢复到非层叠形式。

⑤"倾斜角度"下拉列表框 *0/*：设置文字的倾斜角度，如图 6-14 所示。

⑥"追踪"按钮 a·b：增大或减小选定字符之间的空隙。

⑦"宽度因子"按钮 O：扩展或收缩选定字符。

⑧"上标" X 按钮：将选定文字转换为上标，即在键入线的上方设置稍小的文字。

⑨"下标" X 按钮：将选定文字转换为下标，即在键入线的下方设置稍小的文字。

（3）"插入"面板

①"符号"按钮 @·：用于输入各种符号。单击该按钮，系统打开符号列表，如图 6-15 所示，可以从中选择符号输入到文本中。

②"字段"按钮 ⅼ⃞：插入一些常用或预设字段。单击该命令，系统打开"字段"对话框，如图 6-16 所示，用户可以从中选择字段插入到标注文本中。

（4）"段落"面板

①"多行文字对正"按钮 ⅼ⃞：显示"多行文字对正"菜单，并且有 9 个对齐选项可用。

②"项目符号和编号"下拉列表：

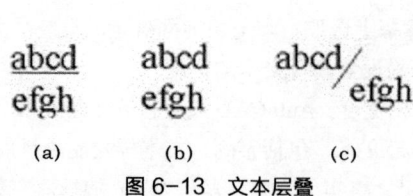

图 6-13　文本层叠　　　　　　　　　　　　　图 6-14　倾斜角度效果

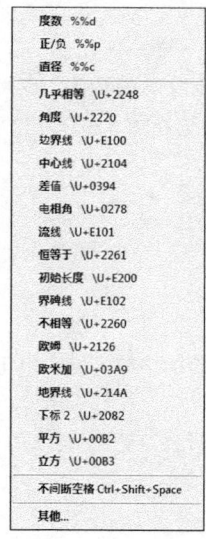

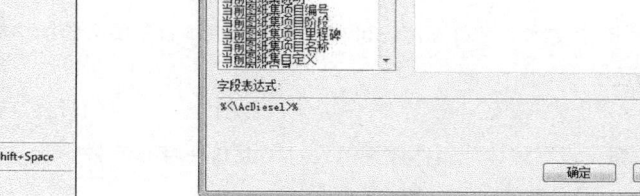

图 6-15　符号列表　　　　　　　　　　　图 6-16　"字段"对话框

- 关闭：如果选则此选项，将从应用了列表格式的选定文字中删除字母、数字和项目符号。不更改缩进状态。

- 以数字标记：应用将带有句点的数字用于列表中的项的列表格式。

- 以字母标记：应用将带有句点的字母用于列表中的项的列表格式。如果列表含有的项多于字母中含有的字母，可以使用双字母继续序列。

- 以项目符号标记：应用将项目符号用于列表中的项的列表格式。

- 起点：在列表格式中启动新的字母或数字序列。如果选定的项位于列表中间，则选定项下面的未选中的项也将成为新列表的一部分。

- 连续：将选定的段落添加到上面最后一个列表然后继续序列。如果选择了列表项而非段落，选定项下面的未选中的项将继续序列。

- 允许自动项目符号和编号：在键入时应用列表格式。以下字符可以用作字母和数字后的标点并不能用作项目符号：句点（.）、逗号（,）、右括号（)）、右尖括号（>）、右方括号（]）和右花括号（}）。

- 允许项目符号和列表：如果选择此选项，列表格式将应用到外观类似列表的多行文字对象中的所有纯文本。

③ 段落：为段落和段落的第一行设置缩进。指定制表位和缩进，控制段落对齐方式、段落间距和段落行距如图 6-17 所示。

（5）"拼写检查"面板

① 拼写检查：确定键入时拼写检查处于打开还是关闭状态。

② 编辑词典：显示"词典"对话框，从中可添加或删除在拼写检查过程中使用的自定义词典。

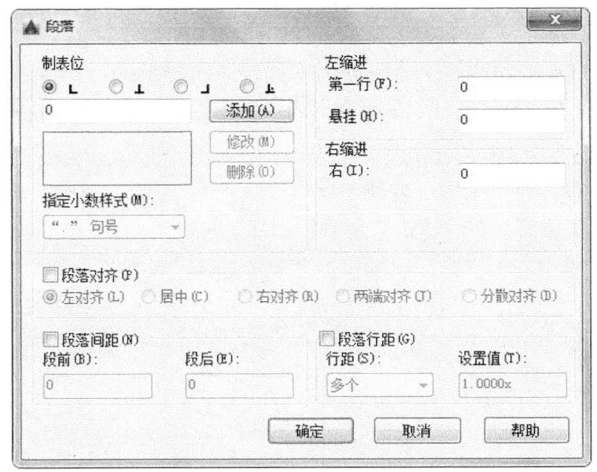

图 6-17 "段落"对话框

（6）"工具"面板

输入文字：选择此项，系统打开"选择文件"对话框，如图 6-18 所示。选择任意 ASCII 或 RTF 格式的文件。输入的文字保留原始字符格式和样式特性，但可以在多行文字编辑器中编辑和格式化输入的文字。选择要输入的文本文件后，可以替换选定的文字或全部文字，或在文字边界内将插入的文字附加到选定的文字中。输入文字的文件必须小于 32K。

（7）"选项"面板

标尺：在编辑器顶部显示标尺。拖动标尺末尾的箭头可更改文字对象的宽度。列模式处于活动状态时，还显示高度和列夹点。

图 6-18 "选择文件"对话框

6.2.3 实例——在标注文字时插入"±"号

下面讲述在标注文字时插入一些特殊字符的方法。

操作步骤：（光盘\动画演示\第 6 章\在标注文字时插入"±"号.avi）

在标注文字时插入
"±"号

（1）打开多行文字。单击"默认"选项卡"注释"面板中的"多行文字"按钮 A，系统打开"文字编辑器"选项卡。单击"符号"按钮 @，系统打开"符号"下拉菜单，继续在"符号"下拉菜单中选择"其他"命令，如图 6-19 所示。系统打开"字符映射表"对话框，如图 6-20 所示，其中包含当前字体的整个字符集。

（2）选中要插入的字符，然后单击"选择"按钮。

（3）选中要使用的所有字符，然后单击"复制"按钮。

（4）在多行文字编辑器中右击，在弹出的快捷菜单中选择"粘贴"命令。

图 6-19 "符号"子菜单

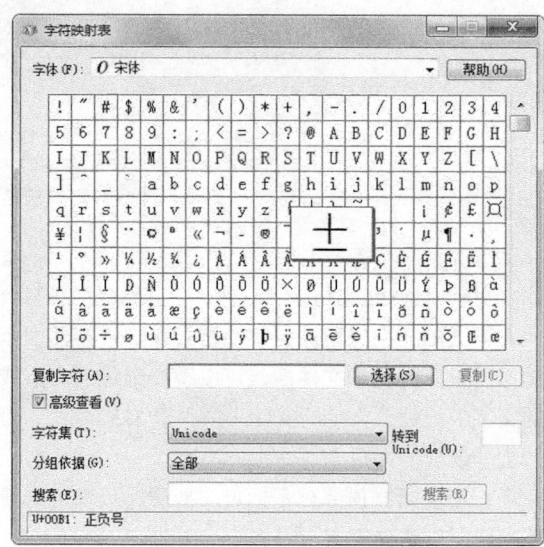

图 6-20 "字符映射表"对话框

6.3 文本编辑

对于已经标注完的文本，如果需要更改，可以使用文本编辑相关命令来实现。本节主要介绍文本编辑命令 DDEDIT。

6.3.1 文本编辑命令

1. 执行方式

命令行：DDEDIT。

菜单栏：修改→对象→文字→编辑。

工具栏：文字→编辑 📝。

快捷菜单：修改多行文字或编辑文字。

2. 操作步骤

命令：DDEDIT✓

选择注释对象或 [放弃(U)]:

要求选择要修改的文本，同时光标变为拾取框。用拾取框拾取对象，如果选取的文本是用 TEXT 命令创建的单行文本，则高显该文本，可对其进行修改。如果选取的文本是用 MTEXT 命令创建的多行文本，选取后则打开多行文字编辑器，可根据前面的介绍对各项设置或内容进行修改。

6.3.2　实例——机械制图样板图

所谓样板图，就是将绘制图形通用的一些基本内容和参数事先设置好并绘制出来，以 .dwt 的格式保存。例如，国标的 A3 图纸可以绘制图框、标题栏，设置图层、文字样式、标注样式等，然后作为样板图保存。以后需要绘制 A3 幅面的图形时，可打开此样板图，在此基础上绘图。如果有很多张图纸，可明显提高绘图效率，也有利于图形标准化。

本小节绘制的样板图如图 6-21 所示。样板图包括边框、图形外围、标题栏、图层、文本样式、标注样式等，可以逐步进行设置。

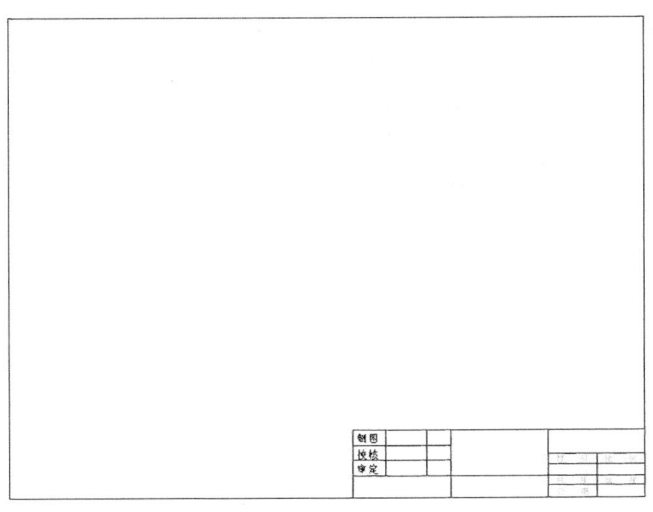

图 6-21　机械制图样板图

机械制图样板图

操作步骤：（光盘\动画演示\第 6 章\机械制图样板图.avi）

（1）设置单位。选择菜单栏中的"格式"→"单位"命令，打开"图形单位"对话框，如图 6-22 所示。设置长度的类型为"小数"，精度为 0；角度的类型为"十进制度数"，精度为 0，系统默认逆时针方向为正；插入时的缩放单位设置为"无单位"。

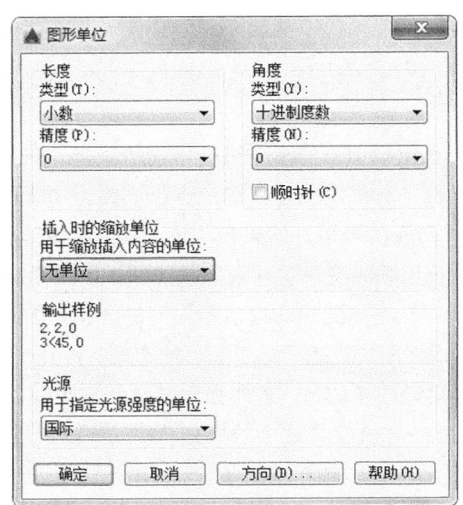

图 6-22　"图形单位"对话框

（2）设置图形边界。国标对图纸的幅面大小作了严格规定，在这里按国标 A3 图纸幅面设置图形边界，A3 图纸的幅面为 420mm×297mm，故设置图形边界如下：

命令：LIMITS✓
重新设置模型空间界限：
指定左下角点或 [开(ON)/关(OFF)] <0,0>：✓
指定右上角点 <420,297>：420,297✓

（3）设置图层。图层约定如表 6-2 所示。

表 6-2　图层约定

图层名	颜色	线型	线宽	用途
0	7（白）	Continuous	b	默认
细实线层	2（红）	Continuous	b	细实线隐藏线
图框层	5（白）	Continuous	b	图框线
标题栏层	3（白）	Continuous	b	标题栏零件名

（4）设置层名。单击"默认"选项卡"图层"面板中的"图层特性"按钮，打开"图层特性管理器"对话框，如图 6-23 所示。在该对话框中单击"新建图层"按钮，建立不同层名的新图层，这些不同的图层分别存放不同的图线或图形。

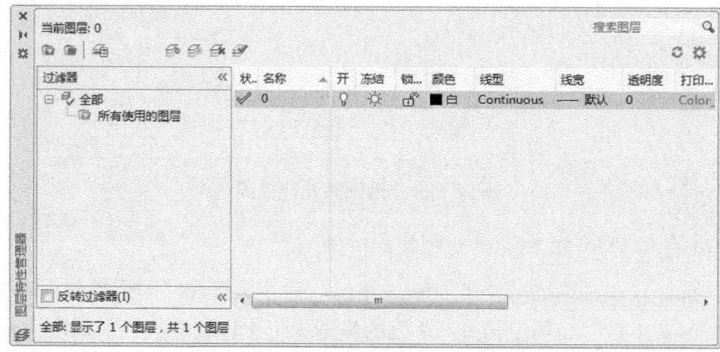

图 6-23　"图层特性管理器"对话框

（5）设置图层颜色。为了区分不同图层上的图线，增加图形不同部分的对比度，可以在"图层特性管理器"对话框中单击对应图层"颜色"标签下的颜色色块，打开"选择颜色"对话框，如图 6-24 所示。在该对话框中选择需要的颜色。

（6）设置线型。在常用的工程图纸中，通常要用到不同的线型，这是因为不同的线型表示不同的含义。在"图层特性管理器"对话框中选择"线型"选项卡下的线型选项，打开"选择线型"对话框，如图 6-25 所示。在该对话框中选择对应的线型，如果在"已加载的线型"列表框中没有需要的线型，可以单击"加载"按钮，打开"加载或重载线型"对话框加载线型，如图 6-26 所示。

（7）设置线宽。在工程图纸中，不同的线宽也表示不同的含义，因此也要对不同图层的线宽进行设置，选择"图层特性管理器"对话框中"线宽"选项卡下的选项，打开"线宽"对话框，如图 6-27 所示。在该对话框中选择适当的线宽。需要注意的是，应尽量保持细线与粗线之间的比例大约为 1：2。

（8）设置文字样式。下面列出一些文字样式中的格式，按如下约定进行设置：文字高度一般为 5，零件名称为 7，标题栏中其他文字为 3，尺寸文字为 3，线型比例为 1，图纸空间线型比例为 1，单位十进制，小数点后 0 位，角度小数点后 0 位。

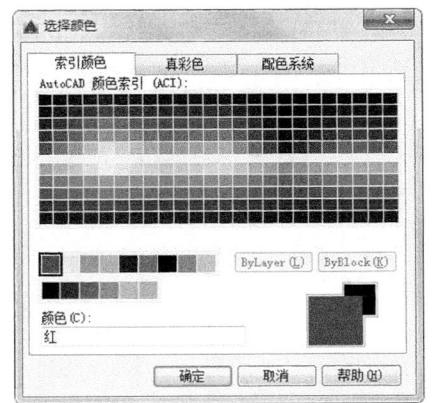

图 6-24　打开"选择颜色"对话框

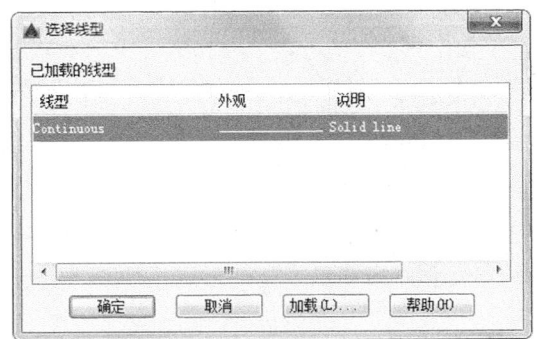

图 6-25　打开"选择线型"对话框

可以生成 4 种文字样式，分别用于一般注释、标题块中零件名注释、标题块注释及尺寸标注。

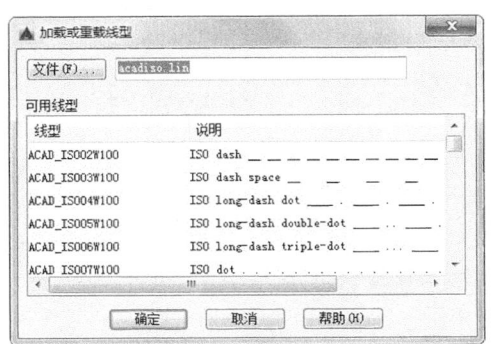

图 6-26　打开"加载或重载线型"对话框

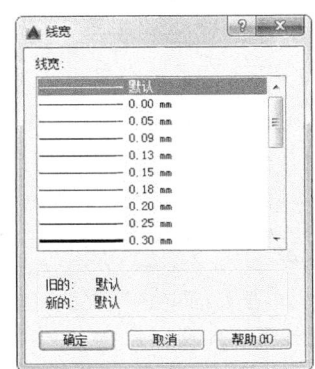

图 6-27　打开"线宽"对话框

（9）单击"默认"选项卡"注释"面板中的"文字样式"按钮 ，打开"文字样式"对话框，单击"新建"按钮，系统打开"新建文字样式"对话框，如图 6-28 所示。接受默认的"样式 1"文字样式名，单击"确定"按钮退出。

（10）系统返回"文字样式"对话框。在"字体名"下拉列表框中选择"仿宋_GB2312"选项，在"高度"文本框中输入"3"，在"宽度因子"文本框中将宽度比例设置为 0.7，如图 6-29 所示。单击"应用"按钮，然后再单击"关闭"按钮。其他文字样式设置类似。

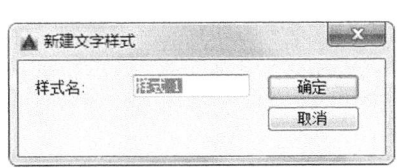

图 6-28　打开"新建文字样式"对话框

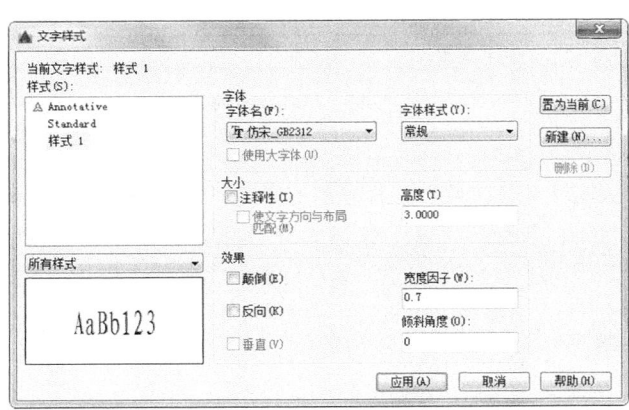

图 6-29　返回"文字样式"对话框

（11）绘制图框线。将当前图层设置为 0 层，在该层绘制图框线。单击"默认"选项卡"绘图"面板中的"直线"按钮，命令行提示与操作如下：

命令：line↙
指定第一个点：25,5↙
指定下一点或 [放弃(U)]：415,5↙
指定下一点或 [放弃(U)]：415,292↙
指定下一点或 [闭合(C)/放弃(U)]：25,292↙
指定下一点或 [闭合(C)/放弃(U)]：C↙

（12）绘制标题栏图框。按照有关标准或规范设定尺寸，利用"直线"命令和相关编辑命令绘制标题栏图框，如图 6-30 所示。

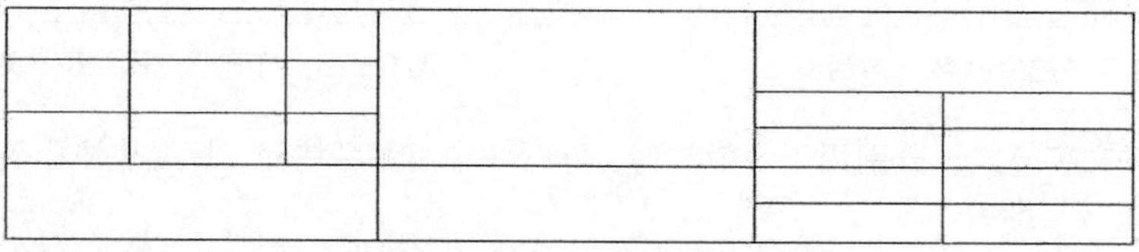

图 6-30　绘制标题栏图框

（13）注写标题栏中的文字。单击"默认"选项卡"注释"面板中的"多行文字"按钮Ａ，输入文字"制图"，命令行提示与操作如下：

命令：_mtext
当前文字样式：Standard　文字高度：3.0000　注释性：否
指定第一角点：（指定文字输入的起点）
指定对角点或 [高度(H)/对正(J)/行距(L)/旋转(R)/样式(S)/宽度(W)/栏(C)]：

结果如图 6-31 所示。

图 6-31　标注和移动文字

（14）单击"默认"选项卡"修改"面板中的"复制"按钮，复制文字到适当位置，结果如图 6-32 所示。

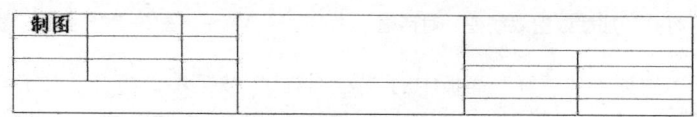

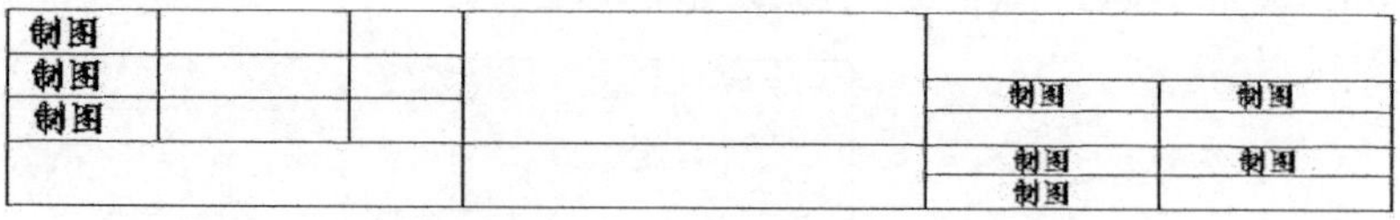

图 6-32　复制文字

（15）修改文字。选择复制的文字"制图"，单击亮显，在夹点编辑标志点上右击，打开快捷菜单，选择"特性"命令，如图 6-33 所示。系统打开"特性"选项板，如图 6-34 所示。选择"文字"选项组中的"内容"选项，单击后面的按钮，打开"文字编辑器"选项卡和多行文字编辑器，如图 6-35 所示。在编辑器中将其中的文字"制图"改为"校核"。用同样方法修改其他文字，结果如图 6-36 所示。

绘制标题栏后的样板图如图 6-37 所示。

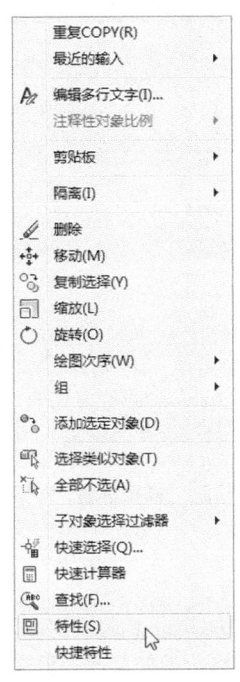

图 6-33 右键快捷菜单

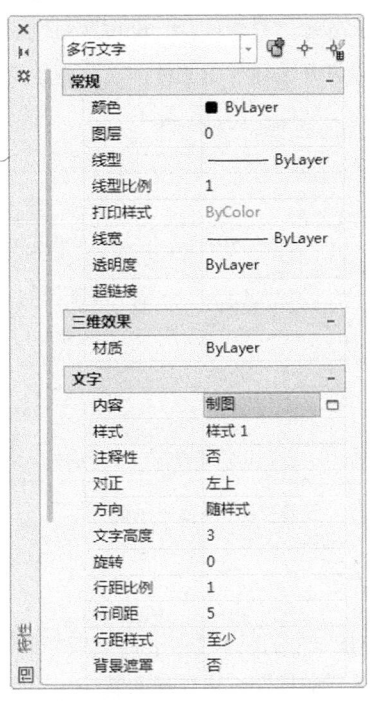

图 6-34 "特性"选项板

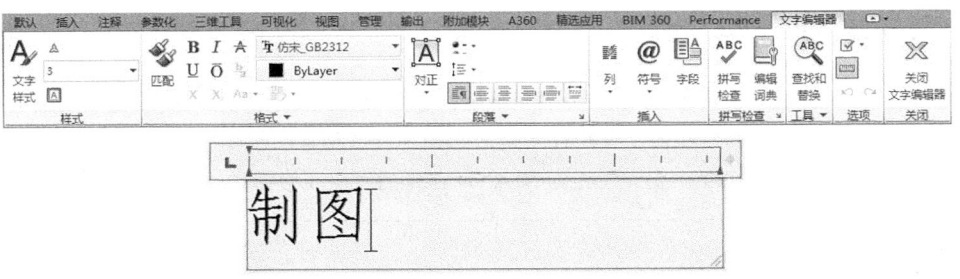

图 6-35 "文字编辑器"选项卡和多行文字编辑器

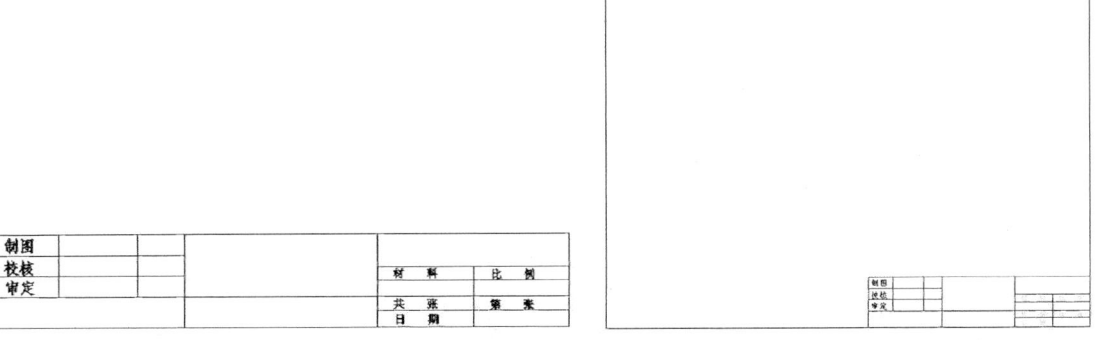

图 6-36 修改文字

图 6-37 绘制标题栏后的样板图

（16）保存成样板图文件。样板图及其环境设置完成后，可以将其保存成样板图文件。在"文件"下拉菜单中选择"保存"或"另存为"命令，打开"保存"或"图形另存为"对话框，如图 6-38 所示。在"文件类型"下拉列表框中选择"AutoCAD 图形样板（*.dwt）"选项，输入文件名"机械"，单击"保存"按钮，保存文件。系统打开"样板选项"对话框，如图 6-39 所示，单击"确定"按钮保存文件。下次绘图时，可以打开该样板图文件，在此基础上开始绘图。

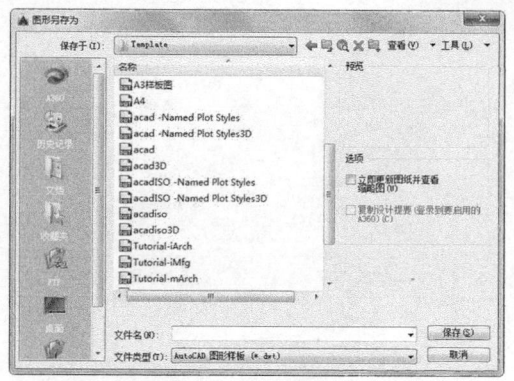
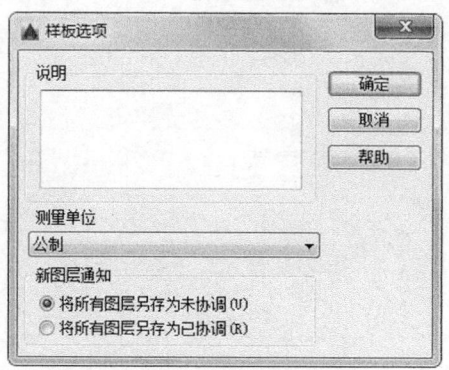

图 6-38 保存样板图   图 6-39 "样板选项"对话框

6.4 表格

在 AutoCAD 以前的版本中，要绘制表格必须采用绘制图线或者图线结合"偏移"或"复制"等编辑命令来完成。这样的操作过程烦琐而复杂，不利于提高绘图效率。表格功能使创建表格变得非常容易，用户可以直接插入设置好样式的表格，而不用绘制由单独的图线组成的栅格。

6.4.1 定义表格样式

和文字样式一样，AutoCAD 所有图形中的表格都有和其相对应的表格样式。插入表格对象时，AutoCAD 使用当前设置的表格样式。表格样式是用来控制表格基本形状和间距的一组设置。模板文件 ACAD.DWT 和 ACADISO.DWT 中定义了名为 STANDARD 的默认表格样式。

1．执行方式

命令行：TABLESTYLE。

菜单栏：格式→表格样式。

工具栏：样式→表格样式管理器 ■。

功能区：默认→注释→表格样式 ■ 或注释→表格→表格样式→管理表格样式或注释→表格→对话框启动器 ↘ 。

2．操作步骤

执行上述方式后，将打开"表格样式"对话框，如图 6-40 所示。

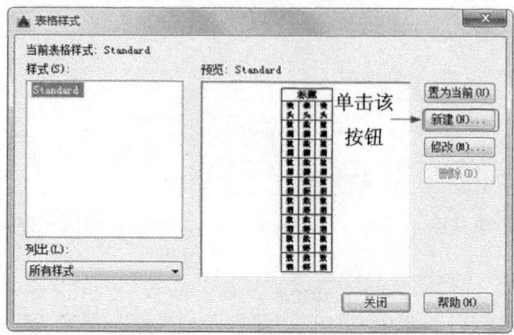

图 6-40 "表格样式"对话框

3．选项说明

（1）新建

单击该按钮，系统打开"创建新的表格样式"对话框，如图 6-41 所示。输入新的表格样式名后，单击"继续"按钮，系统打开"新建表格样式"对话框，如图 6-42 所示，从中可以定义新的表格样式。

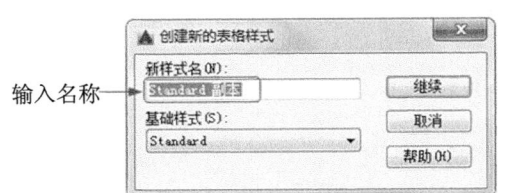

输入名称——

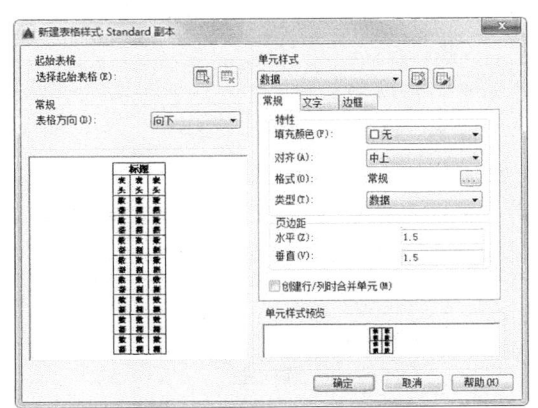

图 6-41 "创建新的表格样式"对话框　　　　图 6-42 "新建表格样式"对话框

"新建表格样式"对话框的"单元样式"下拉列表中包含有"数据""表头"和"标题"3 个选项，分别控制表格中数据、列标题和总标题的有关参数，如图 6-43 所示。下面以"数据"单元样式为例说明其中各参数功能。

①"常规"选项卡：用于控制数据栏格与标题栏格的上下位置关系。

②"文字"选项卡：用于设置文字属性，单击此选项卡，在"文字样式"下拉列表框中可以选择已定义的文字样式并应用于数据文字，也可以单击右侧的按钮 …… 重新定义文字样式。其中"文字高度""文字颜色"和"文字角度"各选项设定的相应参数格式可供用户选择。

③"边框"选项卡：用于设置表格的边框属性，下面的边框线按钮控制数据边框线的各种形式，如绘制所有数据边框线、只绘制数据边框外部边框线、只绘制数据边框内部边框线、无边框线、只绘制底部边框线等。选项卡中的"线宽""线型"和"颜色"下拉列表框则控制边框线的线宽、线型和颜色；选项卡中的"间距"文本框用于控制单元边界和内容之间的间距。

图 6-44 中数据文字样式为 Standard，文字高度为 4.5，文字颜色为"红色"，填充颜色为"黄色"，对齐方式为"右下"；没有页眉行，标题文字样式为 Standard，文字高度为 6，文字颜色为"蓝色"，填充颜色为"无"，对齐方式为"正中"；表格方向为"上"，水平单元边距和垂直单元边距都为 1.5。

标题		|←——标题
页眉	页眉	页眉
数据	数据	数据 |←——表头
数据	数据	数据
数据	数据	数据
数据	数据	数据
数据	数据	数据 |←——数据
数据	数据	数据
数据	数据	数据
数据	数据	数据

图 6-43 表格样式

数据	数据	数据
数据	数据	数据
数据	数据	数据
数据	数据	数据
数据	数据	数据
数据	数据	数据
数据	数据	数据
数据	数据	数据
标题		

图 6-44 表格示例

（2）修改

对当前表格样式进行修改，方式与新建表格样式相同。

6.4.2 创建表格

在设置好表格样式后，用户可以利用 TABLE 命令创建表格。

1. 执行方式

命令行：TABLE。

菜单栏：绘图→表格。

工具栏：绘图→表格⊞。

功能区：默认→注释→表格⊞或注释→表格→表格⊞。

2. 操作步骤

执行上述方式后，将打开"插入表格"对话框，如图 6-45 所示。

3. 选项说明

（1）"表格样式"选项组

可以在"表格样式"下拉列表框中选择一种表格样式，也可以单击后面的⊡按钮新建或修改表格样式。

（2）"插入方式"选项组

①"指定插入点"单选按钮：指定表左上角的位置。可以使用定点设备，也可以在命令行输入坐标值。如果表格样式将表的方向设置为由下而上读取，则插入点位于表的左下角。

②"指定窗口"单选按钮：指定表的大小和位置。可以使用定点设备，也可以在命令行输入坐标值。选择此选项时，行数、列数、列宽和行高取决于窗口的大小及列和行设置。

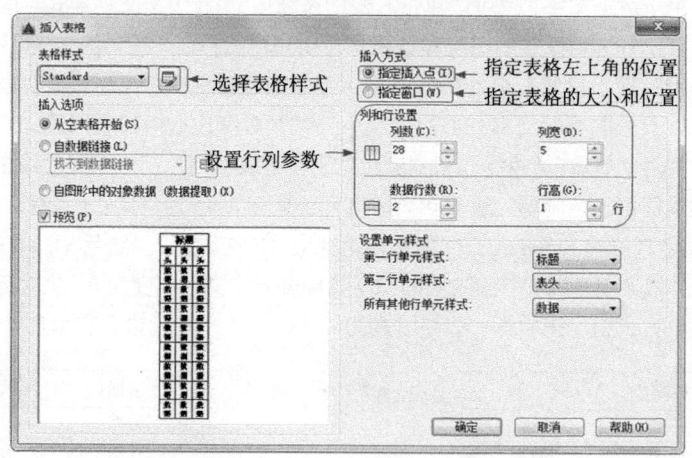

图 6-45 "插入表格"对话框

（3）"列和行设置"选项组

指定列和行的数目，以及列宽与行高。

 在"插入方式"选项组中选中"指定窗口"单选按钮后，列与行设置的两个参数中只能指定一个，另外一个由指定窗口大小自动等分指定。

在上面的"插入表格"对话框中进行相应设置后,单击"确定"按钮,系统在指定的插入点或窗口自动插入一个空表格,并显示多行文字编辑器,用户可以逐行逐列输入相应的文字或数据,如图 6-46 所示。

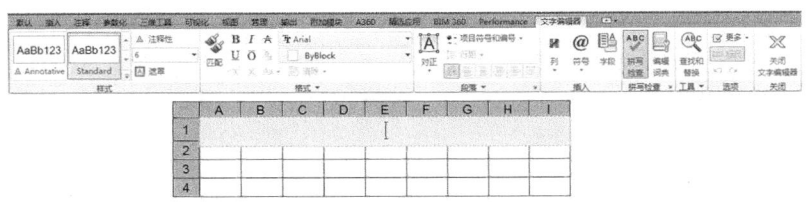

图 6-46　多行文字编辑器

在插入后的表格中选择某一个单元格,单击后出现钳夹点,通过移动钳夹点可以改变单元格的大小,如图 6-47 所示。

图 6-47　改变单元格大小

6.4.3　表格文字编辑

1. 执行方式

命令行: TABLEDIT。

快捷菜单:选定表和一个或多个单元后,右击,然后在弹出的快捷菜单中选择"编辑文字"命令。

定点设备:在表单元内双击。

2. 操作步骤

命令: TABLEDIT✓

系统打开多行文字编辑器,用户可以对指定表格单元的文字进行编辑。

6.4.4　实例——明细表

明细表是机械装配图中必不可少的要素,可以明确组成装配图各个零件的名称、代号、数量等相关信息。本例绘制如图 6-48 所示的明细表。

操作步骤:(光盘\动画演示\第 6 章\明细表.avi)

明细表

(1)设置表格样式。单击"默认"选项卡"注释"面板中的"表格样式"按钮，打开"表格样式"对话框,如图 6-49 所示。

(2)修改样式。单击"修改"按钮,打开"修改表格样式"对话框,如图 6-50 所示。在该对话框中进行如下设置:将"数据"单元中"文字样式"设置为 Standard,文字高度为 5,文字颜色为"红",填充颜色为"无",对齐方式为"左中",边框颜色为"绿",水平页边距和垂直页边距均为 1.5;将"标题"单元中"文字样式"设置为 Standard,文字高度为 5,文字颜色为"蓝",填充颜色为"无",对齐方式为"正中",表格方向为"向上"。

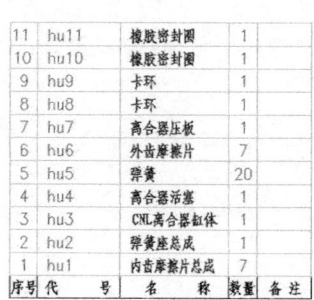

11	hu11	橡胶密封圈	1	
10	hu10	橡胶密封圈	1	
9	hu9	卡环	1	
8	hu8	卡环	1	
7	hu7	离合器压板	1	
6	hu6	外齿摩擦片	7	
5	hu5	弹簧	20	
4	hu4	离合器活塞	1	
3	hu3	CNL离合器缸体	1	
2	hu2	弹簧座总成	1	
1	hu1	内齿摩擦片总成	7	
序号	代　号	名　称	数量	备注

图 6-48　绘制明细表

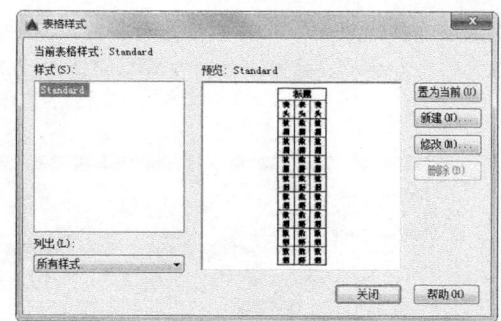

图 6-49　"表格样式"对话框

（3）设置好表格样式后，单击"确定"按钮退出。

（4）创建表格。单击"默认"选项卡"注释"面板中的"表格"按钮，打开"插入表格"对话框，如图 6-51 所示。设置插入方式为"指定插入点"，数据行数和列数设置为 11 行 5 列、列宽为 10、行高为 1 行。

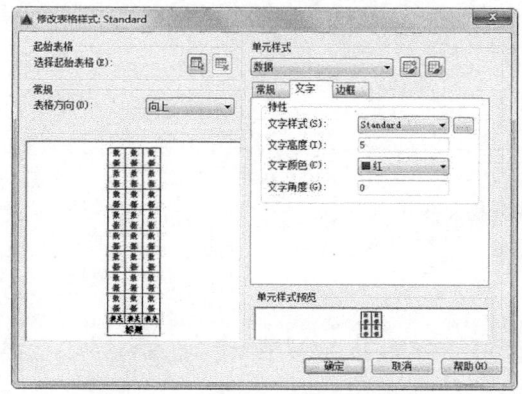

图 6-50　"修改表格样式"对话框

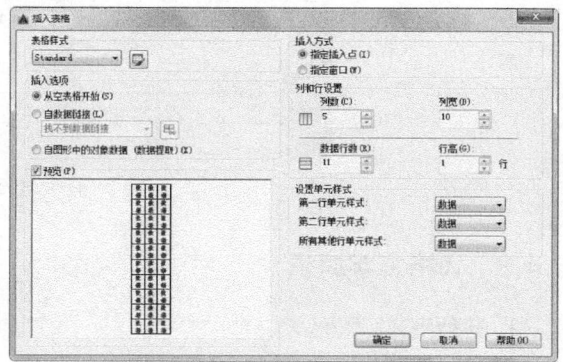

图 6-51　"插入表格"对话框

（5）插入表格。单击"确定"按钮后，在绘图平面指定插入点，则插入图 6-52 所示的空表格，并显示多行文字编辑器，不输入文字，直接在多行文字编辑器中单击"关闭文字编辑器"按钮退出。

图 6-52　空表格及"文字编辑器"选项卡

（6）调整表格。单击第 2 列中的任意一个单元格，出现钳夹点后，将右边钳夹点向右拖曳，将列宽设定为 30。使用同样的方法，将第 3 列和第 5 列的列宽设置为 40 和 20，结果如图 6-53 所示。

（7）输入文字。双击要输入文字的单元格，重新打开多行文字编辑器，在各单元中输入相应的文字或数据，最终结果如图 6-48 所示。

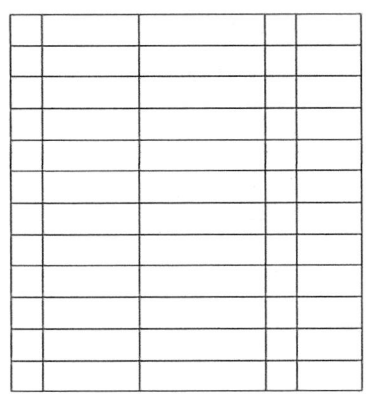

图 6-53　改变列宽

6.5　操作与实践

通过本章的学习，读者对工程制图中文字和表格的应用等知识有了大体的了解，本节通过 2 个上机实验使读者进一步掌握本章知识要点。

6.5.1　绘制并填写标题栏

1．目的要求

本例主要利用"多行文字"命令，填写标题栏，如图 6-54 所示。

2．操作提示

（1）按照有关标准或规范设定尺寸，利用"直线"命令和相关编辑命令绘制标题栏。

（2）设置两种不同的文字样式。

（3）填写标题栏中的文字。

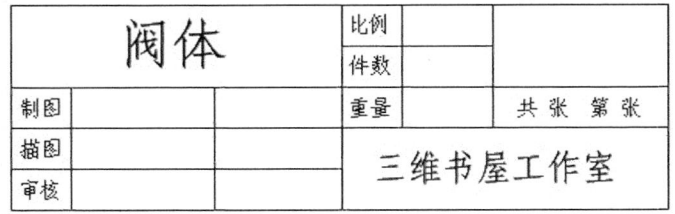

图 6-54　标注图形名和单位名称

6.5.2　绘制变速器组装图明细表

1．目的要求

本例主要利用"表格"命令，设置表格样式并创建表格，如图 6-55 所示。

2．操作提示

（1）设置表格样式。

（2）插入空表格，并调整列宽。

（3）重新输入文字和数据。

14	端盖	1	HT150	
13	端盖	1	HT150	
12	定距环	1	Q235A	
11	大齿轮	1	40	
10	键 16×70	1	Q275	GB 1095-79
9	轴	1	45	
8	轴承	2		30208
7	端盖	1	HT200	
6	轴承	2		30211
5	轴	1	45	
4	键8×50	1	Q275	GB 1095-79
3	端盖	1	HT200	
2	调整垫片	2组	08F	
1	减速器箱体	1	HT200	
序号	名　称	数量	材　料	备　注

图 6-55　变速器组装图明细表

6.6　思考与练习

1. 在表格中不能插入（　　）。
   A. 块　　　　　　　　B. 字段　　　　　　　C. 公式　　　　　　　D. 点
2. 在设置文字样式时，设置了文字的高度，其效果是（　　）。
   A. 在输入单行文字时，可以改变文字高度　　B. 在输入单行文字时，不可以改变文字高度
   C. 在输入多行文字时，不能改变文字高度　　D. 都能改变文字高度
3. 在正常输入汉字时却显示"？"，是什么原因？（　　）
   A. 因为文字样式没有设定好　　　　　　　　B. 输入错误
   C. 堆叠字符　　　　　　　　　　　　　　　D. 字高太高
4. 图 6-56 所示的图中右侧镜像文字，则 mirrtext 系统变量是（　　）。
   A. 0　　　　　　　　　　　　　　　　　　　B. 1
   C. ON　　　　　　　　　　　　　　　　　　D. OFF

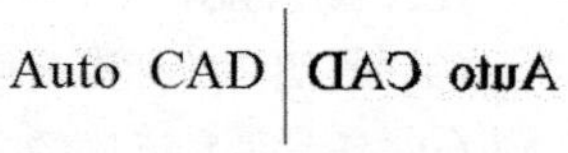

   Auto CAD | CAD otuA

   图 6-56　镜像文字
5. 在插入字段的过程中，如果显示####，则表示该字段（　　）。
   A. 没有值　　　　　B. 无效　　　　　C. 字段太长，溢出　　　D. 字段需要更新
6. 以下哪种不是表格的单元格式数据类型？（　　）
   A. 百分比　　　　　B. 时间　　　　　C. 货币　　　　　D. 点
7. 按图 6-57 所示设置文字样式，则文字的高度、宽度因子是（　　）。
   A. 0，5　　　　　　B. 0，0.5　　　　　C. 5，0　　　　　D. 0，0

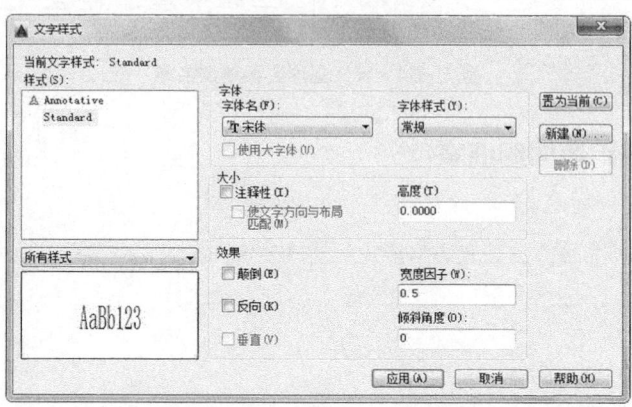

图 6-57　"文字样式"对话框

第7章

尺寸标注

■ 尺寸标注是绘图设计过程中相当重要的一个环节。因为图形的主要作用是表达物体的形状，而物体各部分的真实大小和各部分之间的确切位置只能通过尺寸标注来表达。因此，没有正确的尺寸标注，绘制出的图样对于加工制造就没有什么意义。AutoCAD提供方便、准确的标注尺寸功能。本章将对这些功能进行详细介绍。

7.1　尺寸概述

对于不同行业应用的尺寸，其具体的组成和要素形式有所不同。在标注尺寸时，通常要遵守一定的规则，本节将对这些内容进行简要介绍。

7.1.1　尺寸标注的规则

在我国的（GB/T 4457.4－2002）《机械制图 图样画法 图线》中，对尺寸标注的规则作出了一些规定，要求尺寸标注必须遵守以下基本规则。

- 物体的真实大小应以图形上所标注的尺寸数值为依据，与图形的显示大小和绘图的精确度无关。
- 图形中的尺寸以毫米为单位时，不需要标注尺寸单位的代号或名称。如果采用其他单位，则必须注明尺寸单位的代号或名称，如度、厘米、英寸等。
- 图形中所标注的尺寸为图形所表示的物体的最后完工尺寸，如果是中间过程的尺寸（如在涂镀前的尺寸等），则必须另加说明。
- 物体的每一尺寸一般只标注一次，并应标注在最能清晰反映该结构的视图上。

7.1.2　尺寸标注的组成

一个完整的尺寸标注由尺寸线、尺寸界线、尺寸箭头、尺寸文本，以及一些相关的符号组成，如图7-1所示。通常，AutoCAD 将构成一个尺寸的尺寸线、尺寸界线、尺寸箭头和尺寸文本以块的形式放在图形文件内，因此可以把一个尺寸看成一个对象。下面介绍尺寸标注各组成部分的特点。

1．尺寸界线

尺寸界线用细实线绘制，如图 7-2（a）所示。尺寸界线一般是图形轮廓线、轴线或对称中心线的延伸线，超出箭头 2～3mm。可直接用轮廓线、轴线或对称中心线作尺寸界线。

尺寸界线一般与尺寸线垂直，必要时允许倾斜。

2．尺寸线

尺寸线用细实线绘制，如图 7-2（a）所示。尺寸线必须单独画出，不能用图上任何其他图线代替，也不能与图线重合或在其延长线上[如图7-2（b）所示尺寸3和8的尺寸线]，并应尽量避免尺寸线之间及尺寸线与尺寸界线之间相交。

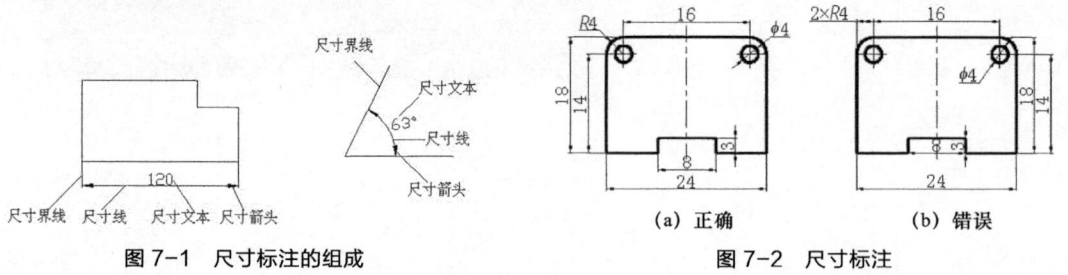

图 7-1　尺寸标注的组成　　　图 7-2　尺寸标注

标注线性尺寸时，尺寸线必须与所标注的线段平行，相同方向的各尺寸线间距要均匀，间隔应大于5mm。

3．尺寸线终端

尺寸线终端有两种形式，即箭头或细斜线，如图7-3所示。

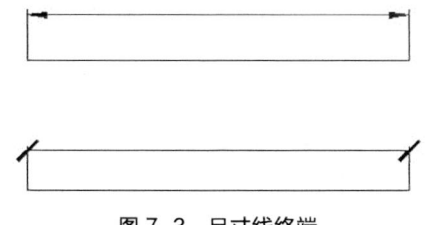

图 7-3　尺寸线终端

箭头适用于各种类型的图形，箭头尖端与尺寸界线接触，不得超出，也不得离开，如图 7-4 所示。

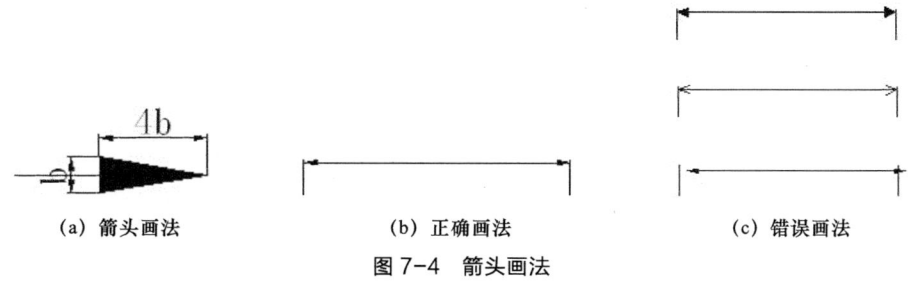

（a）箭头画法　　（b）正确画法　　（c）错误画法

图 7-4　箭头画法

细斜线方向和画法如图 7-3 所示。当尺寸线终端采用斜线形式时，尺寸线与尺寸界线必须相互垂直，并且同一图样中只能采用一种尺寸终端形式。

采用箭头作为尺寸线终端时，位置若不够，允许用圆点或细斜线代替箭头。

4. 尺寸数字

线性尺寸的数字一般注写在尺寸线上方或尺寸线中断处。同一图样内大小一致，位置不够时可引出标注。

线性尺寸数字方向按图 7-5（a）所示方向进行注写，并尽可能避免在图示 30° 范围内标注尺寸，无法避免时，可按图 7-5（b）所示标注。

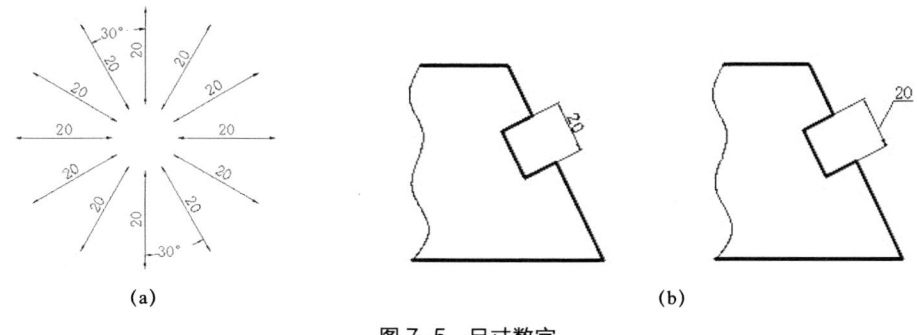

（a）　　　　　　　　（b）

图 7-5　尺寸数字

5. 符号

图中用符号区分不同类型的尺寸。

- ϕ——直径。
- R——半径。
- S——球面。
- δ——板状零件厚度。
- □——正方形。

- ∠——斜度。
- ◁——锥度。
- ±——正负偏差。
- ×——参数分隔符，如 M10×1，槽宽×槽深等。
- -——连字符，如 4-ϕ10，M10×1-6H 等。

7.2 尺寸样式

在进行尺寸标注之前，要建立尺寸标注的样式。如果用户不建立尺寸样式而直接进行标注，系统使用默认名称为 STANDARD 的样式。用户如果认为使用的标注样式某些设置不合适，可以修改标注样式。

1. 执行方式

命令行：DIMSTYLE。

菜单栏：格式→标注样式或标注→标注样式。

工具栏：标注→标注样式 ✍。

功能区：默认→注释→标注样式 ✍ 或注释→标注→标注样式→管理标注样式或注释→标注→对话框启动器 ▿ 。

2. 操作步骤

执行上述方式后，打开"标注样式管理器"对话框，如图 7-6 所示。利用此对话框可方便直观地定制和浏览尺寸标注样式，包括产生新的标注样式、修改已存在的样式、设置当前尺寸标注样式、样式重命名，以及删除一个已有样式等。

3. 选项说明

（1）"置为当前"按钮

单击此按钮，可将"样式"列表框中选中的样式设置为当前样式。

（2）"新建"按钮

定义一个新的尺寸标注样式。单击此按钮，在打开的"创建新标注样式"对话框（图 7-7）中可创建一个新的尺寸标注样式，其中各项的功能说明如下。

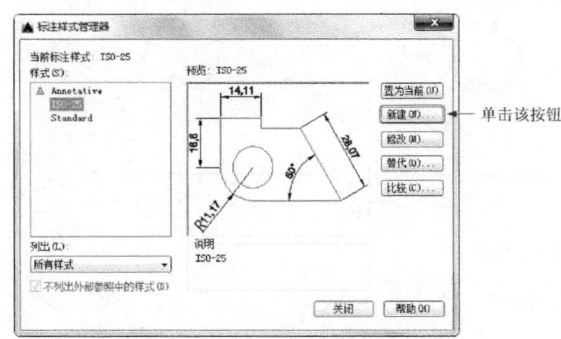

图 7-6 "标注样式管理器"对话框（1）

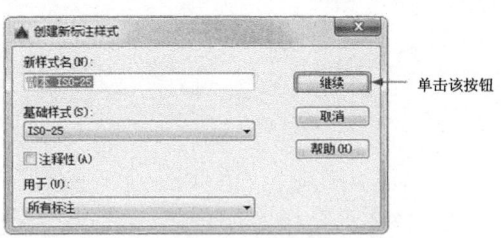

图 7-7 "创建新标注样式"对话框（1）

①"新样式名"文本框：给新的尺寸标注样式命名。

②"基础样式"下拉列表框：选取创建新样式所基于的标注样式。单击右侧的向下箭头，出现当前已有的样式列表，从中选取一个作为定义新样式的基础，新的样式是在这个样式的基础上修改一些特性得到的。

③"用于"下拉列表框：指定新样式应用的尺寸类型。单击右侧的向下箭头，出现尺寸类型列表：

如果新建样式应用于所有尺寸，则选择"所有标注"选项；如果新建样式只应用于特定的尺寸标注（如只在标注直径时使用此样式），则选取相应的尺寸类型。

④"继续"按钮：各选项设置好以后，单击该按钮，在打开的"新建标注样式"对话框（图7-8）中可对新样式的各项特性进行设置。该对话框中各部分的含义和功能将在后面介绍。

（3）"修改"按钮

修改一个已存在的尺寸标注样式。单击此按钮，弹出"修改标注样式"对话框，该对话框中的各选项与"新建标注样式"对话框中完全相同，可以对已有标注样式进行修改。

（4）"替代"按钮

设置临时覆盖尺寸标注样式。单击此按钮，打开"替代当前样式"对话框，该对话框中各选项与"新建标注样式"对话框完全相同，用户可改变选项的设置覆盖原来的设置。这种修改只对指定的尺寸标注起作用，而不影响当前尺寸变量的设置。

（5）"比较"按钮

比较两个尺寸标注样式在参数上的区别或浏览一个尺寸标注样式的参数设置。单击此按钮，打开"比较标注样式"对话框，如图7-9所示。可以把比较结果复制到剪贴板上，然后再粘贴到其他的Windows应用软件上。

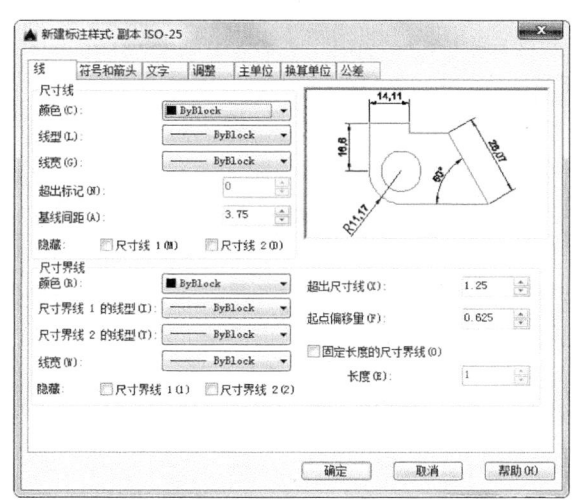

图7-8 "新建标注样式"对话框（1）

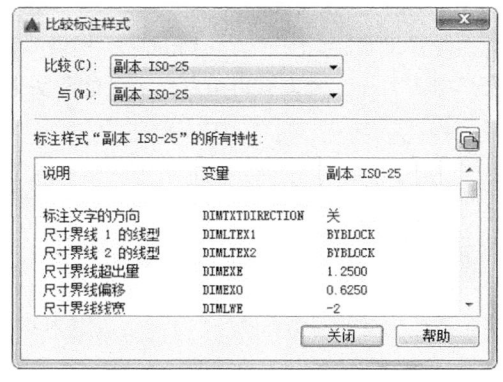

图7-9 "比较标注样式"对话框

7.2.1 线

在"新建标注样式"对话框中，第一个选项卡是"线"，如图7-10所示。该选项卡用于设置尺寸线、尺寸界线的形式和特性。下面对该选项卡下的选项功能进行介绍。

1. "尺寸线"选项组

设置尺寸线的特性，各选项的含义如下。

（1）"颜色"下拉列表框：设置尺寸线的颜色。可直接输入颜色名称，也可从下拉列表中选择。如果选择"选择颜色"选项，系统打开"选择颜色"对话框供用户选择其他颜色。

（2）"线宽"下拉列表框：设置尺寸线的线宽，下拉列表中列出各种线宽的名称和宽度。

（3）"超出标记"微调框：当尺寸箭头设置为短斜线、短波浪线等，或尺寸线上无箭头时，可利用此微调框设置尺寸线超出尺寸界线的距离。

（4）"基线间距"微调框：设置以基线方式标注尺寸时，相邻两尺寸线之间的距离。

（5）"隐藏"复选框组：确定是否隐藏尺寸线及相应的箭头。选中"尺寸线 1"复选框表示隐藏第一段尺寸线，选中"尺寸线 2"复选框表示隐藏第二段尺寸线。

2. "尺寸界线"选项组

该选项组用于确定尺寸界线的形式，各项的含义如下。

（1）"颜色"下拉列表框：设置尺寸界线的颜色。

（2）"线宽"下拉列表框：设置尺寸界线的线宽。

（3）"超出尺寸线"微调框：确定尺寸界线超出尺寸线的距离。

（4）"起点偏移量"微调框：确定尺寸界线的实际起始点相对于指定的尺寸界线的起始点的偏移量。

（5）"隐藏"复选框组：确定是否隐藏尺寸界线。选中"尺寸界线 1"复选框表示隐藏第一段尺寸界线，选中"尺寸界线 2"复选框表示隐藏第二段尺寸界线。

3. 尺寸样式显示框

在"新建标注样式"对话框的右上方是一个尺寸样式显示框，该框以样例的形式显示用户设置的尺寸样式。

7.2.2 符号和箭头

在"新建标注样式"对话框中，第二个选项卡是"符号和箭头"，如图 7-10 所示。该选项卡用于设置箭头、圆心标记、弧长符号和半径折弯标注的形式和特性。

1. "箭头"选项组

设置尺寸箭头的形式，AutoCAD 提供多种多样的箭头形状，列在"第一个"和"第二个"下拉列表框中。另外，允许采用用户自定义的箭头形状。两个尺寸箭头可以采用相同的形式，也可采用不同的形式。

（1）"第一个"下拉列表框：用于设置第一个尺寸箭头的形式。单击右侧的小箭头，从下拉列表中选择，其中列出各种箭头形式的名称以及各类箭头的形状。一旦确定第一个箭头的类型，第二个箭头则自动与其匹配，为使第二个箭头取不同的形状，可在"第二个"下拉列表框中设定。

如果在列表中选择了"用户箭头"选项，则打开图 7-11 所示的"选择自定义箭头块"对话框，可以事先把自定义的箭头存成一个图块，在该对话框中输入该图块名即可。

图 7-10 "符号和箭头"选项卡（1）

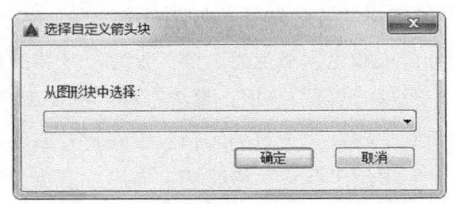

图 7-11 "选择自定义箭头块"对话框

（2）"第二个"下拉列表框：确定第二个尺寸箭头的形式，可与第一个箭头不同。

（3）"引线"下拉列表框：确定引线箭头的形式，与"第一个"设置类似。

（4）"箭头大小"微调框：设置箭头的大小。

2. "圆心标记"选项组

（1）"标记"单选按钮：中心标记为一个记号。

（2）"直线"单选按钮：中心标记采用中心线的形式。

（3）"无"单选按钮：既不产生中心标记，也不产生中心线，如图 7-12 所示。

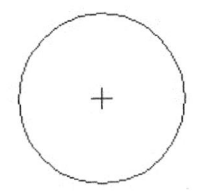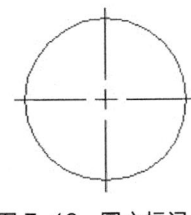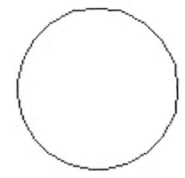

图 7-12　圆心标记

3. "弧长符号"选项组

控制弧长标注中圆弧符号的显示，有 3 个单选按钮。

（1）"标注文字的前缀"单选按钮：将弧长符号放在标注文字的前面，如图 7-13（a）所示。

（2）"标注文字的上方"单选按钮：将弧长符号放在标注文字的上方，如图 7-13（b）所示。

（3）"无"单选按钮：不显示弧长符号，如图 7-13（c）所示。

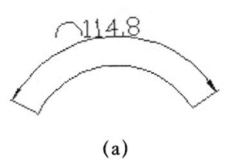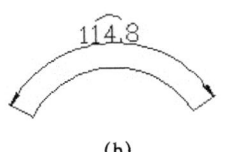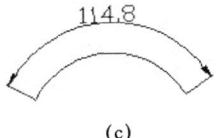

| (a) | (b) | (c) |

图 7-13　弧长符号

4. "半径折弯标注"选项组

控制折弯（Z 字形）半径标注的显示。半径折弯标注通常在中心点位于页面外部时创建。在"折弯角度"文本框中可以输入连接半径标注的尺寸界线和尺寸线横向直线的角度，如图 7-14 所示。

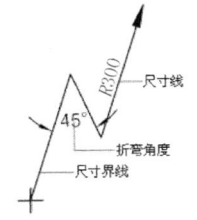

图 7-14　折弯角度

7.2.3　尺寸文本

在"新建标注样式"对话框中，第 3 个选项卡是"文字"，如图 7-15 所示。该选项卡用于设置尺寸文本的形式、布置和对齐方式等。

1. "文字外观"选项组

（1）"文字样式"下拉列表框：选择当前尺寸文本采用的文本样式。可单击小箭头，从下拉列表中选取一个样式，也可单击右侧的 ⋯ 按钮，打开"文字样式"对话框以创建新的文本样式或对文本样式进行修改。

（2）"文字颜色"下拉列表框：设置尺寸文本的颜色，其操作方法与设置尺寸线颜色的方法相同。

（3）"文字高度"微调框：设置尺寸文本的字高。如果选用的文本样式中已设置具体的字高（不是 0），则此处的设置无效；如果文本样式中设置的字高为 0，才以此处的设置为准。

（4）"分数高度比例"微调框：确定尺寸文本的比例系数。

（5）"绘制文字边框"复选框：选中此复选框，AutoCAD 在尺寸文本周围加上边框。

选择该选项卡

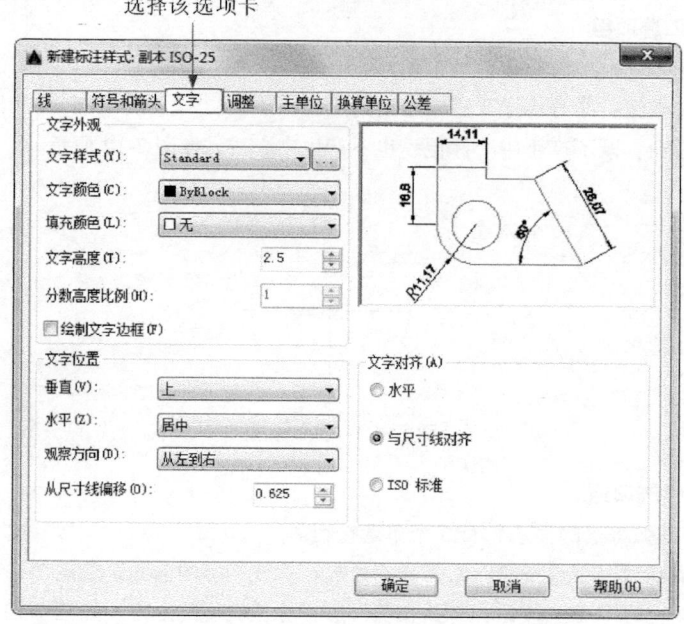

图 7-15 "文字"选项卡（1）

2. "文字位置"选项组

（1）"垂直"下拉列表框：确定尺寸文本相对于尺寸线在垂直方向的对齐方式。单击右侧的向下箭头，弹出下拉列表，可选择的对齐方式有以下 5 种。

① 居中：将尺寸文本放在尺寸线的中间。

② 上：将尺寸文本放在尺寸线的上方。

③ 外部：将尺寸文本放在远离第一条尺寸界线起点的位置，即和所标注的对象分列于尺寸线的两侧。

④ JIS：使尺寸文本的放置符合 JIS（日本工业标准）规则。

⑤ 下：将尺寸文本放在尺寸线的上方。

这 5 种文本布置方式如图 7-16 所示。

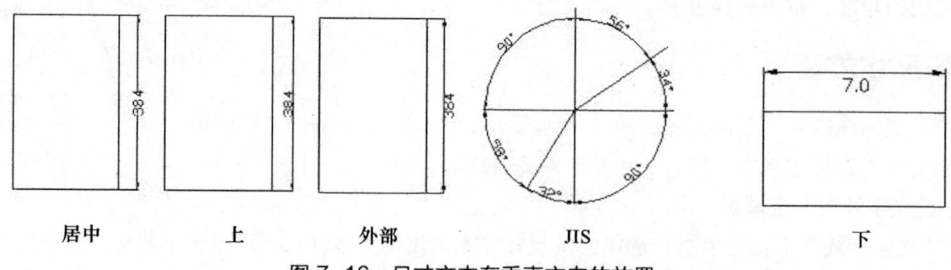

居中　　　　　上　　　　　外部　　　　　JIS　　　　　下

图 7-16 尺寸文本在垂直方向的放置

（2）"水平"下拉列表框：确定尺寸文本相对于尺寸线和尺寸界线在水平方向的对齐方式。单击右侧的向下箭头，弹出下拉列表，对齐方式有以下 5 种：居中、第一条尺寸界线、第二条尺寸界线、第一条尺寸界线上方、第二条尺寸界线上方，如图 7-17 所示。

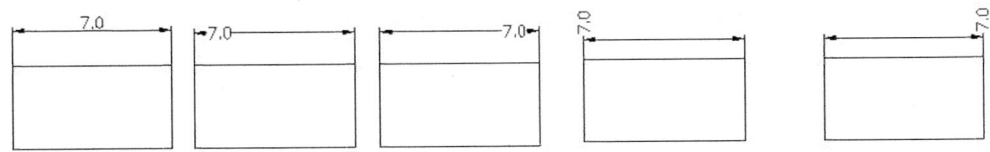

图 7-17　尺寸文本在水平方向的对齐方式

（3）"从尺寸线偏移"微调框：当尺寸文本放在断开的尺寸线中间时，此微调框用来设置尺寸文本与尺寸线之间的距离（尺寸文本间隙）。

3．"文字对齐"选项组

用来控制尺寸文本排列的方向。

（1）"水平"单选按钮：尺寸文本沿水平方向放置。不论标注什么方向的尺寸，尺寸文本总保持水平。

（2）"与尺寸线对齐"单选按钮：尺寸文本沿尺寸线方向放置。

（3）"ISO 标准"单选按钮：当尺寸文本在尺寸界线之间时，沿尺寸线方向放置；在尺寸界线之外时，沿水平方向放置。

7.2.4　调整

在"新建标注样式"对话框中，第 4 个选项卡是"调整"，如图 7-18 所示。该选项卡根据两条尺寸界线之间的空间，设置将尺寸文本、尺寸箭头放在两尺寸界线的里边，还是外边。如果空间允许，AutoCAD 总是把尺寸文本和箭头放在尺寸界线的里边；如果空间不够，则根据本选项卡的各项设置放置。

1．"调整选项"选项组

（1）"文字或箭头（最佳效果）"单选按钮：选中此单选按钮，按以下方式放置尺寸文本和箭头：如果空间允许，把尺寸文本和箭头都放在两尺寸界线之间；如果两尺寸界线之间只够放置尺寸文本，则把文本放在尺寸界线之间，而把箭头放在尺寸界线的外边；如果只够放置箭头，则把箭头放在里边，把文本放在外边；如果两尺寸界线之间既放不下文本，也放不下箭头，则把二者均放在外边。

（2）"箭头"单选按钮：选中此单选按钮，按以下方式放置尺寸文本和箭头：如果空间允许，把尺寸文本和箭头都放在两尺寸界线之间；如果空间只够放置箭头，则把箭头放在尺寸界线之间，把文本放在外边；如果尺寸界线之间的空间放不下箭头，则把箭头和文本均放在外面。

（3）"文字"单选按钮：选中此单选按钮，按以下方式放置尺寸文本和箭头。如果空间允许，把尺寸文本和箭头都放在两尺寸界线之间，否则把文本放在尺寸界线之间，把箭头放在外面；如果尺寸界线之间的空间放不下尺寸文本，则把文本和箭头都放在外面。

（4）"文字和箭头"单选按钮：选中此单选按钮，如果空间允许，把尺寸文本和箭头都放在两尺寸界线之间，否则把文本和箭头都放在尺寸界线外面。

（5）"文字始终保持在尺寸界线之间"单选按钮：选中此单选按钮，AutoCAD 总把尺寸文本放在两条尺寸界线之间。

（6）"若箭头不能放在尺寸界线内，则将其消"复选框：选中此复选框，则尺寸界线之间的空间不够时省略尺寸箭头。

2．"文字位置"选项组

用来设置尺寸文本的位置，其中 3 个单选按钮的含义如下。

（1）"尺寸线旁边"单选按钮：选中此单选按钮，把尺寸文本放在尺寸线的旁边，如图 7-19（a）所示。

（2）"尺寸线上方，带引线"单选按钮：选中此单选按钮，把尺寸文本放在尺寸线的上方，并用引线与尺寸线相连，如图 7-19（b）所示。

（3）"尺寸线上方，不带引线"单选按钮：选中此单选按钮，把尺寸文本放在尺寸线的上方，中间无引线，如图 7-19（c）所示。

选择该选项卡

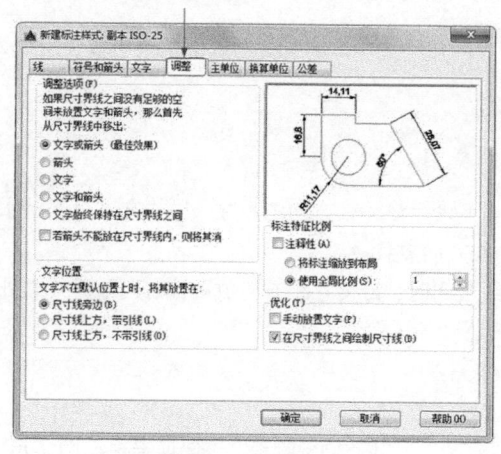

图 7-18　"调整"选项卡

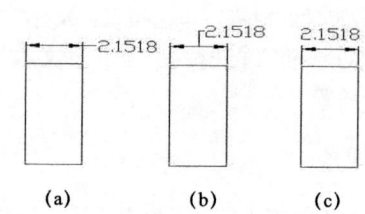

(a)　　　(b)　　　(c)

图 7-19　尺寸文本的位置

3．"标注特征比例"选项组

（1）"使用全局比例"单选按钮：确定尺寸的整体比例系数。其后面的"比例值"微调框可以用来选择需要的比例。

（2）"将标注缩放到布局"单选按钮：确定图纸空间内的尺寸比例系数，默认值为 1。

（3）"注释性"复选框：选择此复选框，则指定标注为 annotative。

4．"优化"选项组

设置附加的尺寸文本布置选项，包含以下两个选项。

（1）"手动放置文字"复选框：选中此复选框，标注尺寸时由用户确定尺寸文本的放置位置，忽略前面的对齐设置。

（2）"在尺寸界线之间绘制尺寸线"复选框：选中此复选框，无论尺寸文本在尺寸界线内部，还是外面，AutoCAD 均在两尺寸界线之间绘出一尺寸线；当尺寸界线内放不下尺寸文本而将其放在外面时，尺寸界线之间无尺寸线。

7.2.5　主单位

在"新建标注样式"对话框中，第 5 个选项卡是"主单位"，如图 7-20 所示。该选项卡用来设置尺寸标注的主单位和精度，以及给尺寸文本添加固定的前缀或后缀。本选项卡含两个选项组，分别对长度型标注和角度型标注进行设置。

1．"线性标注"选项组

用来设置标注长度型尺寸时采用的单位和精度。

（1）"单位格式"下拉列表框：确定标注尺寸时使用的单位制（角度型尺寸除外），提供 "科学""小数""工程""建筑""分数"和"Windows 桌面"6 种单位制，根据需要选择。

（2）"分数格式"下拉列表框：设置分数的形式，提供"水平""对角"和"非堆叠"3 种形式供用户选用。

选择该选项卡

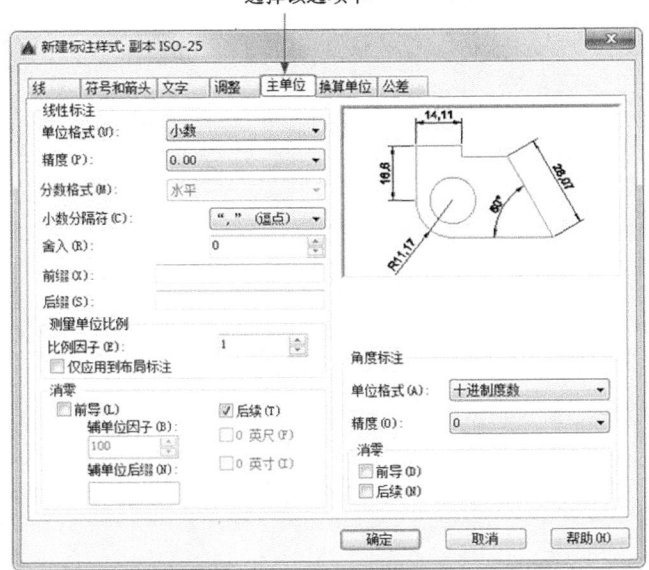

图 7-20 "主单位"选项卡（1）

（3）"小数分隔符"下拉列表框：确定十进制单位（Decimal）的分隔符，提供"．（点）""，（逗点）"和"空格"3 种形式。

（4）"舍入"微调框：设置除角度之外尺寸测量的圆整规则。在文本框中输入一个值，如果输入"1"，则所有测量值均圆整为整数。

（5）"前缀"文本框：设置固定前缀。可以输入文本，也可以用控制符产生特殊字符，这些文本被加在所有尺寸文本之前。

（6）"后缀"文本框：给尺寸标注设置固定后缀。

（7）"测量单位比例"选项组：确定 AutoCAD 自动测量尺寸时的比例因子。其中，"比例因子"微调框用来设置除角度之外所有尺寸测量的比例因子。例如，如果用户确定"比例因子"为 2，则把实际测量为 1 的尺寸标注为 2。

如果选中"仅应用到布局标注"复选框，则设置的比例因子只适用于布局标注。

（8）"消零"选项组：用于设置是否省略标注尺寸时的 0。

①"前导"复选框：选中此复选框省略尺寸值处于高位的 0。例如，0.50000 标注为.50000。

②"后续"复选框：选中此复选框省略尺寸值小数点后末尾的 0。例如，12.5000 标注为 12.5，而 30.0000 标注为 30。

③"0 英尺"复选框：采用"工程"和"建筑"单位制时，如果尺寸值小于 1 尺时，省略尺。例如，0'-6 1/2"标注为 6 1/2"。

④"0 英寸"复选框：采用"工程"和"建筑"单位制时，如果尺寸值是整数尺时，省略寸。例如，1'-0"标注为 1'。

2. "角度标注"选项组

用来设置标注角度时采用的角度单位。

（1）"单位格式"下拉列表框：设置角度单位制，提供"十进制度数""度/分/秒""百分度"和"弧度"4 种角度单位。

（2）"精度"下拉列表框：设置角度型尺寸标注的精度。

（3）"消零"选项组：设置是否省略标注角度时的 0。

7.2.6　换算单位

在"新建标注样式"对话框中，第 6 个选项卡是"换算单位"，如图 7-21 所示。该选项卡用于对替换单位进行设置。

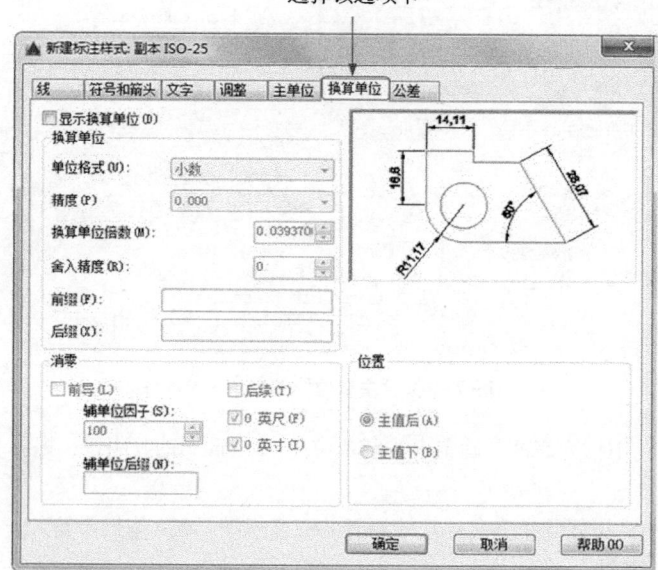

图 7-21　"换算单位"选项卡

1.　"显示换算单位"复选框

选中此复选框，则替换单位的尺寸值同时显示在尺寸文本上。

2.　"换算单位"选项组

用于设置替换单位，其中各项的含义如下。

（1）"单位格式"下拉列表框：选取替换单位采用的单位制。

（2）"精度"下拉列表框：设置替换单位的精度。

（3）"换算单位倍数"微调框：指定主单位和替换单位的转换因子。

（4）"舍入精度"微调框：设定替换单位的圆整规则。

（5）"前缀"文本框：设置替换单位文本的固定前缀。

（6）"后缀"文本框：设置替换单位文本的固定后缀。

3.　"消零"选项组

设置是否省略尺寸标注中的 0。

4.　"位置"选项组

设置替换单位尺寸标注的位置。

（1）"主值后"单选按钮：把替换单位尺寸标注放在主单位标注的后边。

（2）"主值下"单选按钮：把替换单位尺寸标注放在主单位标注的下边。

7.2.7　公差

在"新建标注样式"对话框中，第 7 个选项卡是"公差"，如图 7-22 所示。该选项卡用来确定标注公差的方式。

选择该选项卡

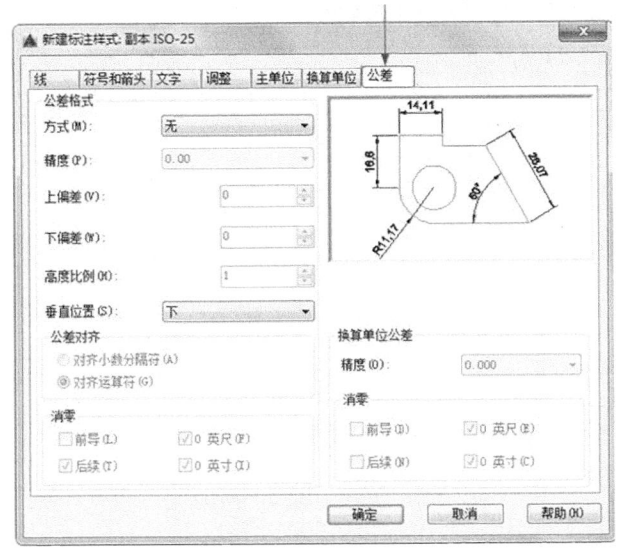

图 7-22 "公差"选项卡（1）

1. "公差格式"选项组

设置公差的标注方式。

（1）"方式"下拉列表框：设置以何种形式标注公差。单击右侧的向下箭头，弹出一下拉列表，其中列出提供的 5 种标注公差的形式，用户可从中选择。这 5 种形式分别是"无""对称""极限偏差""极限尺寸"和"基本尺寸"，其中"无"表示不标注公差，即通常标注情形。其余 4 种标注情况如图 7-23 所示。

（2）"精度"下拉列表框：确定公差标注的精度。

（3）"上偏差"微调框：设置尺寸的上偏差。

（4）"下偏差"微调框：设置尺寸的下偏差。

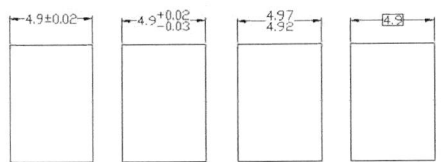

对称　　极限偏差　　极限尺寸　　基本尺寸

图 7-23 公差标注的形式

系统自动在上偏差数值前加一"+"号，在下偏差数值前加一"−"号。如果上偏差是负值或下偏差是正值，都需要在输入的偏差值前加负号，如下偏差是+0.005，则需要在"下偏差"微调框中输入−0.005。

（5）"高度比例"微调框：设置公差文本的高度比例，即公差文本的高度与一般尺寸文本的高度之比。

（6）"垂直位置"下拉列表框：控制"对称"和"极限偏差"形式的公差标注的文本对齐方式，包括以下 3 种。

① 上：公差文本的顶部与一般尺寸文本的顶部对齐。

② 中：公差文本的中线与一般尺寸文本的中线对齐。

③ 下：公差文本的底部与一般尺寸文本的底线对齐。

这 3 种对齐方式如图 7-24 所示。

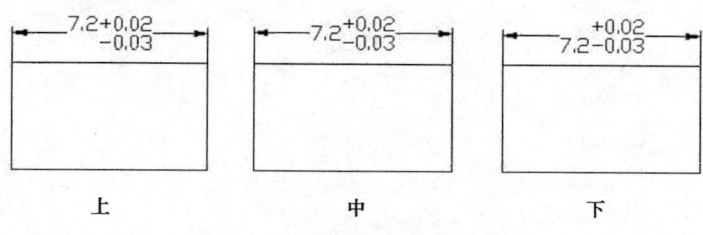

图 7-24　公差文本的对齐方式

（7）"消零"选项组：设置是否省略公差标注中的 0。

2. "换算单位公差"选项组

对形位公差标注的替换单位进行设置。其中，各项的设置方法与上面相同。

7.3　标注尺寸

正确地进行尺寸标注是设计绘图工作中非常重要的一个环节，AutoCAD 2016 提供了方便快捷的尺寸标注方法，可通过执行命令实现，也可利用菜单或工具图标实现。本节重点介绍如何对各种类型的尺寸进行标注。

7.3.1　长度型尺寸标注

长度型尺寸是最简单的一种尺寸，下面讲述其标注方法。

1. 执行方式

命令行：DIMLINEAR（快捷命令：DIMLIN）。

菜单栏：标注→线性。

工具栏：标注→线性 ⊢。

功能区：默认→注释→线性 ⊢或注释→标注→线性 ⊢。

2. 操作步骤

命令：DIMLIN✓

选择相应的命令或单击工具图标，或在命令行中输入"DIMLIN"后按 Enter 键，AutoCAD 提示：

指定第一个尺寸界线原点或 <选择对象>：

3. 选项说明

在此提示下有两种选择，直接按 Enter 键选择要标注的对象或确定尺寸界线的起始点，分别说明如下。

（1）直接按 Enter 键

光标变为拾取框，并且在命令行提示：

选择标注对象：

用拾取框点取要标注尺寸的线段，AutoCAD 提示：

指定尺寸线位置或 [多行文字(M)/文字(T)/角度(A)/水平(H)/垂直(V)/旋转(R)]：

各项的含义如下。

① 指定尺寸线位置：确定尺寸线的位置。用户可移动鼠标选择合适的尺寸线位置，然后按 Enter 键或单击，AutoCAD 则自动测量所选线段的长度并标注出相应的尺寸。

② 多行文字（M）：用多行文本编辑器确定尺寸文本。

③ 文字（T）：在命令行提示下输入或编辑尺寸文本。选择此选项后，AutoCAD 提示：

输入标注文字 <默认值>：

其中的默认值是 AutoCAD 自动测量得到的所选线段的长度，直接按 Enter 键即可采用此长度值，也可输入其他数值代替默认值。当尺寸文本中包含默认值时，可使用尖括号"< >"表示默认值。

要在公差尺寸前或后添加某些文本符号，必须输入尖括号"< >"表示默认值。例如，要将如图 7-25（a）所示的原始尺寸改为如图 7-25（b）所示的尺寸，在进行线性标注时，在执行 M 或 T 命令后，在"输入标注文字 <默认值>："提示下应该输入"%%c< >"。如果要将图 7-25（a）的尺寸文本改为图 7-25（c）所示的文本则比较麻烦。因为后面的公差是堆叠文本，这时可以用"多行文字"命令来执行，在多行文字编辑器中输入"5.8+0.1^-0.2"，然后堆叠处理即可。

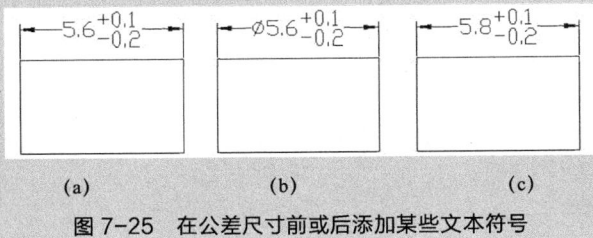

(a)　　　　　　　　(b)　　　　　　　　(c)

图 7-25　在公差尺寸前或后添加某些文本符号

④ 角度（A）：确定尺寸文本的倾斜角度。

⑤ 水平（H）：水平标注尺寸，不论标注什么方向的线段，尺寸线均水平放置。

⑥ 垂直（V）：垂直标注尺寸，不论被标注线段沿什么方向，尺寸线总保持垂直。

⑦ 旋转（R）：输入尺寸线旋转的角度值，旋转标注尺寸。

（2）指定第一条尺寸界线原点

指定第一条与第二条尺寸界线的起始点。

7.3.2　实例——标注螺栓

标注螺栓

利用上面所学的长度型尺寸标注方法标注螺栓。本例首先设置标注样式，再标注图形，如图 7-26 所示。

操作步骤：（光盘\动画演示\第 7 章\标注螺栓.avi）

（1）打开"源文件\第 7 章\螺栓"图形文件，如图 7-27 所示。

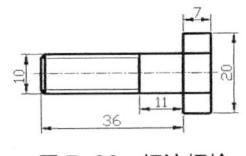

图 7-26　标注螺栓

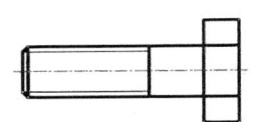

图 7-27　螺栓

（2）单击"默认"选项卡"注释"面板中的"标注样式"按钮，打开"标注样式管理器"对话框，如图 7-28 所示。由于系统的标注样式有些不符合要求，因此，根据图 7-28 中的标注样式，进行线性标注样式的设置。单击"新建"按钮，弹出"创建新标注样式"对话框，如图 7-29 所示，单击"用于"后的下拉列表框按钮，从中选择"线性标注"选项，然后单击"继续"按钮，弹出"新建标注样式"对话框，选择"文字"选项卡，进行如图 7-30 所示的设置，设置完成后，单击"确定"按钮，回到"标注样式管理器"对话框。

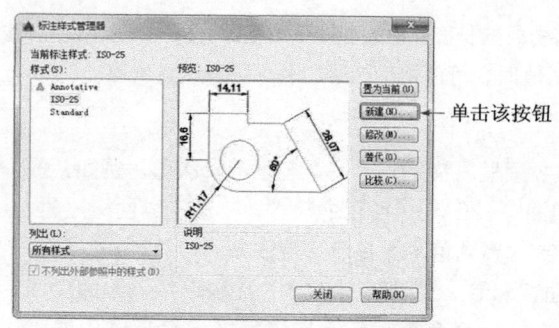

图 7-28　"标注样式管理器"对话框（2）

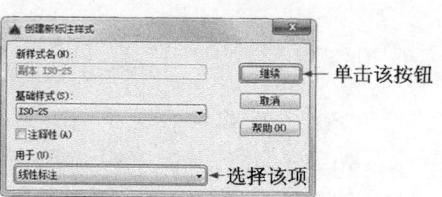

图 7-29　"创建新标注样式"对话框（2）

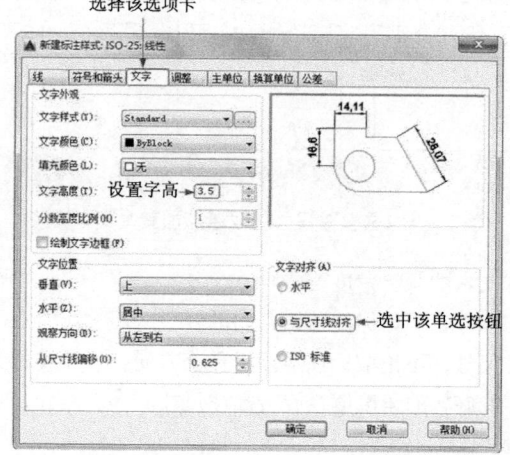

图 7-30　"新建标注样式"对话框（2）

（3）标注水平尺寸。单击"默认"选项卡"注释"面板中的"线性"按钮╞═╡，标注水平尺寸，命令行提示与操作如下：

命令：DIMLINEAR✓

指定第一个尺寸界线原点或 <选择对象>：_endp 于（捕捉标注为11的边的一个端点，作为第一条尺寸界线的起点）

指定第二条尺寸界线起点：_endp 于（捕捉标注为11的边的另一个端点，作为第二条尺寸界线的起点）

指定尺寸线位置或 [多行文字(M)/文字(T)/角度(A)/水平(H)/垂直(V)/旋转(R)]：T✓（按Enter键后，系统在命令行显示尺寸的自动测量值，可以对尺寸值进行修改）

输入标注文字<11>：✓（按Enter键，采用尺寸的自动测量值11）

指定尺寸线位置或 [多行文字(M)/文字(T)/角度(A)/水平(H)/垂直(V)/旋转(R)]：（指定尺寸线的位置。拖曳鼠标，出现动态的尺寸标注，在合适的位置单击，确定尺寸线的位置）

标注文字=11

重复执行"线性"命令，标注其他水平方向尺寸，方法与上面相同。

（4）竖直标注。单击"默认"选项卡"注释"面板中的"线性"按钮╞═╡，标注竖直方向尺寸，方法与上面相同。

7.3.3　对齐标注

对齐标注就是让标注的尺寸线与图形轮廓平行对齐，用于标注那些倾斜或不规则的轮廓。

1．执行方式

命令行：DIMALIGNED。

菜单栏：标注→对齐。

工具栏：标注→对齐。

功能区：默认→注释→对齐或注释→标注→已对齐。

2．操作步骤

命令：DIMALIGNED↙
指定第一个尺寸界线原点或 <选择对象>：
这种命令标注的尺寸线与所标注轮廓线平行，标注的是起始点到终点之间的距离尺寸。

7.3.4　坐标尺寸标注

坐标尺寸是指标注点的坐标位置，这种尺寸标注应用相对较少，在建筑总平面图绘制时可能会用到。

1．执行方式

命令行：DIMORDINATE。

菜单栏：标注→坐标。

工具栏：标注→坐标。

功能区：默认→注释→坐标或注释→标注→坐标。

2．操作步骤

命令：DIMORDINATE↙
指定点坐标：
点取或捕捉要标注坐标的点，AutoCAD 把这个点作为指引线的起点，并提示：
创建了无关联的标注。
指定引线端点或 [X 基准(X)/Y 基准(Y)/多行文字(M)/文字(T)/角度(A)]：

3．选项说明

（1）指定引线端点：确定另外一点。根据这两点之间的坐标差决定是生成 x 坐标尺寸，还是 y 坐标尺寸。如果这两点的 y 坐标之差比较大，则生成 x 坐标，反之生成 y 坐标。

（2）X（Y）基准：生成该点的 x（y）坐标。

7.3.5　直径标注

在标注圆或大于半圆的圆弧时，要用到"直径"命令。

1．执行方式

命令行：DIMDIAMETER。

菜单栏：标注→直径。

工具栏：标注→直径。

功能区：默认→注释→直径或注释→标注→直径。

2．操作步骤

命令：DIMDIAMETER↙
选择圆弧或圆：（选择要标注直径的圆或圆弧）
指定尺寸线位置或 [多行文字(M)/文字(T)/角度(A)]：（确定尺寸线的位置或选择某一选项）

用户可以选择"多行文字（M）"项、"文字（T）"项或"角度（A）"项来输入、编辑尺寸文本或确定尺寸文本的倾斜角度，也可以直接确定尺寸线的位置，以标注出指定圆或圆弧的直径。

7.3.6 半径标注

在标注小于或等于半圆的圆弧时，要用到"半径"命令。

1. 执行方式

命令行：DIMRADIUS。

菜单栏：标注→半径。

工具栏：标注→半径◎。

功能区：默认→注释→半径◎或注释→标注→半径◎。

2. 操作步骤

命令：DIMRADIUS✓

选择圆弧或圆：（选择要标注半径的圆或圆弧）

指定尺寸线位置或 [多行文字(M)/文字(T)/角度(A)]：（确定尺寸线的位置或选择某一选项）

用户可以选择"多行文字（M）"项、"文字（T）"项或"角度（A）"项来输入、编辑尺寸文本或确定尺寸文本的倾斜角度，也可以直接确定尺寸线的位置标注出指定圆或圆弧的半径。

> **技巧：**
>
> 我国《机械制图》国家标准规定，圆及大于半圆的圆弧应标注直径，小于或等于半圆的圆弧标注半径。因此，在工程图样中标注圆及圆弧的尺寸时，应适当选用"直径"和"半径"命令。
>
> 另外，在标注直径尺寸时，一般要求标注在非圆视图上，这样标注的实际上是长度型尺寸，标注方法也相对简单。

7.3.7 角度尺寸标注

1. 执行方式

命令行：DIMANGULAR。

菜单栏：标注→角度。

工具栏：标注→角度△。

功能区：默认→注释→角度△或注释→标注→角度△。

2. 操作步骤

命令：DIMANGULAR✓

选择圆弧、圆、直线或 <指定顶点>：

3. 选项说明

（1）选择圆弧（标注圆弧的中心角）

当用户选取一段圆弧后，AutoCAD 提示：

指定标注弧线位置或 [多行文字(M)/文字(T)/角度(A)/象限点(Q)]：（确定尺寸线的位置或选取某一项）

在此提示下确定尺寸线的位置，AutoCAD 按自动测量得到的值标注出相应的角度，在此之前用户可以选择"多行文字（M）"项、"文字（T）"项、"角度（A）"项或"象限点（Q）"项，通过多行文本编辑器或命令行来输入或定制尺寸文本，以及指定尺寸文本的倾斜角度。

（2）选择一个圆（标注圆上某段弧的中心角）

当用户点取圆上一点选择该圆后，AutoCAD 提示选取第二点：

指定角的第二个端点：（选取另一点，该点可在圆上，也可不在圆上）

指定标注弧线位置或 [多行文字(M)/文字(T)/角度(A)/象限点(Q)]:

确定尺寸线的位置，AutoCAD 标出一个角度值，该角度以圆心为顶点，两条尺寸界线通过所选取的两点，第二点可以不必在圆周上。用户还可以选择"多行文字（M）"项、"文字（T）"项、"角度（A）"项或"象限点（Q）"项编辑尺寸文本和指定尺寸文本的倾斜角度，如图 7-31 所示。

（3）选择一条直线（标注两条直线间的夹角）

当用户选取一条直线后，AutoCAD 提示选取另一条直线：

选择第二条直线：(选取另外一条直线)
指定标注弧线位置或 [多行文字(M)/文字(T)/角度(A)/象限点(Q)]:

在此提示下确定尺寸线的位置，AutoCAD 标出这两条直线之间的夹角。该角以两条直线的交点为顶点，以两条直线为尺寸界线，所标注角度取决于尺寸线的位置，如图 7-32 所示。用户还可以利用"多行文字（M）"项、"文字（T）"项、"角度（A）"项或"象限点（Q）"项编辑尺寸文本和指定尺寸文本的倾斜角度。

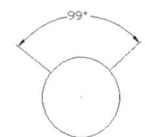

图 7-31　标注角度

图 7-32　用 DIMANGULAR 命令标注两直线的夹角

（4）<指定顶点>

直接按 Enter 键，AutoCAD 提示：

指定角的顶点：(指定顶点)
指定角的第一个端点：(输入角的第一个端点)
指定角的第二个端点：(输入角的第二个端点)
创建了无关联的标注。
指定标注弧线位置或 [多行文字(M)/文字(T)/角度(A)/象限点(Q)]:（输入一点作为角的顶点）

在此提示下给定尺寸线的位置，AutoCAD 根据给定的 3 点标注出角度，如图 7-33 所示。另外，用户还可以用"多行文字（M）"项、"文字（T）"项、"角度（A）"项或"象限点（Q）"项编辑尺寸文本和指定尺寸文本的倾斜角度。

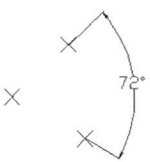

图 7-33　用 DIMANGULAR 命令标注由 3 点确定的角度

技巧：

角度标注可以测量指定的象限点，该象限点是在直线或圆弧的端点、圆心或两个顶点之间对角度进行标注时形成的。创建角度标注时，可以测量 4 个可能的角度。通过指定象限点，使用户可以确保标注正确的角度。指定象限点后，放置角度标注时，用户可以将标注文字放置在标注的尺寸界线之外，尺寸线自动延长。

7.3.8　实例——标注卡槽

下面综合利用所学的长度型尺寸标注、对齐尺寸标注、半径尺寸标注、直径尺寸标注及角度尺寸标注方法标注如图 7-34 所示的卡槽尺寸。

操作步骤:（光盘\动画演示\第 7 章\标注卡槽尺寸.avi）

（1）打开"源文件\第 7 章\卡槽"图形文件，结果如图 7-35 所示。

（2）创建图层。单击"默认"选项卡"图层"面板中的"图层特性"按钮，系统打开"图层特性管理器"对话框，单击"新建图层"按钮，创建一个 CHC 图层，颜色为"绿"，线型为 Continuous，线宽为默认值，并将其设置为当前图层。

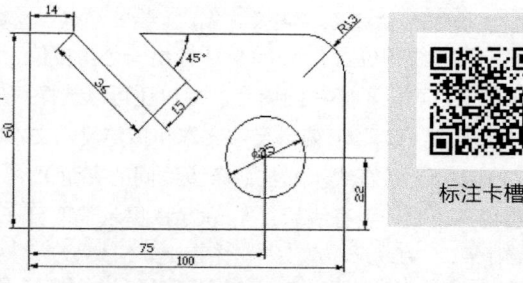

图 7-34 标注卡槽

（3）设置标注样式。由于系统的标注样式有些不符合要求，因此，根据图 7-34 所示的标注样式，进行角度、直径、半径标注样式的设置。

单击"默认"选项卡"注释"面板中的"标注样式"按钮，系统打开"标注样式管理器"对话框，如图 7-36 所示。单击"新建"按钮，打开"创建新标注样式"对话框，如图 7-37 所示。在"用于"下拉列表框中选择"角度标注"选项，然后单击"继续"按钮，打开"新建标注样式"对话框。选择"文字"选项卡，进行如图 7-38 所示的设置，设置完成后，单击"确定"按钮，返回"标注样式管理器"对话框。按上述方法，新建"半径"标注样式和"直径"标注样式，如图 7-39 和图 7-40 所示。

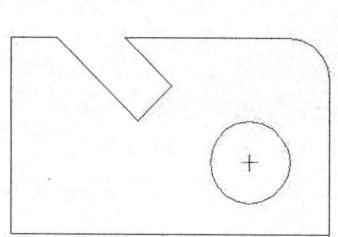

图 7-35 卡槽

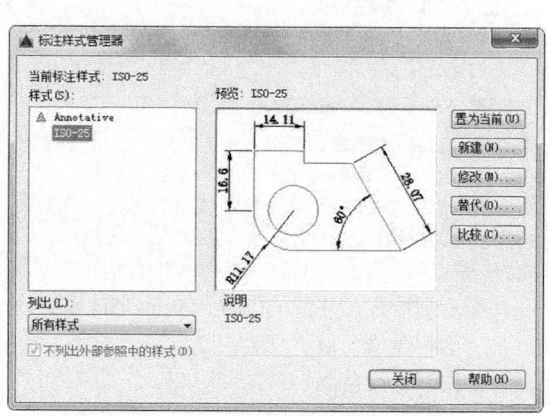

图 7-36 "标注样式管理器"对话框（3）

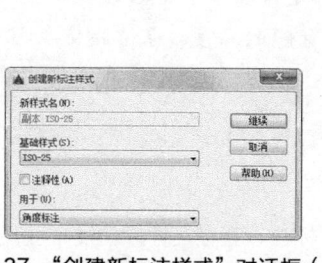

图 7-37 "创建新标注样式"对话框（3）

图 7-38 "角度"标注样式

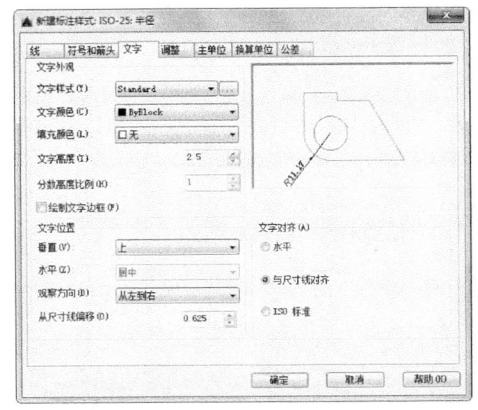

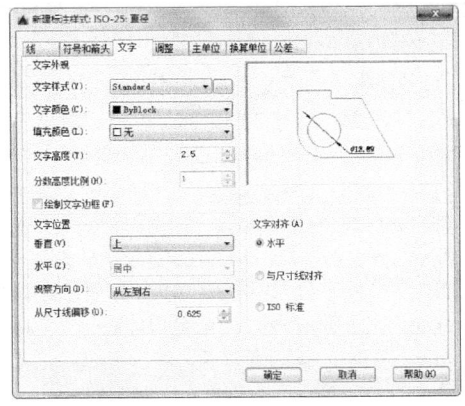

图 7-39 "半径"标注样式　　　　　　　　图 7-40 "直径"标注样式

（4）标注线性尺寸。操作步骤如下。

① 标注线性尺寸 60 和 14。单击"默认"选项卡"注释"面板中的"线性"按钮┠┫，命令行提示与操作如下：

命令：_dimlinear
指定第一个尺寸界线原点或 <选择对象>：单击"对象捕捉"工具栏中的"端点"按钮 ✐
_endp 于：捕捉标注为60的边的一个端点，作为第一条尺寸界线的原点
指定第二条尺寸界线原点：单击"对象捕捉"工具栏中的"端点"按钮 ✐
_endp 于：捕捉标注为60的边的另一个端点，作为第二条尺寸界线的原点
指定尺寸线位置或 [多行文字(M)/文字(T)/角度(A)/水平(H)/垂直(V)/旋转(R)]：T
输入标注文字 <60.00>：60✓（系统在命令行显示尺寸的自动测量值，可以对尺寸值进行修改）
指定尺寸线位置或 [多行文字(M)/文字(T)/角度(A)/水平(H)/垂直(V)/旋转(R)]：
标注文字 =60.00（采用尺寸的自动测量值"60"）

采用相同的方法标注线性尺寸 14。

② 添加圆心标记。单击"注释"选项卡"标注"面板中的"圆心标记"按钮 ⊕，命令行提示与操作如下：

命令：_dimcenter
选择圆弧或圆：选择 φ25圆，添加该圆的圆心符号

③ 标注线性尺寸 75 和 22。单击"默认"选项卡"注释"面板中的"线性"按钮┠┫，命令行提示与操作如下：

命令：DIMLINEAR✓
指定第一个尺寸界线原点或 <选择对象>：单击"对象捕捉"工具栏中的"端点"按钮 ✐
_endp 于：捕捉标注为75长度的左端点，作为第一条尺寸界线的原点
指定第二条尺寸界线原点：单击"对象捕捉"工具栏中的"端点"按钮 ✐
_cen 于：捕捉圆的中心，作为第二条尺寸界线的原点
指定尺寸线位置或 [多行文字(M)/文字(T)/角度(A)/水平(H)/垂直(V)/旋转(R)]：指定尺寸线的位置
标注文字 =75

采用相同的方法标注线性尺寸 22。

④ 标注线性尺寸 100。单击"注释"选项卡"标注"面板中的"基线"按钮 ┣┓，命令行提示与操作如下：

命令：DIMBASELINE✓
指定第二条尺寸界线原点或 [放弃(U)/选择(S)] <选择>：✓（选择作为基准的尺寸标注）
选择基准标注：选择尺寸标注75为基准标注
指定第二条尺寸界线原点或 [放弃(U)/选择(S)] <选择>：单击"对象捕捉"工具栏中的"端点"按钮 ✐
_endp 于：捕捉标注为100底边的左端点

标注文字 =100
指定第二条尺寸界线原点或 [放弃(U)/选择(S)] <选择>：✓
选择基准标注：✓

⑤ 标注线性尺寸 36 和 15。单击"默认"选项卡"注释"面板中的"对齐"按钮↘，命令行提示与操作如下：

命令：DIMALIGNED✓
指定第一个尺寸界线原点或 <选择对象>：单击"对象捕捉"工具栏中的"端点"按钮
_endp 于：捕捉标注为36的斜边的一个端点
指定第二条尺寸界线原点：单击"对象捕捉"工具栏中的"端点"按钮
_endp 于：捕捉标注为36的斜边的另一个端点
指定尺寸线位置或 [多行文字(M)/文字(T)/角度(A)]：指定尺寸线的位置
标注文字 =36

采用相同的方法标注对齐尺寸 15。

（5）标注其他尺寸。

① 标注 ϕ 25 圆。单击"默认"选项卡"注释"面板中的"直径"按钮，命令行提示与操作如下：

命令：DIMDIAMETER✓
选择圆弧或圆：选择标注为 ϕ 25的圆
标注文字 =25
指定尺寸线位置或 [多行文字(M)/文字(T)/角度(A)]：指定尺寸线位置

② 标注 R13 圆弧。单击"默认"选项卡"注释"面板中的"半径"按钮，命令行提示与操作如下：

命令：DIMRADIUS✓
选择圆弧或圆：选择标注为 R13的圆弧
标注文字 =13
指定尺寸线位置或 [多行文字(M)/文字(T)/角度(A)]：指定尺寸线位置

③ 标注 45° 角。单击"默认"选项卡"注释"面板中的"角度"按钮，命令行提示与操作如下：

命令：DIMANGULAR✓
选择圆弧、圆、直线或 <指定顶点>：选择标注为45°角的一条边
选择第二条直线：选择标注为45°角的另一条边
指定标注弧线位置或 [多行文字(M)/文字(T)/角度(A)/象限点(Q)]：指定标注弧线的位置
标注文字=45

最终标注结果如图 7-34 所示。

7.3.9 弧长标注

弧长标注主要用来标注弧线段或者多段线圆弧段的弧长尺寸，只在极少数场合使用。

1. 执行方式

命令行：DIMARC。
菜单栏：标注→弧长。
工具栏：标注→弧长。
功能区：默认→注释→弧长或注释→标注→弧长。

2. 操作步骤

命令：DIMARC✓
选择弧线段或多段线弧线段：（选择圆弧）
指定弧长标注位置或 [多行文字(M)/文字(T)/角度(A)/部分(P)/引线(L)]：

3. 选项说明

（1）部分（P）：缩短弧长标注的长度。系统提示：

指定圆弧长度标注的第一个点：（指定圆弧上弧长标注的起点）

指定圆弧长度标注的第二个点：（指定圆弧上弧长标注的终点，结果如图7-41所示）

（2）引线（L）：添加引线对象。仅当圆弧（或弧线段）大于 90° 时才会显示此选项。引线是按径向绘制的，指向所标注圆弧的圆心，如图 7-42 所示。

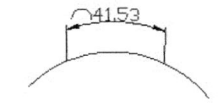

图 7-41 部分圆弧标注

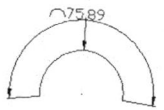

图 7-42 引线

7.3.10 折弯标注

折弯标注用来标注选定对象的半径，并显示前面带有一个半径符号的标注文字。可以在任意合适的位置指定尺寸线的原点。当圆或圆弧的半径较大，用直径或半径标注引线过长时，可采用折弯标注。

1. 执行方式

命令行：DIMJOGGED。

菜单栏：标注→折弯。

工具栏：标注→折弯 ⟲。

功能区：默认→注释→折弯 ⟲ 或注释→标注→已折弯 ⟲。

2. 操作步骤

命令：DIMJOGGED↙
选择圆弧或圆：（选择圆弧或圆）
指定图示中心位置：（指定一点）
标注文字 = 50
指定尺寸线位置或 [多行文字(M)/文字(T)/角度(A)]：（指定一点或其他选项）
指定折弯位置：（指定折弯位置，如图7-43所示）

7.3.11 圆心标记

圆心标记是指标注出圆心所在的位置。

图 7-43 折弯标注

1. 执行方式

命令行：DIMCENTER。

菜单栏：标注→圆心标记。

工具栏：标注→圆心标记 ⊙。

功能区：注释→标注→圆心标记 ⊕。

2. 操作步骤

命令：DIMCENTER↙
选择圆弧或圆：（选择要标注圆心的圆或圆弧）

7.3.12 基线标注

基线标注用于产生一系列基于同一条尺寸界线的尺寸标注，适用于长度尺寸标注、角度标注和坐标标注等。在使用基线标注方式之前，应该先标注出一个相关的尺寸。

1. 执行方式

命令行：DIMBASELINE。

菜单栏：标注→基线。

工具栏：标注→基线 ⊢।。

功能区：注释→标注→基线 。

2. 操作步骤

命令：DIMBASELINE✓
指定第二条尺寸界线原点或 [放弃(U)/选择(S)] <选择>：

3. 选项说明

（1）指定第二条尺寸界线原点：直接确定另一个尺寸的第二条尺寸界线的起点，AutoCAD 以上次标注的尺寸为基准标注，标注出相应尺寸。

（2）<选择>：在上述提示下直接按 Enter 键，AutoCAD 提示：

选择基准标注：（选取作为基准的尺寸标注）

7.3.13 连续标注

连续标注又称为尺寸链标注，用于产生一系列连续的尺寸标注，后一个尺寸标注均把前一个标注的第二条尺寸界线作为它的第一条尺寸界线。适用于长度尺寸标注、角度标注和坐标标注等。在使用连续标注方式之前，应该先标注出一个相关的尺寸。

1. 执行方式

命令行：DIMCONTINUE。
菜单栏：标注→连续。
工具栏：标注→连续 ⪫⪫⪫。
功能区：注释→标注→连续 ⪫⪫⪫。

2. 操作步骤

命令：DIMCONTINUE✓
选择连续标注：
指定第二条尺寸界线原点或 [放弃(U)/选择(S)] <选择>：
在此提示下的各选项与基线标注中完全相同，不再赘述。

系统允许利用基线标注方式和连续标注方式进行角度标注，如图 7-44 所示。

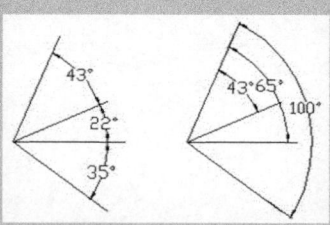

图 7-44　连续型和基线型角度标注

7.3.14 实例——标注挂轮架

下面综合利用学过的长度型尺寸标注、连续尺寸标注、半径尺寸标注、直径尺寸标注，以及角度尺寸标注方法标注挂轮架尺寸，如图 7-45 所示。

操作步骤：（光盘\动画演示\第 7 章\标注挂轮架.avi）

（1）打开随书光盘"源文件\第 7 章\挂轮架"图形文件。

（2）创建尺寸标注图层，设置尺寸标注样式，创建一个新图层 BZ，并将其设置为当前层，如图 7-46 所示。

标注挂轮架

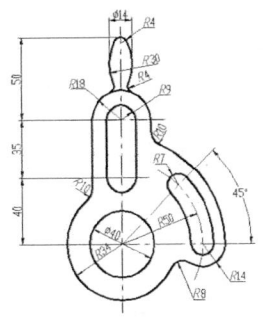

图 7-45　标注挂轮架

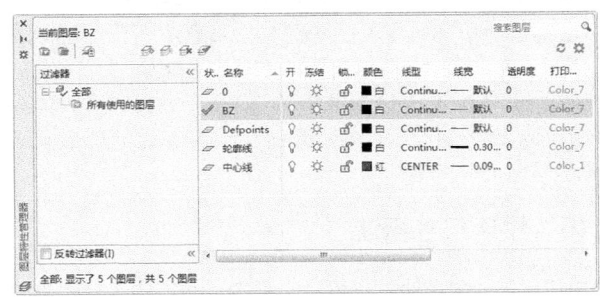

图 7-46　创建图层

（3）设置标注样式。单击"默认"选项卡"注释"面板中的"标注样式"按钮◢，方法同前，分别设置"机械制图"标注样式，并在此基础上设置"直径"标注样式、"半径"标注样式及"角度"标注样式，其中"半径"标注样式与"直径"标注样式设置一样，将其用于半径标注。

（4）单击"默认"选项卡"注释"面板中的"半径"按钮⊙、"直径"按钮◎和"线性"按钮╟，命令行提示与操作如下：

命令: DIMRADIUS↙（"半径"命令，标注图中的半径尺寸 R8）
选择圆弧或圆:（选择挂轮架下部的 R8 圆弧）
标注文字 =8
指定尺寸线位置或 [多行文字(M)/文字(T)/角度(A)]:（指定尺寸线位置）

……
（方法同前，分别标注图中的半径尺寸）
命令: DIMLINEAR↙（标注图中的线性尺寸 ϕ14）
指定第一个尺寸界线原点或 <选择对象>:
_qua 于（捕捉左边 R30 圆弧的象限点）
指定第二个尺寸界线原点:
_qua 于（捕捉右边 R30 圆弧的象限点）
指定尺寸线位置或 [多行文字(M)/文字(T)/角度(A)/水平(H)/垂直(V)/旋转(R)]: T↙
输入标注文字 <14>: %%c14↙
指定尺寸线位置或 [多行文字(M)/文字(T)/角度(A)/水平(H)/垂直(V)/旋转(R)]:（指定尺寸线位置）
标注文字 =14

……
（方法同前，分别标注图中的线性尺寸）
命令: DIMCONTINUE↙（"连续"命令，标注图中的连续尺寸）
指定第二条尺寸界线原点或 [放弃(U)/选择(S)] <选择>:（按Enter键，选择作为基准的尺寸标注）
选择连续标注:（选择线性尺寸40作为基准标注）
指定第二条尺寸界线原点或 [放弃(U)/选择(S)] <选择>:
_endp 于（捕捉上边的水平中心线端点，标注尺寸35）
标注文字 =35
指定第二条尺寸界线原点或 [放弃(U)/选择(S)] <选择>:
_endp 于（捕捉最上边的 R4 圆弧的端点，标注尺寸50）
标注文字 =50
指定第二条尺寸界线原点或 [放弃(U)/选择(S)] <选择>: ↙
选择连续标注: ↙（按Enter键结束命令）

（5）单击"默认"选项卡"注释"面板中的"直径"按钮◎和"角度"按钮△，命令行提示与操作如下：

命令: DIMDIAMETER↙（标注图中的直径尺寸 ϕ40）
选择圆弧或圆:（选择中间 ϕ40 圆）
标注文字 =40
指定尺寸线位置或 [多行文字(M)/文字(T)/角度(A)]:（指定尺寸线位置）

命令：DIMANGULAR↙（标注图中的角度尺寸45°）
选择圆弧、圆、直线或 <指定顶点>：（选择标注为45°角的一条边）
选择第二条直线：（选择标注为45°角的另一条边）
指定标注弧线位置或 [多行文字(M)/文字(T)/角度(A)/象限点(Q)]：（指定尺寸线位置）
标注文字 =45

结果如图 7-45 所示。

7.3.15 快速尺寸标注

"快速标注"命令使用户可以交互的、动态的、自动化的进行尺寸标注。在 QDIM 命令中可以同时选择多个圆或圆弧标注直径或半径，也可同时选择多个对象进行基线标注和连续标注，选择一次即可完成多个标注，因此可节省时间，提高工作效率。

1. 执行方式

命令行：QDIM。
菜单栏：标注→快速标注。
工具栏：标注→快速标注 ⒖。
功能区：注释→标注→快速标注 ⒖。

2. 操作步骤

命令：QDIM↙
关联标注优先级 = 端点
选择要标注的几何图形：（选择要标注尺寸的多个对象后按Enter键）
指定尺寸线位置或 [连续(C)/并列(S)/基线(B)/坐标(O)/半径(R)/直径(D)/基准点(P)/编辑(E)/设置(T)] <连续>：

3. 选项说明

（1）指定尺寸线位置：直接确定尺寸线的位置，则在该位置按默认的尺寸标注类型标注出相应的尺寸。

（2）连续（C）：产生一系列连续标注的尺寸。输入"C"，AutoCAD 提示用户选择要进行标注的对象，选择完成后按 Enter 键，返回上面的提示，给定尺寸线位置，则完成连续尺寸标注。

（3）并列（S）：产生一系列交错的尺寸标注，如图 7-47 所示。

（4）基线（B）：产生一系列基线标注尺寸。后面的"坐标（O）""半径（R）""直径（D）"含义与此类同。

（5）基准点（P）：为基线标注和连续标注指定一个新的基准点。

（6）编辑（E）：对多个尺寸标注进行编辑。AutoCAD 允许对已存在的尺寸标注添加或移去尺寸点。选择此选项，AutoCAD 提示：

指定要删除的标注点或 [添加(A)/退出(X)] <退出>：

在此提示下确定要移去的点之后按 Enter 键，AutoCAD 对尺寸标注进行更新，图 7-48 所示为删除图 7-47 中间最底下的标注点后的尺寸标注。

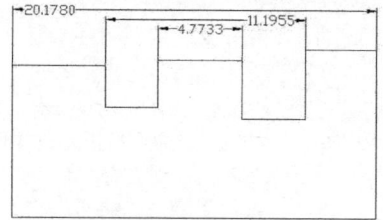

图 7-47 交错尺寸标注

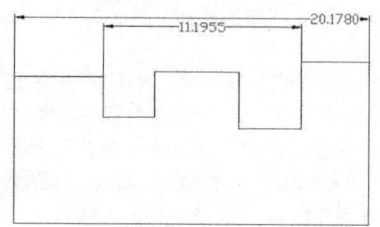

图 7-48 删除标注点

7.3.16 等距标注

等距标注是指等距离地连续标注一系列的尺寸。

1．执行方式

命令行：DIMSPACE。

菜单栏：标注→标注间距。

工具栏：标注→等距标注▥。

功能区：注释→标注→调整间距▥。

2．操作步骤

命令：DIMSPACE↙
选择基准标注：（选择平行线性标注或角度标注）
选择要产生间距的标注：（选择平行线性标注或角度标注，以从基准标注均匀隔开，并按Enter键）
输入值或 [自动(A)] <自动>：（指定间距或按Enter键）

3．选项说明

（1）输入值：指定从基准标注均匀隔开选定标注的间距值。

（2）自动（A）：基于在选定基准标注的标注样式中指定的文字高度自动计算间距。所得的间距值是标注文字高度的两倍。

7.3.17 折断标注

当圆弧半径过大而在图纸范围内无法标出圆心位置时，可以采用折断标注。

1．执行方式

命令行：DIMBREAK。

菜单栏：标注→标注打断。

工具栏：标注→折断标注▢。

功能区：注释→标注→折断▢。

2．操作步骤

命令：_DIMBREAK
选择要添加/删除折断的标注或 [多个(M)]：（选择标注，或输入M并按Enter键）
选择要折断标注的对象或 [自动(A)/手动(M)/删除(R)] <自动>：（选择与标注相交或与选定标注的尺寸界线相交的对象，输入选项，或按Enter键）
选择要折断标注的对象：（选择通过标注的对象或按Enter键以结束命令）

3．选项说明

（1）多个（M）：指定要向其中添加打断或要从中删除打断的多个标注。

选择标注：（使用对象选择方法，并按Enter键）
输入选项 [打断(B)/恢复(R)] <打断>：（输入选项或按Enter键）

（2）自动（A）：自动将折断标注放置在与选定标注相交对象的所有交点处。修改标注或相交对象时，会自动更新使用此选项创建的所有折断标注。

（3）删除（R）：从选定的标注中删除所有的折断标注。

（4）手动（M）：手动放置折断标注。为打断位置指定标注或尺寸界线上的两点。如果修改标注或相交对象，则不会更新使用此选项创建的任何折断标注。使用此选项，一次仅可以放置一个手动折断标注。

指定第一个打断点：（指定点）
指定第二个打断点：（指定点）

7.4 引线标注

AutoCAD 提供引线标注功能，利用该功能不仅可以标注特定的尺寸，如圆角、倒角等，还可以在图中添加多行旁注、说明。在引线标注中，指引线可以是折线，也可以是曲线；指引线端部可以有箭头，也可以没有箭头。

7.4.1 一般引线标注

利用 LEADER 命令可以创建灵活多样的引线标注形式，可根据需要把指引线设置为折线或曲线。指引线可带箭头，也可不带箭头；注释文本可以是多行文本，既可以是形位公差，也可以从图形其他部位复制，还可以是一个图块。

1. 执行方式

命令行：LEADER。

2. 操作步骤

命令：LEADER✓
指定引线起点：（输入指引线的起始点）
指定下一点：（输入指引线的另一点）

AutoCAD 由上面两点画出指引线并继续提示：

指定下一点或 [注释(A)/格式(F)/放弃(U)] <注释>：

3. 选项说明

（1）指定下一点

直接输入一点，AutoCAD 根据前面的点画出折线作为指引线。

（2）注释（A）

输入注释文本，为默认项。在上面提示下直接按 Enter 键，AutoCAD 提示：

输入注释文字的第一行或 <选项>：

① 输入注释文本：在此提示下输入第一行文本后按 Enter 键，用户可继续输入第二行文本，如此反复执行，直到输入全部注释文本，然后在此提示下直接按 Enter 键，AutoCAD 会在指引线终端标注出所输入的多行文本，并结束 LEADER 命令。

② 直接按 Enter 键：如果在上面的提示下直接按 Enter 键，AutoCAD 提示：

输入注释选项 [公差(T)/副本(C)/块(B)/无(N)/多行文字(M)] <多行文字>：

在此提示下选择一个注释选项或直接按 Enter 键选择"多行文字"选项。其中，各选项含义如下。

- 公差（T）：标注形位公差。形位公差的标注见 7.5 节。
- 副本（C）：把已由 LEADER 命令创建的注释复制到当前指引线的末端。选择该选项，AutoCAD 提示：

选择要复制的对象：

在此提示下选取一个已创建的注释文本，则 AutoCAD 把它复制到当前指引线的末端。

- 块（B）：插入块，把已经定义好的图块插入指引线末端。选择该选项，系统提示：

输入块名或 [?]：

在此提示下输入一个已定义好的图块名，AutoCAD 把该图块插入指引线的末端，或输入"？"列出当前已有图块，用户可从中选择。

- 无（N）：不进行注释，没有注释文本。
- 多行文字（M）：用多行文本编辑器标注注释文本并定制文本格式，为默认选项。

（3）格式（F）

确定指引线的形式。选择该选项，AutoCAD 提示：

输入引线格式选项 [样条曲线(S)/直线(ST)/箭头(A)/无(N)] <退出>：
选择指引线形式，或直接按Enter键回到上一级提示。

① 样条曲线（S）：设置指引线为样条曲线。

② 直线（ST）：设置指引线为折线。

③ 箭头（A）：在指引线的起始位置画箭头。

④ 无（N）：在指引线的起始位置不画箭头。

⑤ <退出>：此项为默认选项，选择该项退出"格式"选项，返回"指定下一点或 [注释（A）/格式
（F）/放弃（U）] <注释>："提示，并且指引线形式按默认方式设置。

7.4.2　快速引线标注

利用 QLEADER 命令可快速生成指引线及注释，而且可以通过"命令行优化"对话框进行用户自定
义，由此可以消除不必要的命令行提示，取得更高的工作效率。

1. 执行方式

命令行：QLEADER。

2. 操作步骤

命令：QLEADER✓
指定第一个引线点或 [设置(S)] <设置>：

3. 选项说明

（1）指定第一个引线点

在上面的提示下确定一点作为指引线的第一点，AutoCAD 提示：

指定下一点：（输入指引线的第二点）
指定下一点：（输入指引线的第三点）

AutoCAD 提示用户输入点的数目由"引线设置"对话框确定。输入完指引线的点后 AutoCAD 提示：

指定文字宽度 <0.0000>：（输入多行文本的宽度）
输入注释文字的第一行 <多行文字(M)>：

此时，有两种命令输入选择，它们的含义如下。

① 输入注释文字的第一行：在命令行输入第一行文本，系统继续提示：

输入注释文字的下一行：（输入另一行文本）
输入注释文字的下一行：（输入另一行文本或按Enter键）

② <多行文字（M）>：打开多行文字编辑器，输入编辑多行文字。

输入全部注释文本后，在此提示下直接按 Enter 键，AutoCAD 结束 QLEADER 命令并把多行文本标
注在指引线的末端附近。

（2）设置

在上面提示下直接按 Enter 键或输入"S"，AutoCAD 打开"引线设置"对话框，允许对引线标注进
行设置。该对话框包含"注释""引线和箭头""附着" 3 个选项卡，下面分别对它们进行介绍。

① "注释"选项卡（图 7-49）：用于设置引线标注中注释文本的类型、多行文本的格式并确定注释文
本是否多次使用。

② "引线和箭头"选项卡（图 7-50）：用来设置引线标注中指引线和箭头的形式。其中，"点数"选
项组设置执行 QLEADER 命令时 AutoCAD 提示用户输入的点的数目。例如，设置点数为 3，执行 QLEADER
命令时，当用户在提示下指定 3 个点后，AutoCAD 自动提示用户输入注释文本。注意设置的点数要比
用户希望的指引线的段数多 1。可利用微调框进行设置，如果选中"无限制"复选框，AutoCAD 会一

直提示用户输入点直到连续按 Enter 键两次为止。"角度约束"选项组设置第一段和第二段指引线的角度约束。

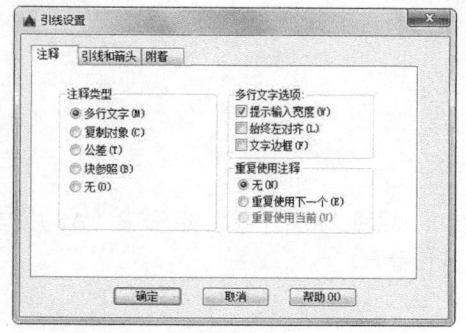

图 7-49 "注释"选项卡（1）

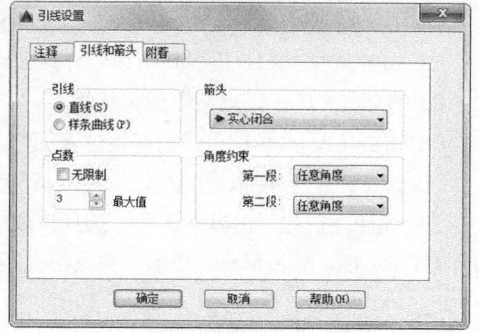

图 7-50 "引线和箭头"选项卡（1）

③"附着"选项卡（图 7-51）：设置注释文本和指引线的相对位置。如果最后一段指引线指向右边，AutoCAD 自动把注释文本放在右侧；如果最后一段指引线指向左边，AutoCAD 自动把注释文本放在左侧。利用本页左侧和右侧的单选按钮分别设置位于左侧和右侧的注释文本与最后一段指引线的相对位置，二者可相同，也可不相同。

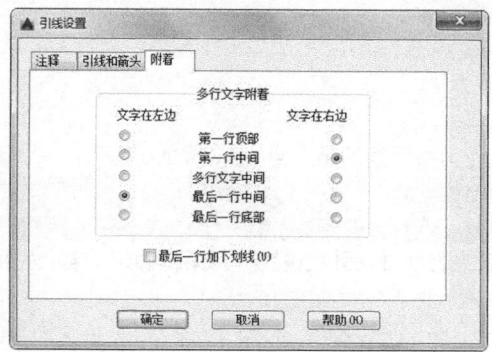

图 7-51 "附着"选项卡

7.4.3 实例——标注齿轮轴套

下面综合利用学过的长度型尺寸标注、连续尺寸标注、半径尺寸标注、直径尺寸标注、角度尺寸，以及引线标注功能标注方法标注齿轮轴套尺寸，如图 7-52 所示。

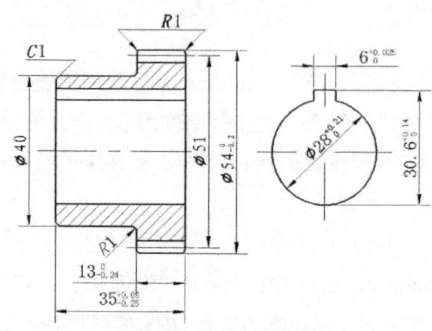

图 7-52 标注齿轮轴套

操作步骤：（光盘\动画演示\第 7 章\标注齿轮轴套.avi）

（1）打开随书光盘 "源文件\第 7 章\齿轮轴套" 图形文件。

（2）设置文字样式。单击 "默认" 选项卡 "注释" 面板中的 "文字样式" 按钮 $A_{\prime}$，
设置文字样式。

标注齿轮轴套

（3）设置标注样式。单击 "默认" 选项卡 "注释" 面板中的 "标注样式" 按钮，
设置标注样式为机械图样。

（4）线性标注。单击 "默认" 选项卡 "注释" 面板中的 "线性" 按钮，标注齿轮主视图中的线性
尺寸 $\phi 40$、$\phi 51$ 和 $\phi 54$。

（5）基线标注。方法同前，标注齿轮轴套主视图中的线性尺寸 13，然后利用 "基线" 命令，标注基
线尺寸 35，结果如图 7-53 所示。

（6）半径标注。单击 "默认" 选项卡 "注释" 面板中的 "半径" 按钮，标注齿轮轴套主视图中的半
径尺寸，命令行提示与操作如下：

命令：Dimradius↙
选择圆弧或圆：（选取齿轮轴套主视图中的圆角）
标注文字 =1
指定尺寸线位置或 [多行文字(M)/文字(T)/角度(A)]：（拖曳鼠标，确定尺寸线位置）

结果如图 7-54 所示。

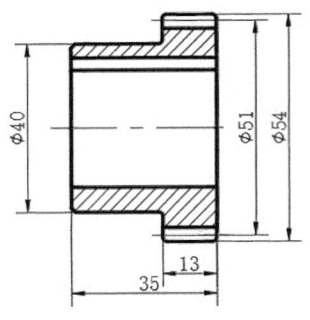

图 7-53　标注线性及基线尺寸

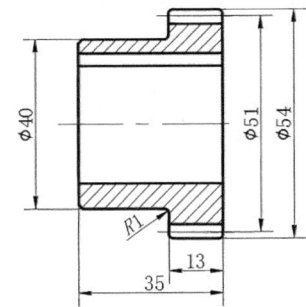

图 7-54　标注半径尺寸 $R1$

（7）引线标注。在命令行中输入 "**Leader**"，用引线标注齿轮轴套主视图上部的圆角半径，命令行提
示与操作如下：

命令：Leader↙（引线标注）
指定引线起点：_nea 到（捕捉离齿轮轴套主视图上部圆角最近一点）
指定下一点：（拖曳鼠标，在适当位置处单击）
指定下一点或 [注释(A)/格式(F)/放弃(U)] <注释>：<正交 开>（打开正交功能，向右拖曳鼠标，在适当位置
处单击）
指定下一点或 [注释(A)/格式(F)/放弃(U)] <注释>：↙
输入注释文字的第一行或 <选项>：R1↙
输入注释文字的下一行：↙（结果如图7-55所示）
命令：↙（继续引线标注）
指定引线起点：_nea 到（捕捉离齿轮轴套主视图上部右端圆角最近一点）
指定下一点：（利用对象追踪功能，捕捉上一个引线标注的端点，拖曳鼠标，在适当位置处单击）
指定下一点或 [注释(A)/格式(F)/放弃(U)] <注释>：（捕捉上一个引线标注的端点）
指定下一点或 [注释(A)/格式(F)/放弃(U)] <注释>：↙
输入注释文字的第一行或 <选项>：↙
输入注释选项 [公差(T)/副本(C)/块(B)/无(N)/多行文字(M)] <多行文字>：N↙（无注释的引线标注）

结果如图 7-56 所示。

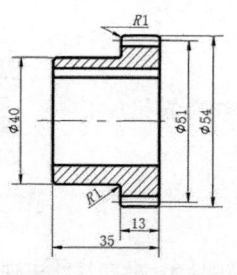

图 7-55　引线标注 "*R*1"

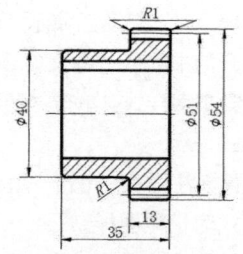

图 7-56　引线标注圆角半径

（8）引线标注。在命令行中输入 "**Qleader**"，用引线标注齿轮轴套主视图的倒角，命令行提示与操作如下：

> 命令：Qleader✓
> 指定第一个引线点或 [设置(S)] <设置>：✓（按Enter键，弹出如图7-57所示的 "引线设置" 对话框，如图7-57和图7-58所示分别设置其选项卡，设置完成后，单击 "确定" 按钮）
> 指定第一个引线点或 [设置(S)] <设置>：（捕捉齿轮轴套主视图中上端倒角的端点）
> 指定下一点：（拖曳鼠标，在适当位置处单击）
> 指定下一点：（拖曳鼠标，在适当位置处单击）
> 指定文字宽度 <0>：✓
> 输入注释文字的第一行 <多行文字(M)>：1x45%%d✓
> 输入注释文字的下一行：✓

结果如图 7-59 所示。

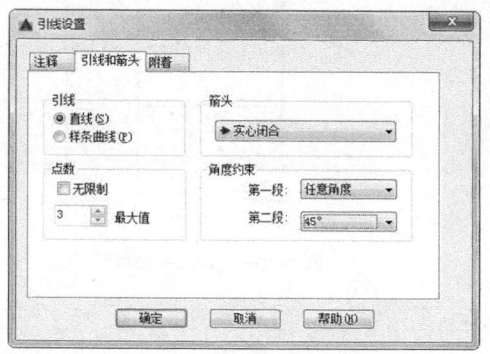

图 7-57　"引线设置" 对话框

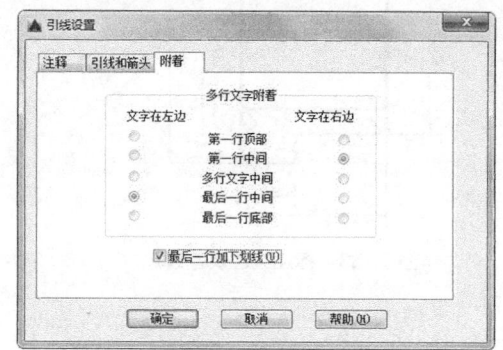

图 7-58　"附着" 选项卡

（9）线性标注。单击 "默认" 选项卡 "注释" 面板中的 "线性" 按钮├┤，标注齿轮轴套局部视图中的尺寸，命令行提示与操作如下：

> 命令：DIMLINEAR
> 指定第一个尺寸界线原点或 <选择对象>：
> 指定第二条尺寸界线原点：
> 命令：Dimlinear✓（标注线性尺寸6）
> 指定第一个尺寸界线原点或 <选择对象>：✓
> 选择标注对象：（选取齿轮轴套局部视图上端水平线）
> 指定尺寸线位置或 [多行文字(M)/文字(T)/角度(A)/水平(H)/垂直(V)/旋转(R)]：T✓
> 输入标注文字 <6>：6{\H0.7x;\S+0.025^0;}✓（其中H0.7x表示公差字高比例系数为0.7，需要注意的是：x为小写）
> 指定尺寸线位置或 [多行文字(M)/文字(T)/角度(A)/水平(H)/垂直(V)/旋转(R)]：（拖曳鼠标，在适当位置处单击，结果如图7-60所示）
> 标注文字 =6

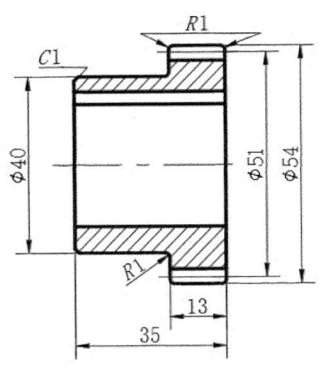

图 7-59　引线标注倒角尺寸

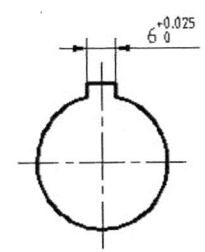

图 7-60　标注尺寸偏差

采用前面的方法，标注线性尺寸 30.6，上偏差为+0.14，下偏差为 0。

采用前面的方法，单击"默认"选项卡"注释"面板中的"直径"按钮◎，标注直径尺寸 ϕ28，输入标注文字为"%%C28{\H0.7x;\S+0.21^ 0;}"，结果如图 7-61 所示。

（10）标注样式。单击"默认"选项卡"注释"面板中的"标注样式"按钮▰◢，修改齿轮轴套主视图中的线性尺寸，为其添加尺寸偏差，命令行提示与操作如下：

命令：DDIM↙（修改"标注样式"命令。也可以使用设置标注样式命令DIMSTYLE，用于修改线性尺寸13及35）

在弹出的"标注样式管理器"对话框的"样式"列表中选择"机械图样"样式，如图 7-62 所示，单击"替代"按钮。

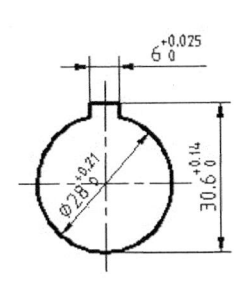

图 7-61　局部视图中的尺寸

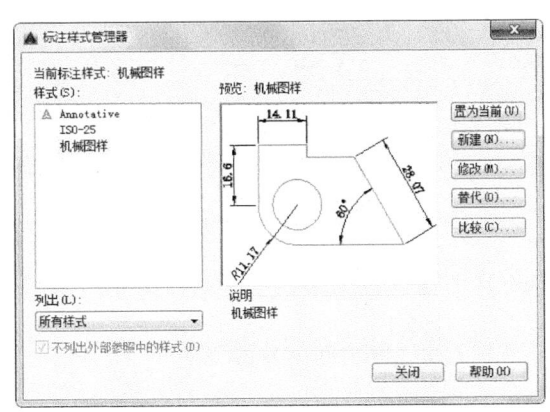

图 7-62　替代"机械图样"标注样式

系统弹出"替代当前样式"对话框，选择"主单位"选项卡，如图 7-63 所示，将"线性标注"选项组中的精度设置为 0.00。选择"公差"选项卡，如图 7-64 所示，在"公差格式"选项组中将方式设置为"极限偏差"，设置上偏差为 0，下偏差为-0.24，高度比例为 0.7，设置完成后，单击"确定"按钮，命令行提示与操作如下：

命令：-dimstyle
当前标注样式：ISO-25
输入标注样式选项 [保存(S)/恢复(R)/状态(ST)/变量(V)/应用(A)/?] <恢复>：A↙
选择对象：（选取线性尺寸13，即可为该尺寸添加尺寸偏差）

采用前面的方法，继续修改标注样式。设置"公差"选项卡中的上偏差为+0.08，下偏差为-0.25。单击"注释"选项卡"标注"面板中的"快速标注"按钮▱，选取线性尺寸 35，即可为该尺寸添加尺寸偏差，结果如图 7-65 所示。

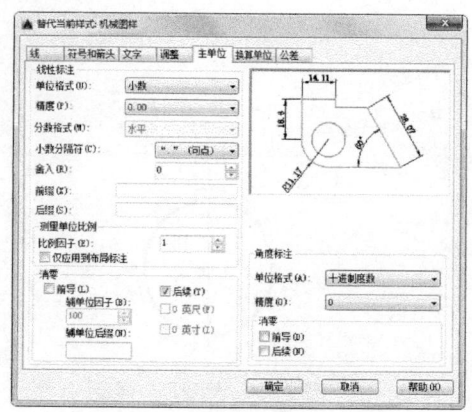

图 7-63 "主单位"选项卡（2）

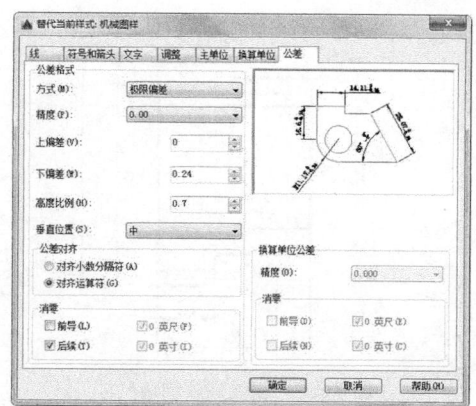

图 7-64 "公差"选项卡（2）

（11）尺寸标注。在命令行中输入"Explode"分解尺寸标注，双击分解后的标注文字，修改齿轮轴套主视图中的线性尺寸 ϕ54，为其添加尺寸偏差，命令行提示与操作如下：

命令：Explode↙

选择对象：（选择尺寸 ϕ54，按Enter键）

命令：Mtedit↙（编辑多行文字命令）

选择多行文字对象：（选择分解的 ϕ54尺寸，在弹出的"文字编辑器"选项卡中将标注的文字修改为"%%C54 0^-0.20"，选择"0^-0.20"，单击"堆叠"按钮 ，此时，标注变为尺寸偏差的形式，单击"确定"按钮）

结果如图 7-66 所示。

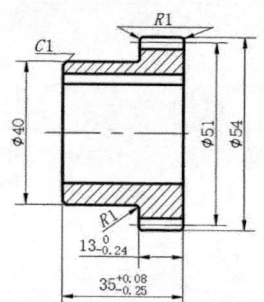

图 7-65 修改线性尺寸 13 及 35

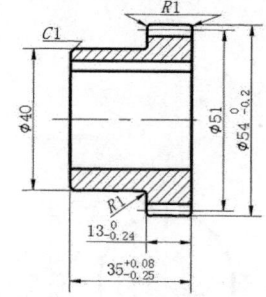

图 7-66 修改线性尺寸 ϕ54

7.5 形位公差

为方便机械设计工作，AutoCAD 提供标注形位公差的功能。形位公差的标注包括指引线、公差符号、公差值及附加符号、基准代号及附加符号。利用 AutoCAD 2016 可方便地标注出形位公差。

1. 执行方式

命令行：TOLERANCE。

菜单栏：标注→公差。

工具栏：标注→公差 。

功能区：注释→标注→公差 。

2. 操作步骤

执行上述方式后，AutoCAD 打开图 7-67 所示的"形位公差"对话框，可通过此对话框对形位公差标注进行设置。

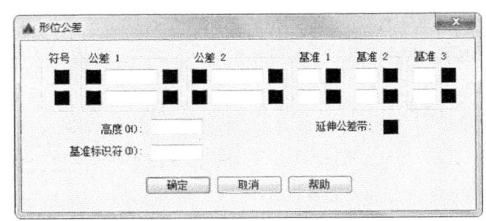

图 7-67　"形位公差"对话框

3．选项说明

（1）符号：设定或改变公差代号。单击其下的黑方块，系统打开图 7-68 所示的"特征符号"对话框，可从中选取公差代号。

（2）公差 1（2）：产生第一（二）个公差的公差值及"附加符号"符号。白色文本框左侧的黑块控制是否在公差值之前加一个直径符号，单击它，则出现一个直径符号，再单击则又消失。白色文本框用于确定公差值，可在其中输入一个具体数值。右侧黑块用于插入"包容条件"符号，单击它，AutoCAD 打开如图 7-69 所示的"附加符号"对话框，可从中选取所需符号。

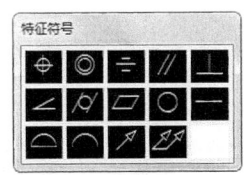

图 7-68　"特征符号"对话框

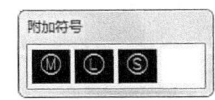

图 7-69　"附加符号"对话框

（3）基准 1（2、3）：确定第一（二、三）个基准代号及材料状态符号。在白色文本框中输入一个基准代号。单击其右侧黑块，AutoCAD 弹出"附加符号"对话框，可从中选择适当的"包容条件"符号。

（4）"高度"文本框：确定标注复合形位公差的高度。

（5）延伸公差带：单击此黑块，在复合公差带后面加一个复合公差符号，如图 7-70（d）所示。

（6）"基准标识符"文本框：产生一个标识符号，用一个字母表示。

在"形位公差"对话框中有两行可实现复合形位公差的标注。如果两行中输入的公差代号相同，则得到如图 7-70（e）所示的形式。

图 7-70 所示为 5 个利用 TOLERANCE 命令标注的形位公差。

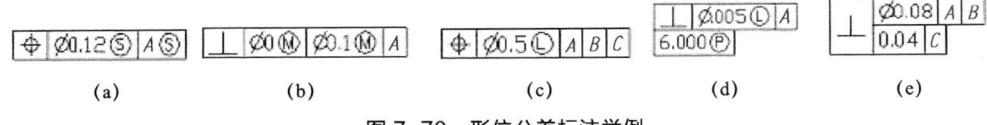

| (a) | (b) | (c) | (d) | (e) |

图 7-70　形位公差标注举例

7.6　编辑尺寸标注

AutoCAD 允许对已经创建好的尺寸标注进行编辑修改，包括修改尺寸文本的内容、改变其位置、使尺寸文本倾斜一定的角度等，还可以对尺寸界线进行编辑。

7.6.1 利用 DIMEDIT 命令编辑尺寸标注

用户通过 DIMEDIT 命令可以修改已有尺寸标注的文本内容，把尺寸文本倾斜一定的角度，还可以对尺寸界线进行修改，使其旋转一定角度，从而标注一段线段在某一方向上的投影尺寸。DIMEDIT 命令可以同时对多个尺寸标注进行编辑。

1. 执行方式

命令行：DIMEDIT。

菜单栏：标注→对齐文字→默认。

工具栏：标注→编辑标注 ⧉。

2. 操作步骤

命令：DIMEDIT↙
输入标注编辑类型 [默认(H)/新建(N)/旋转(R)/倾斜(O)] <默认>：

3. 选项说明

（1）<默认>：按尺寸标注样式中设置的默认位置和方向放置尺寸文本，如图 7-71（a）所示。选择此选项，AutoCAD 提示：

选择对象：（选择要编辑的尺寸标注）

（2）新建（N）：执行此选项，AutoCAD 打开多行文字编辑器，可利用此编辑器对尺寸文本进行修改。

（3）旋转（R）：改变尺寸文本行的倾斜角度。尺寸文本的中心点不变，使文本沿给定的角度方向倾斜排列，如图 7-71（b）所示。若输入角度为"0"，则按"新建标注样式"对话框"文字"选项卡中设置的默认方向排列。

（4）倾斜（O）：修改长度型尺寸标注尺寸界线，使其倾斜一定角度，与尺寸线不垂直，如图 7-71（c）所示。

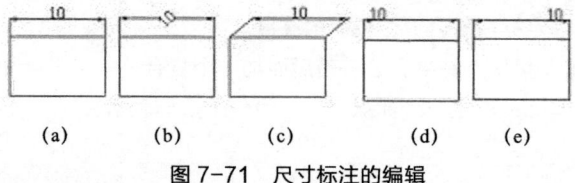

| (a) | (b) | (c) | (d) | (e) |

图 7-71 尺寸标注的编辑

7.6.2 利用 DIMTEDIT 命令编辑尺寸标注

通过 DIMTEDIT 命令可以改变尺寸文本的位置，使其位于尺寸线的左端、右端或中间，而且可使文本倾斜一定的角度。

1. 执行方式

命令行：DIMTEDIT。

菜单栏：标注→对齐文字→（除"默认"命令外其他命令）。

工具栏：标注→编辑标注文字 ⧉。

2. 操作步骤

命令：DIMTEDIT↙
选择标注：（选择一个尺寸标注）
为标注文字指定新位置或 [左对齐(L)/右对齐(R)/居中(C)/默认(H)/角度(A)]：

3. 选项说明

（1）为标注文字指定新位置：更新尺寸文本的位置。用鼠标把文本拖曳到新的位置，这时系统变量

DIMSHO 为 ON。

（2）左（右）对齐：使尺寸文本沿尺寸线左（右）对齐，如图 7-71（d）和图 7-71（e）所示。此选项只对长度型、半径型、直径型尺寸标注起作用。

（3）居中（C）：把尺寸文本放在尺寸线上的中间位置，如图 7-71（a）所示。

（4）默认（H）：把尺寸文本按默认位置放置。

（5）角度（A）：改变尺寸文本行的倾斜角度。

7.6.3 实例——标注阀盖尺寸

下面综合利用学过的长度型尺寸标注、连续尺寸标注、半径尺寸标注、直径尺寸标注、引线标注，以及基准符号功能标注方法标注阀盖尺寸，如图 7-72 所示。

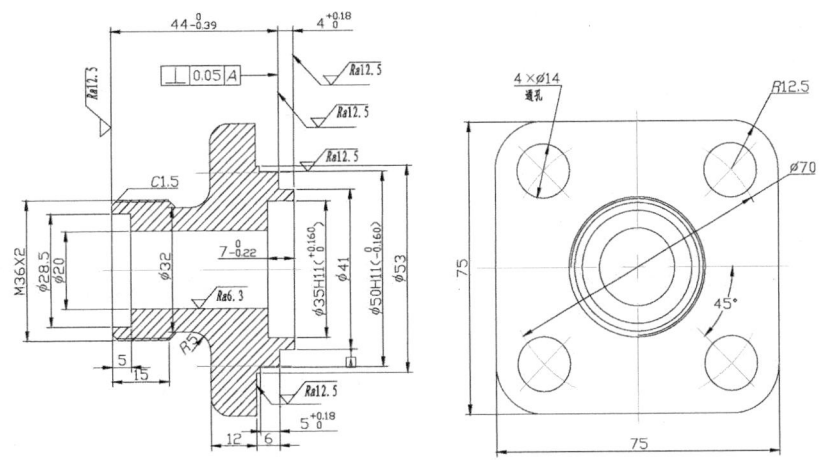

图 7-72　标注阀盖

操作步骤：（光盘\动画演示\第 7 章\标注阀盖尺寸.avi）

（1）打开随书光盘"源文件\第 7 章\阀盖"图形文件，如图 7-73 所示。

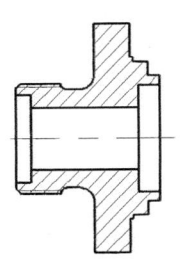 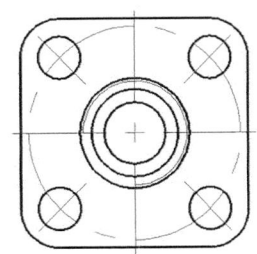 

标注阀盖尺寸

图 7-73　阀盖

（2）文字样式。单击"默认"选项卡"注释"面板中的"文字样式"按钮 ，设置文字样式。

（3）标注样式。单击"默认"选项卡"注释"面板中的"标注样式"按钮 ，设置标注样式。在弹出的"标注样式管理器"对话框中单击"新建"按钮，创建新的标注样式并命名为"机械设计"，用于标注图样中的尺寸。

单击"继续"按钮，对弹出的"新建标注样式：机械设计"对话框中的各个选项卡进行设置，如图 7-74 和图 7-75 所示。设置完成后，单击"确定"按钮，返回"标注样式管理器"对话框。

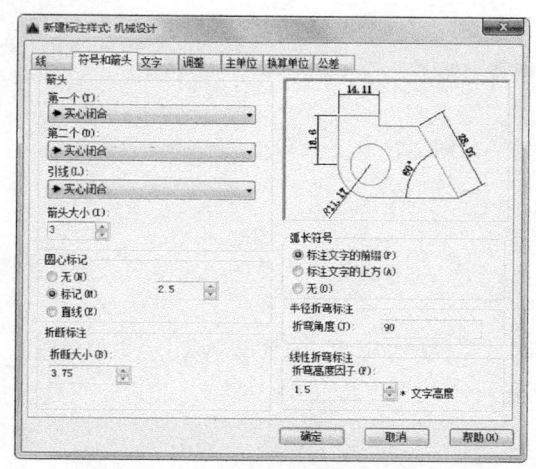

图 7-74 "符号和箭头"选项卡（2）　　　　　　　　　　图 7-75 "文字"选项卡（2）

（4）新建标注。选择"机械设计"选项，单击"新建"按钮，分别设置直径、半径及角度标注样式。其中，在直径及半径标注样式的"调整"选项卡中选中"手动放置文字"复选框，如图 7-76 所示；在角度标注样式"文字"选项卡的"文字对齐"选项组中选中"水平"单选按钮，如图 7-77 所示。其他选项卡的设置均保持默认。

（5）设置标注。在"标注样式管理器"对话框中选择"机械设计"标注样式，单击"置为当前"按钮，将其设置为当前标注样式。

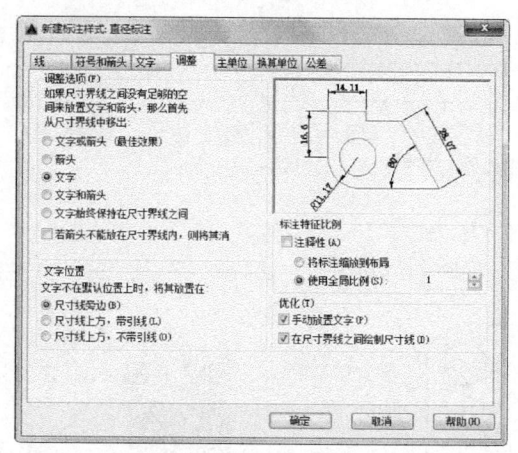
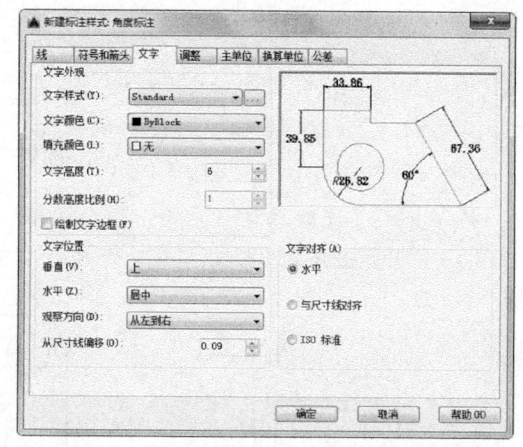

图 7-76 直径及半径标注样式的"调整"选项卡　　　　　图 7-77 角度标注样式的"文字"选项卡

（6）标注阀盖主视图中的线性尺寸。利用"线性"命令从左至右依次标注阀盖主视图中的竖直线性尺寸为 M36×2、ϕ28.5、ϕ20、ϕ32、ϕ35、ϕ41、ϕ50 及 ϕ53。在标注尺寸 ϕ35 时，需要输入标注文字"%%C35H11（{\H0.7x;\S+0.160^0;}）"；在标注尺寸 ϕ50 时，需要输入标注文字"%%C50H11（{\H0.7x;\S0^-0.160;}）"，结果如图 7-78 所示。

（7）线性标注。利用"线性"命令标注阀盖主视图上部的线性尺寸 44；利用"连续"命令标注连续尺寸 4。利用"线性"命令标注阀盖主视图中部的线性尺寸 7 和阀盖主视图下部左边的线性尺寸 5；利用"基线"命令标注基线尺寸 15。利用"线性"命令标注阀盖主视图下部右边的线性尺寸 5；利用"基线"命令标注基线尺寸 6；利用"连续"命令标注连续尺寸 12。结果如图 7-79 所示。

（8）设置样式。利用"标注样式"命令，打开"标注样式管理器"对话框，在"样式"列表框中选择"机械设计"选项，单击"替代"按钮。系统弹出"替代当前样式"对话框。切换到"主单位"选项卡，将"线性标注"选项组中的精度设置为 0.00；切换到"公差"选项卡，在"公差格式"选项组中将方式设置为"极限偏差"，设置上偏差为 0，下偏差为-0.39，高度比例为 0.7。设置完成后单击"确定"按钮。

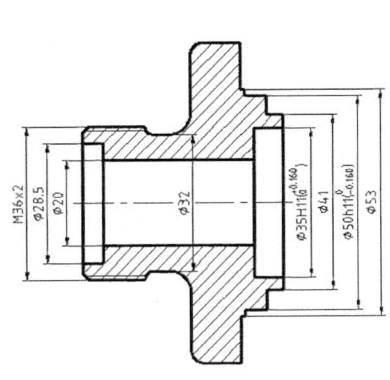
图 7-78 标注主视图竖直线性尺寸

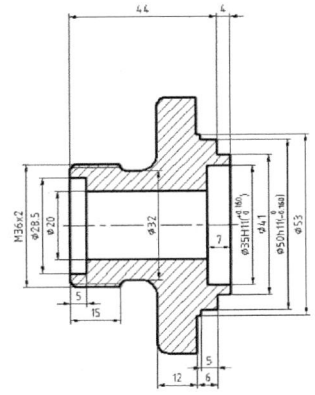
图 7-79 标注主视图水平线性尺寸

执行"标注更新"命令，选取主视图上线性尺寸 44，即可为该尺寸添加尺寸偏差。

按同样的方式分别为主视图中的线性尺寸 4、7 及 5 标注尺寸偏差，结果如图 7-80 所示。

（9）标注阀盖主视图中的倒角及圆角半径。

① 利用"快速引线"按钮标注主视图中的倒角尺寸 C1.5。

② 利用"半径"命令标注主视图中的半径尺寸 R5。

（10）标注阀盖左视图中的尺寸。

① 利用"线性"命令标注阀盖左视图中的线性尺寸 75。

② 利用"直径"命令标注阀盖左视图中的直径尺寸 ϕ70 及 4×ϕ14。在标注尺寸 4×ϕ14 时，需要输入标注文字"4×< >"。

③ 利用"半径"命令标注左视图中的半径尺寸 R12.5。

④ 利用"角度"命令标注左视图中的角度尺寸 45°。

⑤ 单击"默认"选项卡"注释"面板中的"文字样式"按钮，创建新文字样式 HZ，用于书写汉字。该标注样式的"字体名"为"仿宋_GB2312"，"宽度比例"为 0.7。

在命令行中输入"TEXT"，设置文字样式为 HZ，在尺寸 4×ϕ14 的引线下部输入文字"通孔"，结果如图 7-81 所示。

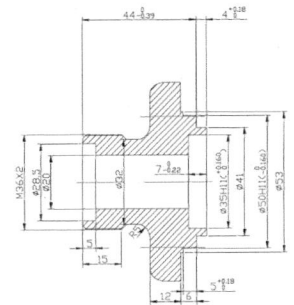
图 7-80 标注尺寸偏差

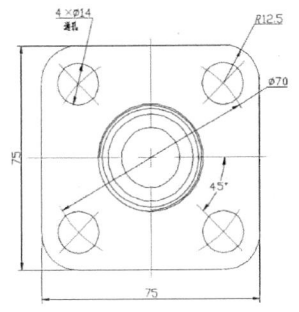
图 7-81 标注左视图中的尺寸

（11）标注阀盖主视图中的形位公差，命令行提示与操作如下：

命令：QLEADER✓（利用"快速引线"命令，标注形位公差）

指定第一个引线点或 [设置(S)] <设置>：✓（按Enter键，在弹出的"引线设置"对话框中设置各个选项卡，如图7-82和图7-83所示。设置完成后单击"确定"按钮）

指定第一个引线点或 [设置(S)] <设置>：（捕捉阀盖主视图尺寸44右端延伸线上的最近点）

指定下一点：（向左移动鼠标，在适当位置处单击，弹出"形位公差"对话框，对其进行设置，如图7-84所示，单击"确定"按钮）

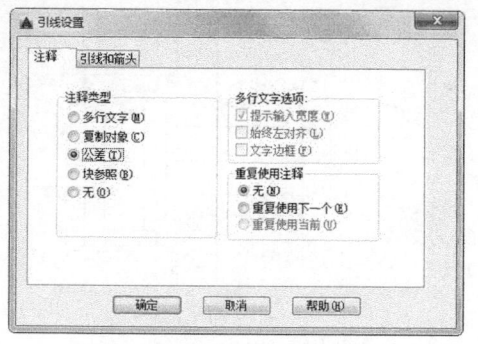

图 7-82 "注释"选项卡（2）

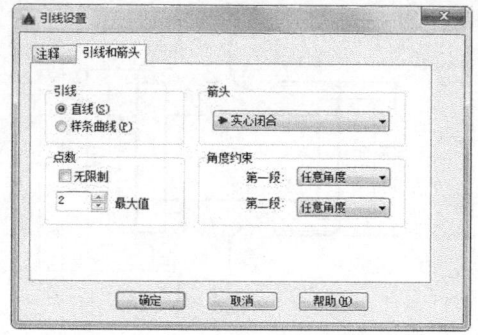

图 7-83 "引线和箭头"选项卡（2）

（12）利用相关绘图命令绘制基准符号，结果如图 7-85 所示。

（13）利用图块相关命令绘制粗糙度图块，然后插入图形相应位置。

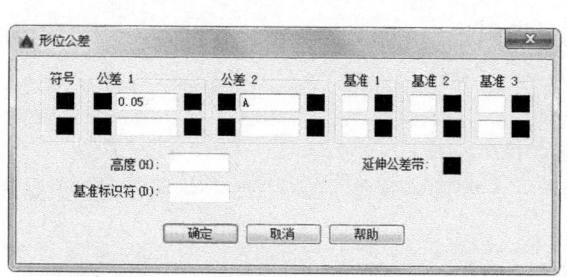

图 7-84 "形位公差"对话框

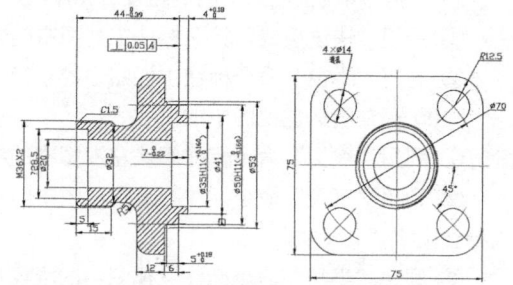

图 7-85 绘制基准符号

技巧：

公差的标注和修改通常有 3 种方法。

- 通过"公差"选项卡来标注。这是最传统的一种方法，在上面的实例中已经讲述。

- 在常规的尺寸标注中，要在标注文字后面加后缀，例如上面实例中第（6）步标注的尺寸文字"%%C35H11（{\H0.7x;\S+0.160^0;}）"。

- 还有一种修改公差的方法是两次"分解"命令：第一次分解尺寸线与公差文字；第二次分解公差文字中的主尺寸文字与极限偏差文字。然后单独利用"编辑文字"命令对上下极限偏差文字进行编辑修改。

7.7 操作与实践

通过本章的学习，读者对尺寸标注的相关知识应有了大体的了解，本节通过 2 个动手练习使读者进一步掌握本章知识要点。

7.7.1 标注曲柄尺寸

1．目的要求

本例在设置标注样式后再利用"线性""直径"和"角度"命令，标注曲柄尺寸，如图 7-86 所示。通过本例的练习，读者应掌握标注命令。

2．操作提示

（1）设置文字样式和标注样式。

（2）标注线性尺寸。

（3）标注直径尺寸。

（4）标注角度尺寸。

有时要根据需要进行标注样式替代设置。

7.7.2 绘制并标注齿轮轴尺寸

1．目的要求

本例在设置标注样式后，利用"线性"和"直径"命令，标注齿轮轴的常规尺寸，再标注基准符号和形位公差，如图 7-87 所示。通过本例的练习，读者应掌握基准符号和形位公差的标注。

2．操作提示

（1）设置文字样式和标注样式。

（2）标注轴尺寸。

（3）标注形位公差。

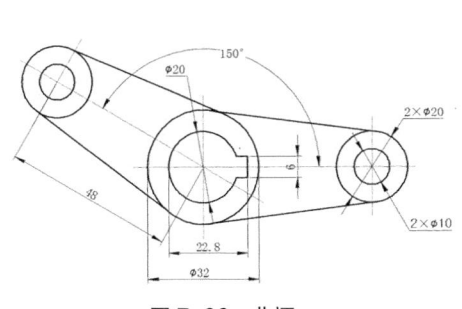

图 7-86　曲柄

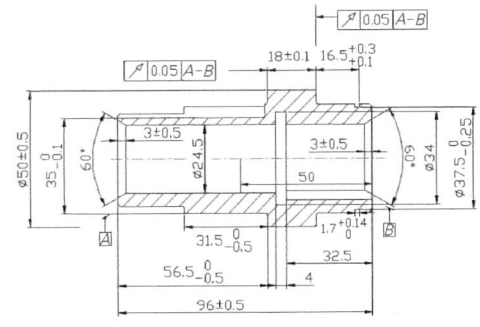

图 7-87　齿轮轴

7.8　思考与练习

1．若尺寸的公差是 20±0.034，则应该在"公差"页面中，显示公差的（　　　）设置。

　　A．极限偏差　　　　　B．极限尺寸　　　　　C．基本尺寸　　　　　D．对称

2．如图 7-88 所示标注样式文字位置应该设置为（　　　）。

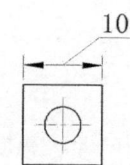

图 7-88　标注 10

A. 尺寸线旁边　　　　　　　　　　　　　B. 尺寸线上方，不带引线

C. 尺寸线上方，带引线　　　　　　　　　D. 多重引线上方，带引线

3. 如果显示的标注对象小于被标注对象的实际长度，应采用（　　）。

A. 折弯标注　　　　　B. 打断标注　　　　　C. 替代标注　　　　　D. 检验标注

4. 在尺寸公差的上偏差中输入"0.021"，下偏差中输入"0.015"，则标注尺寸公差的结果是（　　）。

A. 上偏 0.021，下偏 0.015　　　　　　　　B. 上偏-0.021，下偏 0.015

C. 上偏 0.021，下偏-0.015　　　　　　　　D. 上偏-0.021，下偏-0.015

5. 下列尺寸标注中共用一条基线的是（　　）。

A. 基线标注　　　　　B. 连续标注　　　　　C. 公差标注　　　　　D. 引线标注

6. 在标注样式设置中，将调整下的"使用全局比例"值增大，将改变尺寸的哪些内容？（　　）

A. 使所有标注样式设置增大　　　　　　　　B. 使标注的测量值增大

C. 使全图的箭头增大　　　　　　　　　　　D. 使尺寸文字增大

7. 将图和已标注的尺寸同时放大 2 倍，其结果是（　　）。

A. 尺寸值是原尺寸的 2 倍　　　　　　　　　B. 尺寸值不变，字高是原尺寸 2 倍

C. 尺寸箭头是原尺寸的 2 倍　　　　　　　　D. 原尺寸不变

8. 尺寸公差中的上下偏差可以在线性标注的哪个选项中堆叠起来？（　　）

A. 多行文字　　　　　B. 文字　　　　　　　C. 角度　　　　　　　D. 水平

9. 将尺寸标注对象如尺寸线、尺寸界线、箭头和文字作为单一的对象，必须将（　　）尺寸标注变量设置为 ON。

A. DIMASZ　　　　　B. DIMASO　　　　　C. DIMON　　　　　D. DIMEXO

第8章

图块、外部参照与光栅图像

■ 在设计绘图过程中，经常会遇到一些重复出现的图形（如机械设计中的螺钉、螺母，建筑设计中的桌椅、门窗等），如果每次都重新绘制这些图形，不仅造成大量的重复工作，而且存储这些图形及其信息要占据相当大的磁盘空间。AutoCAD提供图块和外部参照来解决这些问题。

8.1 图块操作

AutoCAD 把一个图块作为一个对象进行编辑修改等操作，用户可根据绘图需要把图块插入图中任意指定的位置，而且在插入时还可以指定不同的缩放比例和旋转角度。图块还可以重新定义，一旦被重新定义，整个图中基于该块的对象都将随之改变。

8.1.1 定义图块

在使用图块时，首先要定义图块，下面讲述定义图块的具体方法。

1. 执行方式

命令行：BLOCK。

菜单栏：绘图→块→创建。

工具栏：绘图→创建块。

功能区：默认→块→创建或插入→块定义→创建块。

2. 操作步骤

执行上述方式后，在打开的如图 8-1 所示的"块定义"对话框中，可定义图块，并为之命名。

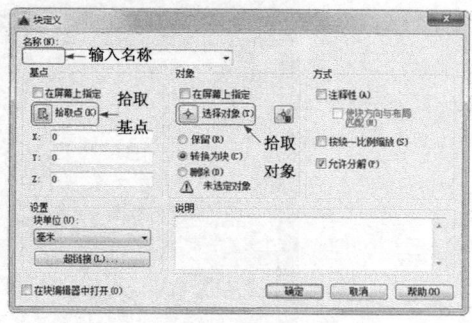

图 8-1 "块定义"对话框（1）

3. 选项说明

（1）"基点"选项组

确定图块的基点，默认值是（0,0,0）。可以在下面的 x、y、z 文本框中输入块的基点坐标值。单击"拾取点"按钮，AutoCAD 临时切换到作图屏幕，用鼠标在图形中拾取一点后，返回"块定义"对话框，把所拾取的点作为图块的基点。

（2）"对象"选项组

该选项组用于选择制作图块的对象，以及对象的相关属性。

如图 8-2 所示，把图 8-2（a）中的正五边形定义为图块，图 8-2（b）为选中"删除"单选按钮的结果，图 8-2（c）为选中"保留"单选按钮的结果。

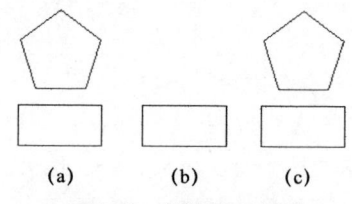

图 8-2 删除图形对象

（3）"设置"选项组

指定从 AutoCAD 设计中心拖曳图块时用于测量图块的单位和超链接等设置。

（4）"在块编辑器中打开"复选框。

选中此复选框，系统打开块编辑器，可以定义动态块。

（5）"方式"选项组

① "注释性"复选框：指定块为"注释性"。

② "使块方向与布局匹配"复选框：指定在图纸空间视口中块参照的方向与布局的方向匹配。

③ "按统一比例缩放"复选框：指定是否阻止块参照按统一比例缩放。如果未选中"注释性"复选框，则该复选框不可用。

④ "允许分解"复选框：指定块参照是否可以被分解。

8.1.2　图块的保存

用 BLOCK 命令定义的图块保存在其所属的图形当中，该图块只能在该图中插入，而不能插入其他的图中，但是，有些图块在许多图中要经常用到，这时可以用 WBLOCK 命令把图块以图形文件的形式（后缀为.dwg）写入磁盘，图形文件可以在任意图形中用 INSERT 命令插入。

1. 执行方式

命令行：WBLOCK。

功能区：插入→块定义→写块。

2. 操作步骤

执行上述方式后，在图 8-3 所示的"写块"对话框中，可把图形对象保存为图形文件，或把图块转换成图形文件。

3. 选项说明

（1）"源"选项组

确定要保存为图形文件的图块或图形对象。

① "块"单选按钮：选中此单选按钮，单击右侧的向下箭头，在下拉列表框中选择一个图块，将其保存为图形文件。

② "整个图形"单选按钮：选中此单选按钮，则把当前的整个图形保存为图形文件。

③ "对象"单选按钮：选中此单选按钮，则把不属于图块的图形对象保存为图形文件。对象的选取通过"对象"选项组来完成。

（2）"目标"选项组

用于指定图形文件的名称、保存路径和插入单位等。

图 8-3　"写块"对话框（1）

8.1.3　实例——定义"螺母"图块

利用上面学过的定义图块和图块保存相关知识将螺母图形定义为图块，如图 8-4 所示，取名为螺母并保存。

操作步骤：（光盘\动画演示\第 8 章\定义螺母图块.avi）

（1）创建块。利用绘图命令绘制如图 8-5 所示的图形。单击"默认"选项卡"块"面板中的"创建"按钮，打开"块定义"对话框。

（2）输入名称。在"名称"下拉列表框中输入名称"螺母"，如图 8-6 所示。

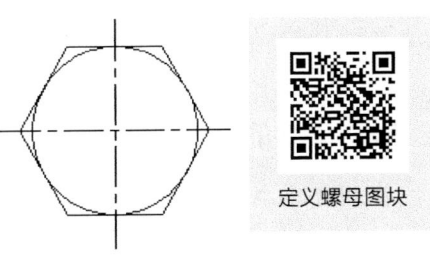

定义螺母图块

图 8-4　定义螺母图块

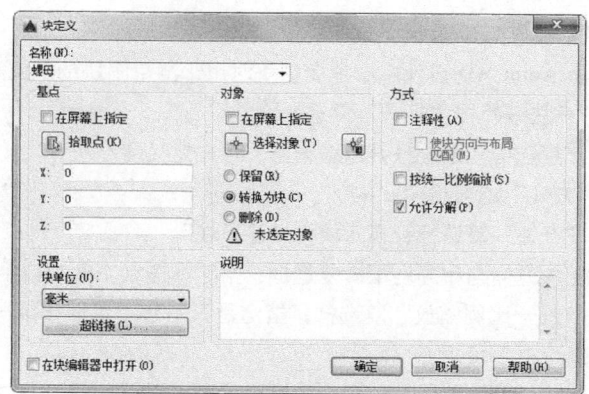

图 8-6 "块定义"对话框（2）

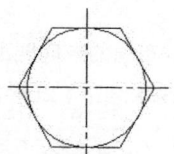

图 8-5 绘制图形创建块

（3）拾取点。单击"拾取点"按钮 ，切换到作图屏幕，选择圆心为插入基点，返回"块定义"对话框。

（4）选择对象。单击"选择对象"按钮 ，切换到作图屏幕，选择图 8-5 中的对象后，按 Enter 键返回"块定义"对话框。

（5）单击"确定"按钮，关闭对话框。

（6）写块。在命令行中输入 **WBLOCK**，系统打开图 8-7 所示的"写块"对话框，在"源"选项组中选中"块"单选按钮，在后面的下拉列表框中选择"螺母"，并进行其他相关设置后，单击"确定"按钮退出。

图 8-7 "写块"对话框（2）

8.1.4 图块的插入

在用 AutoCAD 绘图的过程中，可根据需要随时把已经定义好的图块或图形文件插入当前图形的任意位置，在插入的同时还可以改变图块的大小、旋转一定角度或把图块分解。插入图块的方法有多种，本节将逐一进行介绍。

1. 执行方式

命令行：INSERT。

菜单栏：插入→块。

工具栏：插入→插入块 🔲 或绘图→插入块 🔲 。

功能区：默认→块→插入 🔲 或插入→块→插入 🔲 。

2．操作步骤

执行上述方式后，AutoCAD 打开"插入"对话框，如图 8-8 所示，可以指定要插入的图块及插入位置。

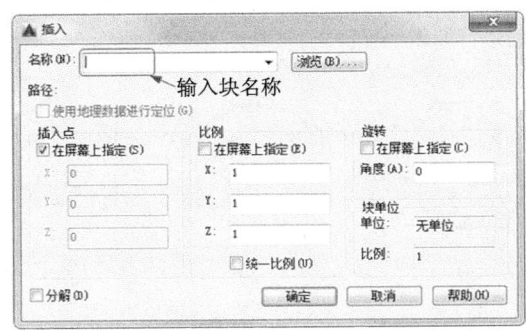

图 8-8 "插入"对话框

3．选项说明

（1）"路径"文本框：指定图块的保存路径。

（2）"插入点"选项组：指定插入点，插入图块时该点与图块的基点重合。可以在屏幕上指定该点，也可以通过下面的文本框输入该点坐标值。

（3）"比例"选项组：确定插入图块时的缩放比例。图块被插入当前图形中时，可以以任意比例放大或缩小，如图 8-9（a）所示是被插入的图块，图 8-9（b）取比例系数为 1.5 插入该图块的结果，图 8-9（c）是取比例系数为 0.5 插入该图块的结果；x 轴方向和 y 轴方向的比例系数也可以取不同，如图 8-9（d）所示，x 轴方向的比例系数为 1，y 轴方向的比例系数为 1.5。另外，比例系数还可以是一个负数，表示插入图块的镜像，其效果如图 8-10 所示。

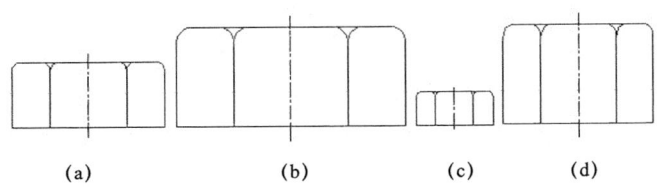

(a)   (b)   (c)   (d)

图 8-9 取不同比例系数插入图块的效果

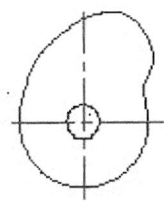 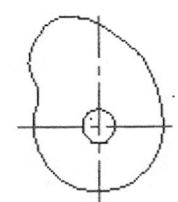 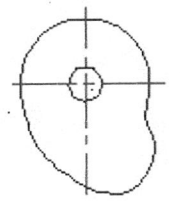 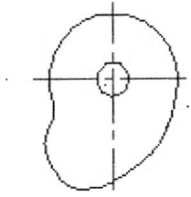

x 比例=1，y 比例=1 x 比例=-1，y 比例=1 x 比例=1，y 比例=-1 x 比例=-1，y 比例=-1

图 8-10 取比例系数为负值插入图块的效果

（4）"旋转"选项组：指定插入图块时的旋转角度。图块被插入当前图形中时，可以绕其基点旋转一定的角度，角度可以是正数（表示沿逆时针方向旋转），也可以是负数（表示沿顺时针方向旋转）。图 8-11（b）是如图 8-11（a）所示的图块旋转 30° 插入的效果，图 8-11（c）是旋转 -30° 插入的效果。

如果选中"在屏幕上指定"复选框，系统切换到作图屏幕，在屏幕上拾取一点，AutoCAD 自动测量插入点与该点连线和 x 轴正方向之间的夹角，并把它作为块的旋转角。可以在"角度"文本框中直接输入插入图块时的旋转角度。

（5）"分解"复选框：选中此复选框，则在插入块的同时把其分解，插入图形中组成块的对象不再是一个整体，可对每个对象单独进行编辑操作。

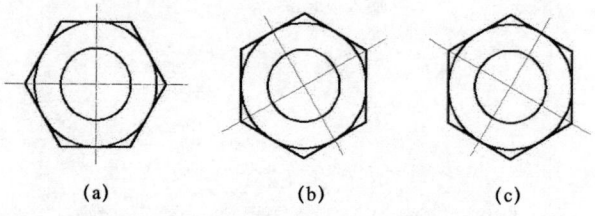

（a）　　　　　　（b）　　　　　　（c）

图 8-11　以不同旋转角度插入图块的效果

8.1.5　实例——标注阀盖表面粗糙度

粗糙度是机械零件图中必不可少的要素，用来表征零件表面的光洁程度。但是粗糙度是中国国标中的相关规定，AutoCAD 作为一种外国开发的软件，并没有专门设置粗糙度的标注工具。为了减小重复标注的工作量，提高效率，可以把粗糙度设置为图块，然后进行快速标注。下面利用图块相关功能标注如图 8-12 所示图形中的表面粗糙度符号。

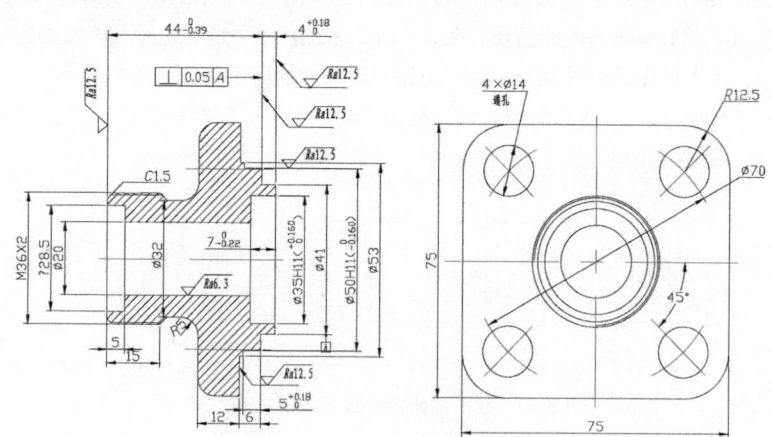

图 8-12　标注阀盖表面粗糙度

操作步骤：（光盘\动画演示\第 8 章\标注阀盖表面粗糙度.avi）

（1）绘制粗糙度。单击"默认"选项卡"绘图"面板中的"直线"按钮，绘制图 8-13 所示的图形。

标注阀盖表面粗糙度

图 8-13　绘制表面粗糙度符号

（2）写块。在命令行中输入"WBLOCK"，打开"写块"对话框，拾取上面图形下尖点为基点，以上面图形为对象，输入图块名称并指定路径，单击"确定"按钮后退出。

（3）插入块。单击"默认"选项卡"块"面板中的"插入"按钮，打开"插入"对话框，单击"浏览"按钮找到已保存的图块，在屏幕上指定插入点、比例和旋转角度，插入时选择适当的插入点、比例和旋转角度，将该图块插入图 8-14 所示的图形中。

（4）输入文字。单击"默认"选项卡"注释"面板中的"多行文字"按钮 **A**，标注文字，标注时注意对文字进行旋转。

（5）插入粗糙度。同样利用插入图块的方法标注其他表面粗糙度。

★ 知识链接——表面粗糙度符号的标示规定

既然"表面粗糙度"符号是用来表明材料或工件的表面情况、表面加工方法及粗糙程度等属性的，那么就应该有一套标示规定。表面粗糙度数值及在符号中注写的位置等有关规定如图 8-14 所示。

图中，h 为字体高度，$d'=1/10h$；

a_1、a_2 为表面粗糙度高度参数的允许值，单位为 mm；

b 为加工方法、镀涂或其他表面处理；

c 为取样长度，单位为 mm；

d 为加工纹理方向符号；

e 为加工余量，单位为 mm；

f 为表面粗糙度间距参数值或轮廓支撑长度率。

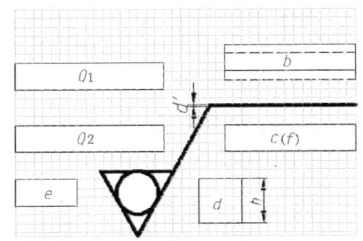

图 8-14 表面粗糙度的有关规定

零件的表面粗糙度是评定零件表面质量的一项技术指标，零件表面粗糙度要求越高，表面粗糙度参数值越小，则其加工成本也就越高。因此，应在满足零件表面功能的前提下，合理选用表面粗糙度参数。

技巧：

表面粗糙度符号应注在可见的轮廓线、尺寸线、尺寸界线或它们的延长线上；对于镀涂表面，可注在表示线上。符号的尖端必须从材料外指向表面，如图 8-15 和图 8-16 所示。表面粗糙度代号中数字及符号的方向必须按图 8-15 和图 8-16 的规定标注。

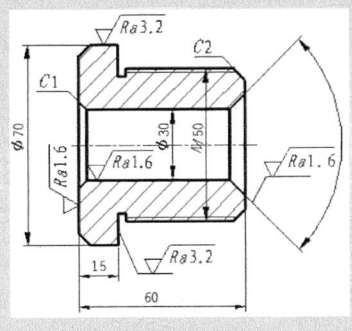

图 8-15 表面粗糙度标注（1）

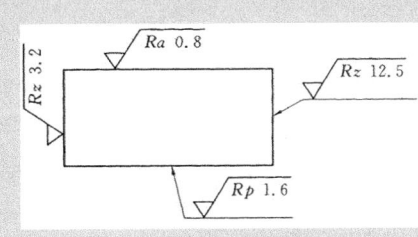

图 8-16 表面粗糙度标注（2）

8.2 图块的属性

图块除了包含图形对象以外，还可以具有非图形信息，例如把一个椅子的图形定义为图块后，还可把椅子的号码、材料、重量、价格及说明等文本信息一并加入图块当中。图块的这些非图形信息称为图块的属性，是图块的一个组成部分，与图形对象构成一个整体，在插入图块时，AutoCAD 可把图形对象连同属性一起插入图形中。

8.2.1 定义图块属性

在使用图块属性前，要对其属性进行定义，下面讲述属性定义的具体方法。

1．执行方式

命令行：ATTDEF。

菜单栏：绘图→块→定义属性。

功能区：默认→块→定义属性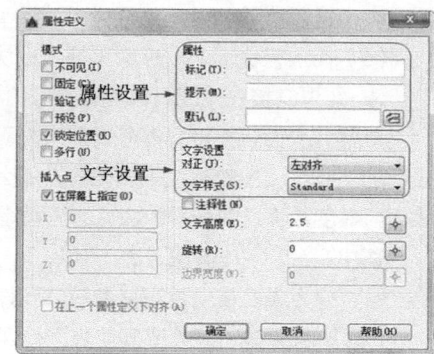。

2．操作步骤

命令：ATTDEF✓

执行上述方式后，打开"属性定义"对话框，如图 8-17
所示。

3．选项说明

（1）"模式"选项组

确定属性的模式。

① "不可见"复选框：选中此复选框，则属性为不可见显示

图 8-17　"属性定义"对话框

方式，即插入图块并输入属性值后，属性值在图中并不显示出来。

② "固定"复选框：选中此复选框，则属性值为常量，即属性值在属性定义时给定，在插入图块时
AutoCAD 不再提示输入属性值。

③ "验证"复选框：选中此复选框，插入图块时 AutoCAD 重新显示属性值，让用户验证该值是否
正确。

④ "预设"复选框：选中此复选框，插入图块时 AutoCAD 自动把事先设置好的默认值赋予属性，而
不再提示输入属性值。

⑤ "锁定位置"复选框：选中此复选框，锁定块参照中属性的位置。解锁后，属性可以相对于使用
夹点编辑的块的其他部分移动，并且可以调整多行文字属性的大小。

在动态块中，由于属性的位置包括在动作的选择集中，因此必须将其锁定。

⑥ "多行"复选框：指定属性值可以包含多行文字，选中此复选框可以指定属性的边界宽度。

（2）"属性"选项组

用于设置属性值。在每个文本框中 AutoCAD 允许输入不超过 256 个字符。

① "标记"文本框：输入属性标记。属性标记可由除空格和感叹号以外的所有字符组成，AutoCAD
可自动把小写字母改为大写字母。

② "提示"文本框：输入属性提示。属性提示是插入图块时 AutoCAD 要求输入属性值的提示，如果
不在此文本框中输入文本，则以属性标记作为提示。如果在"模式"选项组中选中"固定"复选框，即
设置属性为常量，则无须设置属性提示。

③ "默认"文本框：设置默认的属性值。可把使用次数较多的属性值作为默认值，也可不设默认值。

（3）"插入点"选项组

确定属性文本的位置。可以在插入时由用户在图形中确定属性文本的位置，也可在 X、Y、Z 文本框

中直接输入属性文本的位置坐标。

（4）"文字设置"选项组

设置属性文本的对齐方式、文本样式、字高和倾斜角度。

（5）"在上一个属性定义下对齐"复选框

选中此复选框，表示把属性标签直接放在前一个属性的下面，而且该属性继承前一个属性的文本样式、字高和倾斜角度等特性。

8.2.2 修改属性的定义

在定义图块之前，可以对属性的定义加以修改，不仅可以修改属性标签，还可以修改属性提示和属性默认值。

1. 执行方式

命令行：DDEDIT。

菜单栏：修改→对象→文字→编辑。

2. 操作步骤

命令：DDEDIT✓
选择注释对象或 [放弃(U)]：

在此提示下选择要修改的属性定义，AutoCAD 打开"编辑属性
定义"对话框，如图 8-18 所示，该对话框表示要修改的属性标记为
"文字"，提示为"数值"，无默认值，可在各文本框中对各项进行修改。

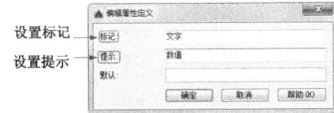

图 8-18 "编辑属性定义"对话框

8.2.3 编辑图块属性

当属性被定义到图块中，甚至图块被插入图形中之后，用户还可以对属性进行编辑。利用 ATTEDIT 命令可以通过对话框对指定图块的属性值进行修改，利用 ATTEDIT 命令不仅可以修改属性值，而且可以对属性的位置、文本等其他设置进行编辑。

1. 执行方式

命令行：ATTEDIT。

菜单栏：修改→对象→属性→单个。

工具栏：修改 II→编辑属性 💜。

功能区：默认→块→编辑属性 💜。

2. 操作步骤

命令：ATTEDIT✓
选择块参照：

同时光标变为拾取框，选择要修改属性的图块，则 AutoCAD 打开如图 8-19 所示的"编辑属性"对话框，该对话框中显示出所选图块中包含的前 8 个属性值，用户可对这些属性值进行修改。如果该图块中还有其他属性，可单击"上一个"和"下一个"按钮对它们进行观察和修改。

当用户通过菜单或工具栏执行上述命令时，系统打开"增强属性编辑器"对话框，如图 8-20 所示。该对话框不仅可以编辑属性值，还可以编辑属性的文字选项和图层、线型、颜色等特性值。

另外，还可以通过"块属性管理器"对话框来编辑属性，方法是在工具栏中选择"修改 II"→"块属性管理器"命令。执行此命令后，系统打开"块属性管理器"对话框，如图 8-21 所示。单击"编辑"按钮，系统打开"编辑属性"对话框，如图 8-22 所示，可以通过该对话框编辑属性。

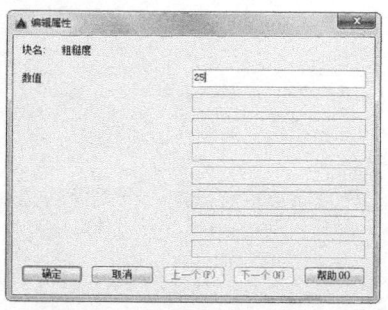

图 8-19 "编辑属性"对话框（1）

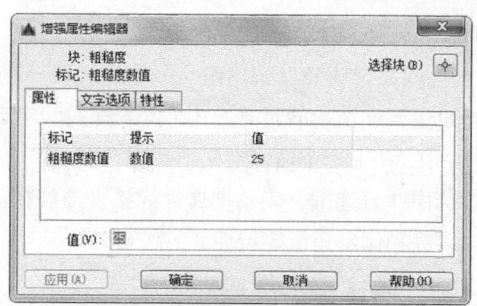

图 8-20 "增强属性编辑器"对话框

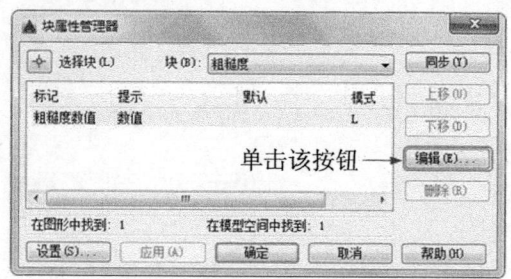

图 8-21 "块属性管理器"对话框

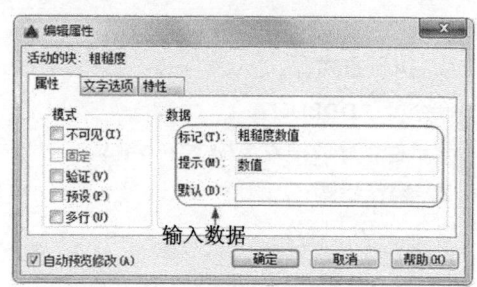

图 8-22 "编辑属性"对话框（2）

8.2.4 实例——属性功能标注阀盖粗糙度

本例将 8.1.5 小节中的表面粗糙度数值设置成图块属性，并重新标注，读者注意体会本例操作与 8.1.5 小节中讲述的方法有什么区别。如图 8-23 所示。

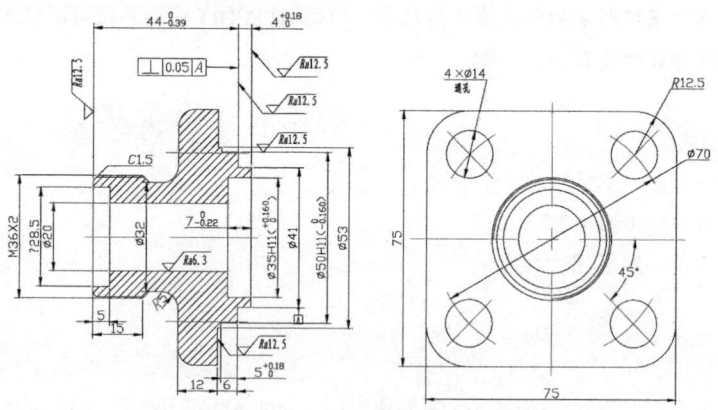

图 8-23 属性功能标注阀盖粗糙度

操作步骤：（光盘\动画演示\第 8 章\属性功能标注阀盖粗糙度.avi）

（1）绘制粗糙度。单击"默认"选项卡"绘图"面板中的"直线"按钮 ，绘制表面粗糙度符号图形。

（2）定义属性。单击"默认"选项卡"块"面板中的"定义属性"按钮 ，系统打开"属性定义"对话框，进行如图 8-24 所示的设置，其中插入点为表面粗糙度符号水平线中点，单击"确定"按钮后退出。

（3）写块。在命令行中输入"WBLOCK"，打开"写块"对话框，拾取上面图形

属性功能标注阀盖
粗糙度

下尖点为基点，以上面图形为对象，输入图块名称并指定路径，单击"确定"按钮后退出。

（4）插入块。单击"默认"选项卡"块"面板中的"插入"按钮，打开"插入"对话框，单击"浏览"按钮找到保存的图块，在屏幕上指定插入点、比例和旋转角度，将该图块插入如图 8-23 所示的图形中，这时，命令行提示输入属性，并要求验证属性值，此时输入表面粗糙度数值 12.5，最后结合"多行文字"命令输入"*Ra*"，即完成一个表面粗糙度的标注。

（5）插入粗糙度。继续插入表面粗糙度图块，输入不同的属性值作为表面粗糙度数值，直到完成所有表面粗糙度标注。

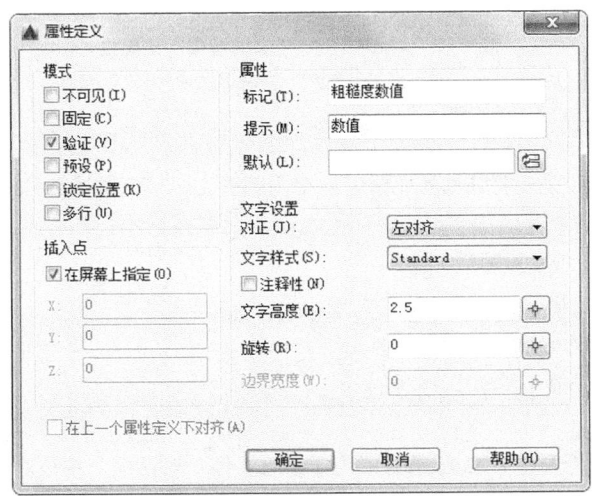

图 8-24 "属性定义"对话框

技巧：

在同一图样上，每一表面一般只标注一次符号，并尽可能靠近有关的尺寸线。当图样狭小或不便于标注时，代号可以引出标注，如图 8-25 所示。

用统一标注和简化标注的方法表达表面粗糙度要求时，其代号和文字说明均应是图形上所注代号和文字的 1.4 倍，如图 8-25 和图 8-26 所示。

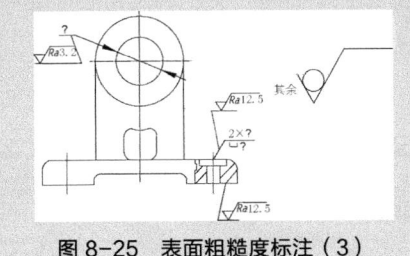

图 8-25 表面粗糙度标注（3）

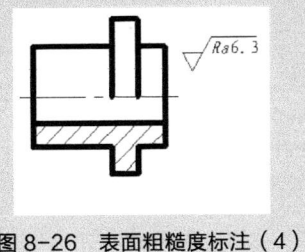

图 8-26 表面粗糙度标注（4）

当零件所有表面具有相同的表面粗糙度要求时，其代号可在图样的右上角统一标注，如图 8-26 所示。

当零件的大部分表面具有相同的表面粗糙度要求时，对其中使用最多的一种代号可以统一注在图样的右上角，并加"其余"两字，如图 8-25 所示。

8.3 外部参照

外部参照（Xref）是把已有的其他图形文件链接到当前图形文件中。它与插入"外部块"的区别在于，插入"外部块"是将块的图形数据全部插入当前图形中；而外部参照只记录参照图形位置等链接信息，并不插入该参照图形的图形数据。

外部参照及 8.4 节"光栅图像"的工具栏命令集中在"参照"与"参照编辑"工具栏中，如图 8-27 所示。

"参照"工具栏   "参照编辑"工具栏

图 8-27 "参照"与"参照编辑"工具栏

8.3.1 外部参照附着

利用外部参照的第一步是要将外部参照附着到宿主图形上，下面讲述其具体方法。

1. 执行方式

命令行：XATTACH（或 XA）。

菜单栏：插入→DWG 参照。

工具栏：参照→附着外部参照。

功能区：插入→参照→附着。

2. 操作步骤

执行上述方式，系统打开图 8-28 所示的"选择参照文件"对话框。在该对话框中选择要附着的图形文件，单击"打开"按钮，则打开"附着外部参照"对话框，如图 8-29 所示。

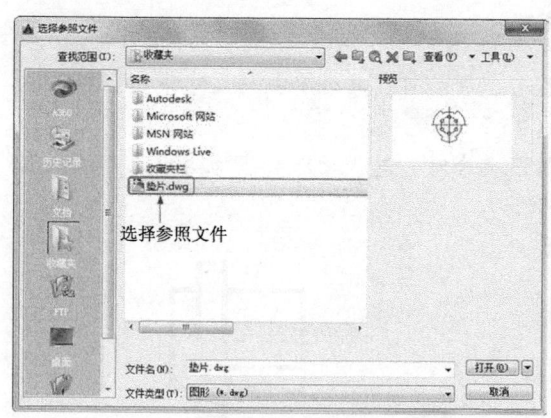

图 8-28 "选择参照文件"对话框   图 8-29 "附着外部参照"对话框

3. 选项说明

（1）"参照类型"选项组

① "附着型"单选按钮：选中该单选按钮，则外部参照是可以嵌套的。

② "覆盖型"单选按钮：选中该单选按钮，则外部参照不可以嵌套。

举个简单的例子，如图 8-30 所示，假设图形 B 附加于图形 A，图形 A 又附加或覆盖于图形 C。如果选中"附着型"单选按钮，则 B 最终也会嵌套到 C 中；选中"覆盖型"单选按钮，B 就不会嵌套进 C，如图 8-31 所示。

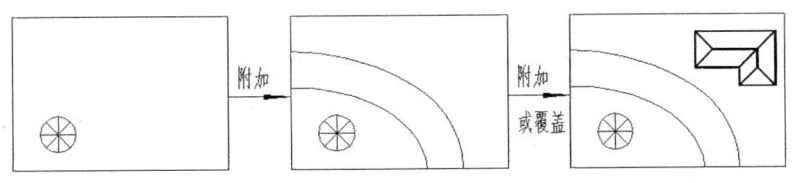

| (a) 图形 A | (b) 附着了图形 B 后的图形 A | (c) 附着了图形 A 后的图形 C |

图 8-30 "附着型"参照

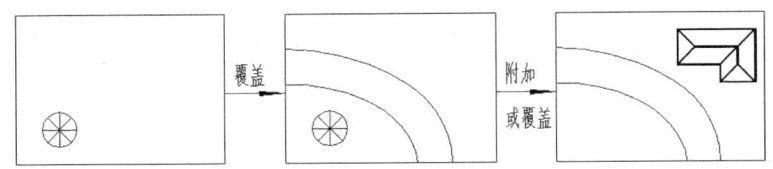

| (a) 图形 A | (b) 覆盖图形 B 后的图形 A | (c) 附加图形 A 后的图形 C |

图 8-31 "覆盖型"参照

（2）"路径类型"下拉列表框

① 无路径：在不使用路径附着外部参照时，AutoCAD 首先在宿主图形的文件夹中查找外部参照。当外部参照文件与宿主图形位于同一个文件夹时，此选项非常有用。

② 完整路径：使用完整路径附着外部参照时，外部参照的精确位置（如 C:\Projects\2016\Smith Residence\xrefs\Site plan.dwg）将保存到宿主图形中。此选项的精确度最高，但灵活性最小。如果移动工程文件夹，AutoCAD 将无法融入任何使用完整路径附着的外部参照。

③ 相对路径：使用相对路径附着外部参照时，将保存外部参照相对于宿主图形的位置。此选项的灵活性最大。如果移动工程文件夹，只要此外部参照相对宿主图形的位置未发生变化，AutoCAD 仍可以融入使用相对路径附着的外部参照。

8.3.2 外部参照裁剪

附着的外部参照可以根据需要对其范围进行裁剪，也可以控制边框的显示。

1. 裁剪外部参照

（1）执行方式

命令行：XCLIP。

工具栏：参照→裁剪外部参照🔲。

（2）操作步骤

命令：XCLIP✓
选择对象：（选择被参照图形）
选择对象：（继续选择，或按 Enter 键结束命令）
输入剪裁选项[开(ON)/关(OFF)/剪裁深度(C)/删除(D)/生成多段线(P)/新建边界(N)] <新建边界>：

（3）选项说明

① 开（ON）：在宿主图形中不显示外部参照或块的被裁剪部分。

② 关（OFF）：在宿主图形中显示外部参照或块的全部几何信息，忽略裁剪边界。

③ 剪裁深度（C）：在外部参照或块上设置前裁剪平面和后裁剪平面，如果对象位于边界和指定深度定义的区域外，则不显示。

④ 删除（D）：为选定的外部参照或块删除裁剪边界。

⑤ 生成多段线（P）：自动绘制一条与裁剪边界重合的多段线。此多段线采用当前的图层、线型、线

宽和颜色设置。

用 PEDIT 修改当前裁剪边界，然后用新生成的多段线重新定义裁剪边界时，则使用此选项。要在重定义裁剪边界时查看整个外部参照，可使用"关"选项关闭裁剪边界。

⑥ 新建边界（N）：定义一个矩形或多边形裁剪边界，或者用多段线生成一个多边形裁剪边界。裁剪后，外部参照在裁剪边界内的部分仍然可见，而剩余部分则变为不可见，外部参照附着和块插入的几何图形并未改变，只是改变了显示可见性，并且裁剪边界只对选择的外部参照起作用，对其他图形没有影响，如图 8-32 所示。

   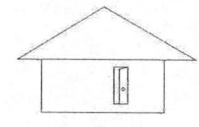

（a）宿主图形　　　　（b）插入参照图形后　　　（c）选择裁剪边界　　　（d）只有边界内的参照图形被显示

图 8-32　裁剪参照边界

2．裁剪边界边框

（1）执行方式

命令行：XCLIPFRAME。

菜单栏：修改→对象→外部参照→边框。

工具栏：参照→外部参照边框 。

（2）操作步骤

```
命令：XCLIPFRAME✓
输入XCLIPFRAME的新值<0>：
```

裁剪外部参照图形时，可以通过该系统变量来控制是否显示裁剪边界的边框。如图 8-33 所示，当其值设置为 1 时，显示裁剪边框，并且该边框可以作为对象的一部分进行选择和打印；其值设置为 0 时，则不显示裁剪边框。

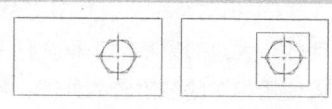

（a）不显示边框　　（b）显示边框

图 8-33　裁剪边界边框

8.3.3　外部参照绑定

如果将外部参照绑定到当前图形，则外部参照及其依赖命名对象将成为当前图形的一部分。外部参照依赖命名对象的命名语法从"块名|定义名"变为"块名n定义名"。在这种情况下，将为绑定到当前图形中的所有外部参照相关定义名创建唯一的命名对象。例如，如果有一个名为 FLOOR1 的外部参照，它包含一个名为 WALL 的图层，那么在绑定外部参照后，依赖外部参照的图层 FLOOR1|WALL 将变为名为 FLOOR1$0$WALL 的本地定义图层。如果已经存在同名的本地命名对象，n中的数字将自动增加。在此例中，如果图形中已经存在 FLOOR1$0$WALL，依赖外部参照的图层 FLOOR1|WALL 将重命名为 FLOOR1$1$WALL。

1．执行方式

命令行：XBIND。

菜单栏：修改→对象→外部参照→绑定。

工具栏：参照→外部参照绑定 。

2．操作步骤

执行上述方式后，系统打开"外部参照绑定"对话框，如图 8-34 所示。选择外部参照并添加到绑定定义区域，单击"确定"按钮后退出。系统将外部参照所依赖的命名对象（如块、标注样式、图层、线型和文字样式等）添加到用户图形。

3．选项说明

① 外部参照：显示所选择的外部参照。可以将其展开，进一步显示该外部参照的各种设置定义名，如标注样式、图层、线型和文字样式等。

② 绑定定义：显示将被绑定的外部参照的有关设置定义。

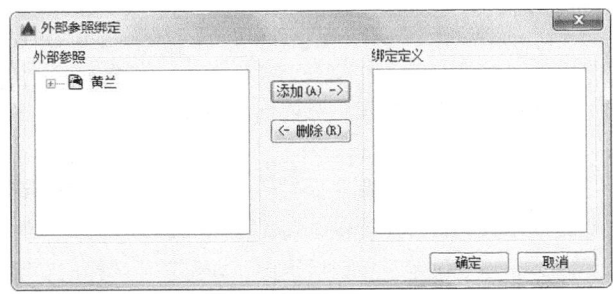

图 8-34 "外部参照绑定"对话框

8.3.4 外部参照管理

外部参照附着后，可以利用相关命令对其进行管理。

1．执行方式

命令行：XREF（或 XR）。

菜单栏：插入→外部参照。

工具栏：参照→外部参照 📷 。

快捷菜单：选择外部参照，在绘图区域右击，在弹出的快捷菜单中选择"外部参照管理器"命令。

2．操作步骤

执行上述方式后，打开图 8-35 所示的"外部参照"选项板。在该选项板中，可以附着、组织和管理所有与图形相关联的文件参照，还可以附着和管理参照图形（外部参照）、附着的 DWF 参考底图和输入的光栅图像。

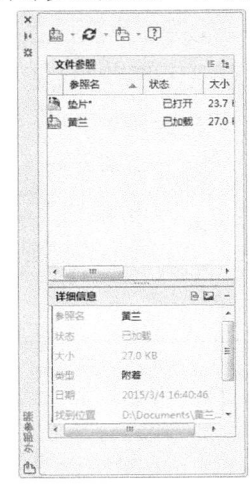

8.3.5 在单独的窗口中打开外部参照

在宿主图形中，可以选择附着的外部参照，并使用"打开参照"命令在单独的窗口中打开此外部参照，不需要浏览后再打开外部参照文件。使用"打开参照"命令可以在新窗口中立即打开外部参照。

1．执行方式

命令行：XOPEN。

菜单栏：工具→外部参照和块在位编辑→打开参照。

2．操作步骤

图 8-35 "外部参照"选项板

命令：XOPEN✓
选择外部参照：

选择外部参照后，系统立即重新建立一个窗口，显示外部参照图形。

8.3.6 参照编辑

对已经附着或绑定的外部参照可以通过参照编辑相关命令对其进行编辑。

1. 在位编辑参照

（1）执行方式

命令行：REFEDIT。

菜单栏：工具→外部参照和块在位编辑→在位编辑参照。

工具栏：参照编辑→在位编辑参照 ⬚。

（2）操作步骤

命令：REFEDIT✓

选择参照：

选择要编辑的参照后，系统打开"参照编辑"对话框，如图 8-36 所示。

（3）选项说明

① "标识参照"选项卡：为标识要编辑的参照提供形象化辅助工具并控制选择参照的方式。

② "设置"选项卡：该选项卡为编辑参照提供选项，如图 8-37 所示。

在上述对话框完成设定后，单击"确定"按钮后退出，即可对所选择的参照进行编辑。

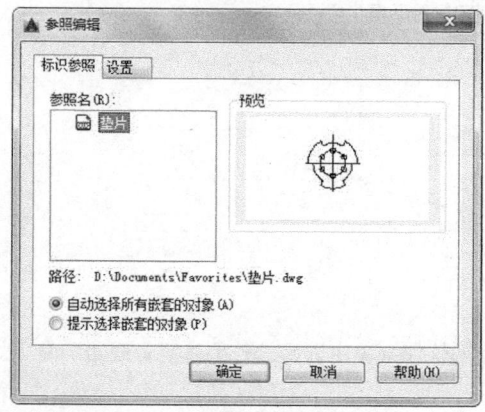

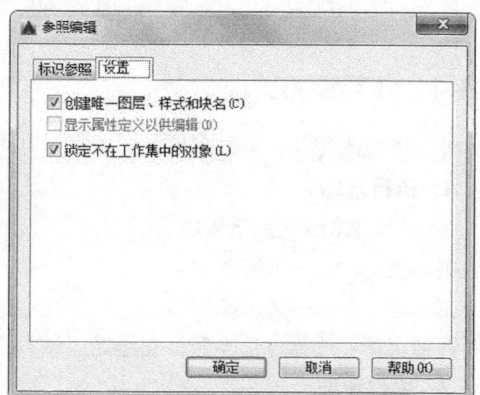

图 8-36 "参照编辑"对话框　　　　　　　　图 8-37 "设置"选项卡

技巧：

对某一个参照进行编辑后，该参照在别的图形中或同一图形其他插入地方的图形也同时改变。如图 8-38（a）所示，螺母作为参照两次插入宿主图形中。对右边的参照进行删除编辑，确认后，左边的参照同时改变，如图 8-38（b）所示。

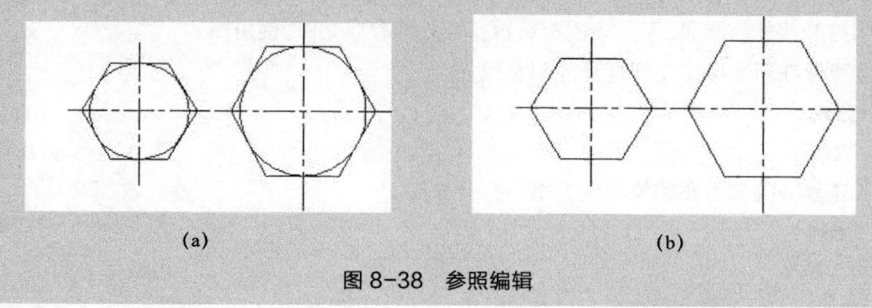

（a）　　　　　　　　　　　　　　　　（b）

图 8-38 参照编辑

2. 保存或放弃参照修改

（1）执行方式

命令行：REFCLOSE。

菜单栏：工具→外部参照和块在位编辑→保存参照编辑（关闭参照）。

工具栏：参照编辑→保存参照编辑（关闭参照）。

快捷菜单：在位参照编辑期间，在没有选定对象的情况下，在绘图区域右击，在弹出的快捷菜单中选择"关闭 REFEDIT 任务"命令。

（2）操作步骤

命令：REFCLOSE↙
输入选项 [保存(S)/放弃参照修改(D)] <保存>：

选择"保存"或"放弃"命令即可，在这个过程中，系统会给出警告提示框，用户可以确认或取消操作。

3．添加或删除对象

（1）执行方式

命令行：REFSET。

菜单栏：工具→外部参照和块在位编辑→添加到工作集（从工作集中删除）。

工具栏：参照编辑→向工作集中添加对象（从工作集删除对象）。

（2）操作步骤

命令：REFSET↙
输入选项 [添加(A)/删除(R)] <添加>：（选择相应选项操作即可）

8.3.7 实例——将螺母插入连接盘

本例综合利用前面所学的外部参照的相关知识，将螺母以外部参照的形式插入连接盘图形中，组成一个连接配合，如图 8-39 所示。

操作步骤：（光盘\动画演示\第 8 章\将螺母插入连接盘.avi）

（1）打开源文件。打开如图 8-40（b）所示的连接盘图形。

（2）打开"外部参照"对话框。选择菜单栏中的"插

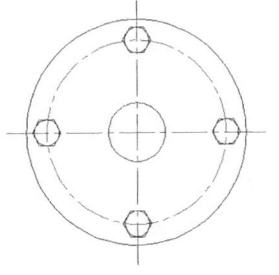

将螺母插入连接盘

图 8-39　将螺母插入连接盘

入"→"外部参照"命令，在打开的"选择参照文件"对话框中选择如图 8-40（a）所示的螺母图形文件，系统打开"外部参照"对话框，进行相关设置后退出。

（3）设置参数。在连接盘图形中指定相关参数后，螺母就作为外部参照插入螺母图形中。

（4）重复插入。利用同样的外部参照附着方法或复制方法重复插入。

（5）删除辅助线。删除连接盘图形上的螺孔线，结果如图 8-41 所示。

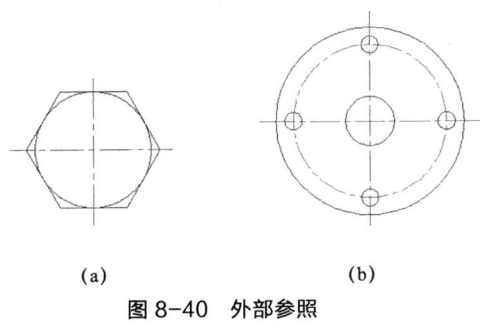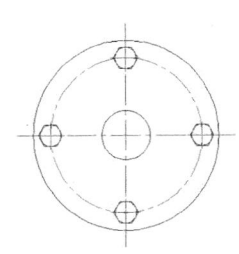

（a）　　　　（b）
图 8-40　外部参照　　　　图 8-41　外部参照结果

（6）删除中心线。插入后发现螺母的中心线还存在且不符合制图规范。这时，可以打开螺母文件，将螺母的中心线删除。

（7）重载图形。系统在状态栏右下角提示：外部参照文件已更改，需要重载。确认后单击"参照"
工具栏中的"外部参照"按钮，系统打开"外部参照"对话框，如图 8-42 所示。选择其中的螺母文件，
单击"重载"按钮，系统对外部参照进行重载，重载后的连接盘图形如图 8-43 所示。

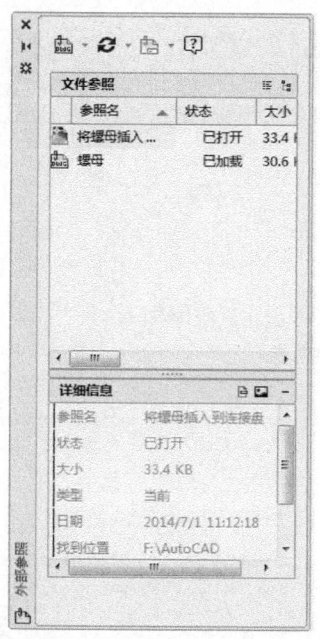

图 8-42 "外部参照"对话框

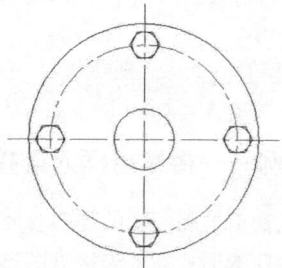

图 8-43 外部参照最终结果

8.4 光栅图像

所谓光栅图像，是指由一些称为像素的小方块或点的矩形栅格组成的图像。AutoCAD 2016 提供对多
数常见图像格式的支持，这些格式包括.bmp、.jpg、.gif、.pcx 等。

光栅图像可以复制、移动或裁剪，也可以通过夹点操作修改图像、调整图像对比度、用矩形或多边
形裁剪图像或将图像用作修剪操作的剪切边。

8.4.1 图像附着

利用图像的第一步是将图像附着到宿主图形上，下面讲述其具体方法。

1. 执行方式

命令行：IMAGEATTACH（或 IAT）。

菜单栏：插入→光栅图像参照。

工具栏：参照→附着图像。

2. 操作步骤

执行上述方式后，打开如图 8-44 所示的"选择参照文件"对话框。在该对话框中选择需要插入的光
栅图像，单击"打开"按钮，打开"附着图像"对话框，如图 8-45 所示。在该对话框中指定光栅图像的
插入点、比例和旋转角度等特性。若选中"在屏幕上指定"复选框，则可以在屏幕上用拖曳图像的方法
来指定；若单击"显示细节"按钮，则对话框将扩展，并列出选中图像的详细信息，如精度、图像像素
尺寸等。设置完成后，单击"确定"按钮，即可将光栅图像附着到当前图形中。

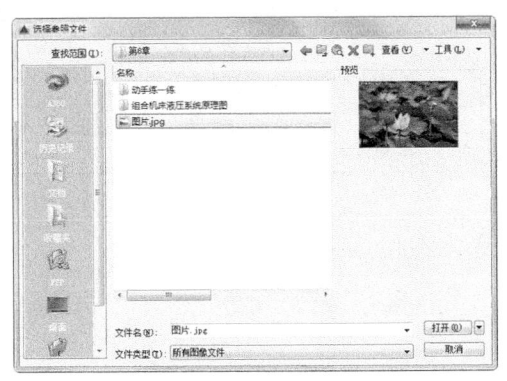

图 8-44 "选择参照文件"对话框

图 8-45 "附着图像"对话框

8.4.2 光栅图像管理

光栅图像附着后，可以利用相关命令对其进行管理。

1. 执行方式

命令行：IMAGE（或 IM）。

2. 操作步骤

执行该命令，在打开如图 8-46 所示的"外部参照"对话框中，选择要进行管理的光栅图像，即可对其进行拆离等操作。

在 AutoCAD 2016 中，还有一些关于光栅图像的命令，在"参照"工具栏中可以找到这些命令。这些命令与外部参照的相关命令操作方法类似，下面仅作简要介绍。具体的操作参照外部参照相关命令即可。

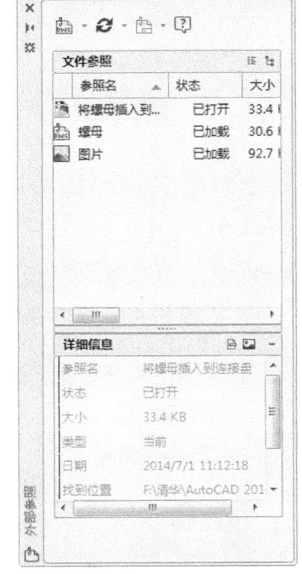

图 8-46 "外部参照"对话框

- IMAGECLIP 命令：裁剪图像边界的创建与控制，可以用矩形或多边形作剪裁边界；可以控制裁剪功能的打开与关闭，还可以删除裁剪边界。

- IMAGEFRAME 命令：控制图像边框是否显示。

- IMAGEADJUST 命令：控制图像的亮度、对比度和褪色度。

- IMAGEQUALITY 命令：控制图像显示的质量，高质量显示速度较慢，草稿式显示速度较快。

- TRANSPARENCY 命令：控制图像的背景像素是否透明。

8.4.3 实例——睡莲满池

本例综合利用前面所学的光栅图像的相关知识，绘制长满睡莲的水池图形，如图 8-47 所示。通过本例，读者可以体会到工程图与图像配合使用的方法与好处。

操作步骤：（光盘\动画演示\第 8 章\睡莲满池.avi）

（1）绘制多边形。单击"默认"选项卡"绘图"面板中的"多边形"按钮⬠，绘制一个正八边形。

（2）偏移多边形。单击"默认"选项卡"修改"面板中的"偏移"按钮⬚，向内偏移正多边形，如图 8-48 所示。

（3）附着图像。选择菜单栏中"插入"→"光栅图像参照"命令，打开如图 8-49 所示的"选择参照文件"对话框。在该对话框中选择需要插入的光栅图像，单击"打开"按钮，打开"附着图像"对话框，如图 8-50 所示。设置完成后，单击"确定"按钮并退出。命令行提示如下：

睡莲满池

指定插入点 <0,0>：
基本图像大小：宽：211.666667，高：158.750000，Millimeters
指定缩放比例因子 <1>：✓

附着图像的图形如图 8-51 所示。

图 8-47　绘制睡莲满池

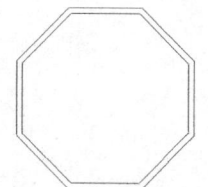

图 8-48　绘制水池外形

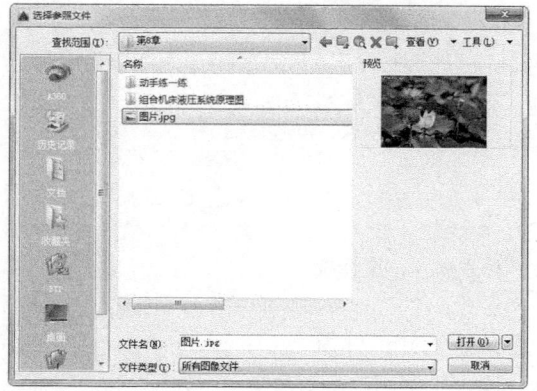

图 8-49　"选择参照文件"对话框

图 8-50　"图像"对话框

（4）裁剪光栅图像。选择菜单栏中的"修改"→"裁剪"→"图像"命令，裁剪光栅图像。命令行提示与操作如下：

命令：IMAGECLIP✓
选择要剪裁的图像：(框选整个图形)
指定对角点：
已滤除 1 个。
输入图像剪裁选项 [开(ON)/关(OFF)/删除(D)/
新建边界(N)] <新建边界>：✓
外部模式 – 边界外的对象将被隐藏。
指定剪裁边界或选择反向选项:[选择多段线(S)/多边形(P)/矩形(R)/反向剪裁(I)] <矩形>：P✓
指定第一点:<对象捕捉 开>（捕捉内部的正八边形的各个端点）
指定下一点或 [放弃(U)]:（捕捉下一点）
指定下一点或 [放弃(U)]:（捕捉下一点）
指定下一点或 [闭合(C)/放弃(U)]:✓

修剪后的图形如图 8-52 所示。

图 8-51　附着图像的图形

图 8-52　修剪图像

（5）图案填充单击"默认"选项卡"绘图"面板中的"图案填充"按钮，打开"图案填充创建"选项卡，选择 GRAVEL 图案，如图 8-53 所示，填充到两个正八边形之间，作为水池边缘的铺石，最终结果如图 8-47 所示。

图 8-53 "图案填充创建"选项卡

8.5 操作与实践

通过本章的学习，读者对图块、外部参照及光栅图像的应用等知识有了大体的了解。本节通过 2 个上机实验使读者进一步掌握本章知识要点。

8.5.1 定义"螺母"图块并插入轴图形中，组成一个配合

1. 目的要求

本例主要让读者掌握如何定义块，并比较"创建块"和 WBLOCK 命令的区别，如图 8-54 所示。

2. 操作提示

（1）利用"块定义"对话框进行适当设置定义块。

（2）利用 WBLOCK 命令，进行适当设置，保存块。

（3）打开绘制好的轴零件图。

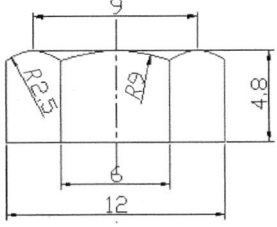

图 8-54 绘制图块

（4）执行"外部参照附着"命令，选择 8.1.3 小节绘制的螺母零件图文件为参照图形文件，设置相关参数，将"螺母"图形附着到轴零件图中。

8.5.2 标注齿轮表面粗糙度

1. 目的要求

本例主要让读者掌握如何定义块图块的属性，并插入图块，如图 8-55 所示。

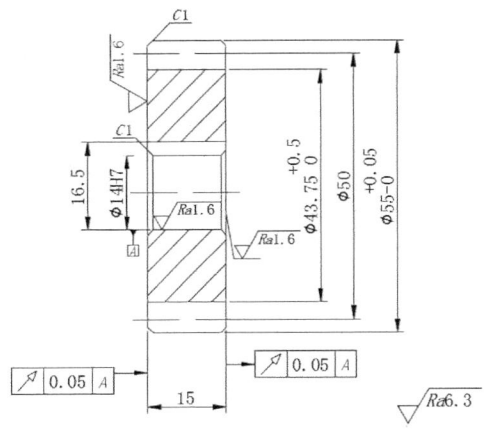

图 8-55 标注表面粗糙度

2．操作提示

（1）利用"直线"命令绘制表面粗糙度符号。

（2）定义表面粗糙度符号的属性，将表面粗糙度值设置为其中需要验证的标记。

（3）将绘制的表面粗糙度符号及其属性定义成图块。

（4）保存图块。

（5）在图形中插入表面粗糙度图块，每次插入时输入不同的表面粗糙度值作为属性值。

8.6　思考与练习

1．如果想把一个光栅图像彻底地从当前文档中删除，应当（　　）。

　　A．卸载　　　　　　　　B．拆离　　　　　　　　C．删除　　　　　　　　D．剪切

2．关于外部参照说法错误的是（　　）。

　　A．如果外部参照包含任何可变块属性，它们将被忽略

　　B．用于定位外部参照的已保存路径只能是完整路径或相对路径

　　C．可以使用 DesignCenter（设计中心）将外部参照附着到图形

　　D．可以通过从设计中心拖曳外部参照

3．当 imageframe 的值为多少时，关闭光栅文件的边框（　　）。

　　A．imageframe = 0　　　B．imageframe = 1　　　C．imageframe = 2　　　D．imageframe = 3

4．下列关于块的说法正确的是（　　）。

　　A．块只能在当前文档中使用

　　B．只有用 WBLOCK 命令写到盘上的块才可以插入另一图形文件中

　　C．任何一个图形文件都可以作为块插入另一幅图中

　　D．用 BLOCK 命令定义的块可以直接通过 INSERT 命令插入任何图形文件中

第9章

集成化绘图工具

■ 为了提高系统整体的图形设计效率，并有效地管理整个系统的所有图形设计文件，AutoCAD经过不断的探索和完善，推出大量的集成化绘图工具，包括查询工具、设计中心、工具选项板等。利用设计中心和工具选项板，用户可以建立个性化的图库，也可以利用别人提供的强大资源快速准确地进行图形设计。

9.1 设计中心

AutoCAD 2016 设计中心是一种集成化的快速绘图工具，使用它可以很容易地组织设计内容，并把它们拖曳到设计者的图形中，辅助快速绘图。可以使用 AutoCAD 2016 设计中心窗口的内容显示框来观察用 AutoCAD 2016 设计中心的资源管理器所浏览资源的细目。

9.1.1 启动设计中心

设计中心的启动方式非常简单，下面简要进行介绍。

1．执行方式

命令行：ADCENTER。

菜单栏：工具→选项板→设计中心。

工具栏：标准→设计中心圌。

组合键：Ctrl+2。

功能区：视图→选项板→设计中心圌。

2．操作步骤

执行上述方式后，打开"设计中心"窗口。第一次启动设计中心时，默认打开的选项卡为"文件夹"。内容显示区采用大图标显示，左边的资源管理器采用树形显示方式显示系统的树形结构，浏览资源的同时，在内容显示区显示所浏览资源的有关细目或内容，如图 9-1 所示。在图中左边方框为 AutoCAD 2016 设计中心的资源管理器，右边方框为 AutoCAD 2016 设计中心窗口的内容显示框。右边上面窗口为文件显示框，中间窗口为图形预览显示框，下面窗口为说明文本显示框。

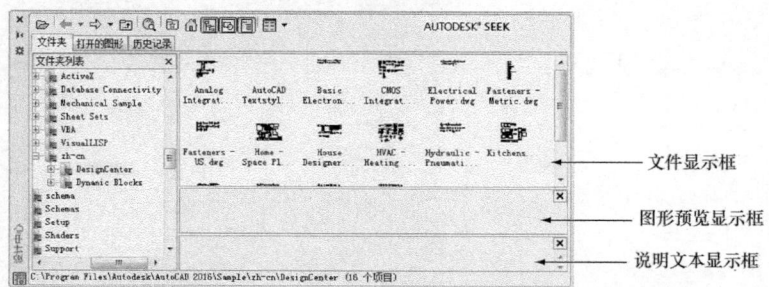

图 9-1　AutoCAD 2016 设计中心的资源管理器和内容显示区

用户可依靠鼠标拖曳边框来改变 AutoCAD 2016 设计中心资源管理器和内容显示区及 AutoCAD 2016 绘图区的大小，但内容显示区的最小尺寸应能显示两列大图标。

如果要改变 AutoCAD 2016 设计中心的位置，可在 AutoCAD 2016 设计中心工具条的上部用鼠标拖曳它，释放鼠标后，AutoCAD 2016 设计中心便处于当前位置。到新位置后，仍可以用鼠标改变各窗口的大小，也可以通过设计中心边框左边下方的"自动隐藏"按钮自动隐藏设计中心。

9.1.2 插入图块

用户可以利用设计中心将图块插入图形中。将一个图块插入图形中时，块定义就被复制到图形数据库当中。在一个图块被插入图形之后，如果原来的图块被修改，则插入图形中的图块也随之改变。

当其他命令正在执行时，图块不能插入图形中。例如，在插入块时，如果提示行正在执行一个命令，此时光标变成一个带斜线的圆，提示操作无效。另外，一次只能插入一个图块。AutoCAD 设计中心提供插入图块的两种方法：利用鼠标指定比例和旋转方式，以及精确指定坐标、比例和旋转角度方式。

1．利用鼠标指定比例和旋转方式插入图块

采用此方法时，AutoCAD 根据鼠标拉出的线段长度与角度确定比例与旋转角度。

采用该方法插入图块的步骤如下。

（1）从文件夹列表或查找结果列表选择要插入的图块，单击，将其拖曳到打开的图形。释放鼠标左键，此时，被选择的对象插入当前被打开的图形当中。利用当前设置的捕捉方式，可以将对象插入任何存在的图形当中。

（2）单击，指定一点作为插入点，移动鼠标，鼠标位置点与插入点之间距离为缩放比例。单击确定比例。用同样方法移动鼠标，鼠标指定位置和插入点连线与水平线角度为旋转角度。被选择的对象根据鼠标指定的比例和角度插入图形当中。

2．精确指定坐标、比例和旋转角度插入图块

利用该方法可以设置插入图块的参数，具体方法如下。

（1）从文件夹列表或查找结果列表框选择要插入的对象，拖曳对象到打开的图形。

（2）在相应的命令行提示下输入比例和旋转角度等数值。

被选择的对象根据指定的参数插入图形当中。

9.1.3 图形复制

利用设计中心进行图形复制的具体方法有两种，下面具体讲述。

1．在图形之间复制图块

利用 AutoCAD 设计中心可以浏览和装载需要复制的图块，然后将图块复制到剪贴板，利用剪贴板将图块粘贴到图形当中。具体方法如下。

（1）在设计中心选择需要复制的图块，右击，在弹出的快捷菜单中选择"复制"命令。

（2）将图块复制到剪贴板上，然后通过"粘贴"命令粘贴到当前图形上。

2．在图形之间复制图层

利用 AutoCAD 设计中心可以从任何一个图形复制图层到其他图形。例如，如果已经绘制一个包括设计所需的所有图层的图形，在绘制另外的新图形时，可以新建一个图形，并通过 AutoCAD 设计中心将已有的图层复制到新的图形当中，这样可以节省时间，并保证图形一致。

（1）拖曳图层到已打开的图形：确认要复制图层的目标图形文件被打开，并且是当前的图形文件。在控制板或查找结果列表框选择要复制的一个或多个图层。拖曳图层到打开的图形文件，释放鼠标后选择的图层被复制到打开的图形当中。

（2）复制或粘贴图层到打开的图形：确认要复制的图层的图形文件被打开，并且是当前的图形文件。在控制板或查找结果列表框选择要复制的一个或多个图层。右击，在弹出的快捷菜单中选择"复制到粘贴板"命令。如果要粘贴图层，确认粘贴的目标图形文件被打开，并为当前文件。右击，在弹出的快捷菜单中选择"粘贴"命令。

9.1.4 实例——给"房子"图形插入"窗户"图块

利用前面学过的 AutoCAD 设计中心功能将已有的窗户图块插入房子图形，如图 9-2 所示。

操作步骤：（光盘\动画演示\第 9 章\给房子图形插入窗户图块.avi）

（1）打开设计中心窗口。单击"视图"选项卡"选项板"面板中的"设计中心"按钮 ，打开设计中心窗口。

（2）选择图块。从设计中心窗口中选择"文件夹"选项卡，然后在选择的图块上

给房子图形插入窗
户图块

右击，在弹出的快捷菜单中选择"插入为块"命令，如图 9-3 所示。

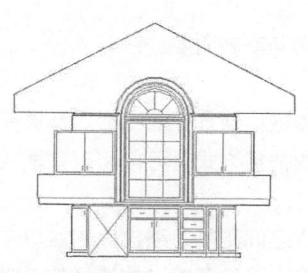

图 9-2　房子

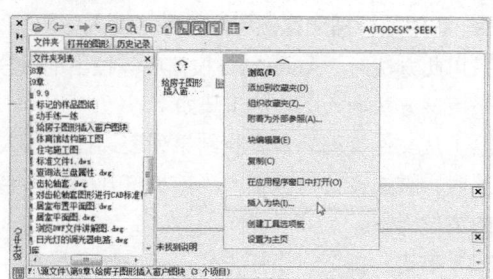

图 9-3　打开设计中心并插入块

（3）设置对话框。打开"插入"对话框，进行设置后，单击"确定"按钮，如图 9-4 所示。

（4）捕捉端点。回到绘图窗口后，选择房子左侧的一个端点为图块放置位置，如图 9-5 所示，结果如图 9-2 所示。

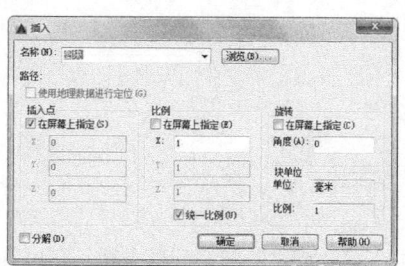

图 9-4　"插入"对话框

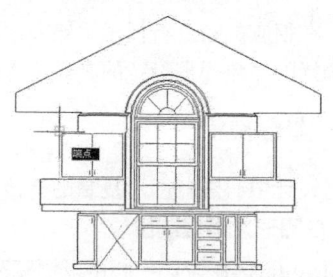

图 9-5　捕捉插入点

9.2　工具选项板

工具选项板是工具选项板窗口中选项卡形式的区域，提供组织、共享和放置块及填充图案的有效方法。工具选项板还可以包含由第三方开发人员提供的自定义工具。

9.2.1　打开工具选项板

工具选项板的打开方式非常简单，下面简单进行介绍。

1．执行方式

命令行：TOOLPALETTES。

菜单栏：工具→选项板→工具选项板。

工具栏：标准→工具选项板窗口🪟。

组合键：Ctrl+3。

功能区：视图→选项板→工具选项板🪟。

2．操作步骤

执行上述方式后，系统自动打开工具选项板，如图 9-6 所示。在工具选项板中，系统设置了一些常用的图形选项卡，这些常用的图形选项卡可以方便用户绘图。

9.2.2　工具选项板的显示控制

可以利用工具选项板的相关功能控制其显示，具体方法如下。

1．移动和缩放工具选项板窗口

用鼠标按住工具选项板窗口深色边框，拖曳鼠标，即可移动工具选项板窗口。将鼠标指向工具选项板窗口边缘，出现双向伸缩箭头时，按住鼠标左键拖曳即可缩放工具选项板窗口。

2．自动隐藏

在工具选项板窗口深色边框上单击"自动隐藏"按钮 ，可自动隐藏工具选项板窗口，再次单击，则自动打开工具选项板窗口。

3．"透明度"控制

在工具选项板窗口深色边框上单击"特性"按钮 ，打开快捷菜单，如图 9-7 所示。选择"透明度"命令，系统打开"透明度"对话框，如图 9-8 所示。通过调节按钮可以调节工具选项板的透明度。

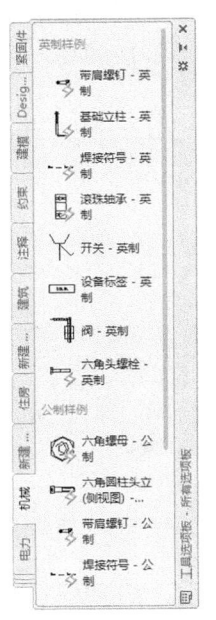

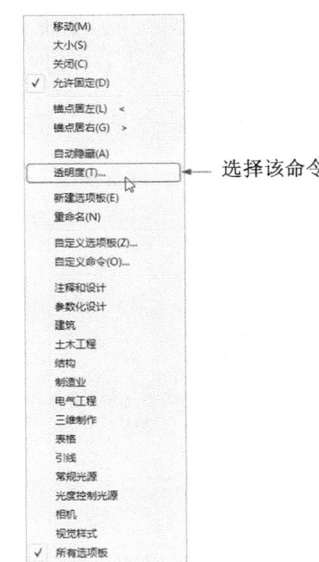

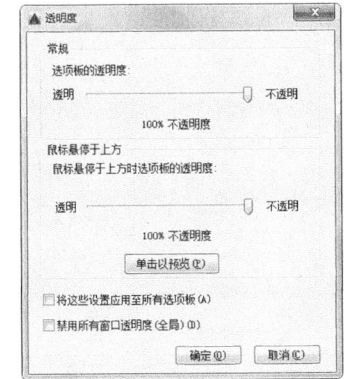

图 9-6　工具选项板窗口　　　图 9-7　快捷菜单（7）　　　　　图 9-8　"透明度"对话框

4．视图控制

将鼠标放在工具选项板的空白地方，右击，在弹出的快捷菜单中选择"视图选项"命令，如图 9-9 所示。打开"视图选项"对话框，如图 9-10 所示。选择有关选项，拖曳调节按钮可以调节视图中图标或文字的大小。

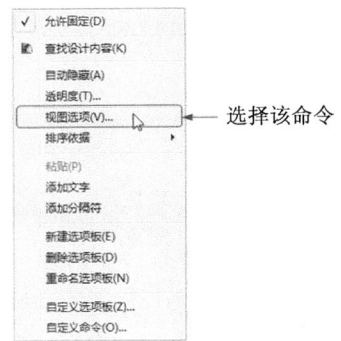

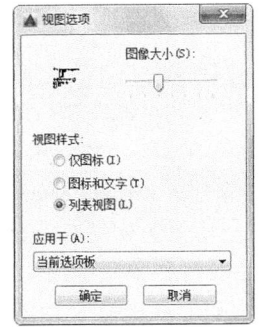

图 9-9　快捷菜单（8）　　　　　　图 9-10　"视图选项"对话框

9.2.3　新建工具选项板

用户可以建立新工具板，这样有利于个性化作图，也能够满足特殊作图需要。

1．执行方式

命令行：CUSTOMIZE。

菜单栏：工具→自定义→工具选项板。

快捷菜单：在任意工具栏上右击，在弹出的快捷菜单中选择"自定义"命令。

工具选项板：特性 →自定义（或新建）选项板。

2．操作步骤

执行上述方式后，系统打开"自定义"对话框的"工具选项板-所有选项板"选项卡，如图 9-11 所示。右击，在弹出的快捷菜单中选择"新建选项板"命令，如图 9-12 所示，然后在弹出的对话框中为新建的工具选项板命名。确定后，工具选项板中增加一个新的选项卡，如图 9-13 所示。

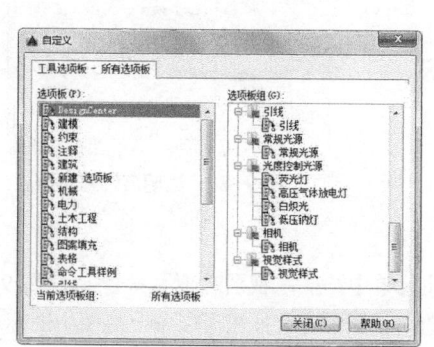

图 9-11　"自定义"对话框

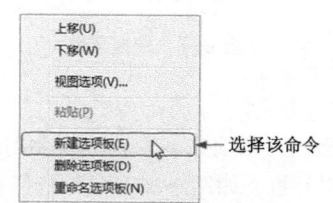

图 9-12　"新建选项板"命令

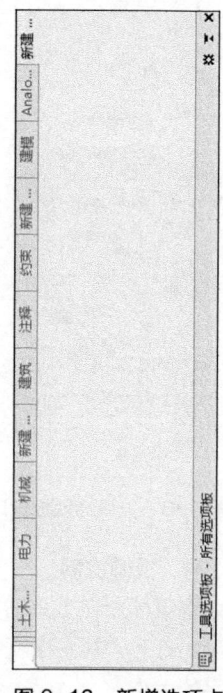

图 9-13　新增选项卡

9.2.4　向工具选项板添加内容

用户可以用两种方法向工具选项板添加内容，具体如下。

（1）将图形、块和图案填充从设计中心拖曳到工具选项板上。例如，在 DesignCenter 文件夹上右击，在弹出的快捷菜单中选择"创建块的工具选项板"命令，如图 9-14 所示。设计中心中存储的图元就出现在工具选项板中新建的 DesignCenter 选项卡上，如图 9-15 所示。这样就可以将设计中心与工具选项板结合起来，建立一个快捷方便的工具选项板。将工具选项板中的图形拖曳到另一个图形中时，图形将作为块插入。

（2）使用"剪切""复制""粘贴"命令将一个工具选项板中的工具移动或复制到另一个工具选项板中。

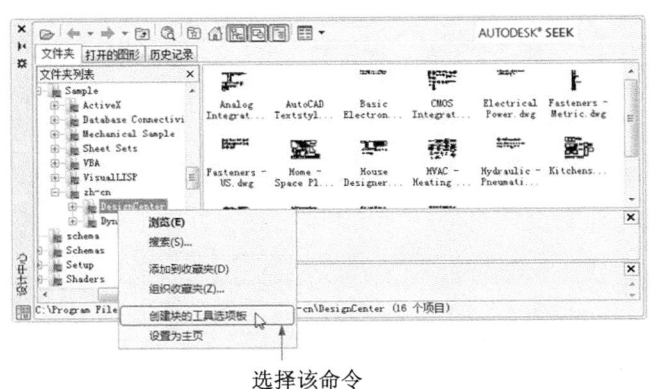

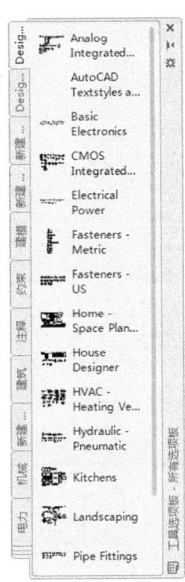

选择该命令

图 9-14　将存储图元创建成"设计中心"工具选项板　　　　图 9-15　新创建的工具选项板

9.2.5　实例——居室布置平面图

利用前面学过的设计中心和工具选项板的知识绘制如图 9-16 所示的居室布置平面图。读者注意体会利用设计中心和工具选项板给绘图带来的便利。

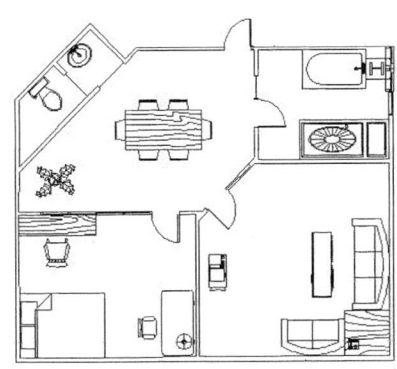

图 9-16　居室布置平面图

操作步骤：（光盘\动画演示\第 9 章\居室布置平面图.avi）

（1）打开住房结构截面图。其中进门为餐厅，左首为厨房，右首为卫生间，正对为客厅，客厅左边为寝室。

（2）打开工具选项板。单击"视图"选项卡"选项板"面板中的"工具选项板"按钮▦，打开工具选项板。在"工具选项板"菜单中选择"新建工具选项板"命令，建立新的"工具选项板"选项卡。在新建工具栏名称栏中输入"住房"，单击"确定"按钮。新建的"住房"选项卡将显示在工具选项板中。

（3）打开选项卡。单击"视图"选项卡"选项板"面板中的"设计中心"按钮▣，打开设计中心，将设计中心中的 Kitchens、House Designer、Home-Space Planner 图块拖曳到工具选项板的"住房"选项卡，如图 9-17 所示。

居室布置平面图

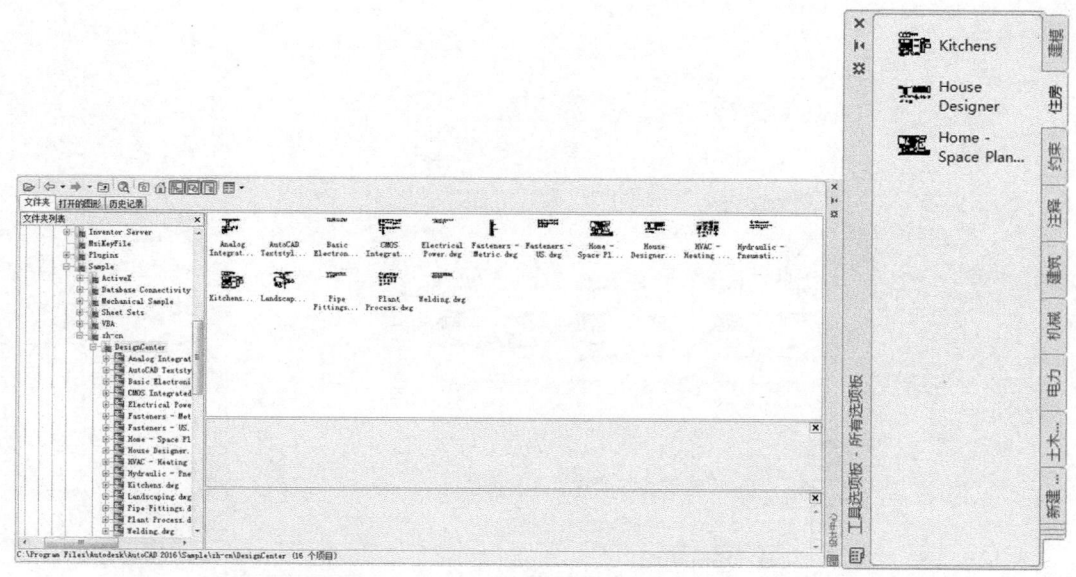

图 9-17　向工具选项板插入设计中心图块

（4）布置餐厅。将工具选项板中的 Home-Space Planner 图块拖曳到当前图形中，利用"缩放"命令调整所插入的图块与当前图形的相对大小，如图 9-18 所示。对该图块进行分解操作，将 Home- Space Planner 图块分解成单独的小图块集。将图块集中的"饭桌"和"植物"图块拖曳到餐厅适当位置，如图 9-19 所示。

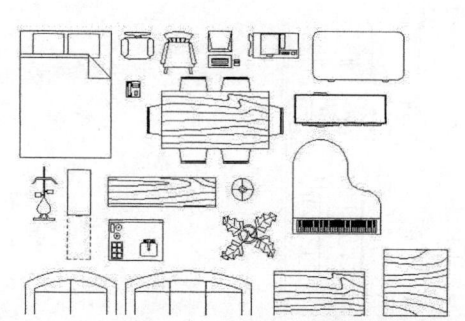

图 9-18　将 Home-Space Planner 图块拖曳到当前图形

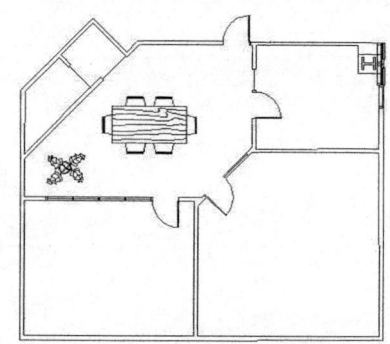

图 9-19　布置餐厅

（5）布置寝室。将"双人床"图块移动到当前图形的寝室中，移动过程中需要利用钳夹功能进行旋转和移动操作，命令行提示及操作如下：

```
** 移动 **
指定移动点或 [基点(B)/复制(C)/放弃(U)/退出(X)]：（指定移动点）
** 旋转 **
指定旋转角度或 [基点(B)/复制(C)/放弃(U)/参照(R)/退出(X)]：90✓
** 移动 **
指定移动点或 [基点(B)/复制(C)/放弃(U)/退出(X)]：（指定移动点）
```

用同样的方法将"琴桌""书桌""台灯"和两个"椅子"图块移动并旋转到当前图形的寝室中，如图 9-20 所示。

（6）布置客厅。用同样的方法将"转角桌""电视机""茶几"和两个"沙发"图块移动并旋转到当前图形的客厅中，如图 9-21 所示。

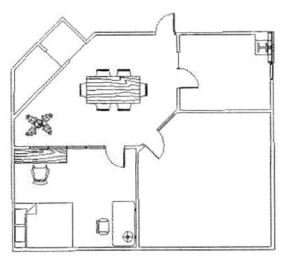

图 9-20　布置寝室图

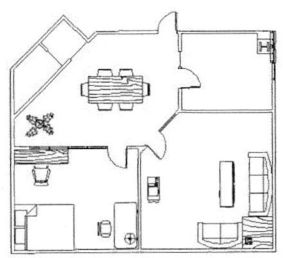

图 9-21　布置客厅

（7）布置厨房。将工具选项板中的 House Designer 图块拖曳到当前图形中，利用"缩放"命令调整所插入的图块与当前图形的相对大小，如图 9-22 所示。对该图块进行分解操作，将 House Designer 图块分解成单独的小图块集。用同样的方法将"灶台""洗菜盆"和"水龙头"图块移动并旋转到当前图形的厨房中，如图 9-23 所示。

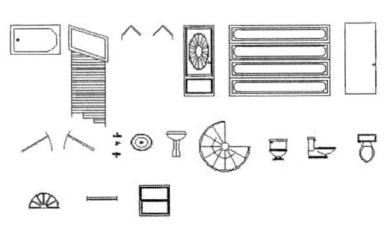

图 9-22　插入 House Designer 图块

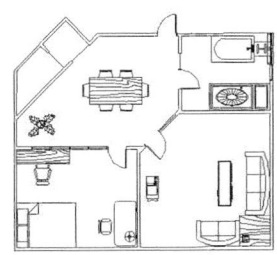

图 9-23　布置厨房

（8）布置卫生间。用同样的方法将"马桶"和"洗脸盆"移动并旋转到当前图形的卫生间中，复制"水龙头"图块并旋转移动到洗脸盆上。删除当前图形其他没有用处的图块，最终绘制出的图形如图 9-16 所示。

9.3　对象查询

在绘制图形或阅读图形的过程中，有时需要即时查询图形对象的相关数据，例如对象之间的距离、建筑平面图室内面积等。为了方便这些查询工作，AutoCAD 提供相关的查询命令。

对象查询的菜单命令集中在"工具"→"查询"菜单中，如图 9-24 所示。其工具栏命令则主要集中在"查询"工具栏中，如图 9-25 所示。

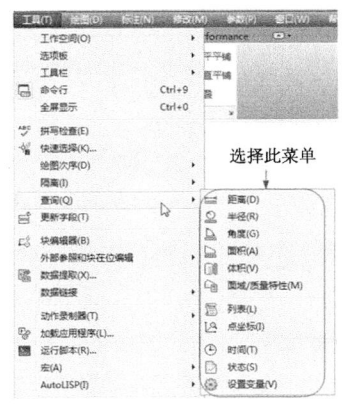

图 9-24　"工具"→"查询"菜单

图 9-25　"查询"工具栏

9.3.1 查询距离

1. 执行方式

命令行：MEASUREGEOM。

菜单栏：工具→查询→距离。

工具栏：查询→距离 ⧉。

2. 操作步骤

命令：_MEASUREGEOM↙

输入选项 [距离(D)/半径(R)/角度(A)/面积(AR)/体积(V)] <距离>: _distance

指定第一点：

指定第二个点或 [多个点(M)]：

距离 = 65.3123，xy 平面中的倾角 = 0，与 xy 平面的夹角 = 0

x 增量 = 65.3123，y 增量 = 0.0000，z 增量 = 0.0000

输入选项 [距离(D)/半径(R)/角度(A)/面积(AR)/体积(V)/退出(X)] <距离>:

面积、面域/质量特性的查询与距离查询类似，这里不再赘述。

9.3.2 查询对象状态

1. 执行方式

命令行：STATUS。

菜单栏：工具→查询→状态。

2. 操作步骤

执行上述方式后，系统自动切换到文本显示窗口，显示当前文件的状态，包括文件中的各种参数状态及文件所在磁盘的使用状态，如图 9-26 所示。

列表显示、点坐标、时间、系统变量等查询工具与查询对象状态方法和功能相似，这里不再赘述。

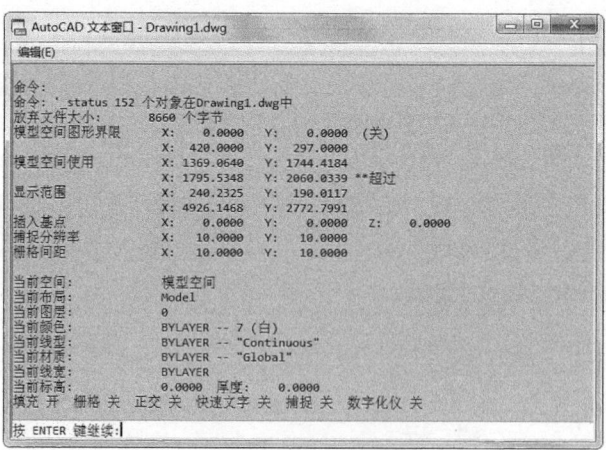

图 9-26　文本显示窗口

9.3.3 实例——查询法兰盘属性

图形查询功能主要是通过一些查询命令来完成的，这些命令在"查询"工具栏大多都可以找到。通过查询工具，可以查询点的坐标、距离、面积及面域/质量特性，在图 9-28 中通过查询法兰盘的属性来熟悉查询命令的用法。

操作步骤：（光盘\动画演示\第 9 章\查询法兰盘属性.avi）

（1）打开"源文件\第 9 章\法兰盘"图形，如图 9-27 所示。

（2）点查询。"点坐标"命令用于查询指定点的坐标值。选择菜单栏中的"工具"
→"查询"→"点坐标"命令，如图 9-28 所示，命令行提示与操作如下：

查询法兰盘属性

```
命令：id↙
指定点：（选择法兰盘中心点）
指定点：X = 924.3817     Y = 583.4961     Z = 0.0000
```

要进行更多查询，重复以上步骤即可。

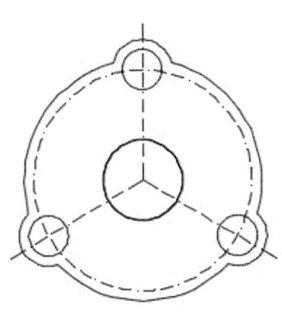

图 9-27　法兰盘

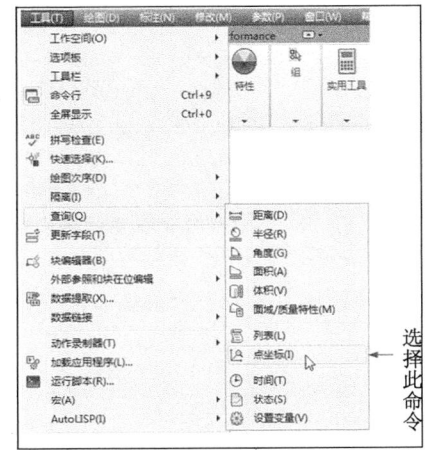

图 9-28　点坐标查询

（3）距离查询。AutoCAD 记录几何对象相对于标准坐标系的每个位置，可以快速计算出任意指定的
两点间的距离，并显示以当前图形中的单位制计算的两点间距离，测量 xy 平面中的倾角，测量两点连线
与 xy 平面的夹角，以及计算两点间 x、y、z 坐标增量。选择菜单栏中的"工具"→"查询"→"距离"
命令，或在"查询"工具栏中单击"距离"按钮，命令行提示与操作如下：

```
命令：dist↙
指定第一点：（选择法兰盘边缘左下角的小圆圆心，图9-29中1点）
指定第二个点或 [多个点(M)]：（选择法兰盘中心点，图9-29中2点）
距离 = 55.0000，xy 平面中的倾角 = 30，与 xy 平面的夹角 = 0
x 增量 = 47.6314，y 增量 = 27.5000，z 增量 = 0.0000
```

查询结果的各个选项的说明如下。

- 距离：两点之间的三维距离。
- xy 平面中的倾角：两点之间连线在 xy 平面上的投影与 x 轴的夹角。
- 与 xy 平面的夹角：两点之间连线与 xy 平面的夹角。
- x 增量：第二点 x 坐标相对于第一点 x 坐标的增量。
- y 增量：第二点 y 坐标相对于第一点 y 坐标的增量。
- z 增量：第二点 z 坐标相对于第一点 z 坐标的增量。

（4）面积查询。面积查询命令可以计算一系列指定点之间的面积和周长，或计算多种对象的面积和
周长，还可使用加模式和减模式来计算组合面积。面积查询命令具体操作步骤如下。

① 调用该命令，则系统提示"指定第一个角点或 [对象（O）/加（A）/减（S）]:"：

- 指定一系列角点。系统将其视为一个封闭多边形的各个顶点，并计算和报告该封闭多边形的面积
和周长。

- 指定对象（O）。AutoCAD 计算和报告该对象的面积和周长，可选的对象包括圆、椭圆、样条曲线、多段线、正多边形、面域和实体等。

② 在通过上述两种方式进行计算时，可使用加模式和减模式进行组合计算。

- 加模式。使用该选项计算某个面积时，系统除了报告该面积和周长的计算结果之外，还在总面积中加上该面积。

- 减模式。使用该选项计算某个面积时，系统除了报告该面积和周长的计算结果之外，还在总面积中减去该面积。

选择"工具"→"查询"→"面积"命令，或单击"查询"工具栏中的"面积"按钮 □，命令行提示与操作如下：

```
命令：area↙
指定第一个角点或 [对象(O)/增加面积(A)/减少面积(S)] <对象(O)>：（选择法兰盘上1点，如图9-30所示）
指定下一个点或 [圆弧(A)/长度(L)/放弃(U)]：（选择法兰盘上2点，如图9-30所示）
指定下一个点或 [圆弧(A)/长度(L)/放弃(U)]：（选择法兰盘上3点，如图9-30所示）
指定下一个点或 [圆弧(A)/长度(L)/放弃(U)/总计(T)] <总计>：（选择法兰盘上1点，如图9-30所示）
指定下一个点或 [圆弧(A)/长度(L)/放弃(U)/总计(T)] <总计>：↙
面积 = 3929.5903，周长 = 285.7884
```

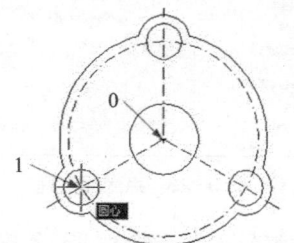

图 9-29　查询法兰盘两点间距离

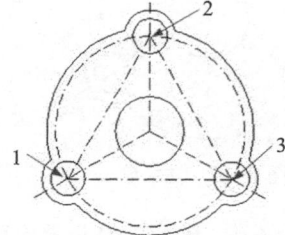

图 9-30　查询法兰盘三点形成的面的周长及面积

9.4　视口与空间

AutoCAD 窗口提供两个并行的工作环境，即"模型"选项卡和"布局"选项卡。本节将重点讲述模型和布局的设置及控制。在"模型"选项卡上工作时，可以绘制主题的模型，通常称其为模型空间。在"布局"选项卡上，可以布置模型的多个"快照"。一个布局代表一张可以使用各种比例显示一个或多个模型视图的图样。可以选择"模型"选项卡或"布局"选项卡来实现模型空间和布局空间的转换。

无论是模型空间，还是布局空间，都以各种视区来表示图形。视区是图形屏幕上用于显示图形的一个矩形区域。默认时，系统把整个作图区域作为单一的视区，用户可以通过其绘制和显示图形。此外，用户也可根据需要把作图屏幕设置成多个视区，每个视区显示图形的不同部分，这样可以更清楚地描述物体的形状。但同一时间仅有一个是当前视区。这个当前视区便是工作区，系统在工作区周围显示粗边框，以便用户知道哪一个视区是工作区。本节内容的菜单命令主要集中在"视图"菜单，而本节内容的工具栏命令主要集中在"视口"和"布局"两个工具栏中，如图 9-31 所示。

图 9-31　"视口"和"布局"工具栏

9.4.1　视口

绘图区可以被划分为多个相邻的非重叠视口。在每个视口中可以进行平移和缩放操作，也可以进行三维视图设置与三维动态观察，如图 9-32 所示。

1. 新建视口

（1）执行方式

命令行：**VPORTS**。

菜单栏：视图→视口→新建视口命令。

工具栏：视口→显示"视口"对话框▣。

功能区：视图→模型视口→命名▣。

（2）操作步骤

执行上述操作后，系统打开图 9-33 所示"视口"对话框的"新建视口"选项卡，该选项卡中列出一个标准视口配置列表，可用来创建层叠视口。图 9-34 所示为按图 9-33 中设置创建的新图形视口，可以在多视口的单个视口中再创建多视口。

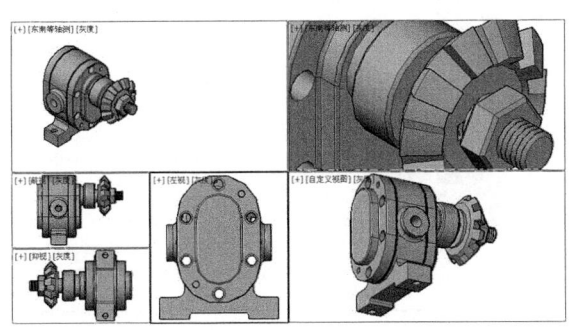

图 9-32　视口操作

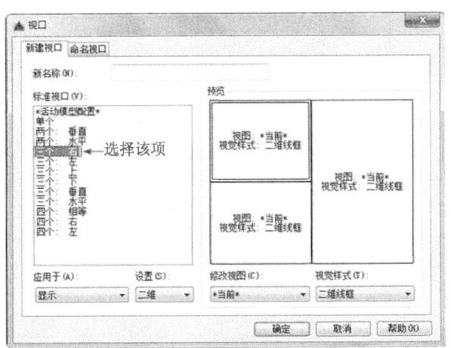

图 9-33　"新建视口"选项卡

2. 命名视口

（1）执行方式

命令行：**VPORTS**。

菜单栏：视图→视口→命名视口。

工具栏：视口→显示"视口"对话框▣。

（2）操作步骤

执行上述操作后，系统打开图 9-35 所示"视口"对话框的"命名视口"选项卡，该选项卡用来显示保存在图形文件中的视口配置。其中，"当前名称"提示行显示当前视口名；"命名视口"列表框用来显示保存的视口配置；"预览"显示框用来预览被选择的视口配置。

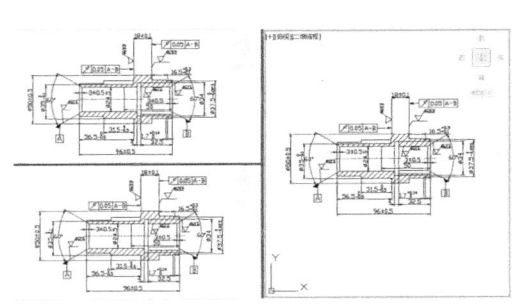

图 9-34　创建的视口

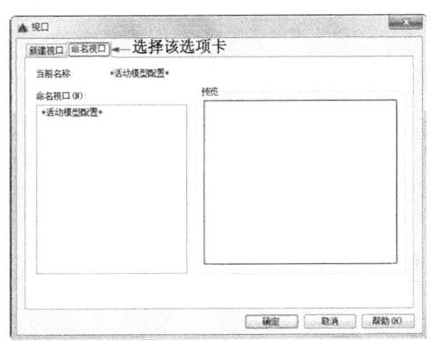

图 9-35　"命名视口"选项卡

9.4.2　模型空间与图纸空间

　　AutoCAD 可在两个环境中完成绘图和设计工作，即模型空间和图纸空间。模型空间又可分为平铺式和浮动式。大部分设计和绘图工作都是在平铺式模型空间中完成的，而图纸空间是模拟手工绘图的空间，它是为绘制平面图而准备的一张虚拟图纸，是二维空间的工作环境。从某种意义上说，图纸空间就是为布局图面、打印出图而设计的，还可在其中添加诸如边框、注释、标题和尺寸标注等内容。

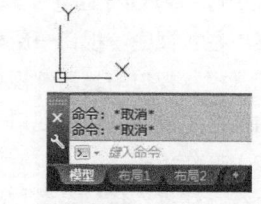

图 9-36　"模型"和"布局"选项卡

　　在模型空间和图纸空间中，都可以进行输出设置。在绘图区底部有"模型"选项卡及一个或多个"布局"选项卡，如图 9-36 所示。

　　选择"模型"或"布局"选项卡，可以在它们之间进行空间切换，如图 9-37 和图 9-38 所示。

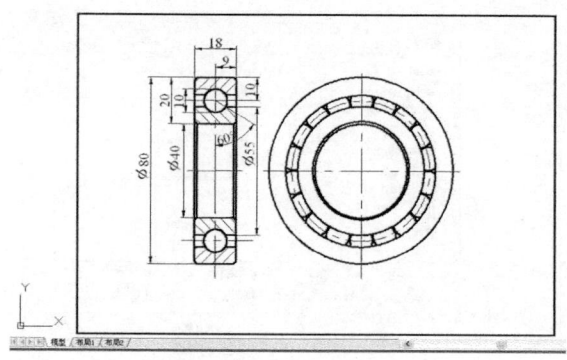

图 9-37　"模型"空间

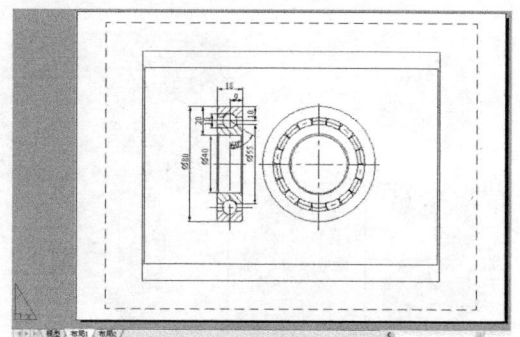

图 9-38　"布局"空间

技巧：

　　选择菜单栏中的"文件"→"输出"命令，或直接在命令行中输入"export"，系统打开"输出"对话框，在"保存类型"下拉列表框中选择*.bmp 格式，单击"保存"按钮，在绘图区选中要输出的图形后按 Enter 键，被选图形便被输出为.bmp 格式的图形文件。

9.5　打印

　　在利用 AutoCAD 建立图形文件后，通常要进行绘图的最后一个环节，即输出图形。在这个过程中，为在一张图纸上得到一幅完整的图形，必须恰当地规划图形的布局，合适地安排图纸规格和尺寸，正确地选择打印设备及各种打印参数。

9.5.1　打印设备的设置

　　最常见的打印设备有打印机和绘图仪。在输出图样时，首先添加和配置要使用的打印设备。

1. 打开打印设备

（1）执行方式

命令行：PLOTTERMANAGER。

菜单栏：文件→绘图仪管理器。

功能区：输出→打印→绘图仪管理器 🖶 。

（2）操作步骤

① 选择菜单栏中的"工具"→"选项"命令，打开"选项"对话框。

② 选择"打印和发布"选项卡，单击"添加或配置绘图仪"按钮，如图 9-39 所示。

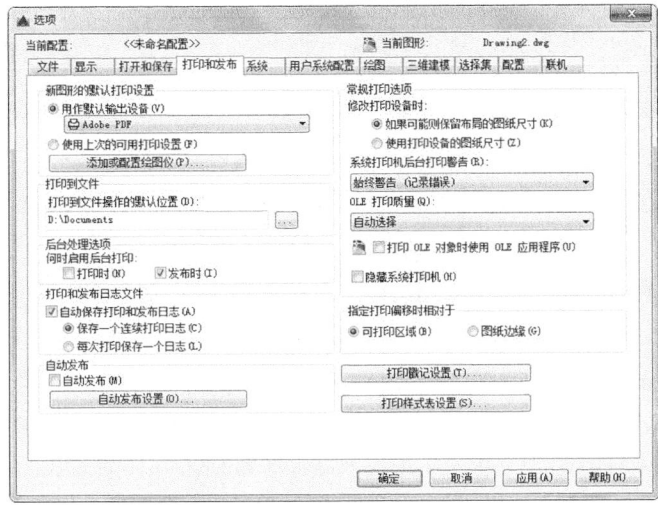

图 9-39 "打印和发布"选项卡

③ 系统打开 Plotters 窗口，如图 9-40 所示。

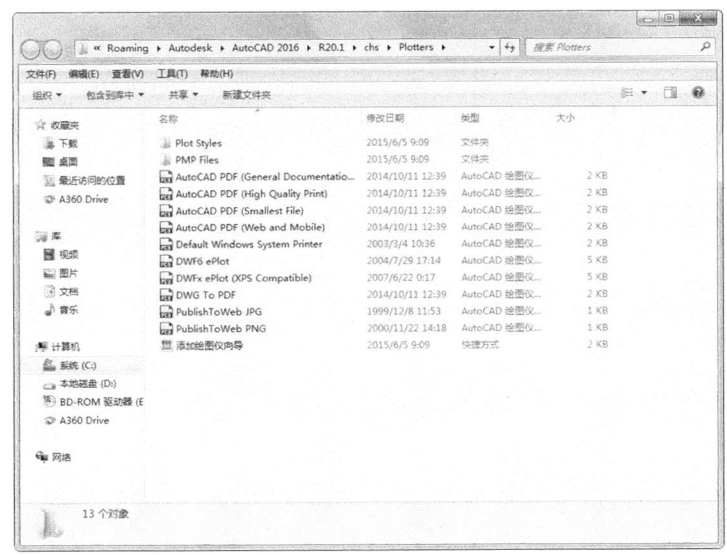

图 9-40 Plotters 窗口

④ 要添加新的绘图仪器或打印机，可双击 Plotters 窗口中的"添加绘图仪向导"图标，打开"添加绘图仪—简介"对话框，如图 9-41 所示，按向导逐步添加。

⑤ 双击 Plotters 窗口中的绘图仪配置图标，如 DWF6 ePlot.pc3，打开"绘图仪配置编辑器"对话框，如图 9-42 所示，对绘图仪进行相关设置。

2. 绘图仪配置编辑器图

"绘图仪配置编辑器"对话框有 3 个选项卡，可根据需要进行重新配置。

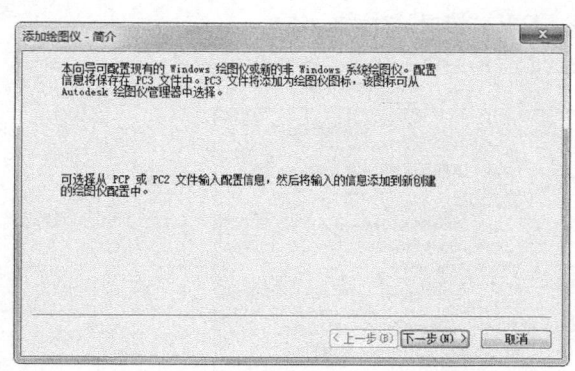

图 9-41 "添加绘图仪-简介"对话框

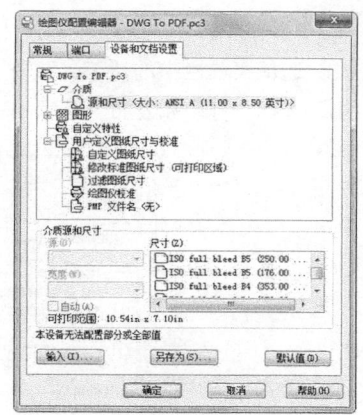

图 9-42 "绘图仪配置编辑器"对话框

（1）"常规"选项卡，如图 9-43 所示。

① 绘图仪配置文件名：显示在"添加打印机"向导中指定的文件名。

② 驱动程序信息：显示绘图仪驱动程序类型（系统或非系统）、名称、型号和位置，以及 HDI 驱动程序文件版本号（AutoCAD 专用驱动程序文件）、网络服务器 UNC 名（如果绘图仪与网络服务器连接）、I/O 端口（如果绘图仪连接在本地）、系统打印机名（如果配置的绘图仪是系统打印机）、PMP（绘图仪型号参数）文件名和位置（如果 PMP 文件附着在 PC3 文件中）。

（2）"端口"选项卡，如图 9-44 所示。

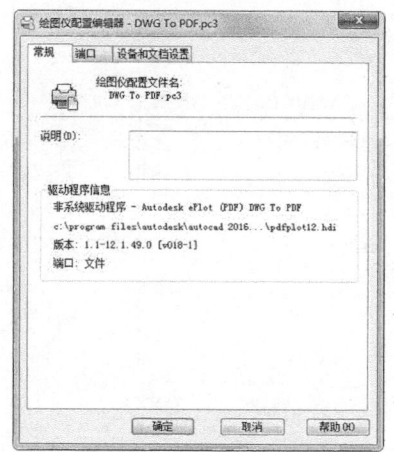

图 9-43 "常规"选项卡

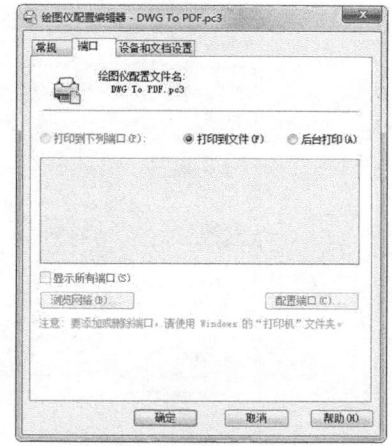

图 9-44 "端口"选项卡

① "打印到下列端口"单选按钮：选中该单选按钮，将图形通过选定端口发送到绘图仪。

② "打印到文件"单选按钮：选中该单选按钮，将图形发送至在"打印"对话框中指定的文件。

③ "后台打印"单选按钮：选中该单选按钮，使用后台打印实用程序打印图形。

④ "端口"列表：显示可用端口（本地和网络）的列表和说明。

⑤ "显示所有端口"复选框：选中该复选框，显示计算机上的所有可用端口，而不管绘图仪使用哪个端口。

⑥ "浏览网络"按钮：单击该按钮，显示网络选择，可以连接到另一台非系统绘图仪。

⑦ "配置端口"按钮：单击该按钮，打印样式显示"配置 LPT 端口"对话框或"COM 端口设置"对话框。

（3）"设备和文档设置"选项卡，如图 9-42 所示。

控制 PC3 文件中的许多设置。单击任意节点的图标，可以查看和修改指定设置。

9.5.2 创建布局

图纸空间是图纸布局环境，可以在这里指定图纸大小、添加标题栏、显示模型的多个视图及创建图形标注和注释。

1. 执行方式

命令行：LAYOUTWIZARD。

菜单栏：插入→布局→创建布局向导。

2. 操作步骤

（1）选择菜单栏中的"插入"→"布局"→"创建布局向导"命令，打开"创建布局—开始"对话框。在"输入新布局的名称"文本框中输入新布局名称，如图 9-45 所示。

（2）单击"下一步"按钮，打开图 9-46 所示的"创建布局—打印机"对话框。在该对话框中选择配置新布局"机械图"的绘图仪。

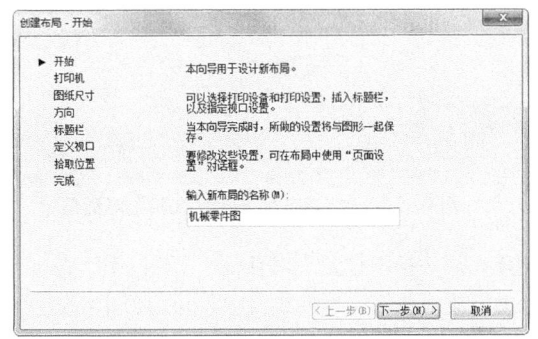
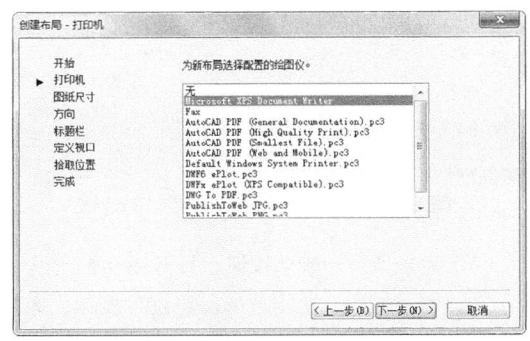

图 9-45 "创建布局—开始"对话框　　　　图 9-46 "创建布局—打印机"对话框

（3）单击"下一步"按钮，打开如图 9-47 所示的"创建布局—图纸尺寸"对话框。

该对话框用于选择打印图纸的大小和所用的单位。在对话框的"图纸尺寸"下拉列表框中列出可用的各种格式的图纸，由选择的打印设备决定，可从中选择一种格式。"图形单位"选项组用于控制输出图形的单位，可以选择"毫米""英寸"或"像素"。选中"毫米"单选按钮，即以毫米为单位，再选择图纸的大小，如 ISO A2（594.00mm×420.00mm）。

（4）单击"下一步"按钮，打开如图 9-48 所示的"创建布局—方向"对话框。在该对话框中选中"纵向"或"横向"单选按钮，可设置图形在图纸上的布置方向。

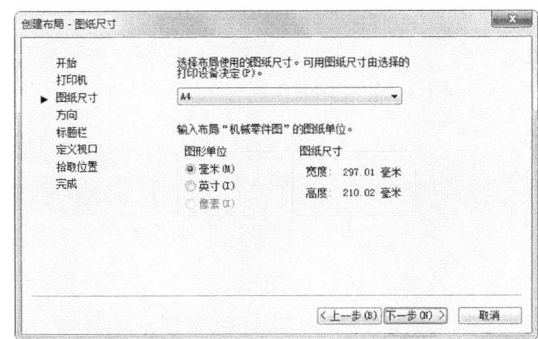
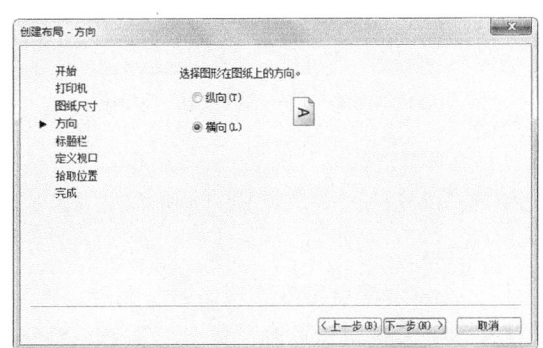

图 9-47 "创建布局—图纸尺寸"对话框　　　图 9-48 "创建布局—方向"对话框

（5）单击"下一步"按钮，打开图 9-49 所示的"创建布局—标题栏"对话框。

在该对话框左边的列表框中列出当前可用的图纸边框和标题栏样式，可从中选择一种，作为创建布局的图纸边框和标题栏样式，在对话框右边的预览框中显示所选的样式。在对话框下面的"类型"选项组中，可以指定所选标题栏图形文件是作为"块"，还是作为"外部参照"插入当前图形中。在一般情况下，在绘图时已经绘制出标题栏，所以此步选择"无"即可。

（6）单击"下一步"按钮，打开图 9-50 所示的"创建布局—定义视口"对话框。

在该对话框中可以指定新创建的布局默认视口设置和比例等。其中，"视口设置"选项组用于设置当前布局，定义视口数；"视口比例"下拉列表框用于设置视口的比例。选中"阵列"单选按钮时，下面 4 个文本框变为可用，"行数"和"列数"两个文本框分别用于输入视口的行数和列数，"行间距"和"列间距"两个文本框分别用于输入视口的行间距和列间距。

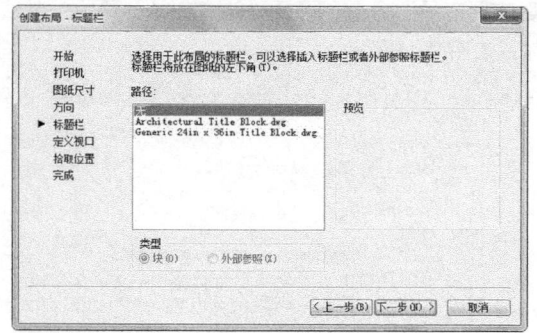

图 9-49 "创建布局—标题栏"对话框

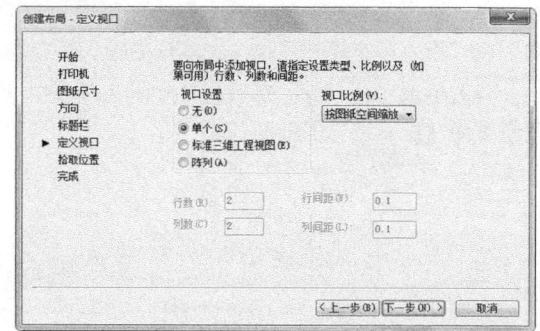

图 9-50 "创建布局—定义视口"对话框

（7）单击"下一步"按钮，打开图 9-51 所示的"创建布局—拾取位置"对话框。

在该对话框中，单击"选择位置"按钮，系统暂时关闭该对话框，返回绘图区，从图形中指定视口配置的大小和位置。

（8）单击"下一步"按钮，打开图 9-52 所示的"创建布局—完成"对话框。

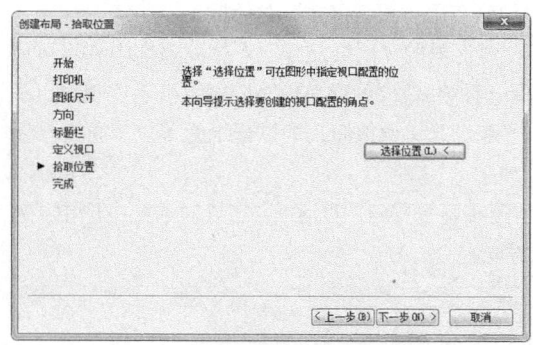

图 9-51 "创建布局—拾取位置"对话框

图 9-52 "创建布局—完成"对话框

（9）单击"完成"按钮，完成新布局"机械零件图"的创建。系统自动返回布局空间，显示新创建的布局"机械零件图"，如图 9-53 所示。

技巧：

　　AutoCAD 中图形显示比例较大时，圆和圆弧看起来由若干直线段组成，这并不影响打印结果，但在输出图像时，输出结果将与绘图区显示完全一致。因此，若发现有圆或圆弧显示为折线段时，应在输出图像前使用 viewers 命令对屏幕的显示分辨率进行优化，使圆和圆弧看起来尽量光滑逼真。对于 AutoCAD 中输出的图像文件，其分辨率为屏幕分辨率，即 72dpi。如果该文件用于其他程序仅供屏幕显示，则此分辨率已经合适。若最终要打印出来，就要在图像处理软件（如 Photoshop）中将图像的分辨率提高，一般设置为 300dpi 即可。

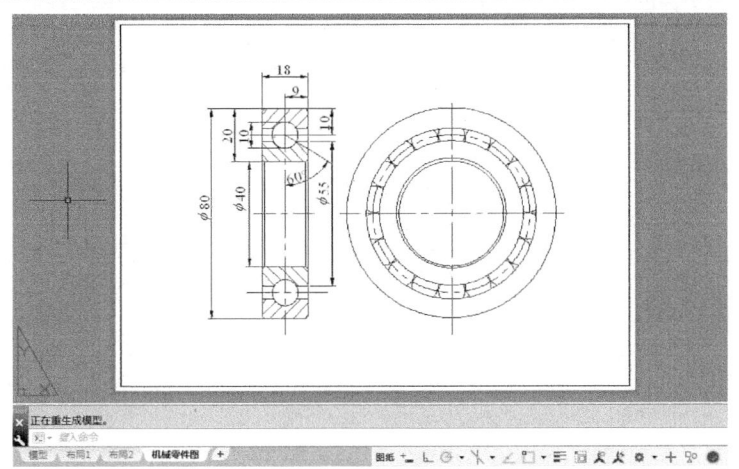

图 9-53　完成"机械零件图"布局的创建

9.5.3　页面设置

"页面设置"可以对打印设备和其他影响最终输出的外观和格式进行设置，并将这些设置应用到其他布局中。在"模型"选项卡中完成图形的绘制之后，可以通过选择"布局"选项卡开始创建要打印的布局。"页面设置"中指定的各种设置和布局将一起存储在图形文件中，可以随时修改页面设置中的设置。

1．执行方式

命令行：PAGESETUP。

菜单栏：文件→页面设置管理器。

快捷菜单：在"模型"空间或"布局"空间中右击"模型"或"布局"选项卡，在弹出的快捷菜单中选择"页面设置管理器"命令，如图 9-54 所示。

功能区：输出→打印→页面设置管理器 ⬚。

2．操作步骤

（1）选择菜单栏中的"文件"→"页面设置管理器"命令，在打开的"页面设置管理器"对话框中可以完成新建布局、修改原有布局、输入存在的布局和将某一布局置为当前等操作，如图 9-55 所示。

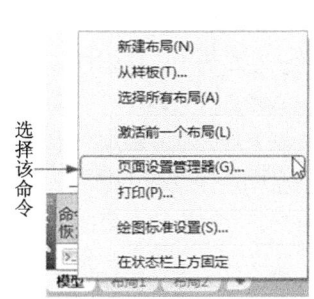

图 9-54　选择"页面设置管理器"命令

图 9-55　"页面设置管理器"对话框

（2）在"页面设置管理器"对话框中单击"新建"按钮，打开"新建页面设置"对话框，如图 9-56 所示。

（3）在"新页面设置名"文本框中输入新建页面的名称，如"机械零件图"，单击"确定"按钮，打开"页面设置—机械零件图"对话框，如图 9-57 所示。

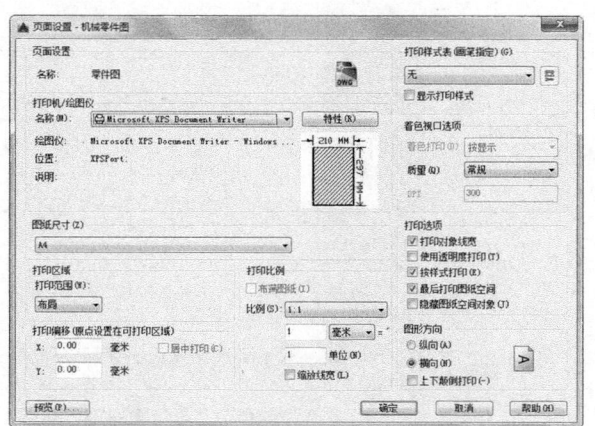

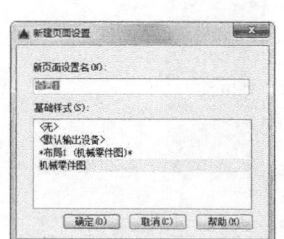

图 9-56 "新建页面设置"对话框　　　　　图 9-57 "页面设置—机械零件图"对话框

（4）在"页面设置-模型"对话框中可以设置布局和打印设备并预览布局的结果。对于一个布局，可利用"页面设置"对话框来完成其设置，虚线表示图纸中当前配置的图纸尺寸和绘图仪的可打印区域。设置完毕后，单击"确定"按钮。

3．选项说明

"页面设置"对话框中的各选项功能介绍如下。

（1）"打印机/绘图仪"选项组，用于选择打印机或绘图仪。在"名称"下拉列表框中列出所有可用的系统打印机和 PC3 文件，从中选择一种打印机，指定为当前已配置的系统打印设备，以打印输出布局图形。单击"特性"按钮，可打开"绘图仪配置编辑器"对话框。

（2）"图纸尺寸"选项组，用于选择图纸尺寸。其下拉列表中可用的图纸尺寸由当前为布局所选的打印设备确定。如果配置绘图仪进行光栅输出，则必须按像素指定输出尺寸。通过使用绘图仪配置编辑器可以添加存储在绘图仪配置（PC3）文件中的自定义图纸尺寸。如果使用系统打印机，则图纸尺寸由 Windows 控制面板中的默认纸张设置决定。为已配置的设备创建新布局时，默认图纸尺寸显示在"页面设置"对话框中。如果在"页面设置"对话框中修改了图纸尺寸，则在布局中保存的将是新图纸尺寸，而忽略绘图仪配置文件（PC3）中的图纸尺寸。

（3）"打印区域"选项组，用于指定图形实际打印的区域。在"打印范围"下拉列表框中有"显示""窗口""图形界限"3 个选项。选择"窗口"选项，系统将关闭对话框并返回绘图区，这时通过指定区域的两个对角点或输入坐标值来确定一个矩形打印区域，然后再返回"页面设置"对话框。

（4）"打印偏移"选项组，用于指定打印区域自图纸左下角的偏移。在布局中，指定打印区域的左下角默认在图纸边界的左下角点，也可以在 X、Y 文本框中输入一个正值或负值来偏移打印区域的原点。在 X 文本框中输入正值时，原点右移；在 Y 文本框中输入正值时，原点上移。在"模型"空间中，选中"居中打印"复选框，系统将自动计算图形居中打印的偏移量，将图形打印在图纸的中间。

（5）"打印比例"选项组，用于控制图形单位与打印单位之间的相对尺寸。打印布局时的默认比例是 1：1，在"比例"下拉列表框中可以定义打印的精确比例，选中"缩放线宽"复选框，将对有宽度的线也进行缩放。在一般情况下，打印时图形中的各实体按图层中指定的线宽来打印，不随打印比例缩放。

在"模型"空间中打印时，默认设置为"布满图纸"。

（6）"打印样式表"选项组，用于指定当前赋予布局或视口的打印样式表。其"打印样式表"下拉列表框中显示了可赋予当前图形或布局的当前打印样式。如果要更改包含在打印样式表中的打印样式定义，则单击"编辑"按钮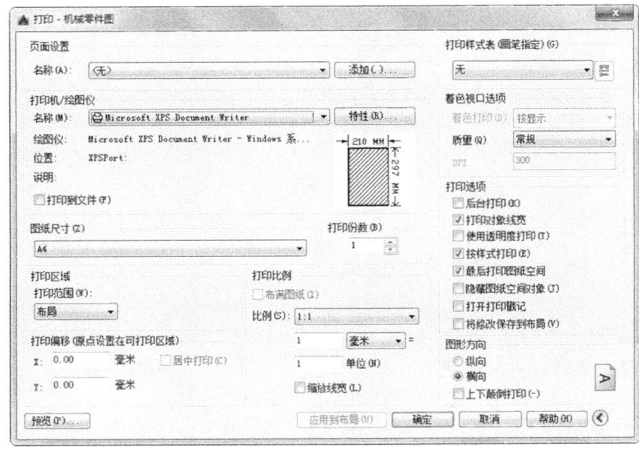，打开"打印样式表编辑器"对话框，从中可修改选中的打印样式定义。

（7）"着色视口选项"选项组，用于确定若干用于打印着色和渲染视口的选项。可以指定每个视口的打印方式，并将该打印设置与图形一起保存。可以从各种分辨率（最大为绘图仪分辨率）中进行选择，并将该分辨率设置与图形一起保存。

（8）"打印选项"选项组，用于确定线宽、打印样式及打印样式表等的相关属性。选中"打印对象线宽"复选框，打印时系统将打印线宽；选中"按样式打印"复选框，以使用在打印样式表中定义、赋予几何对象的打印样式来打印；选中"隐藏图纸空间对象"复选框，不打印布局环境（图纸空间）对象的消隐线，即只打印消隐后的效果。

（9）"图形方向"选项组，用于设置打印时图形在图纸上的方向。选中"横向"单选按钮，横向打印图形，使图形的顶部在图纸的长边；选中"纵向"单选按钮，纵向打印，使图形的顶部在图纸的短边；选中"上下颠倒打印"复选框，使图形颠倒打印。

9.5.4 从模型空间输出图形

从模型空间输出图形时，需要在打印时指定图纸尺寸，即在"打印"对话框中，选择要使用的图纸尺寸。在该对话框中列出的图纸尺寸取决于在"打印"或"页面设置"对话框中选定的打印机或绘图仪。

1. 执行方式

命令行：PLOT。
菜单栏：文件→打印。
工具栏：标准→打印。
功能区：输出→打印→打印。

2. 操作步骤

（1）打开需要打印的图形文件，如机械零件图。
（2）选择菜单栏中的"文件"→"打印"命令，执行打印命令。
（3）打开"打印-机械零件图"对话框，如图 9-58 所示，在该对话框中设置相关选项。

图 9-58 "打印-机械零件图"对话框

3．选项说明

（1）在"页面设置"选项组中列出图形中已命名或已保存的页面设置，可以将这些已保存的页面设置作为当前页面设置；可以单击"添加"按钮，基于当前设置创建一个新的页面设置。

（2）"打印机/绘图仪"选项组，用于指定打印时使用已配置的打印设备。在"名称"下拉列表框中列出可用的 PC3 文件或系统打印机，可以从中进行选择。设备名称前面的图标识别区分为 PC3 文件，还是系统打印机。

（3）"打印份数"微调框，用于指定要打印的份数。打印到文件时，此选项不可用。

（4）单击"应用到布局"按钮，可将当前打印设置保存到当前布局中。

其他选项与"页面设置"对话框中的相同，此处不再赘述。完成所有设置后，单击"确定"按钮，开始打印。

预览按执行 PREVIEW 命令时在图纸上打印的方式显示图形。要退出打印预览并返回"打印"对话框，按 Esc 键，然后按 Enter 键，或右击，在弹出的快捷菜单中选择"退出"命令。打印预览效果如图 9-59 所示。

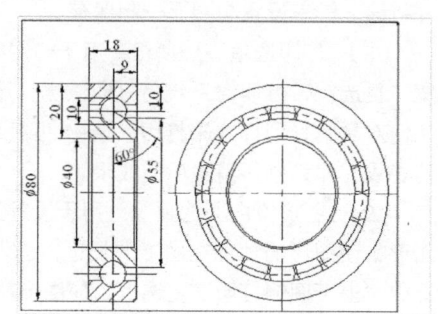

图 9-59　打印预览

9.5.5　从图纸空间输出图形

从图纸空间输出图形时，根据打印的需要进行相关参数的设置，首先应在"页面设置"对话框中指定图纸的尺寸。

（1）打开需要打印的图形文件，将视图空间切换到"布局 1"，在"布局 1"选项卡上右击，在弹出的快捷菜单中选择"页面设置管理器"命令。

（2）打开"页面设置管理器"对话框，如图 9-60 所示。单击"新建"按钮，打开"新建页面设置"对话框。

（3）在"新建页面设置"对话框的"新页面设置名"文本框中输入"零件图"，如图 9-61 所示。

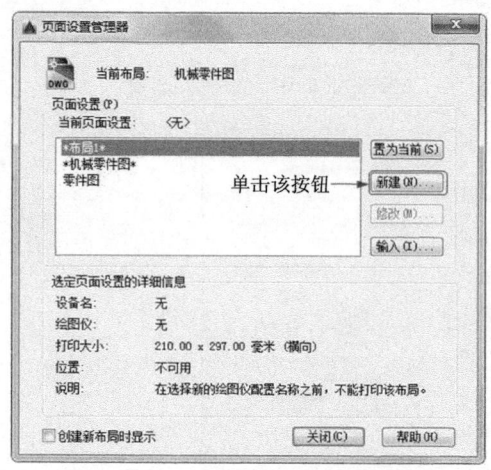

图 9-60　"页面设置管理器"对话框

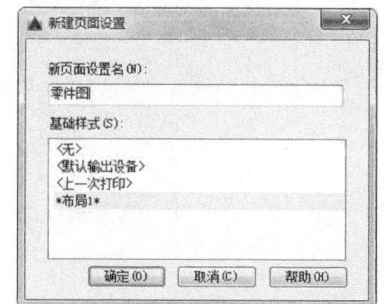

图 9-61　"新建页面设置"对话框

（4）单击"确定"按钮，打开"页面设置—布局 1"对话框，根据打印的需要进行相关参数的设置，如图 9-62 所示。

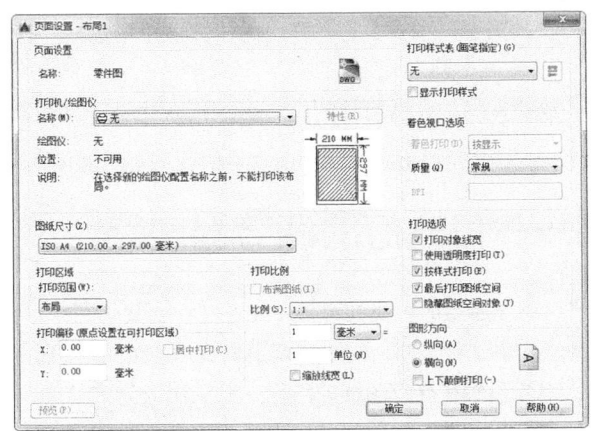

图 9-62　"页面设置—布局 1"对话框

（5）设置完成后，单击"确定"按钮，返回"页面设置管理器"对话框。在"页面设置"列表框中选择"零件图"选项，单击"置为当前"按钮，将其置为当前布局，如图 9-63 所示。

（6）单击"关闭"按钮，完成"零件图"布局的创建，如图 9-64 所示。

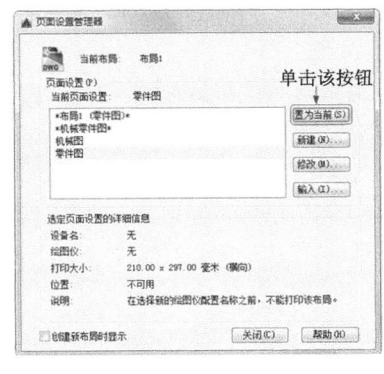

图 9-63　将"零件图"布局置为当前

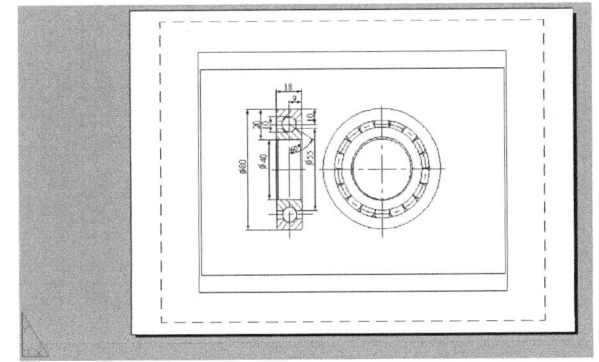

图 9-64　完成"零件图"布局的创建

（7）单击"输出"选项卡"打印"面板中的"打印"按钮🖨，打开"打印—布局 1"对话框，如图 9-65 所示，不需要重新设置，单击左下方的"预览"按钮，打印预览效果如图 9-66 所示。

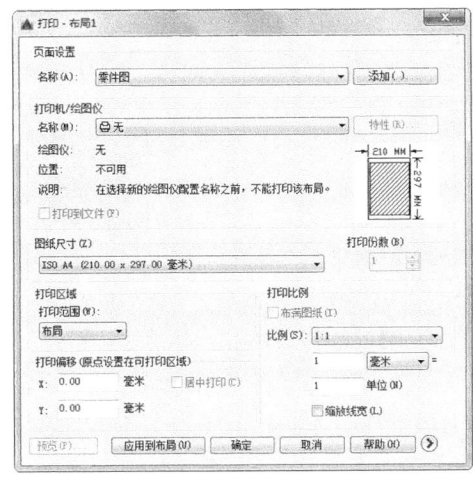

图 9-65　"打印—布局 1"对话框

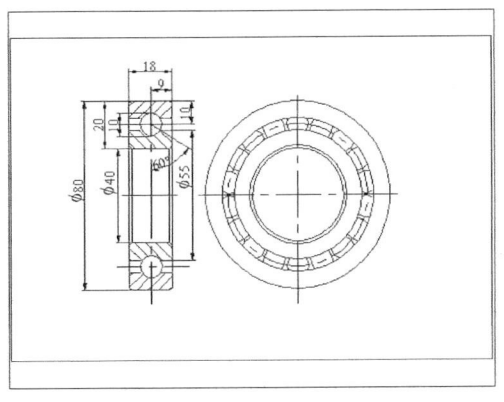

图 9-66　打印预览效果

（8）如果满意其效果，在预览窗口中右击，在弹出的快捷菜单中选择"打印"命令，完成一张零件图的打印。

在布局空间中还可以先绘制完图样，然后将图框与标题栏以"块"的形式插入布局中，组成一份完整的技术图纸。

9.6　综合实例——日光灯的调节器电路

当客人临门、欢度节日、幸逢喜事时，我们希望灯光通亮；当我们在休息、观看电视、照料婴儿时，就需要将灯光调暗一些。为了实现这种要求，可以用调节器调节灯光的亮度。图 9-67 所示为日光灯的调节器电路图。绘图思路为：首先观察并分析图样的结构，绘制出大体的结构框图，也就是绘制出主要的电路图导线，然后绘制出各个电子元件，接着将各个电子元件插入结构图中相应的位置。最后在电路图的适当位置添加相应的文字和注释说明，即可完成电路图的绘制。

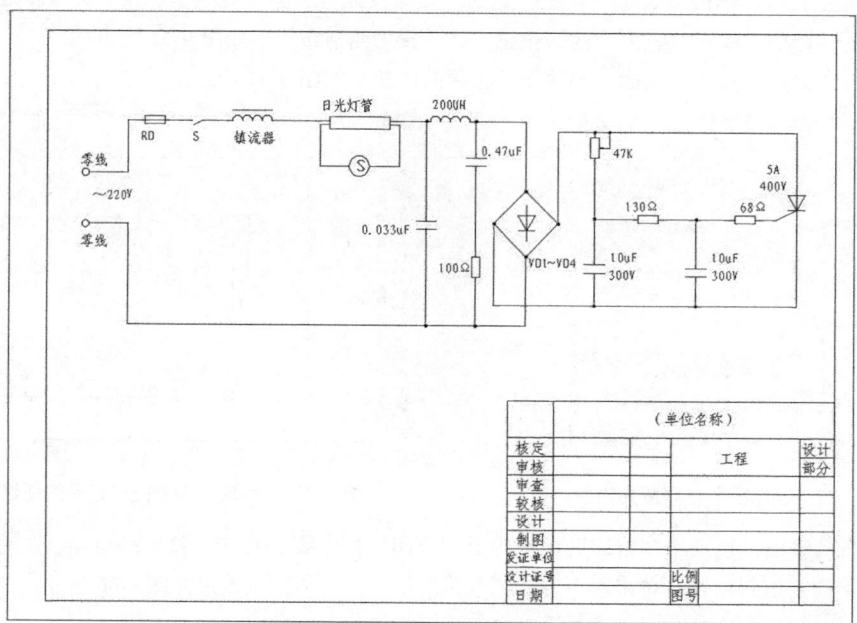

图 9-67　日光灯的调节器电路

操作步骤：（光盘\动画演示\第 9 章\日光灯的调节器电路.avi）

9.6.1　设置绘图环境

设置绘图环境的操作步骤如下。

（1）插入 A3 样板图。打开 AutoCAD 2016 应用程序，单击"快速访问"工具栏中的"新建"按钮，选择随书光盘中的"源文件\第 9 章\9.6\"A3-新.dwt"样板文件，系统返回绘图区，同时选择的样板图也会出现在绘图区中，其中样板图左下角点坐标为（0,0）。

（2）设置图层。单击"默认"选项卡"图层"面板中的"图层特性"按钮，弹出"图层特性管理器"对话框，新建"连接线层"和"实体符号层"，图层的属性设置如图 9-68 所示，将"连接线层"设为当前图层。

日光灯的调节器
电路

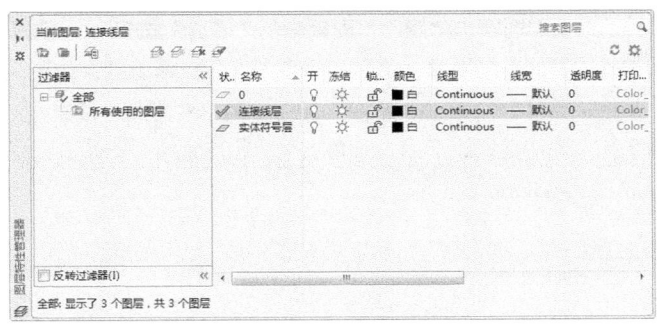

图 9-68　新建图层

9.6.2　绘制线路结构图

绘制线路结构图的操作步骤如下。

（1）绘制水平直线。单击"默认"选项卡"绘图"面板中的"直线"按钮，绘制一条长度为 200 的水平直线 AB；单击"默认"选项卡"修改"面板中的"偏移"按钮，将水平直线 AB 向下偏移 100，得到水平直线 CD，如图 9-69 所示。

（2）绘制竖直直线。单击"默认"选项卡"绘图"面板中的"直线"按钮，在"正交"和"对象捕捉"绘图方式下，捕捉点 B 作为竖直直线的起点绘制竖直直线 BD；单击"默认"选项卡"修改"面板中的"偏移"按钮，将竖直直线 BD 分别向左偏移 25mm 和 50mm，得到竖直直线 EF 和 GH，绘制结果如图 9-70 所示。

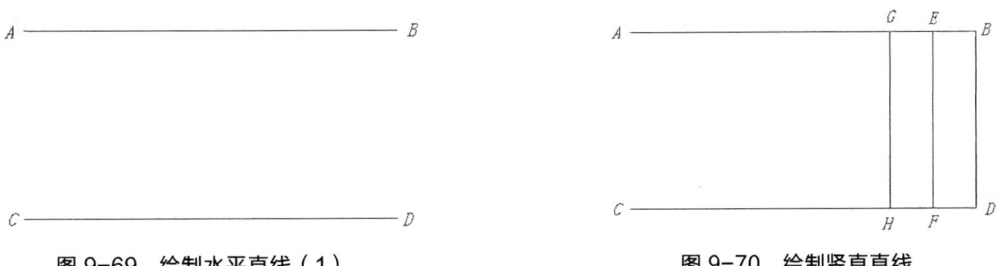

图 9-69　绘制水平直线（1）　　　　　　　　　　　　　图 9-70　绘制竖直直线

（3）绘制四边形。单击"默认"选项卡"绘图"面板中的"多边形"按钮，输入边数为 4，在"对象捕捉"绘图方式下，捕捉直线 BD 的中点为四边形的中心，输入内接圆的半径为 16mm，结果如图 9-71 所示。

（4）旋转四边形。单击"默认"选项卡"修改"面板中的"旋转"按钮，选择绘制的四边形作为旋转对象，逆时针旋转 45°，旋转结果如图 9-72 所示。

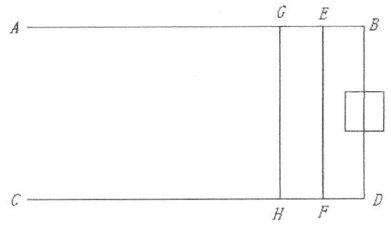

图 9-71　绘制四边形

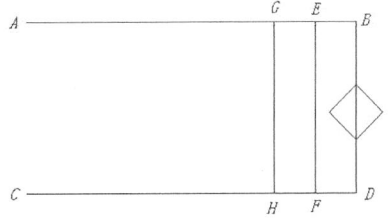

图 9-72　旋转四边形

（5）修剪图形。单击"默认"选项卡"修改"面板中的"修剪"按钮 ⊬，选择需要修剪的对象范围，确定后，命令行中提示选择需要修剪的对象，修剪掉多余的线段，修剪结果如图 9-73 所示。

（6）绘制多段线。单击"默认"选项卡"绘图"面板中的"多段线"按钮 ⊃，在"正交"和"对象捕捉"绘图方式下，用鼠标左键捕捉四边形的一个角点 *I* 为起点，绘制一条多段线，如图 9-74 所示，其中 *IJ*=40mm、*JK*=150mm、*KL*=85mm。

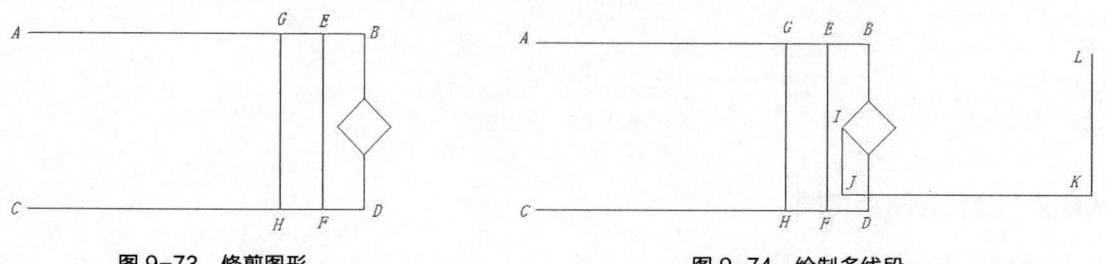

图 9-73　修剪图形　　　　　　　　　　图 9-74　绘制多线段

按照上述类似的方法，可以绘制结构线路图中的其他线段，绘制结果如图 9-75 所示。

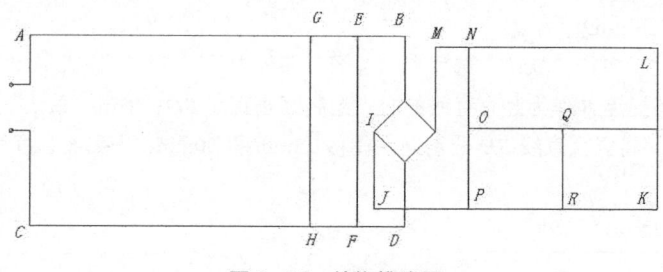

图 9-75　结构线路图

9.6.3　绘制各实体符号

绘制各实体符号的操作步骤如下。

（1）绘制熔断器

① 将"连接线层"设为当前图层，单击"默认"选项卡"绘图"面板中的"矩形"按钮 ▭，绘制一个长为 10mm、宽为 5mm 的矩形。

② 单击"默认"选项卡"修改"面板中的"分解"按钮 ⬜，将矩形分解成直线，如图 9-76 所示。

③ 在"对象捕捉"绘图方式下，单击"默认"选项卡"绘图"面板中的"直线"按钮 ／，捕捉直线 2 和 4 的中点作为直线的起点和终点，如图 9-77 所示。

④ 单击"默认"选项卡"修改"面板中的"拉长"按钮 ／，将直线 5 分别向左和向右拉长 5mm，如图 9-78 所示，完成熔断器的绘制。

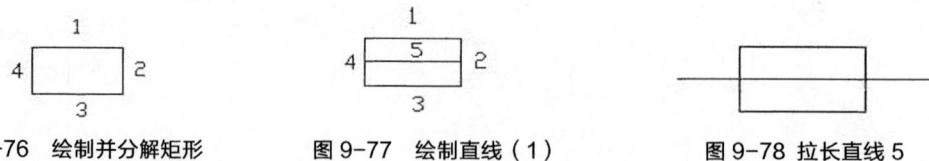

图 9-76　绘制并分解矩形　　　图 9-77　绘制直线（1）　　　图 9-78　拉长直线 5

（2）绘制开关

① 单击"默认"选项卡"绘图"面板中的"直线"按钮 ／，绘制一条长为 5mm 的直线 1。重复"直

线"命令，在"对象捕捉"绘图方式下，捕捉直线 1 的右端点作为新绘制直线的左端点，绘制长度为 5 的直线 2，采用相同的方法绘制长度为 5 的直线 3，结果如图 9-79 所示。

② 单击"默认"选项卡"修改"面板中的"旋转"按钮 ⟳，在"对象捕捉"绘图方式下，关闭"正交"功能，捕捉直线 2 的右端点，输入旋转的角度为 30°，得到图 9-80 所示的图形，开关符号的绘制完成。

（3）绘制圆

① 单击"默认"选项卡"绘图"面板中的"圆"按钮 ⊙，在适当的位置绘制一个半径为 2.5mm 的圆，如图 9-81 所示。

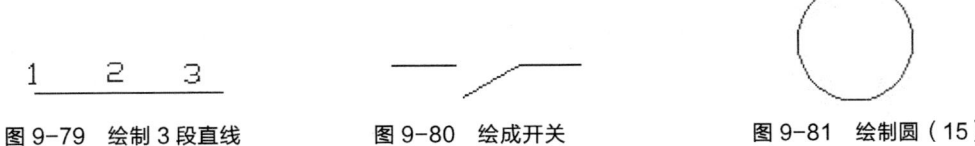

图 9-79　绘制 3 段直线　　　　图 9-80　绘成开关　　　　图 9-81　绘制圆（15）

② 单击"默认"选项卡"修改"面板中的"矩形阵列"按钮 ⊞，将步骤①绘制的圆进行矩形阵列，设置行数为 1、列数为 4、行偏移为 0、列偏移为 5、阵列角度为 0，单击"确定"按钮，阵列结果如图 9-82 所示。

③ 单击"默认"选项卡"绘图"面板中的"直线"按钮 ╱，在"对象捕捉"绘图方式下，捕捉圆 1 和圆 4 的圆心作为直线的起点和终点，绘制出水平直线，结果如图 9-83 所示。

④ 单击"默认"选项卡"修改"面板中的"拉长"按钮 ╱，将水平直线分别向左和向右拉长 2.5mm，结果如图 9-84 所示。

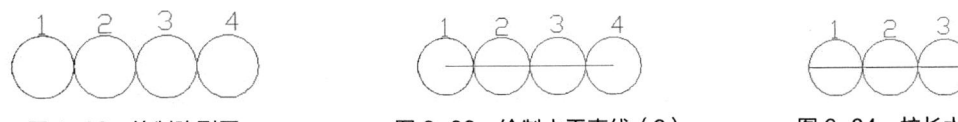

图 9-82　绘制阵列圆　　　　图 9-83　绘制水平直线（2）　　　　图 9-84　拉长水平的直线

⑤ 单击"默认"选项卡"修改"面板中的"修剪"按钮 ╱，以水平直线为修剪边，对圆进行修剪，结果如图 9-85 所示。

⑥ 单击"默认"选项卡"修改"面板中的"移动"按钮 ✛，将水平直线向上平移 5mm，如图 9-86 所示，镇流器的绘制完成。

图 9-85　修剪圆图形　　　　　　　　图 9-86　镇流器

（4）绘制日光灯管和起辉器

① 单击"默认"选项卡"绘图"面板中的"矩形"按钮 ▢，绘制一个长为 30mm、宽为 6mm 的矩形，如图 9-87 所示。

② 单击"默认"选项卡"绘图"面板中的"直线"按钮 ╱，在"正交"和"对象捕捉追踪"绘图方式下，捕捉矩形左侧边上的中点作为直线的起点，向右边绘制一条长为 35mm 的水平直线，如图 9-88 所示。

③ 单击"默认"选项卡"修改"面板中的"拉长"按钮 ╱，将步骤②绘制的水平直线向左拉长 5mm，在"对象捕捉"绘图方式下，捕捉水平直线的左端点，将直线向左拉长 5mm，结果如图 9-89 所示。

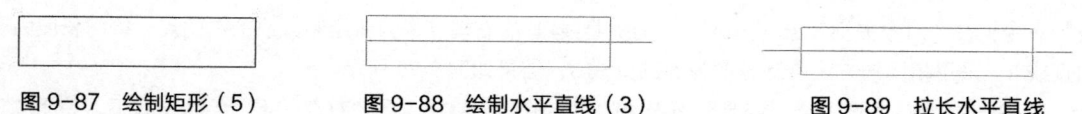

图 9-87 绘制矩形（5）　　　图 9-88 绘制水平直线（3）　　　图 9-89 拉长水平直线

④ 单击"默认"选项卡"修改"面板中的"偏移"按钮 ，将拉伸后的水平直线向上、向下偏移 1mm，删除中间线，如图 9-90 所示。

⑤ 单击"默认"选项卡"修改"面板中的"修剪"按钮 ，选择矩形作为修剪边，对两条水平直线进行修剪，修剪结果如图 9-91 所示。

图 9-90 偏移水平直线　　　　　　图 9-91 修剪水平直线

⑥ 单击"默认"选项卡"绘图"面板中的"多段线"按钮 ，在"对象捕捉"绘图方式下，捕捉图 9-91 中的 $B1$ 点作为多段线的起点，捕捉 $D1$ 作为多段线的终点，绘制多段线，使得 $B1E1=20mm$、$E1F1=40mm$、$F1D1=20mm$，结果如图 9-92 所示。

⑦ 绘制圆并输入文字。单击"默认"选项卡"绘图"面板中的"圆"按钮 ，绘制一个半径为 5 的圆。单击"默认"选项卡"注释"面板中的"多行文字"按钮 A，在圆中心输入字母"S"，结果如图 9-93 所示。

⑧ 单击"默认"选项卡"修改"面板中的"移动"按钮 ，在"对象捕捉"绘图方式下，关闭"正交"功能，选择图 9-93 所示的图形作为移动对象，按 Enter 键，命令行中提示选择移动基点，捕捉圆心作为移动基点，并捕捉线段 $E1F1$ 的中点作为移动插入点，移动结果如图 9-94 所示。

图 9-92 绘制多段线（1）　　　图 9-93 绘制圆并输入字母　　　图 9-94 移动图形

⑨ 单击"默认"选项卡"修改"面板中的"修剪"按钮 ，选择图 9-93 所示图形中的圆作为剪切边，对直线 $E1F1$ 进行修剪，修剪结果如图 9-95 所示，完成日光灯管和起辉器的绘制。

（5）绘制电感线圈

① 单击"默认"选项卡"绘图"面板中的"圆"按钮 ，在适当的位置绘制一个半径为 2.5mm 的圆。

② 单击"默认"选项卡"修改"面板中的"矩形阵列"按钮 ，将步骤①绘制的圆进行矩形阵列，设置行数为 1、列数为 4、行偏移为 0、列偏移为 5、阵列角度为 0，单击"确定"按钮，阵列结果如图 9-96 所示。

③ 单击"默认"选项卡"绘图"面板中的"直线"按钮 ，在"对象捕捉"绘图方式下，捕捉圆 1 和圆 4 的圆心作为直线的起点和终点，绘制出水平直线，绘制结果如图 9-97 所示。

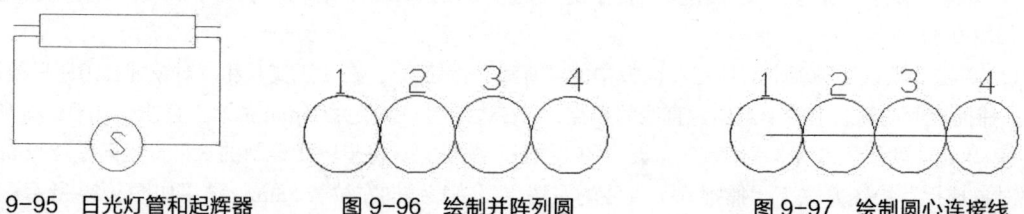

图 9-95 日光灯管和起辉器　　　图 9-96 绘制并阵列圆　　　图 9-97 绘制圆心连接线

④ 单击"默认"选项卡"修改"面板中的"拉长"按钮 ✓，将直线分别向左和向右拉长 2.5mm，结果如图 9-98 所示。

⑤ 单击"默认"选项卡"修改"面板中的"修剪"按钮 ✓，以直线为修剪边，对圆进行修剪，然后删除直线，如图 9-99 所示，完成电感线圈的绘制。

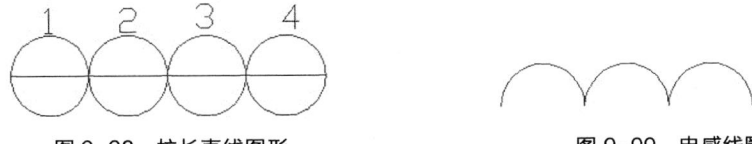

图 9-98　拉长直线图形　　　　　　　　　　图 9-99　电感线圈

（6）绘制电阻

① 单击"默认"选项卡"绘图"面板中的"矩形"按钮 □，绘制一个长为 10mm、宽为 4mm 的矩形，如图 9-100 所示。

② 单击"默认"选项卡"绘图"面板中的"直线"按钮 ✓，在"对象捕捉"绘图方式下，分别捕捉矩形左、右两侧边的中点作为直线的起点和终点，绘制结果如图 9-101 所示。

③ 单击"默认"选项卡"修改"面板中的"拉长"按钮 ✓，将步骤②绘制的直线分别向左和向右拉长 2.5mm，结果如图 9-102 所示。

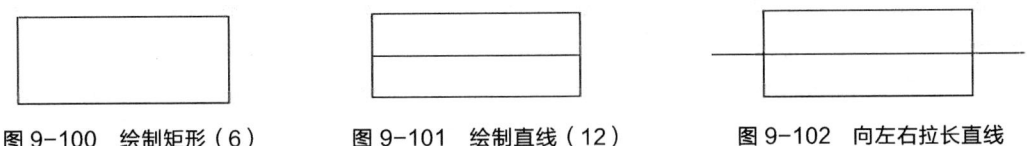

图 9-100　绘制矩形（6）　　　图 9-101　绘制直线（12）　　　图 9-102　向左右拉长直线

④ 单击"默认"选项卡"修改"面板中的"修剪"按钮 ✓，选择矩形为修剪边，对水平直线进行修剪，修剪结果如图 9-103 所示，完成电阻符号的绘制。

（7）绘制电容

① 单击"默认"选项卡"绘图"面板中的"直线"按钮 ✓，在"正交"绘图方式下，绘制一条长度为 10mm 的水平直线。

② 单击"默认"选项卡"修改"面板中的"偏移"按钮 ⚏，将步骤①绘制的直线向下偏移 4mm，偏移结果如图 9-104 所示。

③ 单击"默认"选项卡"绘图"面板中的"直线"按钮 ✓，在"对象捕捉"绘图方式下，分别捕捉两条水平直线的中点作为要绘制的竖直直线的起点和终点，绘制结果如图 9-105 所示。

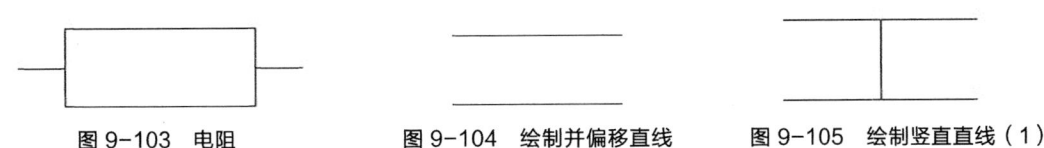

图 9-103　电阻　　　　　图 9-104　绘制并偏移直线　　　图 9-105　绘制竖直直线（1）

④ 单击"默认"选项卡"修改"面板中的"拉长"按钮 ✓，将步骤③绘制的竖直直线分别向上和向下拉长 2.5mm，如图 9-106 所示。

⑤ 单击"默认"选项卡"修改"面板中的"修剪"按钮 ✓，选择两条水平直线作为修剪边，对竖直直线进行修剪，修剪结果如图 9-107 所示，电容符号的绘制完成。

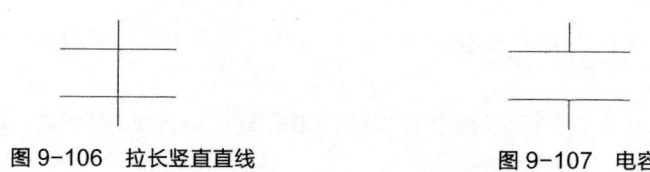

图 9-106　拉长竖直直线　　　　　　　　图 9-107　电容

（8）绘制二极管

① 单击"默认"选项卡"绘图"面板中的"多边形"按钮⬠，绘制一个等边三角形，将内接圆的半径设置为 5mm，如图 9-108 所示。

② 单击"默认"选项卡"修改"面板中的"旋转"按钮○，以顶点 A 为旋转中心点，顺时针旋转180°，旋转结果如图 9-109 所示。

③ 单击"默认"选项卡"绘图"面板中的"直线"按钮╱，在"对象捕捉"绘图方式下，捕捉线段 BC 的中点和 A 点作为竖直直线的起点和终点，结果如图 9-110 所示。

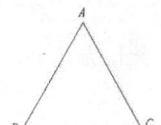 　　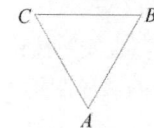 　　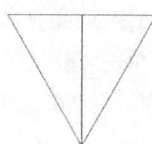

图 9-108　绘制等边三角形　　　图 9-109　旋转等边三角形　　　图 9-110　绘制竖直直线（2）

④ 单击"默认"选项卡"修改"面板中的"拉长"按钮╱，将步骤③绘制的竖直直线分别向上和向下拉长 5mm，结果如图 9-111 所示。

⑤ 单击"默认"选项卡"绘图"面板中的"直线"按钮╱，在"正交"绘图方式下，捕捉下侧顶点作为直线的起点，向右绘制一条长为 4mm 的水平直线。单击"默认"选项卡"修改"面板中的"镜像"按钮⏣，以竖直直线为镜像线，将已绘制的水平直线进行镜像操作，结果如图 9-112 所示，完成二极管的绘制。

（9）绘制滑动电位器

① 单击"默认"选项卡"修改"面板中的"复制"按钮⬚，将图 9-103 中绘制好的电阻复制一份，如图 9-113 所示。

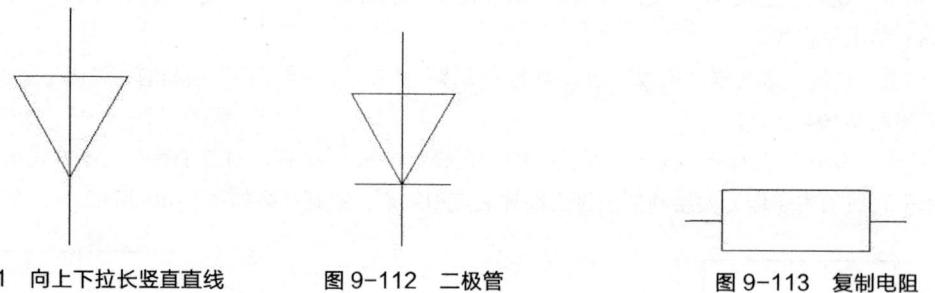

图 9-111　向上下拉长竖直直线　　　　图 9-112　二极管　　　　图 9-113　复制电阻

② 单击"默认"选项卡"绘图"面板中的"多段线"按钮⌐，在"对象捕捉"绘图方式下，捕捉矩形上侧边的中点作为多线段的起点，绘制图9-114 所示的多段线。

③ 单击"默认"选项卡"块"面板中的"插入"按钮🔖，弹出"插入"对话框，如图 9-115 所示。单击在"名称"右侧的"浏览"按钮，选择随书光盘中的"源文件\第 9 章\9.9\箭头"图块，单击"确定"按钮。捕捉图 9-114 所示的 A1 点作为"箭头"块的插入点，然后输入箭头旋转的角度为 270°，完成滑动变阻器的绘制，如图 9-116 所示。

图 9-114　绘制多段线（2）

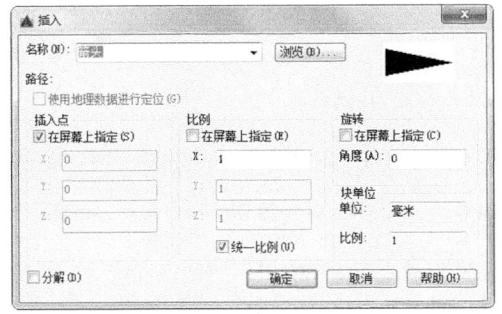

图 9-115 "插入"对话框

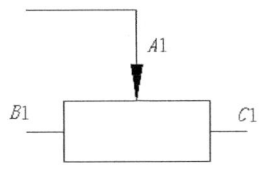

图 9-116 滑动变阻器

9.6.4 将实体符号插入结构线路图

根据日光灯调光器电路的原理图，将前面绘制好的实体符号插入结构线路图合适的位置上。由于在单独绘制实体符号时，符号大小以方便看清楚为标准，所以插入结构线路中时，可能不协调，这时可以根据实际需要调用"缩放"功能来及时调整。在插入实体符号的过程中，结合"对象捕捉""对象捕捉追踪"或"正交"等功能，选择合适的插入点。下面选择几个典型的实体符号插入结构线路图来介绍具体的操作步骤。

（1）移动镇流器。将图 9-117 所示的镇流器移动到图 9-118 所示的导线 *AG* 合适的位置上，步骤如下。

图 9-117 镇流器   图 9-118 导线 *AG*

① 单击"默认"选项卡"修改"面板中的"移动"按钮 ✛，在"对象捕捉"绘图方式下，关闭"正交"功能，捕捉图 9-119 所示的 *A*3 点，拖曳图形，选择导线 *AG* 的左端点 *A* 作为图形的插入点，插入结果如图 9-120 所示。

② 单击"默认"选项卡"修改"面板中的"移动"按钮 ✛，在"正交"绘图方式下，捕捉镇流器的端点 *A*3 作为移动基点，继续向右移动图形到合适的位置。

图 9-119 插入结果   图 9-120 继续移动图形

③ 单击"默认"选项卡"修改"面板中的"修剪"按钮 ⊹，将图 9-120 所示的图形进行修剪，修剪结果如图 9-121 所示。

图 9-121 修剪图形后

（2）移动二极管。将图 9-122 所示的二极管移动到图 9-123 所示的结构图的四边形中。

单击"默认"选项卡"修改"面板中的"移动"按钮 ✛，在"对象捕捉"绘图方式下，关闭"正交"功能，捕捉接近二极管的等边三角形中心的位置作为移动基点，将二极管移动到四边形中央，移动结果如图 9-124 所示。

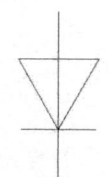
图 9-122　二极管

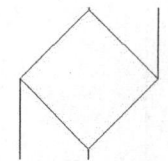
图 9-123　四边形

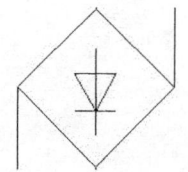
图 9-124　移动二极管

（3）移动滑动变阻器。将图 9-125 所示的滑动变阻器移动到图 9-126 所示的两条导线 NL 和 NO 上，步骤如下。

① 单击"默认"选项卡"修改"面板中的"旋转"按钮○，在"对象捕捉"绘图方式下，捕捉滑动变阻器的端点 B1 作为旋转基点，将其旋转 90°，结果如图 9-127 所示。

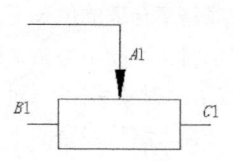
图 9-125　滑动变阻器

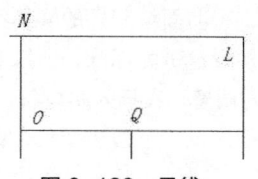
图 9-126　导线

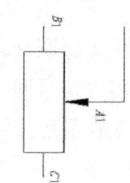
图 9-127　旋转滑动变阻器

② 单击"默认"选项卡"修改"面板中的"移动"按钮✛，选择滑动变阻器作为移动对象，捕捉端点 B1 作为移动基点，将图形拖到导线处，捕捉导线端点 N 作为图形的插入点，结果如图 9-128 所示。

③ 单击"默认"选项卡"修改"面板中的"修剪"按钮+，将图形进行适当的修剪，修剪结果如图 9-129 所示。

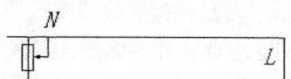
图 9-128　插入滑动变阻器图形

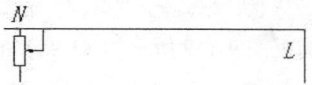
图 9-129　修剪变阻器图形

其他符号图形同样可以按照类似上面的方法进行平移、修剪，这里不再一一列举。将所有电气符号插入线路结构图中，结果如图 9-130 所示。

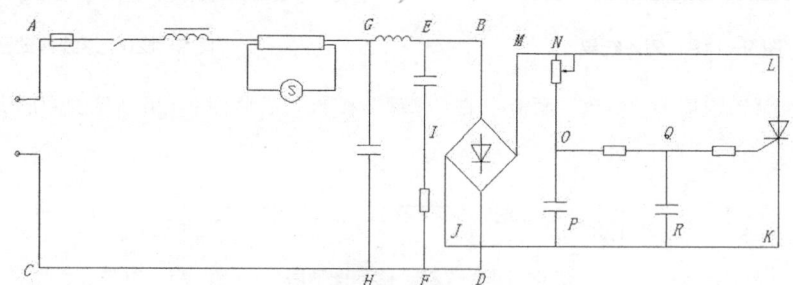
图 9-130　插入各图形符号到线路结构图中

图 9-130 中各导线之间的交叉点处并没有表明是实心，还是空心，这对读图是一项很大的障碍。根据日光灯调节器的工作原理，在适当的交叉点处加上实心圆。加上实心交点后的图形如图 9-131 所示。

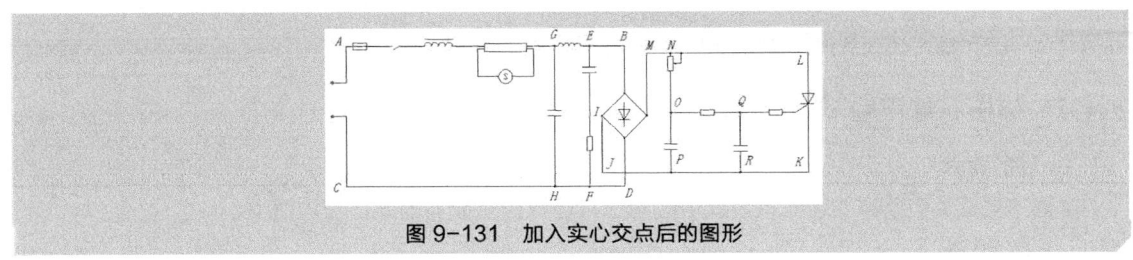

图 9-131 加入实心交点后的图形

9.6.5 添加文字和注释

添加文字和注释的操作步骤如下。

（1）新建文字样式

① 单击"默认"选项卡"注释"面板中的"文字样式"按钮![A]，弹出"文字样式"对话框，如图 9-132 所示。

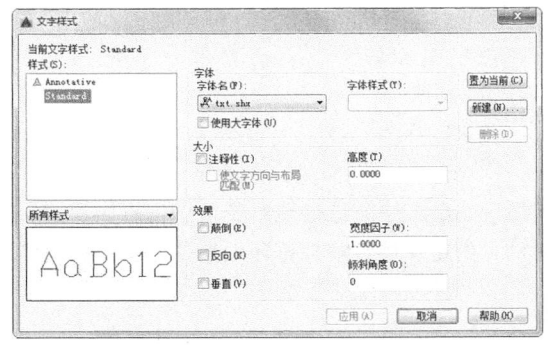

图 9-132 "文字样式"对话框

② 单击"新建"按钮，弹出"新建样式"对话框，输入样式名为"注释"，确定后回到"文字样式"对话框。在"字体名"下拉列表框中选择"仿宋_GB2312"选项，设置高度为默认值 0，宽度因子为 1，倾斜角度为默认值 0。将"注释"置为当前文字样式，单击"应用"按钮。

（2）添加文字和注释到图中

① 单击"默认"选项卡"注释"面板中的"多行文字"按钮 A，在需要注释的地方划定一个矩形框，弹出"文字编辑器"选项卡。

② 选择"注释"作为文字样式，根据需要可以调整文字的高度，还可以结合应用"左对齐""居中"和"右对齐"等功能调整文字的位置，结果如图 9-133 所示。

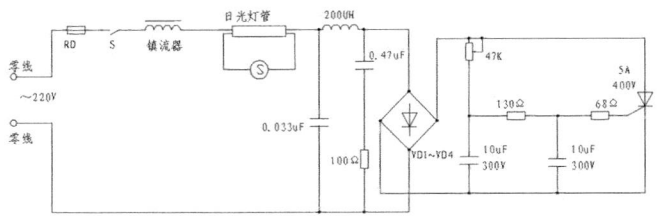

图 9-133 添加文字和注释

9.7 操作与实践

通过本章的学习，读者对设计中心、工具选项板、对象查询等集成化绘图工具有了大体的了解。本节通过 2 个操作练习使读者进一步掌握本章知识要点。

9.7.1　利用设计中心绘制盘盖组装图

1．目的要求

本例主要让读者掌握如何利用设计中心和工具选项板将所需的文件插入图
形中，如图 9-134 所示。

2．操作提示

（1）打开设计中心与工具选项板。

（2）建立一个新的工具选项板标签。

（3）在设计中心中查找已经绘制好的常用机械零件图。

（4）将这些零件图拖入新建立的工具选项板标签中。

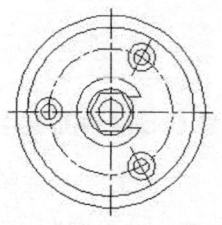

图 9-134　盘盖组装图

（5）打开一个新图形文件界面。

（6）将需要的图形文件模块从工具选项板上拖入当前图形中，并进行适当的缩放、移动、旋转等
操作。

9.7.2　打印预览齿轮图形

1．目的要求

图形输出是绘制图形的最后一步工序。正确地对图形进行打印设置，有利
于顺利地输出图纸。本实验的目的是使读者掌握打印设置的方法。齿轮图形如
图 9-135 所示。

2．操作提示

（1）执行"打印"命令。

（2）进行打印设备参数设置。

（3）进行打印设置。

（4）输出预览。

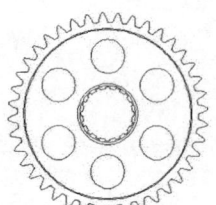

图 9-135　齿轮

9.8　思考与练习

1. 如果要合并两个视口，必须（　　　）。

   A．是模型空间视口并且共享长度相同的公共边

   B．在"模型"选项卡进行

   C．在"布局"选项卡进行

   D．大小相同

2. 在模型空间如果有多个图形，只需打印其中一张，最简单的方法是（　　　）。

   A．在打印范围下选择"显示"　　　　　　B．在打印范围下选择"图形界限"

   C．在打印范围下选择"窗口"　　　　　　D．在打印选项下选择"后台打印"

3. 关于模型空间视口，下列说法错误的是（　　　）。

   A．使用"模型"选项卡，可以将绘图区域拆分成一个或多个相邻的矩形视图

   B．在"模型"选项卡上创建的视口充满整个绘图区域并且相互之间不重叠

   C．可以创建多边形视口

   D．在一个视口中做出修改后，其他视口也会立即更新

第10章

综合设计

■ 本章精选综合设计选题——室内、建筑、电气和机械方面的设计，帮助读者掌握本书所需内容。

10.1 别墅平面图

1. 基本要求

基本绘图命令、编辑命令和标注命令的使用。

2. 目标

别墅地下层平面图如图 10-1 所示。

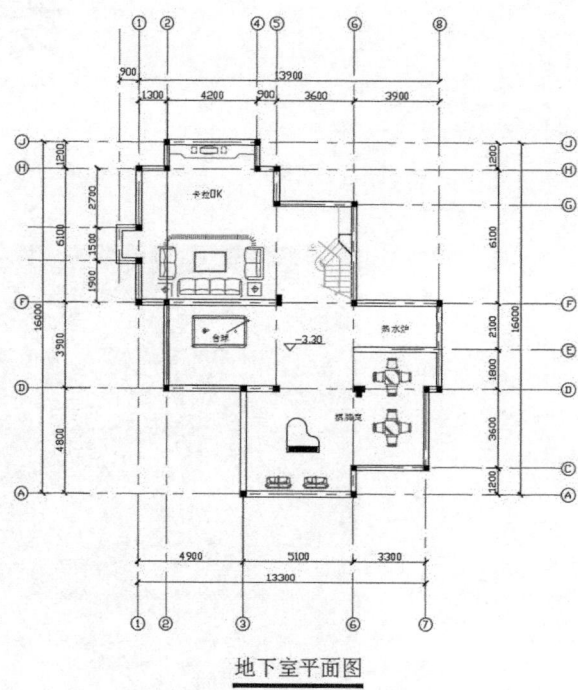

图 10-1 别墅地下层平面图

3. 操作提示

（1）利用 LIMITS 命令设置图幅为 420mm×297mm，利用"图层特性"命令，创建"轴线""墙线""标注""标高""楼梯""室内布局"等图层，然后修改各图层的颜色、线型和线宽等，结果如图 10-2 所示。

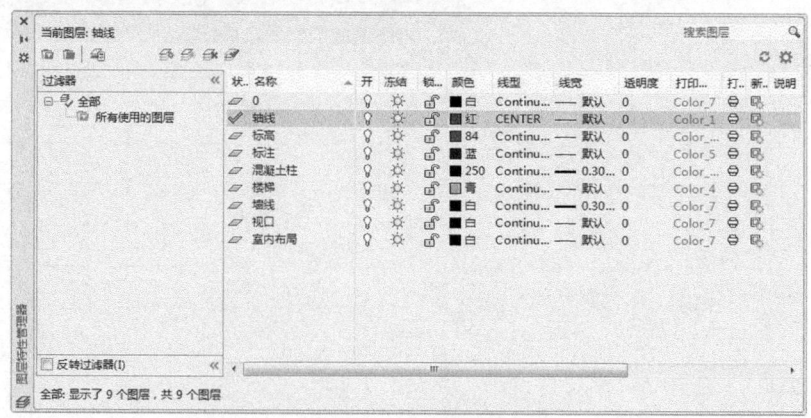

图 10-2 设置图层

（2）利用"构造线""偏移"命令，绘制地下层的辅助线网格，结果如图 10-3 所示。

（3）设置多线样式，利用"多线""分解""修剪""直线"命令，绘制墙体，如图 10-4 所示。

（4）利用"矩形"和"图案填充"命令，绘制混凝土柱，然后利用"复制"命令，将混凝土柱图案复制到相应的位置，结果如图 10-5 所示。

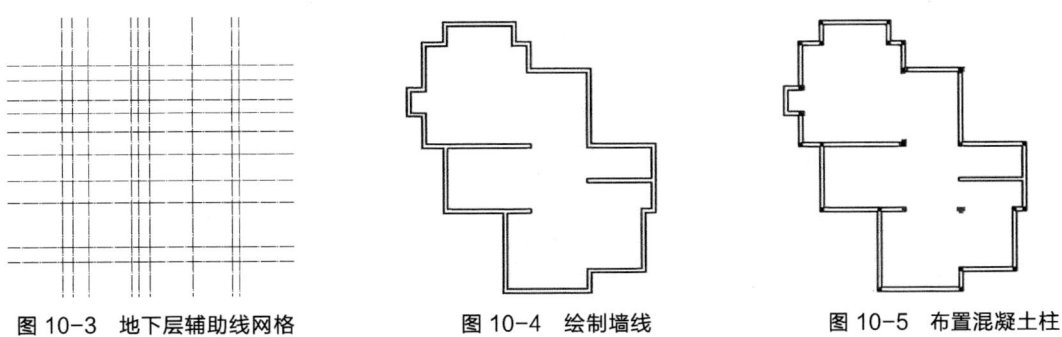

图 10-3 地下层辅助线网格　　　图 10-4 绘制墙线　　　图 10-5 布置混凝土柱

（5）利用"偏移""修剪""直线"命令，绘制楼梯踏步，如图 10-6 所示。

（6）利用"偏移""圆弧""直线"命令，绘制楼梯扶手，如图 10-7 所示。

图 10-6 绘制楼梯踏步　　　　　　图 10-7 绘制楼梯扶手

（7）利用"直线"和"修剪"命令，绘制折断线，结果如图 10-8 所示。

（8）利用"多段线"和"多行文字"命令，绘制楼梯箭头，完成地下层楼梯的绘制，结果如图 10-9 所示。

图 10-8 绘制折断线　　　　　　　图 10-9 绘制楼梯箭头

（9）利用"设计中心"和"插入块"命令，对别墅底层进行室内布置，如图 10-10 所示。

（10）利用"多行文字"和"直线"命令，标注室内标高和文字标注，如图 10-11 所示。

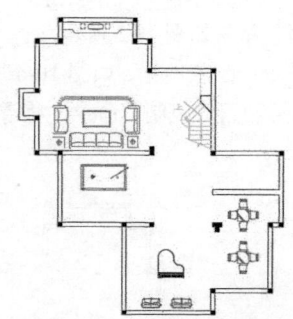

图 10-10　地下层平面图的室内布置

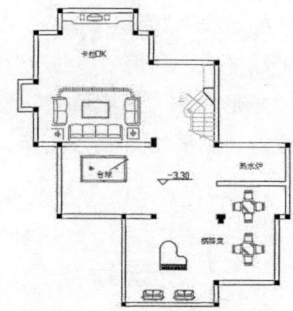

图 10-11　标注标高

（11）设置标注样式，利用"线性"和"连续"命令，进行尺寸标注，如图 10-12 所示。

（12）利用"圆""复制"命令，标注轴号，如图 10-13 所示。

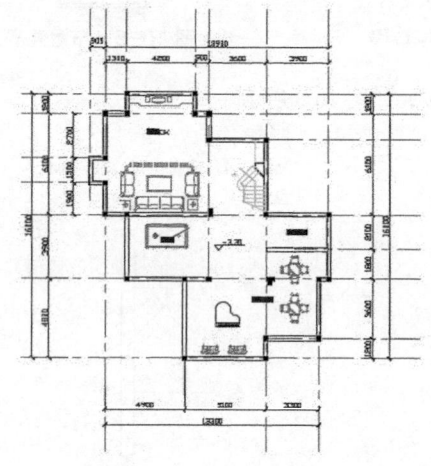

图 10-12　外围尺寸标注

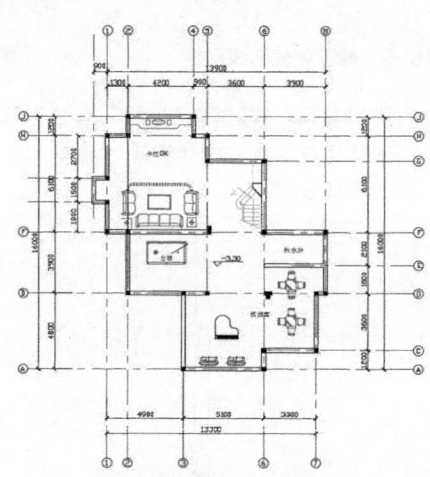

图 10-13　标注轴线号

（13）利用"多行文字"命令，设置文字高度为 700，输入"地下层平面图"，最终完成地下层平面图的绘制，结果如图 10-14 所示。

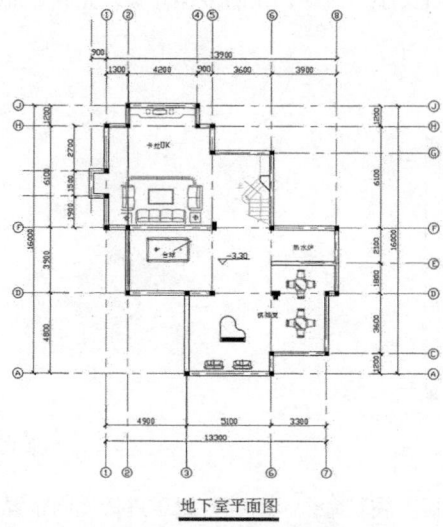

地下室平面图

图 10-14　地下层平面图的绘制

（14）综合上述步骤继续绘制图 10-15～图 10-17 所示的一层平面图、二层平面图和屋顶平面图。

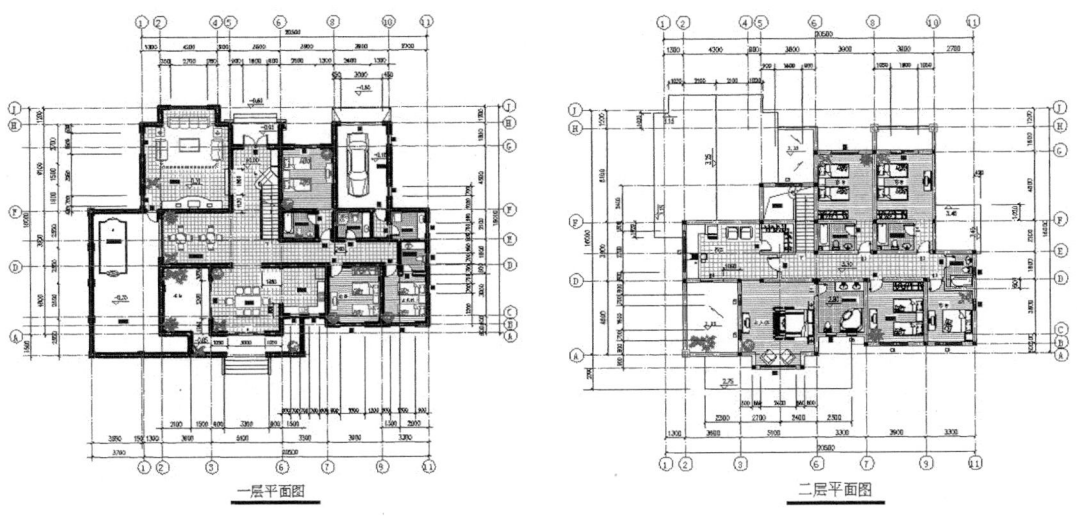

图 10-15　一层平面图　　　　　　　　　　　　图 10-16　二层平面图

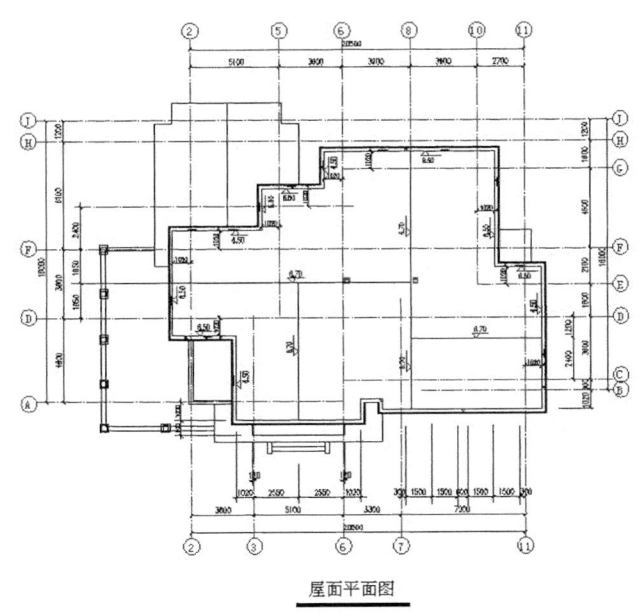

图 10-17　屋顶平面图

10.2　办公楼配电平面图

1. 基本要求

基本绘图命令、编辑命令和标注命令的使用。

2. 目标

办公楼配电平面图如图 10-18 所示。

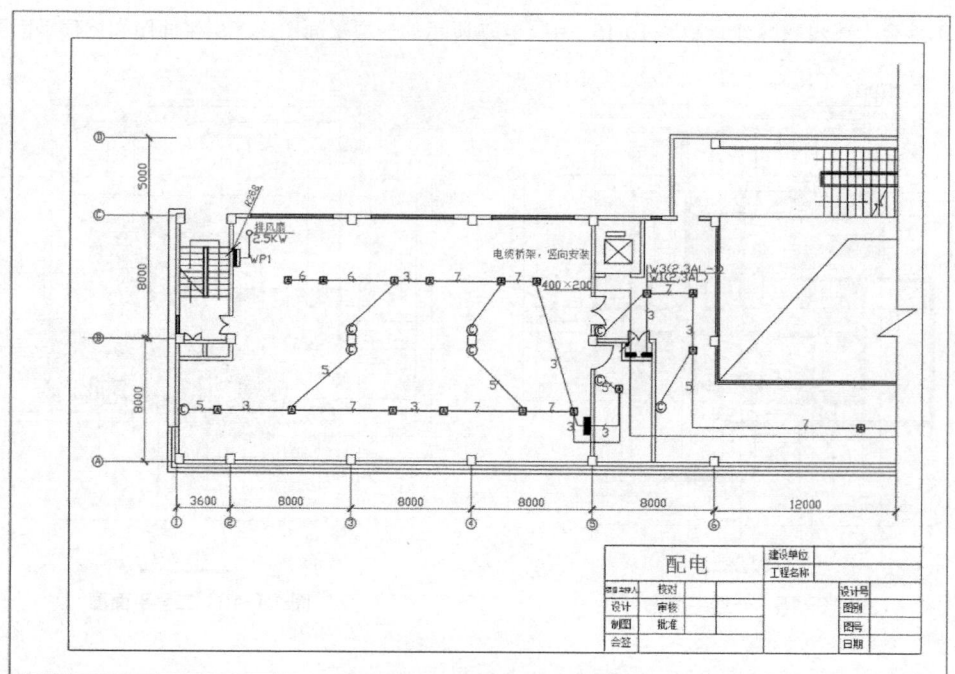

图 10-18　办公楼配电平面图

3. 操作提示

（1）利用"图层特性"命令，新建并设置四个图层，如图 10-19 所示。

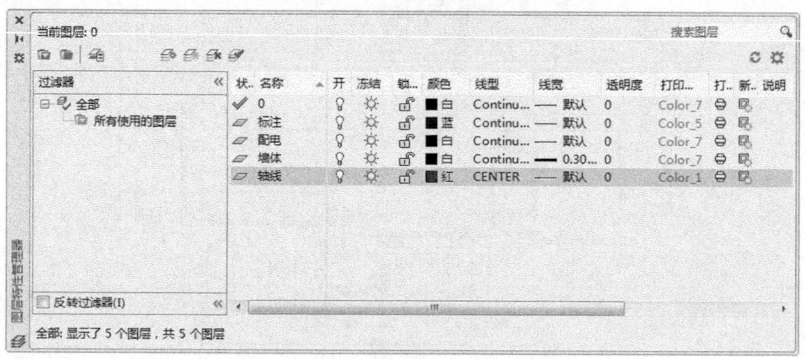

图 10-19　设置图层特性管理器

（2）利用"直线"和"复制"命令，绘制轴线，如图 10-20 所示。

（3）利用"矩形"和"复制"命令，绘制并布置柱子，如图 10-21 所示。

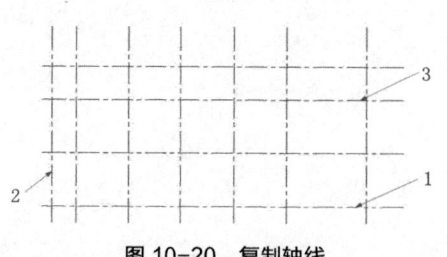

图 10-20　复制轴线

图 10-21　柱子的布置

（4）设置多线样式，利用"多线"命令，绘制墙体，最终结果如图 10-22 所示。

（5）利用"分解"和"修剪"命令，对墙体进行开洞，结果如图 10-23 所示。

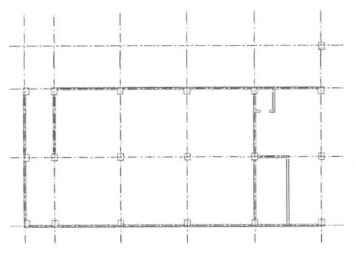

图 10-22　绘制墙体

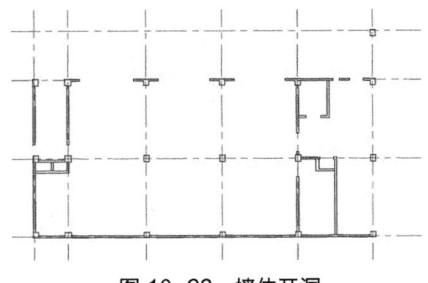

图 10-23　墙体开洞

（6）利用"圆弧""镜像"命令，绘制门窗，如图 10-24 所示。

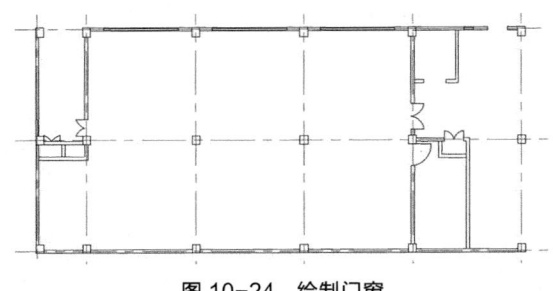

图 10-24　绘制门窗

（7）利用"复制"或"平移"命令，也可以使用"矩形阵列"命令，绘制楼梯和室内设施，如图 10-25 所示。

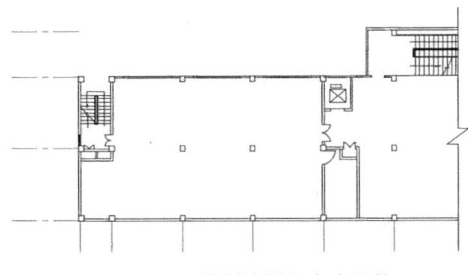

图 10-25　绘制楼梯和室内设施

（8）利用"圆""多边形""多行文字""移动"命令，绘制风机盘管，如图 10-26 所示。

（9）利用"直线""定数等分""移动""复制"命令，安放电气元件，如图 10-27 所示。

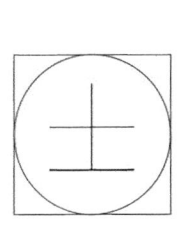

图 10-26　风机盘管

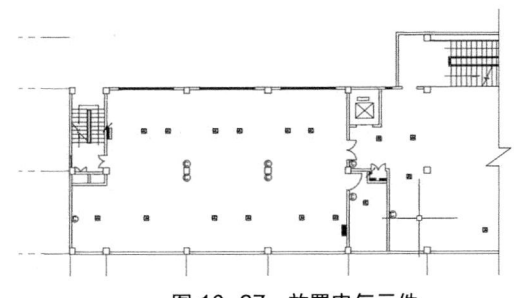

图 10-27　放置电气元件

（10）利用"直线"和"偏移"命令，绘制连接线路，如图 10-28 所示。

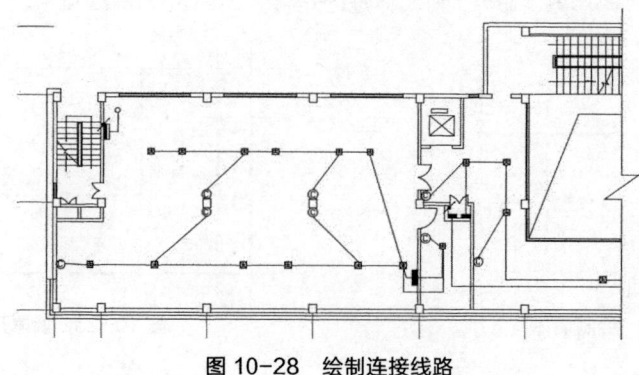

图 10-28　绘制连接线路

（11）利用"线性"和"连续"命令，标注尺寸，如图 10-29 所示。

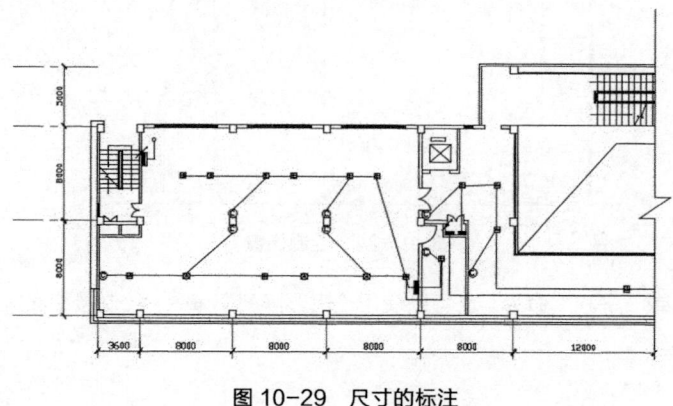

图 10-29　尺寸的标注

（12）利用"圆""多行文字""复制"命令，标注轴线号，如图 10-30 所示。

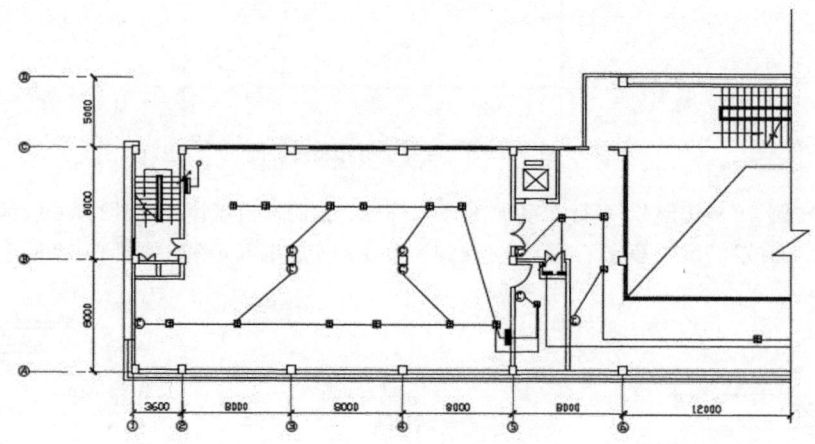

图 10-30　轴线号的标注

（13）利用"多行文字""复制""移动"命令，标注文字，如图 10-31 所示。

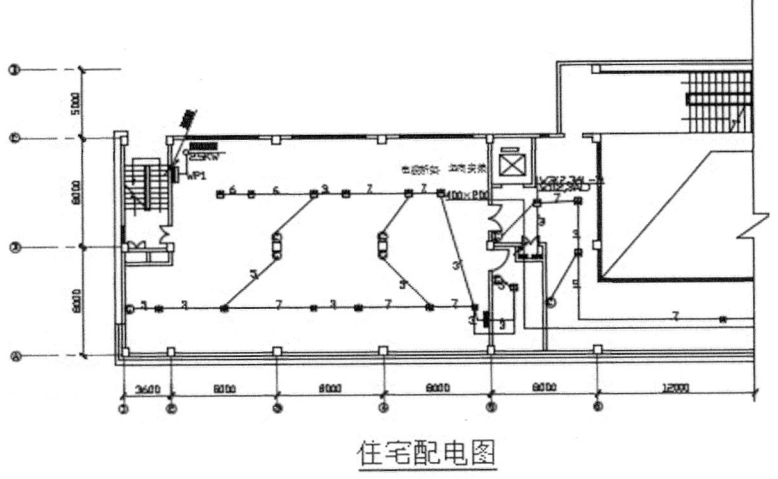

住宅配电图

图 10-31　文字标注

10.3　水位控制电路图

1. 基本要求

基本绘图命令、编辑命令和文字命令的使用。

2. 目标

水位控制电路如图 10-32 所示。

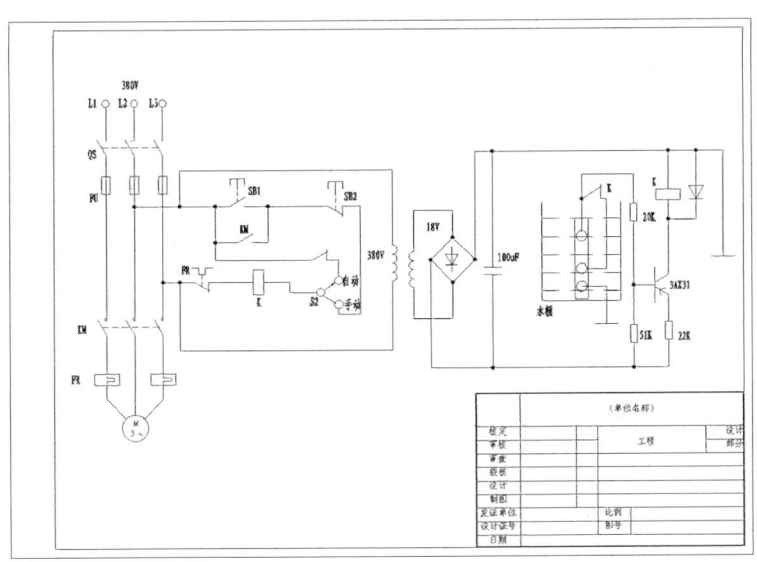

图 10-32　绘制水位控制电路图

3. 操作提示

（1）打开 A3 图形样板，新建"连接线图层""虚线层""实体符号层"，采用默认设置。

（2）利用"直线""偏移""圆""修剪"命令，绘制供电线路结构图，如图 10-33 所示。

（3）利用"矩形""分解""偏移""修剪"命令，绘制控制线路结构图，如图 10-34 所示。

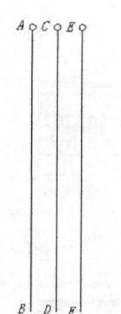

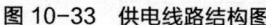

图 10-33　供电线路结构图

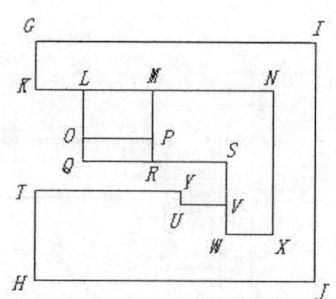

图 10-34　控制线路结构图

（4）利用"矩形""分解""偏移""直线"命令，绘制负载线路结构图的连接线段，如图 10-35 所示。

（5）利用"多边形""旋转""拉长""多段线""直线""矩形""圆""修剪"命令，完成负载线路结构图的绘制，如图 10-36 所示。

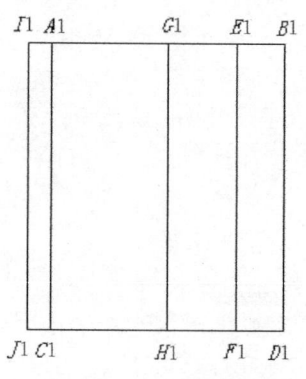

图 10-35　绘制连接直线

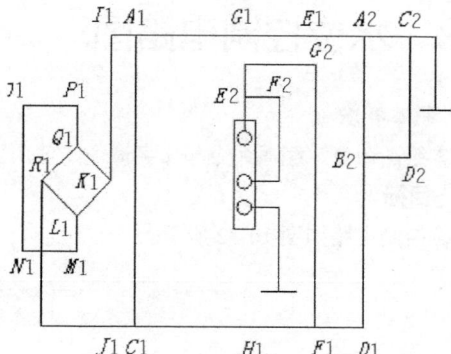

图 10-36　负载线路结构图

（6）将供电线路结构图、控制线路结构图和负载线路结构图组合，生成的线路结构图如图 10-37 所示。

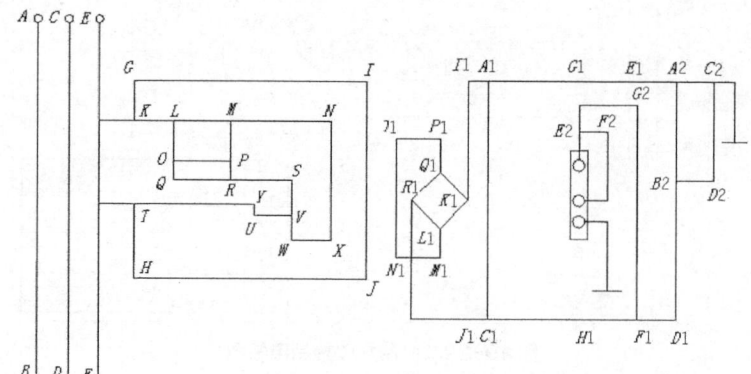

图 10-37　线路结构图

（7）利用"矩形""分解""直线""拉长"命令，绘制熔断器，如图 10-38 所示。

（8）利用"直线""旋转""拉长"命令，绘制开关，如图 10-39 所示。

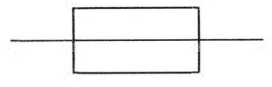

图 10-38　绘制熔断器符号

图 10-39　绘制开关

（9）利用"矩形""分解""直线""多段线""拉长""修剪""打断"命令，绘制热继电器驱动器件，如图 10-40 所示。

（10）利用"圆"和"多行文字"命令，绘制交流电动机，如图 10-41 所示。

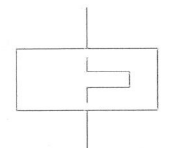

图 10-40　热继电器驱动器件

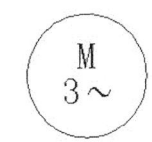

图 10-41　交流电动机

（11）利用"直线"和"偏移"命令，绘制按钮开关，如图 10-42 所示。

（12）利用"直线"命令，按照绘制按钮开关的方法绘制按钮动断开关，如图 10-43 所示。

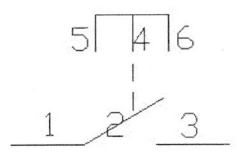

图 10-42　按钮开关

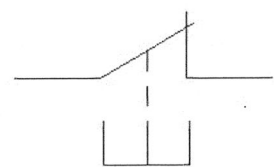

图 10-43　按钮动断开关

（13）利用"直线""多边形""修剪"命令，按照上面绘制按钮动断开关的方法，绘制热继电器触点，如图 10-44 所示。

（14）利用"圆""矩形阵列""直线""拉长""修剪"命令，绘制线圈，如图 10-45 所示。

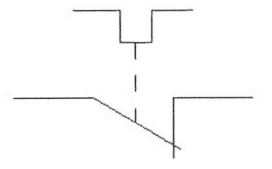

图 10-44　热继电器触点

图 10-45　绘制线圈

（15）利用"多边形""旋转""直线""拉长""镜像"命令，绘制二极管，如图 10-46 所示。

（16）利用"直线""偏移""拉长""修剪"命令，绘制电容，如图 10-47 所示。

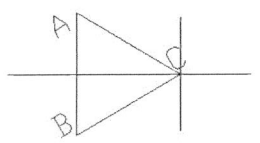

图 10-46　二极管

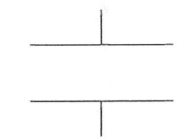

图 10-47　绘制电容

（17）利用"矩形""直线""拉长""修剪"命令，绘制电阻符号，如图 10-48 所示。

（18）利用"多边形""直线""拉长""修剪""分解""镜像"命令，绘制晶体管，如图 10-49 所示。

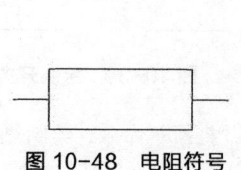

图 10-48　电阻符号

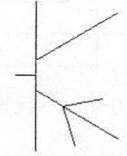

图 10-49　绘制晶体管

（19）利用"矩形""分解""删除"命令，绘制水箱，如图 10-50 所示。

（20）利用"移动""直线""旋转""修剪"命令，将交流电动机符号插入导线上，如图 10-51 所示。

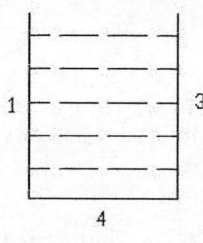

图 10-50　水箱

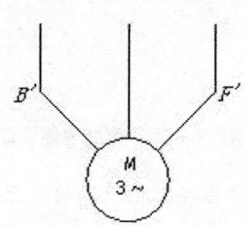

图 10-51　插入电动机符号

（21）利用"移动"和"修剪"命令，将三极管插入导线中，如图 10-52 所示。

（22）按照同样的方法，将其他元器件符号一一插入线路结构图中，得到如图 10-53 所示的图形。

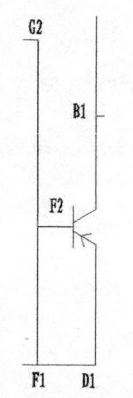

图 10-52　插入三极管符号

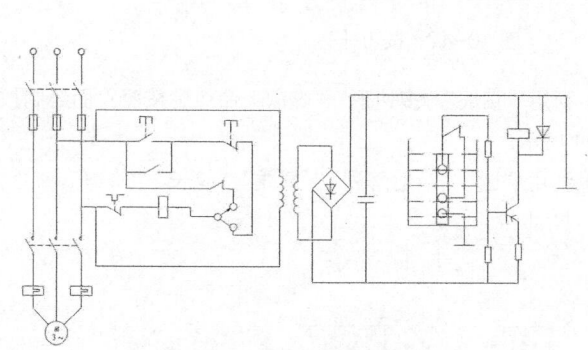

图 10-53　插入元器件符号

（23）利用"圆"和"图案填充"命令，在导线节点处绘制导线连接点，如图 10-54 所示。

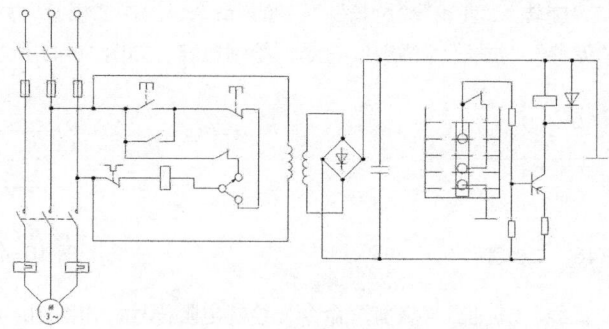

图 10-54　绘制导线连接点

（24）设置文字样式，利用"多行文字"命令，在目标位置添加注释文字，如图 10-55 所示。

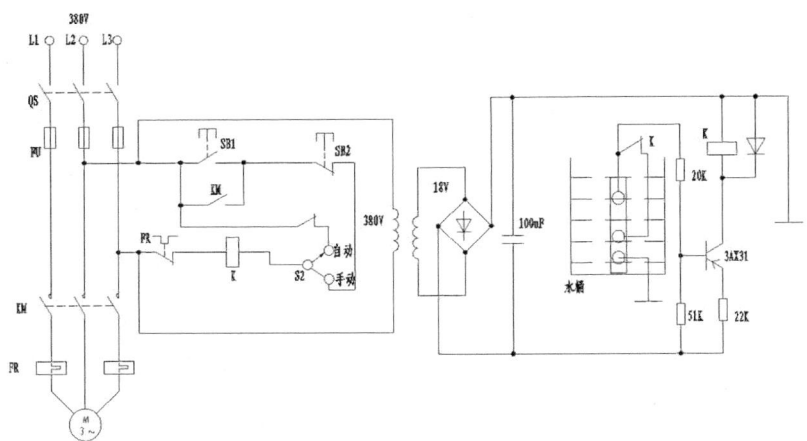

图 10-55　添加注释文字

10.4　阀体设计

1. 基本要求

基本绘图命令、编辑命令和标注命令的使用。

2. 目标

阀体（图 10-56）的绘制过程是复杂二维图形制作中比较典型的实例，在本例中对绘制异形图形做了初步的叙述，主要是利用绘制圆弧线，以及利用修剪、圆角等命令来实现。

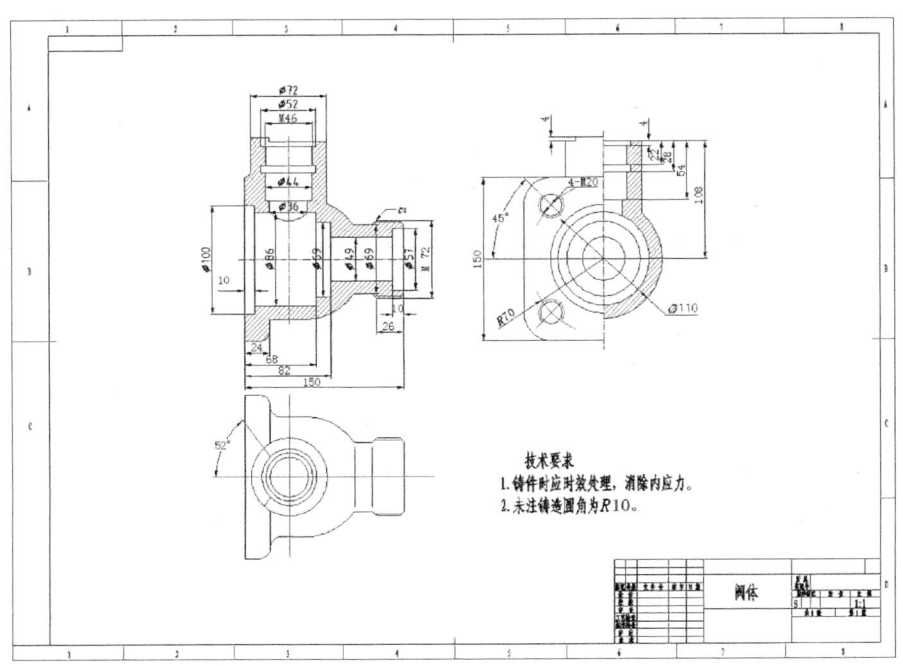

图 10-56　阀体零件图

3. 操作提示

（1）打开 A2-1 样板图

（2）绘制主视图

① 利用"直线"和"偏移"命令，绘制中心线和辅助线，如图 10-57 所示。

② 利用"偏移""修剪""圆弧""倒角""圆角"命令，绘制主视图基本轮廓，如图 10-58 所示。

图 10-57　中心线和辅助线

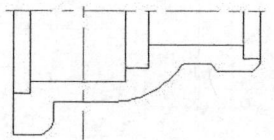

图 10-58　绘制主视图基本轮廓

③ 利用"偏移"和"延伸"命令，绘制螺纹牙底，如图 10-59 所示。

④ 利用"镜像""偏移""修剪""直线""圆弧""图案填充"命令，完成主视图的绘制，如图 10-60 所示。

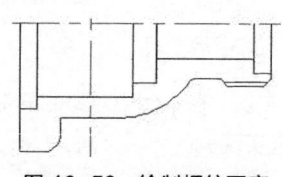

图 10-59　绘制螺纹牙底

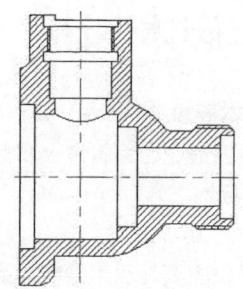

图 10-60　主视图

（3）绘制俯视图

① 利用"复制""直线""圆"命令，绘制俯视图的外轮廓线，如图 10-61 所示。

② 利用"修剪""删除""直线"命令，整理图线，结果如图 10-62 所示。

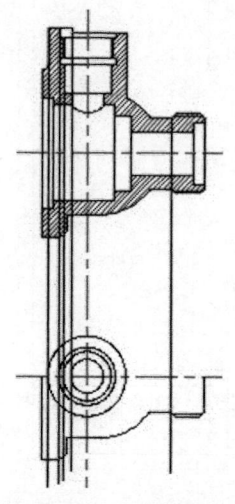

图 10-61　绘制轮廓线

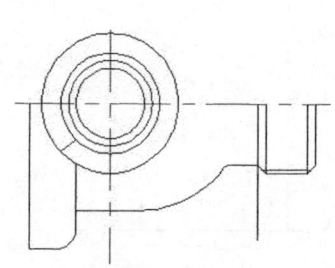

图 10-62　整理图线

③ 利用"圆角""打断""延伸""复制""镜像"命令，完成俯视图的创建，如图 10-63 所示。

（4）绘制左视图

① 利用"直线"命令，捕捉主视图与左视图上相关点，绘制如图 10-64 所示的水平与竖直辅助线。

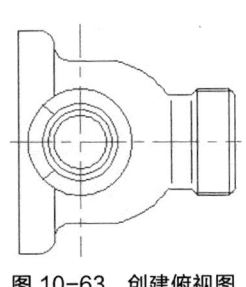

图 10-63　创建俯视图

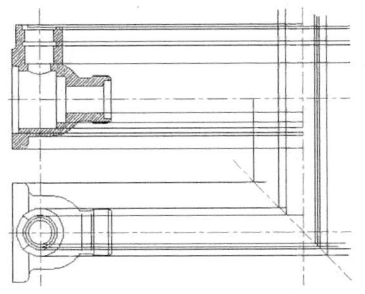

图 10-64　绘制水平与竖直辅助线

② 利用"圆""圆角""直线""打断""镜像""修剪""图案填充"命令，绘制左视图，如图 10-65 所示。

③ 删除剩下的辅助线，利用"打断"命令，修剪过长的中心线，完成阀体三视图的绘制，如图 10-66 所示。

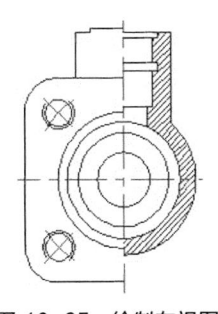

图 10-65　绘制左视图

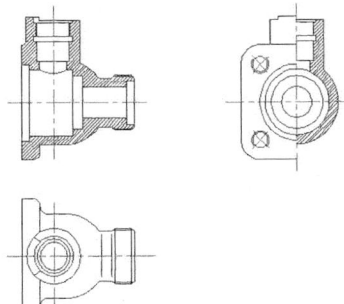

图 10-66　阀体三视图

（5）标注尺寸和文字

① 设置标注样式，利用"线性"命令，标注线性尺寸，然后利用"QLEADER"命令标注倒角尺寸，完成标注主视图尺寸的标注，如图 10-67 所示。

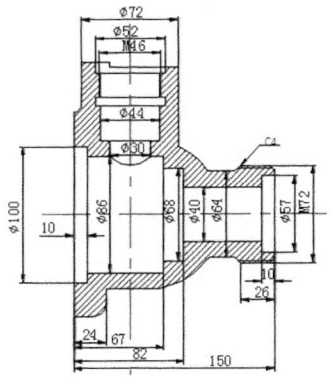

图 10-67　标注主视图

② 利用"线性"命令，标注线性尺寸，然后设置标注样式，利用"直径"命令，标注直径尺寸，最后标注角度尺寸，完成左视图的标注，如图 10-68 所示。

③ 利用"角度"命令，标注俯视图，结果如图 10-69 所示。

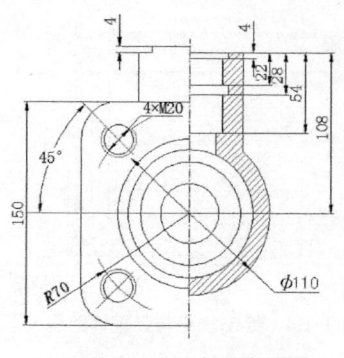

图 10-68　标注左视图

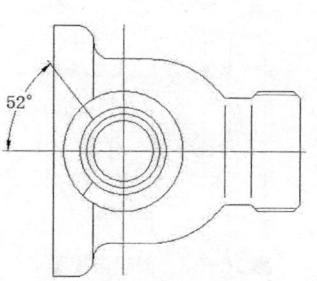

图 10-69　标注俯视图

④ 利用"多行文字"命令，结果如图 10-70 所示。

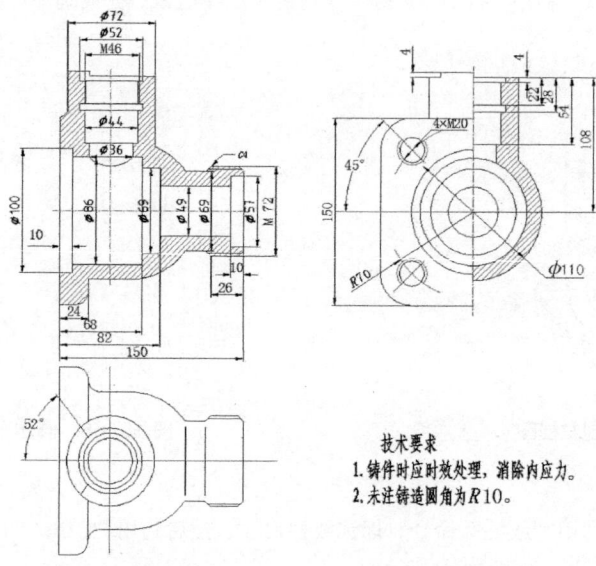

图 10-70　插入"技术要求"文本